Alan R. Wellburn

Luftverschmutzung und Klimaänderung

Springer-Verlag Berlin Heidelberg GmbH

Alan R. Wellburn

Luftverschmutzung und Klimaänderung

Auswirkungen auf Flora, Fauna und Mensch

Mit 92 Abbildungen und 53 Tabellen

PROF. DR. ALAN R. WELLBURN
University of Lancaster
I.E.B.S., Biological Sciences Division
LA1 4YQ Lancaster
UK

Übersetzerinnen:

Ursula Gramm
Kirschgartenstraße 7
69126 Heidelberg, Germany

Dörthe Mennecke-Bühler
Im Hirschmorgen 16
69181 Leimen, Germany

ISBN 978-3-540-61831-7

Die Deutsche Bibliothek - CIP-Einheitsaufnahme

Wellburn, Alan R.:
Luftverschmutzung und Klimaänderung: Auswirkungen auf Flora, Fauna und Mensch / Alan R. Wellburn. Bearb. von Rüdiger Grote. Übers. von Ursula Gramm; Dörte Mennecke-Bühler. - Berlin; Heidelberg; New York; Barcelona; Budapest; Hong Kong; London; Mailand; Paris; Santa Clara; Singapur; Tokio: Springer 1997
Einheitsacht.: Air pollution and climate change <dt.>
ISBN 978-3-540-61831-7 ISBN 978-3-642-59037-5 (eBook)
DOI 10.1007/978-3-642-59037-5

SPIN: 10506951 VA 30/3136 - 5 4 3 2 1 0 - Gedruckt auf säurefreiem Papier

Für Florence

Danksagung

Im folgenden möchten wir all jenen danken, die der Verwendung von urheberrechtlich geschütztem Material zugestimmt haben:

dem Bundesminister für Forschung und Technologie für Abb. 1.1 (aus *Initial Report on Research on Environmental Damage to Forests*, CCRAC 84-87, Annex 1, 1984); den Autoren, I. Nicholson et al., für Abb. 1.4 (aus Ecological Impact of Acid Precipitation, SNSF Project, Oslo, 1984); E.B. Ford für Abb. 1.9; D. Reidel Co und den Autoren für Abb. 2.1. und Abb. 3.5 (R.A. Cox und S.A. Penkett in Acid Deposition, Beilke & Elshout (Eds.) 1983) und Abb. 10.1 (H. Fluhler in *Effects of Accumulation of Air Pollutants in Forest Ecosystems*, Ulrich & Pankrath (Eds.) 1983); dem Watt Committee on Energy Ltd. und dem Autor, F.B. Smith, für Abb. 5.1 (*the Watt Committee Report No. 14*, 1984); dem WHO Center on Surface and Ground Water, Kanada, und den Autoren, D. Whelpdale, nach G. Gravenhorst, für Abb. 5.2, aus dem Water Quality Bulletin, April 1983; den Autoren, D. Sutcliffe und T. Carrick, für Abb. 5.5 (Effects of acid rain on waterbodies in Cumbria, in *Pollution in Cumbria*, ITE Symposium, 1985); CRC Press Inc. und den Autoren für Abb. 11.1 (P.H. Freer-Smith und A. Wellburn in *Models in Plant Physiology/Biochemistry*, Newman & Wilson (Eds.) 1986); M. Whitmore und T.A. Mansfield für Tafel 1; C. Hufton für Tafel 2; A. Posthumus für die Tafeln 3, 5 und 6; M. Treshow für Tafel 4; der NASA für die Tafeln 7 und 9; K. Bull für Tafel 8; F. Bauer für Tafel 10 sowie N. Paul für die Tafeln 11, 12 und 13.

Wenngleich keine Anstrengungen gescheut wurden, die Urheber aller Quellen ausfindig zu machen, so hat sich dies doch in einigen Fällen als unmöglich erwiesen, und wir ergreifen nun diese Gelegenheit, uns hiermit bei all jenen zu entschuldigen, deren Urheberrechte unwillentlich verletzt wurden.

Inhaltsverzeichnis

1. Einleitung 1
1.1 Definitionen und Begriffe 1
1.2 Stäube und Aerosole 3
1.3 Maßeinheiten für die Messung von Gasen 5
1.4 Zusammensetzung der Atmosphäre und Klima 6
1.5 Depositionsraten 10
1.6 Konzentrationen und Grenzwerte 11
1.7 Critical Loads 14
1.7.1 Feststellung von Schadstoffbelastungen 15
1.8 Bioindikatoren 17
1.9 Schwellenwerte und Schäden 22
1.10 Genetische Adaptation 24
1.10.1 Industriemelanismus 24
1.10.2 Sensibilität und Toleranz 27
Weiterführende Literatur 28

2. Schwefeldioxid 31
2.1 Schwefelquellen und Schwefelkreislauf 31
2.1.1 Anthropogene Einwirkungen 31
2.1.2 Natürliche Einwirkungen 34
2.1.3 Mikrobielle Tätigkeit 36
2.1.4 Reaktionen von Schwefeldioxid in Wasser und Gewebsflüssigkeiten 40
2.1.5 Reaktionen von Sulfit mit Biomolekülen 41
2.2 Auswirkungen auf die Pflanzenwelt 43
2.2.1 Eintritt über die Stomata 43
2.2.2 Transferwiderstände im Blattinneren und Pufferkapazität 46
2.2.3 Schwefelstoffwechsel 49
2.2.4 Schäden an Chloroplasten 51
2.2.5 Langfristige Schäden 53
2.3 Auswirkungen auf die Gesundheit 55
2.3.1 Reizerscheinungen 55
2.3.2 Gefahren am Arbeitsplatz und in den Städten 58

2.3.3 Toxizität von Schwefeldioxid und Sulfit in Geweben ... 59
Weiterführende Literatur ... 61

3. Stickoxide ... 63
3.1 Bildung und Quellen ... 63
3.1.1 Der Stickstoffkreislauf ... 63
3.1.2 Distickstoffoxid ... 64
3.1.3 Verbrennungsvorgänge ... 67
3.1.4 Oxidationsprozesse in der Atmosphäre ... 70
3.1.5 Trockene Deposition ... 73
3.2 Auswirkungen auf die Pflanzenwelt ... 74
3.2.1 Eintritt ins Blatt ... 74
3.2.2 Aufnahme über die Wurzeln ... 75
3.2.3 Positive oder negative Auswirkungen? ... 77
3.2.4 Gewächshauspflanzen ... 79
3.2.5 Aussichten ... 80
3.3 Auswirkungen auf die Gesundheit ... 81
3.3.1 Störfälle in der Industrie ... 81
3.3.2 Private Haushalte ... 82
3.3.3 Lungenschäden ... 85
3.3.4 Stoffwechsel-Reaktionen ... 87
3.3.5 Bedeutung für die Ernährung ... 89
Weiterführende Literatur ... 90

4. Ammoniak und Sulfide ... 93
4.1 Reduzierte Stickstoff- und Schwefelformen in der Atmosphäre 93
4.2 Ammoniak ... 93
4.2.1 Gasförmige Freisetzung ... 93
4.2.2 Deposition von atmosphärischem Ammoniak ... 97
4.2.3 Auswirkungen von Ammoniak auf Pflanzen ... 98
4.2.4 Auswirkungen von Ammoniak auf die Gesundheit ... 99
4.3 Schwefelwasserstoff ... 99
4.3.1 Übelriechende Emissionen ... 99
4.3.2 Austausch von Schwefelwasserstoff aufgrund mikrobieller Tätigkeit ... 100
4.3.3 Emission von Schwefelwasserstoff durch Pflanzen ... 101
4.3.4 Unfälle ... 102
4.4 Organische Sulfide ... 104
4.4.1 Biogene und anthropogene Emissionen ... 104
4.4.2 Organische Sulfide und Vegetation ... 106
4.4.3 Toxikologische Auswirkungen von Carbondisulfid ... 107
Weiterführende Literatur ... 108

5. Saurer Regen 109
5.1 Bildung und Deposition von sauren Niederschlägen 109
5.1.1 Definitionen 109
5.1.2 Säuregehalt des Wolkenwassers 110
5.1.3 Bildung von Schwefelsäure 112
5.1.4 Bildung von Salpetersäure 114
5.1.5 Weitere Quellen von Acidität und Alkalinität 114
5.1.6 Dispersion und Transport 115
5.1.7 Deposition 116
5.2 Auswirkungen auf Lebensräume 117
5.2.1 Pflanzennährstoffe und Bodenversauerung 117
5.2.2 Verdunstung und Sublimation 122
5.2.3 Versauerung von Flüssen und Seen 124
5.3 Auswirkungen auf Pflanzen 126
5.3.1 Blattschäden und Veränderungen der Cuticula 126
5.3.2 Physiologische und biochemische Veränderungen 126
5.3.3 Direkte Nährstoffverluste und Auswirkungen auf die Reproduktion 127
5.4 Auswirkungen auf Tiere 128
5.4.1 Seen und Fischereigewässer 128
5.4.2 Vergiftungserscheinungen bei Fischen 130
5.4.3 Auswirkungen auf Wirbellose und Vögel 133
5.4.4 Indirekte Auswirkungen auf den Menschen 134
Weiterführende Literatur 135

6. Ozon, PAN und photochemischer Smog 137
6.1 Bildung und Quellen 137
6.1.1 Bildung von Ozon in der Troposphäre 137
6.1.2 Unverbrannte Kohlenwasserstoffe 137
6.1.3 Bildung von photochemischem Smog 138
6.2 Schadensmechanismen 141
6.2.1 Materialschäden 141
6.2.2 Ozonolyse oder Peroxidation? 142
6.2.3 Größere Empfindlichkeit der Proteine im Vergleich zu Lipiden 144
6.2.4 Reaktionen unter Beteiligung von PAN 145
6.2.5 Natürliche Antioxidanzien 145
6.3 Auswirkungen auf die Pflanzen 150
6.3.1 Eintritt in die Pflanze 150
6.3.2 Zellveränderungen und -schäden 150
6.3.3 Sichtbare Schäden 152
6.3.4 Schäden infolge von Peroxyacylnitraten 152
6.4 Auswirkungen auf die Gesundheit 153
6.4.1 Gefahren in Innenräumen und am Arbeitsplatz 153
6.4.2 Gefahren im Freien 154

6.4.3 Kurze und lange Expositionszeiten 154
6.4.4 Biochemische und physiologische Veränderungen 156
6.4.5 Zellmodelle 157
6.4.6 Entstehung von Mutationen 158
Weiterführende Literatur 159

7. Stratosphärischer Ozonabbau und verstärkte UV-B-Strahlung 161
7.1 Ultraviolette Strahlung 161
7.2 Atomarer Sauerstoff, Ozon und Hydroxylradikale 163
7.3 Sprays, Kältemittel, Isolierstoffe und Lösemittel 166
7.4 Polare Wirbel 168
7.5 Ersatzstoffe 168
7.6 Biologische Wirkungsspektren 172
7.7 UV-B-Flüsse und experimentelle Strahlenapplikation 174
7.8 Höhere Pflanzen 175
7.9 Auswirkungen auf Mikroorganismen 179
7.10 Meereswelt 180
7.11 Auswirkungen auf die menschliche Gesundheit 182
7.11.1 Hautkrebs 182
7.11.2 Augenschäden 183
7.11.3 Infektionen und Immunreaktionen 185
7.12 Auswirkungen auf die Tierwelt 185
Weiterführende Literatur 186

8. Globale Erwärmung 187
8.1 Der Treibhauseffekt 187
8.1.1 Ein natürlicher Vorgang 187
8.1.2 Treibhausgase 187
8.1.3 Methan 188
8.1.4 Wasserdampf 191
8.1.5 Temperatur, Kohlendioxid- und Methankonzentration in der Vergangenheit 191
8.1.6 Künftige Trends: Temperaturen, Meeresspiegel und Regenfälle 195
8.1.7 Albedo, Neigungswinkel der Erde, und vulkanische Tätigkeit 199
8.1.8 Der Einfluß der Meere 200
8.2 Auswirkungen auf Pflanzen 202
8.2.1 Photosynthese 202
8.2.2 Temperatur 205
8.2.3 Wasser 207
8.3 Auswirkungen auf den Menschen 209
Weiterführende Literatur 211

9. Andere globale und lokale Luftverunreinigungen 213
9.1 Luftschadstoffe 213
9.2 Das Zusammenspiel von Sauerstoff und Kohlendioxid 213
9.2.1 Co-Evolution der Atmosphäre und der Biosphäre 213
9.2.2 Photorespiration der Pflanzen 215
9.2.3 Hyperoxämie 217
9.2.4 Erstickung 217
9.3 Kohlenmonoxid 218
9.3.1 Quellen und Senken 218
9.3.2 Aufnahme durch die Pflanzen 220
9.3.3 Das älteste Industriegift 221
9.3.4 Biochemie des Bluts und Luftverschmutzung 222
9.4 Formaldehyd 224
9.4.1 Quellen und Verwendung 224
9.4.2 Gefahren für die Gesundheit 225
9.5 Fluorwasserstoff und Fluoridionen 226
9.5.1 Allgegenwärtiges Nebenprodukt 226
9.5.2 Fluoridanreicherung in Pflanzen 227
9.5.3 Fluorose bei Tieren 229
9.5.4 Fluorose beim Menschen, Fluoridierung und Zahngesundheit 231
9.6 Organische Bleiverbindungen 232
9.6.1 Atmosphärische Quellen 232
9.6.2 Aufnahme durch den Menschen 233
9.6.3 Toxizität im Körper 233
9.7 Radon 234
9.7.1 Physikalische Eigenschaften 234
9.7.2 Aufnahme durch den Menschen und gesundheitliche Gefahren 235
9.7.3 Quellen und Schutzmaßnahmen 237
Weiterführende Literatur 238

10. Neuartige Waldschäden 239
10.1 Auftreten und Klassifizierung 239
10.2 Mögliche Ursachen 243
10.2.1 Unangemessene Forstpraxis 245
10.2.2 Saurer Regen und Bodenauswaschung 245
10.2.3 Ozon und photochemische Prozesse 246
10.2.4 Zusammenwirken verschiedener Faktoren und erhöhte Anfälligkeit für Streß und Infektionen 247
10.2.5 Ammoniumionen und übermäßiger Stickstoffeintrag 248
10.2.6 Chlorethen und Photoaktivierung 249
10.2.7 Alternative Hypothesen 250
10.2.8 Interaktion von Streß und Ethen 251
Weiterführende Literatur 252

11. Wechselwirkungen und Integration 253
11.1 Wechselwirkungen 253
11.1.1 Ein Zusammenspiel mehrerer Streßfaktoren 253
11.1.2 Synergistisch oder überadditiv? 253
11.1.3 Auswirkungen von Schadstoffkombinationen auf Pflanzen 256
11.1.4 Mechanismen der Schadstoffwechselwirkungen 257
11.1.5 Beeinträchtigen "Cocktails" auch den Menschen? 259
11.2 Integration 260
11.2.1 Modelle 260
11.2.2 Auswirkungen auf die Pflanzenwelt 260
11.2.3 Auswirkungen auf die Tierwelt 263
11.2.4 Menschen, Fische und andere Tiere 265
11.2.5 Bedeutung für die Zukunft 267
Weiterführende Literatur 268

A. Freie Radikale 269

B. Säuren, pH, pK_a und Mikroäquivalente 271

C. Glossar und Einheiten 275

Index 279

1. Einleitung

1.1 Definitionen und Begriffe

Eine chemische Substanz am falschen Ort und in der falschen Konzentration nennt man einen Schadstoff. Schadstoffe sind definiert als Verunreinigungen, die für den Menschen oder die Biosphäre schädlich sind. Die Erforschung der Luftverschmutzung beschäftigt sich mit Schadstoffen, die (in der Regel vom Land) als Gase oder Stäube in die Atmosphäre emittiert werden und die dann direkt oder indirekt physikalische und biologische Systeme beeinträchtigen oder schädigen.

In der Atmosphäre können die Schadstoffe von einer trockenen, gasförmigen Phase in eine flüssige Phase übergehen, bevor sie auf die Erdoberfläche gelangen. Handelt es sich um saure Verbindungen, spricht man im Volksmund von saurem Regen. Weniger emotional und eher beschreibend ist der Begriff "nasse Deposition", der saure und nichtsaure Niederschläge in Tröpfchenform, als Schneeflocken usw. umfaßt. Nasse und trockene Depositionen sind die zwei wichtigsten Wege, auf denen Schadstoffe aus der Atmosphäre wieder zur Erdoberfläche zurückkehren. Weitere Begriffe, die in diesem Zusammenhang verwendet werden, sind Rain-out (Ausregnen) und Oberflächenabfluß (s. Abb. 1.1).

Atmosphärische Schadstoffemissionen werden nicht nur durch menschliche Tätigkeit hervorgerufen; schon lange vor der Existenz des Menschen haben natürliche Emissionen aus Vulkanen und Sümpfen beträchtliche Störungen für die lokale Umwelt bedeutet. Bei der Beschäftigung mit Luftschadstoffen und ihren Quellen müssen also auch natürliche (biogene) Emissionen berücksichtigt werden.

Die Schäden, die Luftschadstoffe an den von Menschen verwendeten Metallen, Geweben und Werkstoffen hervorrufen, sind offensichtlich; die biologischen Auswirkungen der Luftschadstoffe auf den Menschen und die ihn umgebenden lebenden Systeme sind oft weniger offensichtlich, jedoch von weit größerer Bedeutung. Außerdem werden die biologischen Auswirkungen schneller und schon bei geringeren Konzentrationen augenfällig als die Auswirkungen auf unbelebte Materie. Obwohl Schäden an Sachgütern große volkswirtschaftliche Kosten verursachen, wurden Maßnahmen zur Luftreinhaltung bisher hauptsächlich aus Sorge um die menschliche Gesundheit ergriffen. In jüngster Zeit wurden Umweltschutzmaßnahmen, hauptsächlich im Be-

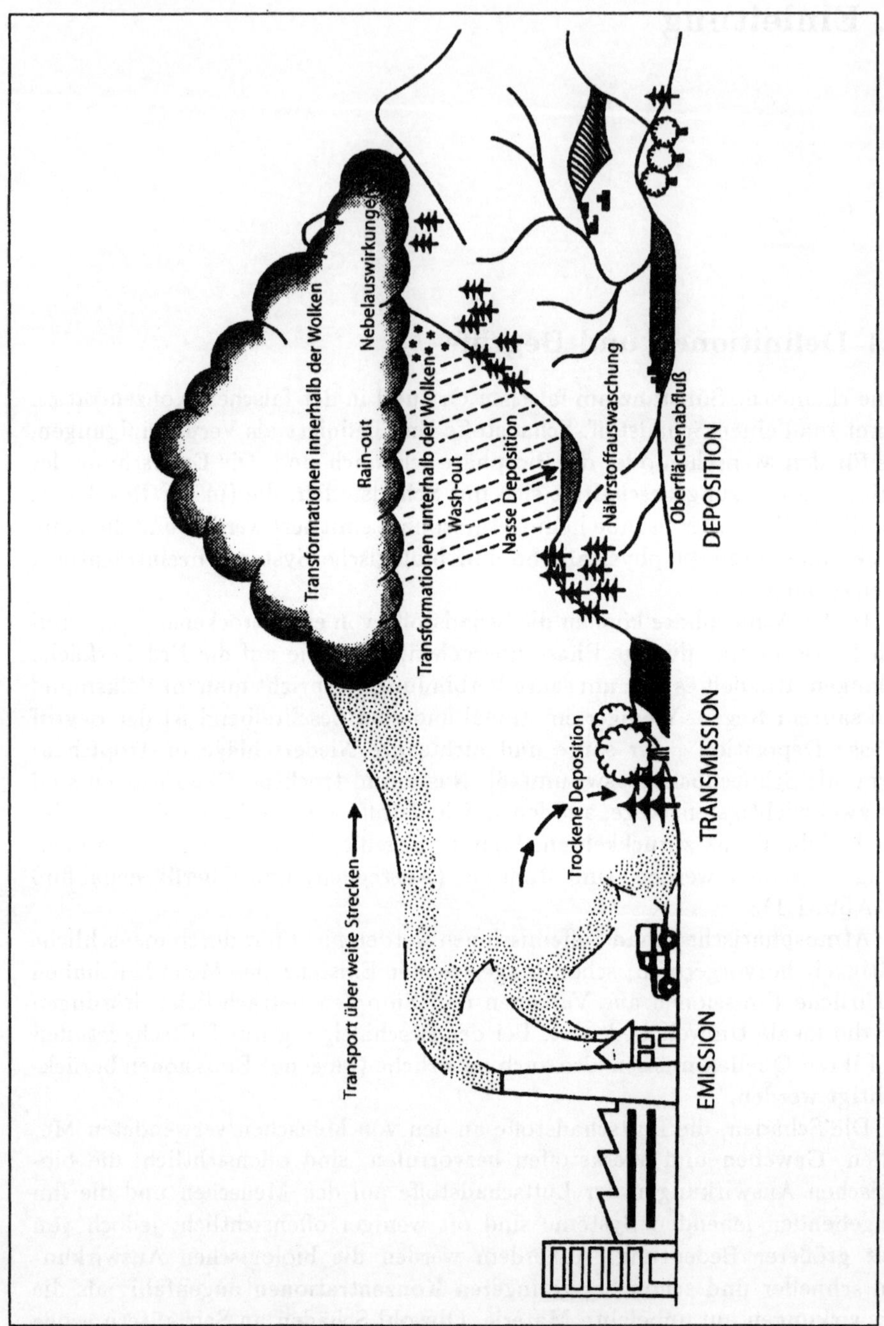

Abb. 1.1. Emission und Deposition von Luftschadstoffen (Abdruck mit freundlicher Genehmigung des Bundesministers für Forschung und Technologie, Deutschland)

Tabelle 1.1 Die verschiedenen Arten von Schwebstaub in der Atmosphäre

Name[a]	*Art*	*Durchmesser*
Grobstaub	Feststoffe mit hoher Ablagerungsgeschwindigkeit	>500 μm
Staub	Feststoffe mit geringerer Ablagerungsgeschwindigkeit	2–500 μm
Rauch	in Gasen enthaltene feste Stoffe	<2 μm
Nebel	Wassertröpfchen	0,1–2 μm
Aitken-Kerne	feste oder flüssige Partikel	0,003–0,1 μm

[a] Aerosole können aus festen oder flüssigen Teilchen bestehen, deren Durchmesser kleiner als 1 μm ist oder die mechanisch entstandene Partikel enthalten, deren Durchmesser größer als 1 μm ist und die für einen längeren Zeitraum in der Luft verbleiben. Eine hohe Aerosolkonzentration in der Luft kann zu Lufttrübung mit einhergehender Sichtbehinderung führen.

reich der Luftreinhaltung, auch zum Schutz der Vegetationen und der Ökosysteme durchgesetzt, die für den Menschen von existentieller Bedeutung sind. Der Grund hierfür liegt darin, daß Pflanzen gegenüber vielen Luftschadstoffen wie Schwefeldioxid (SO_2), Stickstoffdioxid (NO_2) und Ozon (O_3) wesentlich empfindlicher sind als der Mensch. Daher beschäftigen sich die ersten Kapitel dieses Buches mit dem Weg, den die wichtigsten Schadstoffe von der Emissionsquelle in die Atmosphäre und von dort in Pflanzen und Tiere nehmen. Die Schadstoffwirkungen auf Pflanzen und Tiere werden ebenfalls im Detail dargestellt.

Luftschadstoffe treten als Gase oder als Stäube auf. Stäube werden nach ihrer Korngröße unterschieden (s. oben), bei gasförmigen Luftschadstoffen differenziert man zwischen primären und sekundären Formen. Die primären Luftschadstoffe – wie SO_2, die meisten Stickoxide, Kohlenmonoxid (CO) und unverbrannte Kohlenwasserstoffe – werden direkt in die Atmosphäre emittiert. Sekundäre Luftschadstoffe wie Ozon und Peroxyalkylnitrate (PAN) werden in der Atmosphäre bei Reaktionen zwischen primären Luftschadstoffen und starkem Licht gebildet.

1.2 Stäube und Aerosole

Die in der Luft schwebenden Teilchen bestehen aus festen oder flüssigen Partikeln unterschiedlicher Größe. In Tabelle 1.1 werden sie nach Art und Größe klassifiziert. Grobstäube und Stäube sind nur sichtbar, wenn ihr Durchmesser größer als 50 μm ist; ist der Durchmesser größer als 10 μm, lagern sich die Partikel schnell nahe der Emissionsquelle ab. Feinstäube (mit einem Durchmesser <10 μm) verbleiben dagegen eine Zeitlang in der Luft; Stäube, deren Durchmesser zwischen 0,1–2 μm beträgt, wirken als Kondensationskerne bei der Wolkenbildung. Sie werden nur durch Regen aus der Atmosphäre entfernt (Wash-out bzw. Ausregnen). Wenn sie jedoch aus der unteren Troposphäre in höhere Luftschichten entweichen, verbleiben sie dort monate- und sogar jahrelang. Extrem kleine Partikel (0,005–0,1 μm), die sog. Aitken-Kerne, entstehen hauptsächlich als Kondensationsprodukte aus heißen Dämpfen. Aitken-Kerne schließen sich zu größeren Partikeln (0,1–2 μm) zusammen, die durch Regen allmählich aus der Atmosphäre entfernt werden; bei der Bildung der größeren Kerne spielen auch unverbrannte Kohlenwasserstoffe eine Rolle.

Stäube enthalten eine Reihe von wasserlöslichen und -unlöslichen Bestandteilen. Letztere bestehen in der Regel aus elementarem Kohlenstoff, Eisenoxiden und anderen Stoffen wie Gesteinsstäuben (z.B. Quarz, Muskovit, Kaolin und Asbestfasern), die Staublungenkrankheiten wie Pneumokoniose, Silikose und Asbestose auslösen. Toxische Metalle wie Blei oder Kadmium gehören ebenfalls zu den nicht löslichen Bestandteilen der Stäube; auch sie bringen toxikologische Probleme mit sich (s. Kapitel 9).

Zu den löslichen Staubbestandteilen gehören die häufig vorkommenden Kationen (Na^+, K^+, Ca^{2+}, Mg^{2+}, $NH_4{}^+$ und H^+) sowie Chloride, Sulfate und Nitrate. Natrium, Chloride und Magnesium sind biogene Emissionen aus der Meeresgischt; Calcium und Kalium werden durch Winderosion freigesetzt. Ammonium, Sulfate, Nitrate und Protonen (H^+) stammen dagegen sowohl aus vulkanischen als auch aus anthropogenen Emissionen.

Die Verminderung der Sichtweite durch Aerosoldunstschleier wird hervorgerufen durch Verbindungen von Ammoniak mit den Oxidationsprodukten der atmosphärischen Schadstoffe, bei denen reflektierende NH_4HSO_4-, $(NH_4)_2SO_4$- und NH_4NO_3-Partikel entstehen. Stäube absorbieren und reflektieren auch die einfallende Solarstrahlung. Vor der Einführung von Gesetzen zur Luftreinhaltung gingen in Großstädten wie London im Winter bis zu 50% des Sonnenlichts verloren (10% im Sommer). Aber auch heute noch sind ammoniumhaltige Dunstschleier Schuld daran, daß durchschnittlich bis zu 15% des Sonnenlichts pro Jahr nicht die Erde erreichen und daß infolge der kernbildenden Wirkung kleiner Staubpartikel mit größerer Wahrscheinlichkeit (bis zu 10%) dichte Bewölkung entsteht.

Größere Staubpartikel, die sich auf Gebäuden ablagern, beschleunigen die luftschadstoffbedingte Korrosion des Mauerwerks. Wenn Staubpartikel auf die Oberfläche von Blättern gelangen, führen sie zu einer Verminderung der Photosyntheseleistung, da sie die Stomataporen blockieren sowie das einfallende Licht reflektieren und absorbieren. Wegen ihrer vielfältigen Größe und Zusammensetzung sind Stäube schwer zu messen. Die meisten Messungen erfolgen daher durch Wiegen der gesamten im Filter zurückgehaltenen Schwebeteilchen oder durch die Bestimmung der Verfärbung des Filters.

Grenzwerte variieren von Land zu Land. In den USA z.B. beträgt die maximal zulässige Belastung der Luft mit Stäuben 75 mg m^{-3} a^{-1} bzw. 260 μg m^{-3} als Tagesdurchschnitt (über 24 h), der nur an einem Tag pro Jahr überschritten werden darf. Die von der EU-Kommission festgelegten Grenzwerte für Rauch betragen 80 μg m^{-3} (als Median des täglichen Mittels), 130 μg m^{-3} (als Median über die Wintermonate Oktober bis März)

Tabelle 1.2 Jährliche Staubdepositionen (in t km^{-2}) zwischen 1916 und 1922 in einigen britischen Städten (nach Ashworth, 1933)

Jahr (April bis März)	*London*	*Glasgow*	*Newcastle upon Tyne*	*Rochdale*	*Malvern*
1916–1917[a]	157	149	279	292	35
1917–1918[a]	149	175	249	417	31
1920–1921	120	126	199	298	30
1921–1922	111	100	211	203	27

[a] Die erhöhte Verschmutzung während der Kriegsjahre entspricht dem Wert, der sich bei $1\frac{1}{2}$ zusätzlichen Arbeitstagen ergibt. Dies entspricht der Menge der geleisteten Überstunden.

und 250 μg m^{-3} (als 98. Perzentil aller täglichen Werte). Die Richtwerte (die die EU-Mitgliedsländer anstreben sollen) betragen 40–60 μg m^{-3} Rauch als arithmetisches Mittel der Tageswerte bzw. 100–150 μg m^{-3} als tägliches Mittel.

Diese und andere Vorgaben und Empfehlungen haben beträchtlich zu einer Verbesserung der Luftqualität in den Industrieländern beigetragen. Die jüngere Generation in den Industrieländern kann sich nur schwer vorstellen, wie stark die Belastung durch Stäube in der nicht allzu fernen Vergangenheit war – und heute in Entwicklungsländern immer noch ist.

Tabelle 1.2, in der geschätzte Staubdepositionen in einigen Gebieten Großbritanniens während der Jahre 1916–1922 aufgeführt sind, veranschaulicht, wie ernst das Problem war. Rochdale war damals eines der bedeutendsten Zentren der Baumwollspinnerei auf der Welt – es hat diese Rolle inzwischen verloren –, Malvern ein Kurort in der weniger belasteten Gegend südwestlich von Birmingham. Aktuellen Zahlen zufolge sind die Depositionen in Rochdale heute geringer als damals in Malvern. Das zeigt, welche Verbesserungen durch gesetzgeberische Maßnahmen erzielt werden können.

1.3 Maßeinheiten für die Messung von Gasen

Die Konzentrationen gasförmiger Luftschadstoffe werden entweder als Masse pro Volumeneinheit (μg m^{-3}) oder als Volumen pro Volumeneinheit gemessen. Vor Einführung der SI-Einheiten wurde das Volumen pro Volumeneinheit in der Regel als ppm (parts per million) oder ppb (parts per billion) angegeben; nach dem SI-System (s. Anhang 3) sind diese Einheiten μl l^{-1} bzw. nl l^{-1}. Leider sind weder μg m^{-3} noch μl l^{-1} ideale Meßgrößen. Es wäre besser, die Konzentrationen als Masse pro Masseneinheit (d.h. in μg g^{-1}) auszudrücken, da dies dem SI-System für Konzentrationen bei festen oder flüssigen Stoffen entsprechen würde. Es ist allerdings schwierig festzulegen, welche Luftmenge 1 g entspricht, und dies variiert zudem mit der Höhe.

Darüber hinaus müssen Temperatur- und Druckveränderungen berücksichtigt werden, wenn eine Konzentration in Masse pro Volumeneinheit angegeben wird, wohingegen bei einem "idealen Gas" die Konzentration unabhängig von Temperatur und Druck in Form von Volumen pro Volumeneinheit angegeben werden kann.

Die meisten Luftschadstoffe verhalten sich, was die wichtigsten Eigenschaften angeht, wie ideale Gase. Die Beziehungen zwischen den betreffenden Einheiten lassen sich daher folgendermaßen ausdrücken:

$$\mu\text{g m}^{-3} = \frac{\text{nl l}^{-1} \times M \times 10^{-3} \times T_0 \times P}{V_0 \times T \times P_0}$$

$$\text{nl l}^{-1} = \frac{\mu\text{g m}^{-3} \times V_0 \times 10^{-3} \times T \times P_0}{M \times T_0 \times P}$$

wobei M das Molekulargewicht und V_0 das Molarvolumen eines idealen Gases ist, das bei Standardtemperatur (T_0 in Kelvin) und -druck ($P_0 = 101{,}3$ kPa) $22{,}4 \times 10^{-3}$ m^3 Mol^{-1} entspricht.

Es sei noch angemerkt, daß eine Angabe in Masse pro Volumeneinheit keinen unmittelbaren Vergleich zwischen zwei Schadstoffen in bezug auf ihre Molekülzahl erlaubt. Dagegen enthält Luft, die mit 1 μl l^{-1} SO_2 verschmutzt ist, dieselbe Anzahl von Schadstoffmolekülen wie Luft, die mit 1 μl l^{-1} Ozon oder NO_2 verschmutzt ist, da das Molekulargewicht und das Volumen des Gases, das 1 Grammolekül enthält, schon berücksichtigt wurden. Daher werden in diesem Buch soweit wie möglich die Einheiten μl l^{-1} bzw. nl l^{-1} verwendet; Anhang 3 enthält ungefähre Umrechnungswerte für die häufigsten Luftschadstoffe.

In anderen Fällen, z.B. bei Stäuben oder Aerosolen, ist es jedoch nicht sinnvoll, den Gehalt in μl l^{-1} oder nl l^{-1} anzugeben. Die Angaben in Masse pro Volumeneinheit müssen in einem solchen Fall durch die Partikelgröße bzw. den Tröpfchendurchmesser ergänzt werden.

1.4 Zusammensetzung der Atmosphäre und Klima

Ein Feststoff hat Volumen und Form, während eine Flüssigkeit Volumen, aber keine Form und ein Gas weder Volumen noch Form hat; Gas und Dampf sind also Materie in vollkommen fließendem Zustand. Das gilt auch für die Erdatmosphäre, die sich am Äquator ungefähr 1000 km und an den Polen ca. 800 km in die Höhe erstreckt. Die Gesamtmasse der Atmosphäre beträgt 5,14 Pt (wobei P = peta = 10^{15}, t = 1 Tonne = 1000 kg); mehr als 99,9% dieser Gasmasse befinden sich jedoch unterhalb von 50 km.

Die Atmosphäre besteht aus einer Gasmischung; ihre wichtigsten Bestandteile sind N_2 (78,08%), O_2 (20,95%), Argon (0,93%), CO_2 (0,035%), Neon

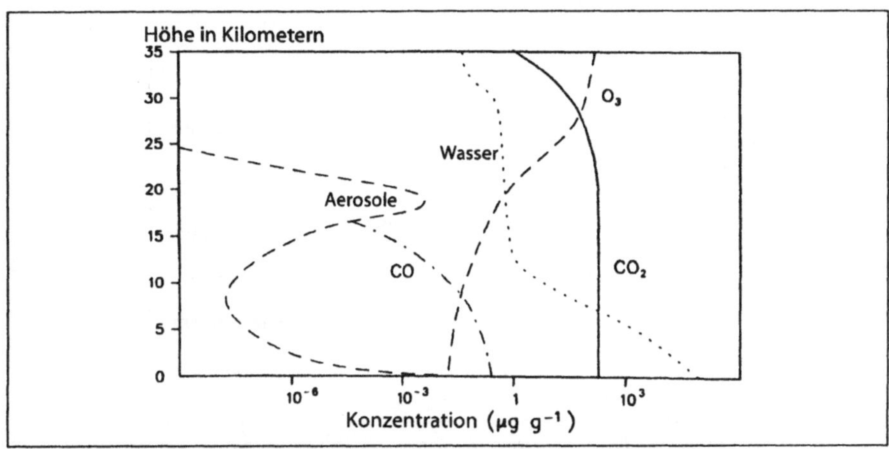

Abb. 1.2. Konzentrationsprofile ausgewählter Bestandteile der Atmosphäre; Ozon und Aerosole steigen bis in die Stratosphäre auf; der Gehalt an H_2O und CO_2 nimmt mit zunehmender Höhe stetig ab

(0,0018%), Helium (0,005%) und Krypton (0,0001%). Die Konzentration der atmosphärischen Gase, des Wasserdampfs und der Luftschadstoffe ist allerdings nicht gleichmäßig über die gesamte Höhe verteilt. In Abbildung 1.2 sind einige typische Konzentrationen (bzw. Mischungsverhältnisse) innerhalb der Atmosphäre dargestellt.

Über der Erdoberfläche liegen warme und kalte Luftschichten, die klar voneinander abgegrenzt sind. Direkt über der Erdoberfläche beginnt die Troposphäre (bis 12 km Höhe), in der die Temperaturen mit steigender Höhe abnehmen. Darüber befindet sich die Stratosphäre (12–50 km), in der die Temperaturen mit steigender Höhe wieder zunehmen.

Darüber liegen die Mesosphäre (50–80 km), in der die Temperatur wieder abnimmt, und die Thermosphäre (über 80 km), in der sie wieder zunimmt, insbesondere oberhalb von 110 km. Die Grenzen, an denen die Temperaturinversion stattfindet, heißen Tropopause, Stratopause und Mesopause (Abb. 1.3). Die Temperaturänderungen in der Atmosphäre entstehen durch die Absorption und partielle (Wieder-)Abstrahlung von Solarstrahlung im sichtbaren, im ultravioletten und im nahen infraroten Bereich durch einige atmosphärische Gase, insbesondere Kohlendioxid (CO_2), Methan (CH_4), O_3 und Wasserdampf, die sog. Treibhausgase (s. Kapitel 8).

Die Atmosphäre wird auch durch Verbrennungsvorgänge auf den Landflächen sowie durch die Absorption reflektierter thermischer Strahlung erwärmt. Beide Wärmequellen zusammen können bis zu 20% der auftreffenden Solarstrahlung ausmachen. Bei der Erwärmung von Luftmassen in Bodennähe verringert sich deren Dichte; sie dehnen sich aus und steigen auf. Dadurch wird an die höher gelegenen, kühleren Luftmassen der Troposphäre Wärme abgegeben, woraufhin die Luftmassen wieder nach unten sinken. Da-

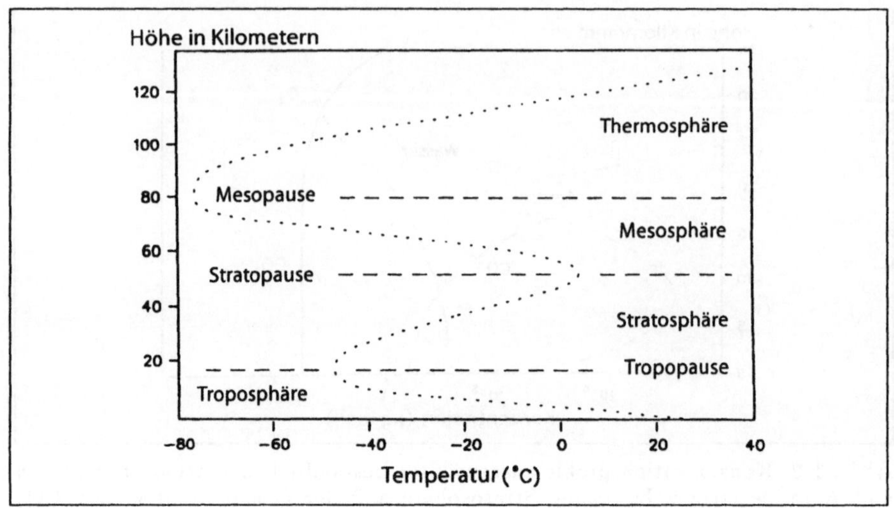

Abb. 1.3. Temperaturgradienten über die verschiedenen Bereiche der Atmosphäre

durch entstehen in der Troposphäre Auf- und Abwärtsbewegungen der Luft. Die vertikalen Geschwindigkeiten, die auf diese Weise erreicht werden, betragen in der Regel 10 cm s^{-1}; bei Gewittern können sie bis zu 20 m s^{-1} erreichen.

Verschmutzte Luft wird durch Winde, die in den mittleren Breiten beider Hemisphären hauptsächlich in West-Ost-Richtung wehen, auch in horizontaler Richtung transportiert. Bei 30° N braucht ein West-Ost-Wind mit einer Windgeschwindigkeit von 35 m s^{-1} ungefähr 12 Tage, um einmal um die Erde zu gelangen. Gleichzeitig mit den West-Ost-Strömungen finden Nord-Süd-Strömungen statt, die, wenn sie sich mit Auf- und Abwärtsbewegungen überlagern, rotierende Turbulenzen in Bodennähe erzeugen (Zone der veränderlichen tropischen Westwinde). Die thermisch bedingte vertikale Zirkulation, die Hadley-Zirkulation genannt wird, tritt zwischen dem Äquator und etwa 30° N bzw. 30° S auf. In den mittleren Breiten (wo der Großteil der Luftverschmutzung emittiert wird), herrschen West-Ost-Winde mit Nord-Süd-Wirbeln vor.

Der Luftaustausch zwischen Troposphäre und Stratosphäre findet hauptsächlich am Äquator statt, da warme Luftmassen über den Tropen aufsteigen, jedoch nicht weiter aufsteigen können, weil über der Tropopause die Temperaturen mit zunehmender Höhe steigen. Über dem Äquator verbleiben daher die Luftschadstoffe viel länger (oft jahrelang) in der Stratosphäre und werden entweder nach Norden oder nach Süden transportiert, bevor es zu einer Durchmischung und Verfrachtung zurück in die Troposphäre kommt. Der bedeutendste Teil des Transfers von Luftschadstoffen zwischen den beiden Hemisphären erfolgt auf diese Weise.

Tabelle 1.3 Ungefähre Lebensdauer atmosphärischer Gase in der Luft

Chemische Substanz	*Zeit (in Jahren)*
NH_3, H_2S	<0,005[a]
NO, NO_2	<0,01[a]
SO_2	<0,02[a]
H_2O	0,03
O_3	0,3
CO	0,4
CH_4	3
N_2O	7
CO_2	10
O_2	8000

[a] schwankt je nach Feuchtigkeitsgehalt der Luft und anderen Faktoren beträchtlich.

Die Menge des in der Troposphäre enthaltenen Wasserdampfs schwankt je nach Temperatur (Abb. 1.2) – je wärmer die Luft, desto höher ist ihr Wasserdampfgehalt. Wenn die Luft gesättigt ist und abkühlt, kondensiert das Wasser und bildet Wolken, Dunst oder Nebel. Dunst unterscheidet sich von Nebel in der Größe der Tröpfchen (<2 mm). Der Wasserdampf, der bei Verbrennungsvorgängen entsteht, trägt nur wenig zum globalen Wasserkreislauf bei. In der Nähe von Städten und Industriegebieten kommt es jedoch oft zu Nebelbildung, da die dort emittierten staubförmigen Schadstoffe die für die Kondensation notwendigen Kerne darstellen; besonders nachts, wenn die Temperaturen sinken, bildet sich Nebel. In der unteren Stratosphäre sind dagegen nur sehr geringe Wassermengen enthalten, da die Feuchtigkeit, die über den Tropen in die Tropopause gelangt, bei den dort herrschenden Temperaturen von knapp −80°C gefriert und hohe Zirruswolken bildet.

Die durchschnittliche Niederschlagsmenge über dem Land beträgt pro Jahr weltweit ungefähr 71 cm a^{-1}; die Verdunstungsmenge ist dagegen viel niedriger (47 cm a^{-1}). Über den Meeren, die flächenmäßig mehr als das Doppelte des Festlands ausmachen, sind die Niederschlags- (110 cm a^{-1}) und die Verdunstungsmengen (120 cm a^{-1}) höher. Das heißt, daß netto 0,04 Pt Wasser von den Meeren zum Festland transferiert werden. Dies wird wieder ausgeglichen, indem durch den Oberflächenabfluß die gleiche Menge Wasser vom Land in die Meere zurückfließt. Da die Atmosphäre verglichen mit dem Festland und den Meeren jedoch ein kleines Wasserreservoir darstellt, erfolgt der Wassertransfer vom Meer zum Land über die Atmosphäre in relativ kurzer Zeit.

Die Lebensdauer einer chemischen Substanz (z.B. SO_2) in einem Reservoir entspricht ihrer Gesamtmenge geteilt durch ihre Zu- bzw. Abnahme. Nimmt man atmosphärisches Wasser als Beispiel, so ergibt die Gesamtmenge (0,0013 Pt), geteilt durch den Nettofluß von den Meeren zum Land (0,045 Pt

Tabelle 1.4 Depositionsgeschwindigkeiten (mm s^{-1}) ausgewählter Luftschadstoffe bezogen auf unterschiedliche Oberflächen

	Schadstoff				
Oberfläche	*NO*	NO_2	*PAN*[a]	SO_2	O_3
Böden	1,9	1,6	2–30	2–11	2,5–10
Meerwasser	0,015	0,15	0,2	2	0,5
Süßwasser	0,007	0,1	—	1	0,1
Pflanzen	1	4–60	6	1–29	1–17

[a] siehe Kapitel 6.

a^{-1}), eine Lebensdauer von 0,03 Jahren bzw. <11 Tagen. Verglichen mit der Lebensdauer anderer atmosphärischer Gase (Tabelle 1.3) ist dies eine relativ kurze Zeitspanne. Nur bei Gasen wie CO_2, deren Lebensdauer mehr als sechs Monate beträgt, erfolgt eine Durchmischung, die zu weltweit relativ einheitlichen Konzentrationen führt.

1.5 Depositionsraten

Luftschadstoffe werden der Atmosphäre durch eine Vielzahl von Prozessen entzogen (Abb. 1.1). Je nach Schadstoff verläuft dieser Prozeß mit unterschiedlicher Geschwindigkeit, da manche Stoffe von bestimmten Oberflächen schnell absorbiert oder adsorbiert werden, während andere Stoffe relativ reaktionsträge sind. Je nach Oberfläche (Tabelle 1.4) variiert die Absorption und Adsorption von Gasen wie NO, NO_2, SO_2 und O_3 beträchtlich. Diese Faktoren bestimmen, über welche Distanz und welchen Zeitraum ein Schadstoff von der Emissionsquelle forttransportiert wird, bevor er sich an einer Oberfläche ablagert. Über Wasserflächen wird atmosphärisches NO z.B. sehr viel länger und weiter transportiert als NO_2; über Landflächen ist der Unterschied jedoch unerheblich. Da schneebedeckte Böden eine schlechte Senke für SO_2 darstellen, wird SO_2 über solchen Flächen Hunderte von Kilometern transportiert, über feuchtem, nicht gefrorenem Boden dagegen nur wenige Kilometer.

Mit Ausnahme von NO ist bei den in Tabelle 1.4 aufgeführten Gasen die Depositionsgeschwindigkeit in bezug auf Pflanzenoberflächen hoch. Das liegt daran, daß bei NO_2, O_3 usw. physiologische Prozesse wie der Widerstand der Stomata gegen Gasströme einen großen Einfluß auf die Depositionsgeschwindigkeit haben. Wenn die Stomata geöffnet sind, geben sie große Absorptionsflächen innerhalb des Blattes frei und ermöglichen damit hohe Depositionsraten. Als Barriere gegen Schadstoffeintrag verbleibt dann die Grenzschicht aus unbewegter Luft, die das Blatt umgibt. Bei Wind wird diese jedoch fortgeweht und der Grenzschichtwiderstand stark herabgesetzt (s. Kapitel 2).

Tabelle 1.5 Ungefährer prozentualer Anteil an der Luftverschmutzung (anhand von Daten aus den USA aus dem Jahr 1968)

Quelle	*Stäube*	SO_2	$NO + NO_2$	*CO*	*nicht verbrannte Kohlenwasserstoffe*
Stromerzeugung und Heizung	47,9	74,9	53,2	2,2	2,3
Transport/Verkehr	6,5	2,3	42,7	76,7	59,7
Abfallentsorgung	5,3	0,3	2,9	9,4	5,9
andere Quellen	40,2	22,4	1,1	11,7	16,6
Verdunstung von Lösemitteln	—	—	—	—	15,4

Andere Gase wiederum sind so reaktionsfreudig, daß ihre Aufnahme nicht durch den Oberflächenwiderstand beeinträchtigt wird. Der Eintrag von Gasen wie HNO_3, HCl, HF und NH3 wird lediglich durch atmosphärische Widerstände bestimmt. Daher ist ihre Depositionsgeschwindigkeit bei Wind (>4 m s^{-1}) groß (>20 mm s^{-1}), da dann der Grenzschichtwiderstand überwunden wird.

1.6 Konzentrationen und Grenzwerte

Seit mehreren Hundert Jahren werden die Menschen in England und in vielen anderen Staaten Europas durch die Rechtsprechung ihres Landes vor Luftverschmutzung aus Punktquellen geschützt. Schon 1691 wurde ein Bäcker in London dazu verpflichtet, seinen Schornstein so hoch zu bauen, daß der Rauch weit über den Hausdächern aufstieg. Wenn die Emissionsquellen jedoch größer oder zahlreicher werden und Teil einer verschmutzten Umwelt sind, müssen Luft und Menschen durch Gesetze ihrer Landesregierungen geschützt werden. Wenn Schadstoffemissionen aus einem Staat grenzüberschreitend Umweltprobleme hervorrufen, bedarf es internationaler Abkommen.

Die Quellen der Luftverschmutzung sind äußerst vielfältig und oft nicht leicht voneinander zu trennen: häufig liegen die Emissionsquellen – Haushalte/Kleingewerbe und Industrieanlagen – nahe beieinander; beide sind auf Stromerzeugung angewiesen. Sowohl Privatpersonen als auch Wirtschaftsunternehmen tragen bei zu der Luftverschmutzung, die infolge von Transport und Verkehr sowie der Abfallentsorgung entsteht. Bei den in Tabelle 1.5 aufgeführten Emissionsquellen wird deshalb nicht zwischen privaten und industriellen Verursachern unterschieden.

Die Verbrennung fossiler Brennstoffe zur Stromerzeugung trägt in beträchtlichem Umfang zur Emission von Stäuben und Schadgasen wie SO_2 und NO_2 bei. Je nach Brennstoff variieren die emittierten Schadstoffarten und -mengen. In Tabelle 1.6 sind die Schadgase aufgeführt, die von Kraftwerken ohne Abgasentstickungs- und -entschwefelungsanlagen ausgestoßen werden.

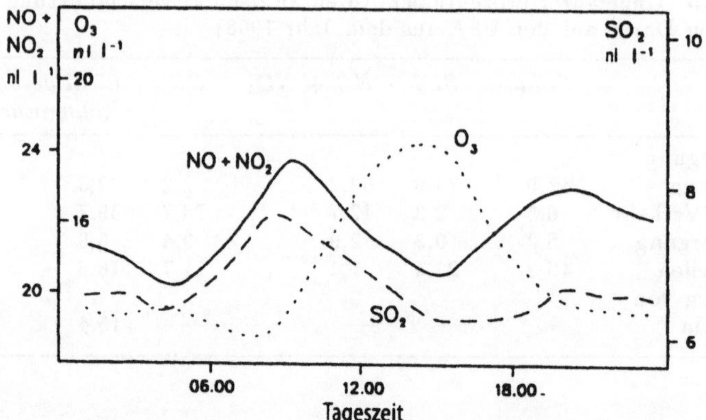

Abb. 1.4. Typisches Muster der täglichen Schwankungen der Luftschadstoffkonzentrationen in einem bewölkten Industriegebiet bei mäßigen Winden (mit freundlicher Genehmigung von Drs. Nicholson, Paterson, Cape und Kinnaird und Prof. Fowler, ITE (NERC), Schottland)

Die Schadstoffkonzentrationen fluktuieren zwar beträchtlich, gleichwohl lassen sich – insbesondere an Werktagen – bestimmte Muster erkennen. In Abbildung 1.4 ist ein solches Tagesprofil dargestellt, das für viele Ballungsgebiete in Europa, Japan und dem Osten der USA bei mildem, windigem Wetter mit teilweiser Bewölkung typisch ist. Die Stromnachfrage setzt früh am Morgen ein und führt zu einem Anstieg der SO_2-Konzentration. Dieser Anstieg fällt zeitlich mit dem Berufsverkehr zusammen, der seinerseits zu einem Anstieg der Konzentration der Stickoxide (und unverbrannten Kohlenwasserstoffe) führt. Wenn gegen Mittag der Himmel aufreißt, führt dies vermehrt zu photochemischen Reaktionen und zusätzlicher Ozonbildung, die wiederum die Bildung von Sulfaten und Nitraten verstärkt. Wenn am Spätnachmittag der Berufsverkehr wieder einsetzt, bauen die dabei entstehenden erhöhten Stickoxidkonzentrationen das Ozon wieder ab. Die Zubereitung des Abendessens und das Heizen der Wohnungen führen dann noch einmal zu verstärkter SO_2-Emission.

In allen Industrieländern gibt es Gesetze zur Überwachung und Begrenzung der Luftverschmutzung. Es ist nicht Aufgabe dieses Buches, diese Gesetze im einzelnen näher zu betrachten. Darüber hinaus gibt es internationale Abkommen zur Sicherstellung angestrebter Immissionswerte. Die Europäische Kommission erarbeitet sowohl Grenz- als auch Richtwerte. Grenzwerte müssen durch nationale Rechtsprechung umgesetzt werden; Richtwerte sind zwar rechtlich nicht bindend, die einzelnen Mitgliedstaaten sollen jedoch deren Einhaltung anstreben. Daneben gibt es die von der Weltgesundheitsorganisation (WHO) empfohlenen Immissionsrichtlinien, die keinerlei bindenden Charakter haben, sondern lediglich erstrebenswerte Ziele vorgeben und im großen und ganzen niedriger als die Richtwerte der Europäischen Kommis-

Tabelle 1.6 Typische Emissionsmengen (in $\mu l\ l^{-1}$) verschiedener Gase, die bei der Stromerzeugung mit unterschiedlichen Brennstoffquellen anfallen

Schadstoff	*Fossile Brennstoffe*			
	Kohle	*Erdöl*	*Gas*	*Torf*
SO_2[a]	400–3000	500–3000	—	100–1000
NO	300–1300	250–1300	200–500	100–1000
NO_2	10–40	10–40	10–30	3–30
CO	—	—	100	2000–5000
unverbrannte flüchtige Kohlenwasserstoffe	10–60	100–2000	100–2000	30
HCl	80	—	—	—

[a] Die SO_3-Konzentrationen betragen 1–10% der SO_2-Konzentrationen.

sion sind. In Tabelle 1.7 sind die verschiedenen internationalen Empfehlungen am Beispiel von SO_2 dargestellt.

In den USA wurden für bestimmte Substanzen, u.a. die Luftschadstoffe, maximale Arbeitsplatzkonzentrationen (MAK, s. auch Anhang 3) festgesetzt, denen die Mehrzahl der Werktätigen während einer 40stündigen Arbeitswoche ausgesetzt werden kann, ohne daß es zu gesundheitlichen Beeinträchtigungen kommt. Diese MAK wurden anhand von Ergebnissen aus Tierversuchen, von medizinischen Erkenntnissen, epidemiologischen und Umweltstudien festgesetzt; die Mitgliedstaaten der EU und andere Industrienationen übernehmen in der Regel diese Werte. In Tabelle 1.8 sind die MAK einiger wichtiger Luftschadstoffe angegeben.

Aus Tabelle 1.8 wird ersichtlich, daß die MAK für SO_2 – um ein Beispiel zu nennen – deutlich über den Empfehlungen internationaler Immissionsrichtlinien (Tabelle 1.7) liegt. Dies ist darin begründet, daß MAK für gesunde Arbeiter und Arbeitnehmer während der Dauer ihres Arbeitslebens ausgelegt sind. Immissionsrichtlinien müssen dagegen die langfristigen Auswirkungen auf die gesamte Bevölkerung, also auch auf kleine Kinder, alte und kranke Menschen sowie die Pflanzenwelt, Sachgüter und die Umwelt insgesamt berücksichtigen.

Unabhängig davon, wie sie gestaltet sind, bewirken Immissionsrichtlinien allein keine sauberere Luft, wenn nicht Maßnahmen ergriffen werden, um die darin festgelegten Werte durchzusetzen. Damit die gesetzlichen Vorgaben Erfolg haben, müssen strenge Kontrollen und Überwachungsmaßnahmen für die Einhaltung der Vorschriften sorgen. Die strengsten Grenzwerte sind unnütz, wenn nicht der Wille besteht, ihre konsequente Umsetzung – in der Umwelt, am Arbeitsplatz und zu Hause – sicherzustellen.

Tabelle 1.7 Internationale Immissionswerte am Beispiel von SO_2, die von der EU-Kommission bzw. der Weltgesundheitsorganisation (WHO) festgelegt wurden

	SO_2	
Richtlinien und Empfehlungen	$\mu g\ m^{-3}$	$nl\ l^{-1}$
EU-Grenzwerte (1980)		
pro Jahr (Median der Tageswerte)	120[a]	45
im Winter (Median der Tageswerte) (Oktober - März)	180[b]	68
EU-Richtwerte (1980)		
pro Jahr (tägliches arithmetisches Mittel)	40–60	15–23
über 24 Stunden (tägliches Mittel)	100–150	38–56
WHO-Richtlinien (1985)		
pro Jahr (arithmetisches Mittel)	30[c]	11

[a] 80 $\mu g\ m^{-3}$, wenn Rauch >40 $\mu g\ m^{-3}$.
[b] 130 $\mu g\ m^{-3}$, wenn Rauch >60 $\mu g\ m^{-3}$.
[c] Die entsprechenden Zahlen für NO_2 und O_3 betragen 30 bzw. 60 $\mu g\ m^{-3}$.

1.7 Critical Loads

Bestimmte Länder haben die Standards zur Luftreinhaltung im Hinblick auf die Quantifizierung und Überwachung des Schadstoffeintrags in sensible Regionen eine Stufe weiter gebracht. Eines der am weitesten verbreiteten Konzepte ist das Critical-loads-Konzept, wobei "critical load" definiert ist als "die höchste Dosis, die auch auf längere Zeit (50 Jahre) keine schädlichen Auswirkungen auf die sensibelsten Ökosysteme hat". Sind solche Grenzwerte einmal festgelegt, wird durch das Einsetzen niedrigerer Ziel-Grenzwerte versucht sicherzustellen, daß die critical loads nicht überschritten werden. Dieser Ansatz hat viele Vorteile; der wichtigste ist, daß Umweltschutz direkt mit Depositionsraten und Emissionskontrollen in Verbindung gesetzt wird. Die Schwierigkeit besteht jedoch darin, daß zunächst ein exakter Grenzwert für einen bestimmten Schadstoff ermittelt werden muß, der allen wichtigen Umweltfaktoren Rechnung trägt. Eine weitere wesentliche Schwierigkeit besteht darin, daß "critical loads" nicht aufsummiert werden können, wenn unterschiedliche Schadstoffe gleichzeitig vorliegen. Da Interaktionen zwischen Schadstoffen sehr häufig sind (siehe auch Kapitel 11), führt dies dazu, daß critical loads für einen einzelnen Schadstoff nicht angewendet werden können, so daß ein neuer, alle Schadstoffe zusammenbringender Grenzwert ermittelt werden muß.

Das Critical-loads-Konzept wurde bei der Beurteilung der Risiken von saurem Regen bzw. der gesamten sauren nassen Deposition (siehe Kapitel 5) erfolgreich angewandt. Farbtafel 8 zeigt ein typisches Beispiel einer am Computer erstellten Übersicht einer Gesamt-Säuredeposition, ausgedrückt anhand von critical loads. Auf der Grundlage solcher Karten werden von einzelnen

Tabelle 1.8 Maximale Arbeitsplatzkonzentration (MAK) für eine 5tägige Arbeitswoche mit je 8 Stunden (Durchschnittswerte pro Woche) für Gesunde (ACGIH-Werte; siehe Anhang C)

	MAK	
Schadstoff	$\mu l\ l^{-1}$	$mg\ m^{-3}$
Benzol	10	30
CCl_4	5	31
CO	50	55
CO_2	5000	9800
CS_2	10	31
HCHO	1	1,5
HF	3	2
F_2	1	2
H_2S	10	15
NH_3	25	35
NO	25	30
NO_2	5	9
PAN	0,08	—
Organische Bleiverbindungen	—	0,15
O_3	0,1	0,2
SO_2	5	13
Unverbrannte Kohlenwasserstoffe	500	—

Ländern oder Ländergruppen niedrigere Ziel-Grenzwerte festgelegt. In Nordamerika wird zum Beispiel angenommen, daß bei einem Ziel-Grenzwert von 20 kg nassem $SO_4{}^{2-}$ ha^{-1} a^{-1} auch die sensibelsten aquatischen Ökosysteme noch nicht beeinträchtigt werden.

1.7.1 Feststellung von Schadstoffbelastungen

Die Überwachung der Luftverschmutzung ist eine Voraussetzung für Maßnahmen zur Luftreinhaltung. Zur Überwachung werden eine ganze Reihe von Methoden mit unterschiedlicher Sensibilität und Spezifität verwendet. Einige dieser Methoden beruhen auf kontinuierlichen Messungen, während andere mittels Stichproben durchgeführt werden, die über einen bestimmten Zeitraum gesammelt werden und teilweise (wie z.B. Kohlenwasserstoffe) vor der Analyse konzentriert werden müssen. Kontinuierliche Messungen erfordern keine ständige Beaufsichtigung, sind aber gewöhnlich teurer. Darüber hinaus muß man bei der automatischen Probennahme durch diese Techniken die Responsezeit des jeweiligen Meßgerätes beachten.

Billigere, diskontinuierliche Methoden sind bezüglicih der Zeitpunkte, zu denen Proben genommen werden, standardisiert und erfordern häufig ma-

Tabelle 1.9 Kontinuierliche Methoden der Luftschadstoffmessung

Schadstoff	*Methoden*	*Reaktionszeit*	*Nachweisgrenze*
SO_2	H_2O_2-Leitfähigkeit	3 min	10 nl l^{-1}
	Flammenphotometrie	25 s	0.5 nl l^{-1}
	Fluoreszenzmethode	2 min	0.5 nl l^{-1}
NO	Chemilumineszenzanalyse mit O_3	1 s	0.5 nl l^{-1}
NO_2	Reduktion (+ oben beschriebene Methoden)[a]	1 s	0.5 nl l^{-1}
O_3	KI-Oxidation/Elektrolyse	1 min	10 nl l^{-1}
	Chemilumineszenzanalyse mit CH_2CH_2	3 s	1 nl l^{-1}
	UV-Spektroskopie	30 s	3 nl l^{-1}
CO	Elektrochemische Methode	25 s	1 μl l^{-1}
	Nichtdispersive IR-Analyse	5 s	0.5 μl l^{-1}
Unverbrannte Kohlenwasserstoffe	Flammenionisation (Gaschromatographie)	0.5 s	10 nl l^{-1}
	Nichtdispersive IR-Analyse	5 s	1 μl l^{-1}

[a] Kann auch für die Messung von NH_3 verwendet werden; Reduktion muß jedoch bei Temperaturen von über 650°C erfolgen.

nuellen Einsatz während oder nach der Probennahme. Dies soll nicht heißen, daß automatische kontinuierliche Methoden keiner Beaufsichtigung bedürfen. Einige von ihnen erfordern die Zufuhr von bestimmten Gasen, die überprüft werden muß, oder sie haben bewegliche Teile (Pumpen), die regelmäßige Wartung erfordern. In Tabelle 1.9 sind die wichtigsten kontinuierlichen Techniken sowie deren jeweilige niedrigste feststellbare Schadstoffkonzentration (Nachweisgrenze) und die Reaktionszeit mit 90%iger Genauigkeit aufgeführt.

Der Chemilumineszenztest ist ein gutes Beispiel für eine kontinuierliche Meßtechnik. Sie wird sowohl zur Feststellung von Stickoxiden als auch von Ozon (O_3) verwendet. Zur Feststellung von Stickoxiden wird aus Stickstoffmonoxid (NO) angeregtes NO_2^* bei gleichzeitiger Anwesenheit von überschüssigem O_3 gebildet. O_3 emittiert daraufhin Licht der Wellenlänge 1200 nm, das von einem Photometer festgestellt werden kann. Währenddessen wird vor der Messung NO_2 durch Wärme (650°C) zu NO umgewandelt und kann separat durch die Differenz zur Kontrollmessung mit NO allein bestimmt werden.

Auf ähnliche Weise wird auch O_3 bestimmt, und zwar durch die Reaktion mit Kohlenwasserstoffen wie zum Beispiel Ethylen (C_2H_4, oder Ethen) unter Bildung eines Licht emittierenden freien Radikals (siehe Anhang A), das zu Formaldehyd (HCHO) zerfällt und gleichzeitig Licht von ca. 435 nm Wellenlänge emittiert. Dies bedeutet, daß das auf diese Weise gemessene Licht

Tabelle 1.10 Diskontinuierliche oder halbautomatische Methoden der Luftschadstoffmessung

Schadstoff	*Methode* [a]	*Messungszeitraum*	*Nachweisgrenze* ($nl\ l^{-1}$)
SO_2	H_2O_2/ Säure-Basen-Titration	24 h	2
	West-Gaeke-Verfahren	15 min	10
NO_2	Modifizierte Diazotisierung	30 min	5
O_3 [b]	KI-Oxidation + Spektrophotometrie	30 min	10
PAN	GC/Elektroneneinfang	—	1
CO	Methanierung/ Flammenionisation	—	10
Unverbrannte Kohlenwasserstoffe	GC/Flammenionisation	— [c]	1

[a] GC = Gaschromatographie, KI = Kaliumiodid.
[b] Einschließlich aller Oxidanzien.
[c] Proben von unverbrannten (flüchtigen) Kohlenwasserstoffen müssen vor der Injektion konzentriert werden.

von dem Licht, das aus der Reaktion von O_3 mit NO resultiert, unterschieden werden kann.

Ältere sog. halbautomatische Techniken sind im Lauf der Zeit stark verbessert worden. In Tabelle 1.10 sind eine Reihe der erfolgreicheren Techniken sowie der üblicherweise zur Probennahme verwendete Zeitraum und die jeweils niedrigste feststellbare Schadstoffkonzentration (Nachweisgrenze) aufgeführt. In den Industrieländern werden diese Methoden zur Zeit immer weniger angewandt, doch da sie billiger sind als andere Methoden, spielen sie in Entwicklungsländern noch immer eine wichtige Rolle.

1.8 Bioindikatoren

Die Überwachung von Luftschadstoffen mittels chemischer Methoden kann gelegentlich durch den Einsatz biologischer Indikatoren ersetzt werden. Bestimmte Flechten zum Beispiel reagieren sensibel gegenüber bestimmten Luftschadstoffen wie z.B. SO_2, Fluorwasserstoffen, O_3 und PAN. Die Kartographierung von Luftverschmutzung wird daher häufig auf der Grundlage der Verteilung und Häufigkeit bestimmter Flechtenarten vorgenommmen. Dabei müssen jedoch einige Dinge beachtet werden, um Verläßlichkeit und Relevanz zu gewährleisten. Werden zum Beispiel epiphytische Flechten herangezogen, muß die Probe immer von derselben Baumart stammen, die immer unter vergleichbaren Umweltbedingungen ohne den Einfluß ungewöhnlicher Nährstoffe, Herbizide oder Pestizide usw. gewachsen sein muß. Weiterhin hängt sehr viel von der Erfahrung des Untersuchenden ab, wenn Überschneidungen zwischen verschiedenen Schadstoffen und unterschiedlichen klimatischen

Tabelle 1.11 Eine Reihe von Pflanzen, die als Bioindikatoren für Luftverschmutzung in Europa geeignet sind

Schadstoff	*Art und Varietät*
SO_2	Alfalfa (*Medicago sativa* L. cv. Du Puits) (siehe Farbtafel 3)
	Klee (*Trifolium incarnatum* L.)
	Erbse (*Pisum sativum* L.)
	Buchweizen (*Fagopyrum esculentum* Moench.)
	Großer Wegerich (*Plantago major* L.)
NO_2	Sellerie (*Apium graveolens* L.)
	Petunia sp.
	Tabak (*Nicotiana glutinosa* L.)
O_3	Tabak (*Nicotiana tabacum* L. cv. Bel W3) (siehe Farbtafel 6)
PAN	Kleine Brennessel (*Urtica urens* L.)
	Einjähriges Rispengras (*Poa annua* L.)
HF, Fluoride	*Gladiolus gandavensis* L. cv. Snow Princess (siehe Farbtafeln 5 und 12)
	Tulpe (*Tulipa gesneriana* L. cv. Blue Parrot)
Allg. Akkumulatoren	Italienisches Raygras (*Lolium multiflorum* Lam. ssp. *italicum*)
	Kohl (*Brassica oleracea* L. cv. Acephala)
Rinden-akkumulatoren	Rose (*Rosa rugosa* Thunb.)
	Thuga orientalis L.

Bedingungen (z.B. Feuchtigkeit) ausgeschlossen werden sollen. Solche Untersuchungen sind sehr nützlich, wenn in der Nähe einer unbelasteten Region ein Industriebetrieb errichtet werden soll. Durch wiederholte Erhebungen an derselben Stelle zu unterschiedlichen Zeiten können schädliche Auswirkungen nachgewiesen werden. Die in Abb. 1.5 dargestellte Studie ist ein gutes Beispiel für die Verwendung von Flechten als Bioindikatoren.

Auch höhere Pflanzen, die besonders sensibel auf einen bestimmten Schadstoff reagieren, werden als Bioindikatoren herangezogen. Es wurde eine Reihe von Pflanzen gezüchtet, von denen jede eine ganz spezifische, nur auf einen Schadstoff zurückzuführende Form der Schädigung aufweist oder die bestimmte Schadstoffe in einer charakteristischen Weise akkumulieren. Für Europa geeignete Indikatorpflanzen sind in Tabelle 1.11 aufgelistet. Diese Pflanzen werden unter Reinluftbedingungen in Containern bis zu einem bestimmten Stadium und Alter herangezogen und dann an verschiedenen, über eine bestimmte Gesamtfläche verstreuten Orten ausgesetzt. Nach einem festgelegten Expositionszeitraum werden sie zum zentralen Ausgangsort zurückgebracht und mit entsprechenden Reinluft-Kontrollpflanzen verglichen. Anhand der sichtbaren Unterschiede kann eine Beurteilung der Luftqualität in den Untersuchungsgebieten vorgenommen werden. Ganze Länder, wie zum Beispiel die Niederlande, wurden von solchen Versuchsnetzwerken überzogen. Die aus den Versuchen mit großflächig verteilten Bioindikatoren erzielten Ergebnisse werden anschließend mit Daten ergänzt, die aus der Überwachung

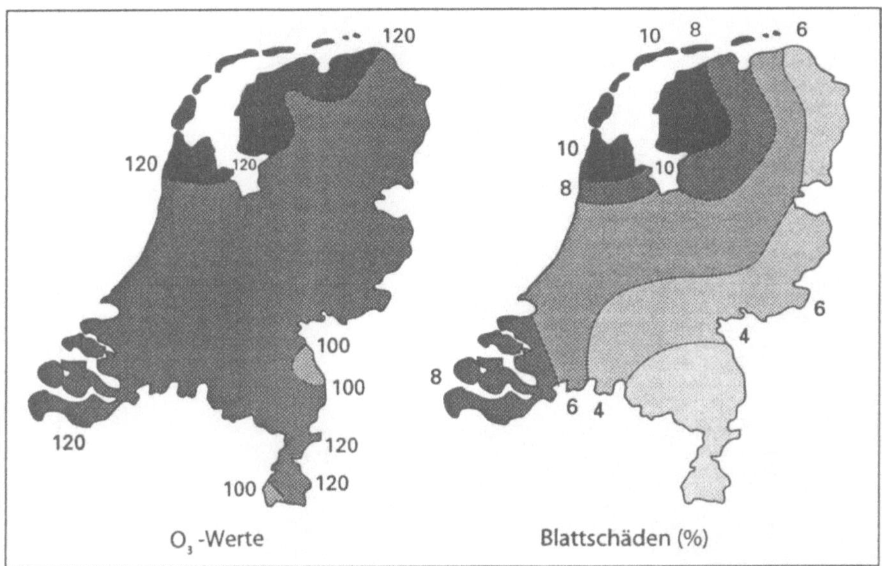

Abb. 1.6. Verteilung von O_3 (in $\mu g\, m^{-3}$) und prozentuale Blattschäden an Tabakpflanzen (cv. Bel W_3) (rechts) in den Niederlanden im Jahr 1979 (mit freundlicher Genehmigung von A.C. Postumus, RIP Wageningen)

von Luftschadstoffen mittels chemischer Methoden gewonnen wurden, um daraus Karten von Belastungszonen erstellen zu können (siehe Abb. 1.6).

Der sorgfältige Vergleich der Reaktion von Bioindikatoren mit entsprechenden Reinluftkontrollen ist weitaus besser geeignet als die subjektive Beurteilung sichtbarer Schäden an einer bereits bestehenden Vegetation, die sich aus vielen verschiedenen Arten zusammensetzt. Durch letzteres kann man lediglich auf möglicherweise auftretende Probleme aufmerksam machen, die mit Luftverschmutzung in Verbindung stehen könnten (oder auch nicht). Viele andere Faktoren wie Trockenheit, Befall durch Schadinsekten, Staunässe, Pilzinfektionen und ungünstige Temperaturen können ebenfalls sichtbare Schäden hervorrufen, was folglich leicht zu Fehlschlüssen führen kann. Wenn es nicht möglich sein sollte, teure chemische Überwachungsmethoden an einem Ort zu errichten, an dem man eine Umweltbelastung vermutet, kann man durch Aussetzen sensibler Pflanzen häufig zu den richtigen Einschätzungen gelangen.

Nichtpflanzliche Bioindikatoren sind ebenfalls denkbar, werden aber selten eingesetzt. Blattfressende Insekten zum Beispiel können zwischen Blättern von unbelasteten und belasteten Pflanzen differenzieren, selbst wenn kein sichtbarer Unterschied festzustellen ist. Es wird angenommen, daß sie schon geringfügige Unterschiede über ihren Geruchssinn wahrnehmen können.

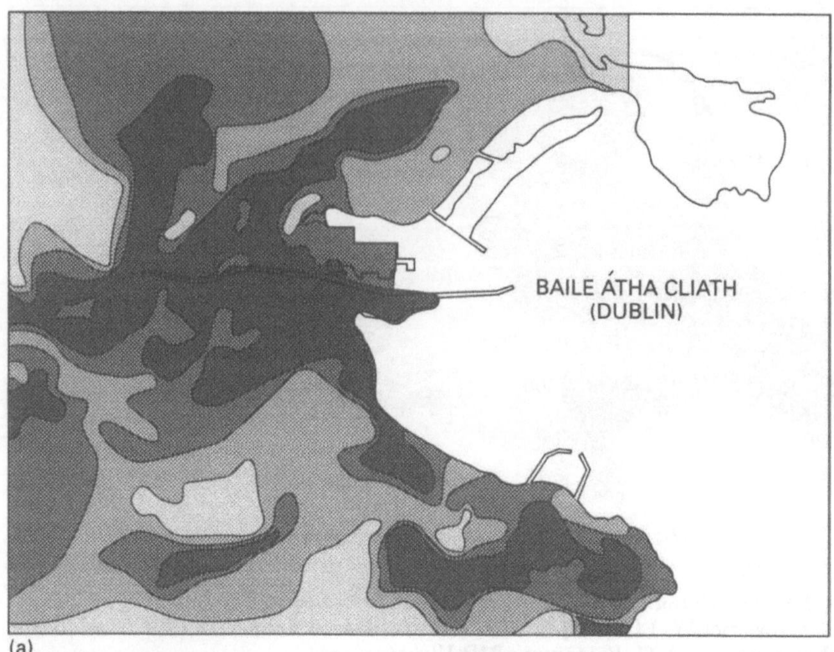

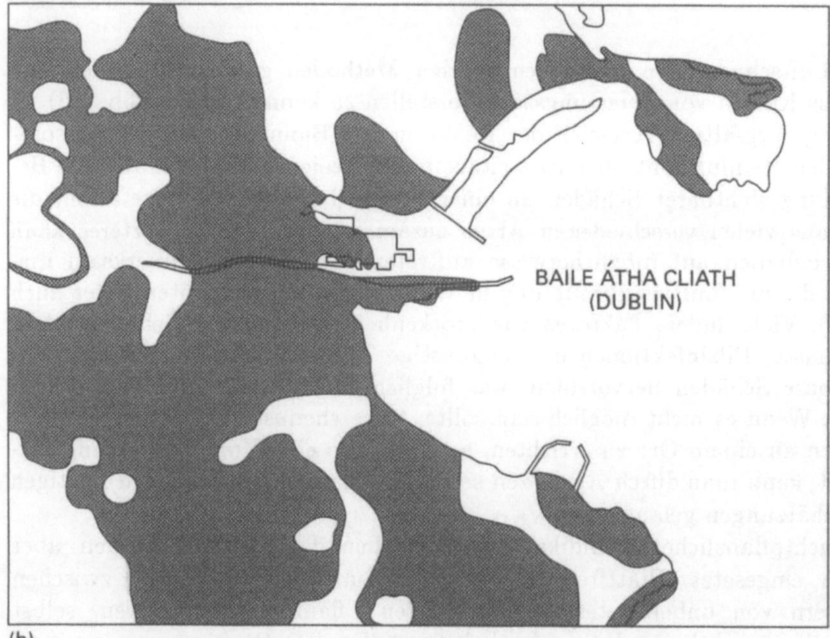

Abb 1.5 Das Luftverschmutzungsklima in der Umgebung von Dublin, gewonnen aus Überwachungsversuchen mit Flechten und "rosa Hefen", 1988 von irischen Schülern durchgeführt. (a) Mutmaßliche Verteilung von SO_2, basierend auf einigen 24stündigen Überwachungsversuchen, dunkelste Schattierung = 50 μg m^{-3}, nach außen hin stetig bis auf 10 μg m^{-3} abnehmend. (b) SO_2-Verteilung anhand

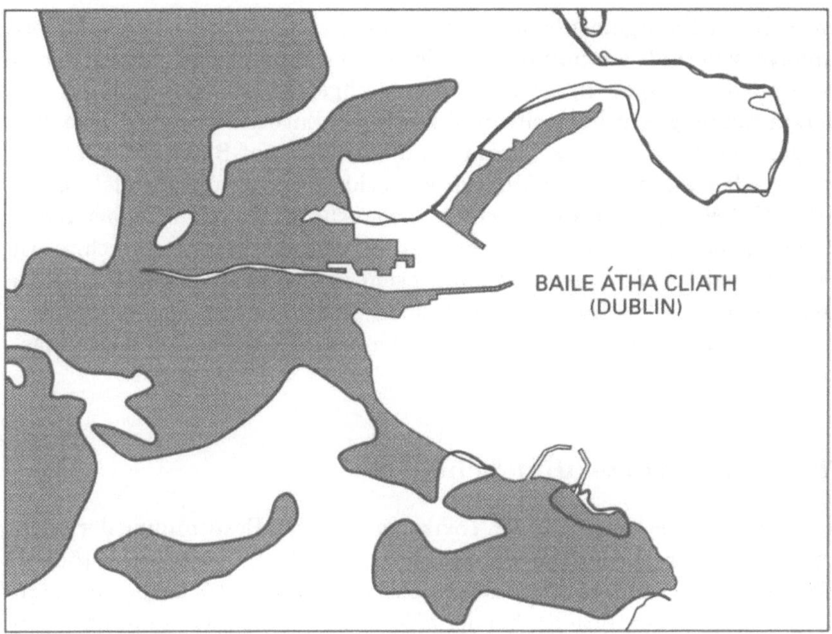

(c)

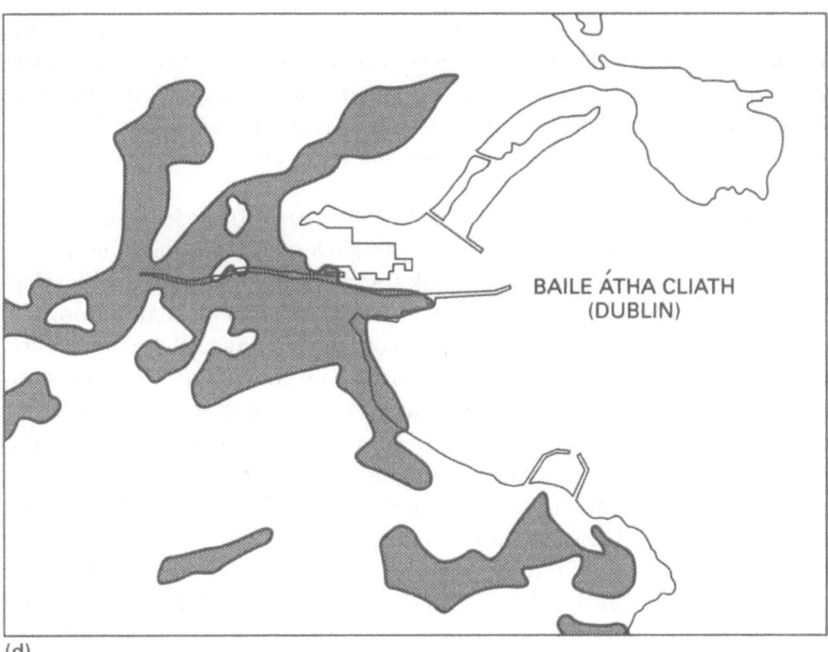

(d)

der Verbreitung von "rosa Hefen", dunkle Schattierung = "Luft sehr schlecht". (c) Verbreitung der Flechten *Paramelia saxatilis*, *P. sulcata* und *Hypogamia physodes*, Schattierung = abwesend. (d) Verbreitung der Flechten *Lepraria incana* und *Lecanora conizaeoides*, Schattierung = abwesend. Abdruck der Karten mit freundlicher Genehmigung von D.H.S. Richardson und An Foras Forbartha, Irland

Auch die Mikroorganismenpopulation an der Blattoberfläche verändert sich infolge von Luftverschmutzung. Bei einer interessanten, von irischen Schülern in der Umgebung von Dublin durchgeführten Untersuchung zur Luftverschmutzung wurde in einem Versuch die Entwicklung von "rosa Hefen" (eigentlich Pilze) verfolgt, nachdem diese zuvor auf Blattproben ausgestrichen worden waren. Dieser Versuch war schlüssiger als die parallel durchgeführten Untersuchungen mit Flechten (siehe Abb. 1.5). Versuche, bei denen Mikroorganismen oder Insekten eingesetzt werden, erscheinen einfach, doch noch immer werden die ihnen zugrundeliegenden wesentlichen Mechanismen nur sehr wenig verstanden. Sie zeigen aber, daß nützliche und detaillierte Informationen auch ohne flächendeckende Anwendung teurer Überwachungsinstrumente gewonnen werden können.

1.9 Schwellenwerte und Schäden

Eines der klassischen Verfahren der Toxikologie war die Bestimmung der mittleren Konzentration, die auf einen bestimmten Anteil von Organismen tödlich wirkt. Die tödliche Konzentration oder Dosis (d.h. LC_{50} oder LD_{50}, von engl. lethal dose oder concentration), bei der 50% aller Versuchstiere innerhalb von 48 Stunden sterben, wurde häufig bei Medikamententests u.a. verwendet. Auch heute noch erfordern viele Gesetze solche Versuche, bevor ein Produkt auf den Markt kommen kann. Die diesen Versuchen zugrundeliegende Idee war, daß man die 50%-Werte am Mittelpunkt einer sigmoid verlaufenden Kurve anlegen (Abb. 1.7) und dann auf eine angenommene sichere Konzentration oder Dosis zurückprojizieren kann, die dann als unschädlich erachtet wird.

Wenngleich mit dieser Methode eine schnelle Überprüfung der wahrscheinlichen Gefahren eines unbekannten Giftes möglich ist, so ist doch die hinter der übrigen Interpretation stehende Logik fragwürdig. Letaler und subletaler Verlauf stehen häufig in keinem Zusammenhang. Auch wenn man annimmt, daß alle Variationen (die gewöhnlich beträchtlich sind) aus solch einem Versuch ausgeschlossen wurden, gibt es keine direkte Methode, mittels derer man von dem, was zum Beispiel bei Ratten passiert, auf den Menschen schließen könnte. Varianten dieses Verfahrens, wie zum Beispiel die MLD (minimum lethal dose; die niedrigste, zum Tod führende Dosis oder auch maximal tolerierbare Dosis) oder die MDNF (maximum dose never fatal; die größtmögliche nie zum Tod führende Dosis), sind nur wenig besser.

Da ein tödlicher Verlauf nur ein recht grobes Maß der Toxizität ist, wurden auch mögliche subletale Auswirkungen von Toxikologen überwacht. Das Problem, welche Veränderung nun schädlich ist und welche sich innerhalb des normalen Rahmens der Homöostase oder der internen Selbstregulation der Zellen abspielt, wurde dadurch allerdings nicht gelöst.

Zur Beschreibung von subletaler Toxizität sind viele Vergleichsmaße in Gebrauch (biochemische, mutagene, carcinogene, teratogene). Für jedes po-

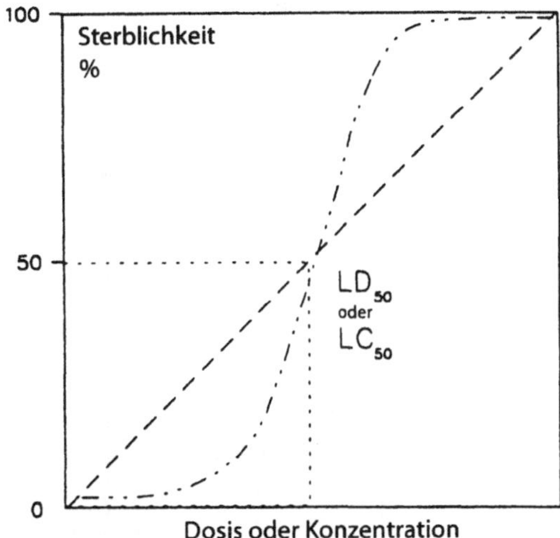

Abb. 1.7. Die LC_{50} oder LD_{50} (die lethal concentration oder lethal dose, die bei 50% einer Gruppe zum Tod führt) nimmt gewöhnlich einen sigmoiden Kurvenverlauf an, der dann zu einer Dosis oder Konzentration zurückprojiziert werden kann, bei der voraussichtlich keine Auswirkungen zu verzeichnen sind

tentielle Gift ergibt sich eine unterschiedliche Reaktionskurve; einige verlaufen linear, andere sigmoid mit deutlichen Schwellenwerten. Jedes Gift – insbesondere jeder Luftschadstoff – ruft eine unterschiedliche Reaktion hervor. Die maximale Arbeitsplatzkonzentration wurde durch eine Kombination von Untersuchungen zu letalen und subletalen Dosen festgelegt. Sie haben dann einen praktischen Nutzen, wenn sie auf gesunde Individuen an ihrem Arbeitsplatz angewandt werden; kritische Gruppen jedoch – wie junge, alte und kranke Menschen sowie Schwangere – sind hierbei nicht berücksichtigt, da nach der ursprünglichen Zielsetzung nur die Risiken für gesunde Erwachsene eingeschätzt werden sollten.

Die zunächst von Tiertoxikologen entwickelten Konzepte wurden auch von Pflanzenpathologen angewendet, um mögliche Auswirkungen auf Pflanzen abschätzen zu können. Pathologische Veränderungen bei Pflanzen äußern sich häufig als sichtbare Blattschäden. Schädliche Auswirkungen sind jedoch nicht immer sichtbar. Ungesehene oder unsichtbare Schäden treten auch außerhalb der normalen Bandbreite der Homöostase auf und führen zu vermindertem Wachstum. Gewöhnlich sind diese Schäden reversibel, sie können jedoch dann, wenn ein Schadstoff über längere Zeit einwirkt, zu irreversiblen und sichtbaren Schäden werden (siehe Abb. 1.8).

Reversible und irreversible Schäden können auch gleichzeitig innerhalb derselben Population auftreten, wobei die Reaktion zwischen den einzelnen Individuen variiert. Einige tolerieren die Veränderung und passen sich an,

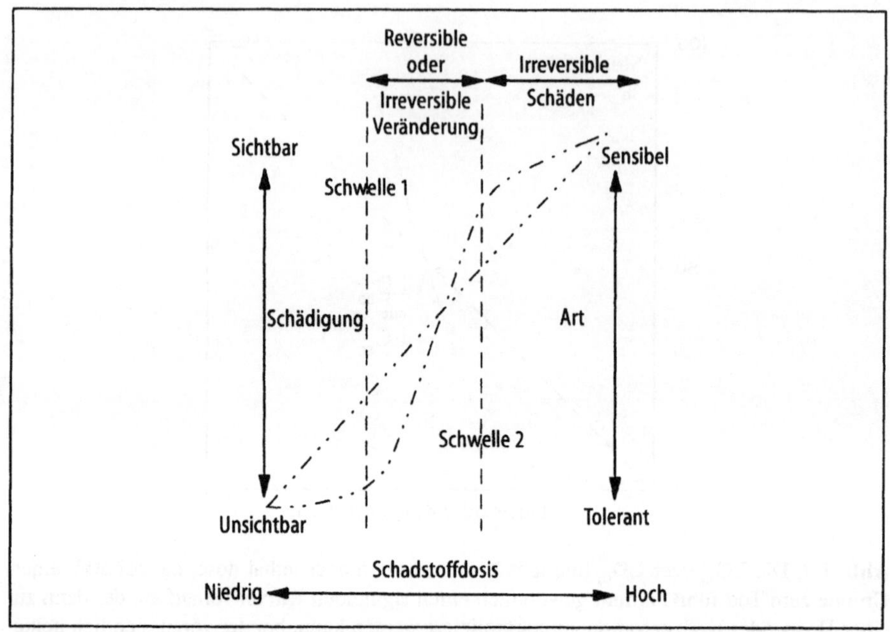

Abb. 1.8. Adaptation des LD_{50}-Konzeptes zur Interpretation von Auswirkungen auf Pflanzen. Der sigmoide Kurvenverlauf deutet an, daß es Schwellenkonzentrationen oder -dosen gibt, bei denen ein Übergang von normaler Zellregulation zu unsichtbaren Schäden bzw. von reversiblen zu irreversiblen Veränderungen stattfindet

während andere sensibel reagieren und unfähig sind, mit den veränderten Bedingungen zurechtzukommen.

Die bioenergetischen Kosten für eine Pflanze mit normal funktionierender Homoöstase, die entstehen, wenn die Pflanze mit einem externen Einfluß wie einem Luftschadstoff fertig werden muß, schlagen sich als Verlust von Energie nieder, die fortan nicht mehr in Wachstum, Reproduktion usw. umgesetzt werden kann. Je weiter sich eine Pflanze oder ein Tier entlang der Reaktionskurve (Abb. 1.8) nach oben bewegt, desto mehr Energie muß zum Überleben aufgewendet werden. An einem bestimmten Punkt ist ein negatives Verhältnis zwischen Energiegewinn und -verbrauch erreicht, was zu einer sichtbaren Schädigung führt. Mit anderen Worten kann man nicht zwischen normaler Homöostase und einer sog. unsichtbaren Schädigung unterscheiden.

1.10 Genetische Adaptation

1.10.1 Industriemelanismus

Evolutionäre Veränderungen finden statt, wenn Organismen einer neuen Form von Streß ausgesetzt sind. In einigen Fällen kann dies sehr schnell vonstatten gehen. So ist zum Beispiel die Fähigkeit bestimmter Bakterien, Resistenzen gegen Antibiotika zu entwickeln, ein großes Problem in der Medizin. Durch ähnliche Mechanismen erwerben bestimmte Insektenpopulationen eine Immunität gegen Insektizide und Ratten gegen Rodentizide.

Ein klassisches Beispiel dafür, wie Luftverschmutzung eine genetische Adaption auslösen kann, ist die veränderte Färbung von Motten, die durch das Dunklerwerden der Baumrinden ausgelöst wurde. Dieses Industriemelanismus genannte Phänomen wurde zuerst im Jahr 1848 in der Gegend von Manchester in Großbritannien beobachtet, als dunklere (*carbonaria*) Varianten des Birkenspanners (*Biston betularia*) auftraten. Der gesamte Vorgang verläuft relativ schnell. Er beginnt jedoch langsam und tritt dann in eine Phase des exponentiellen Wachstums ein, bevor er sich wiederum verlangsamt. Die Häufigkeit dunkler (d.h. durch den Farbstoff Melanin dunkel gefärbter) Individuen innerhalb einer Population steht daher in einem sigmoiden Verhältnis zur Zeit. 1895 waren bereits über 95% der Population in der Umgebung von Manchester dunkel, obwohl nur eine Generation pro Jahr ausgebildet wird.

In Großbritannien sind inzwischen über 80 verschiedene Arten bekannt, bei denen Industriemelanismus gefunden wurde, und auch in anderen Ländern gibt es viele weitere Beispiele. Der Großteil davon hat jedoch etwas gemeinsam. Die meisten von ihnen sind Insekten, die mit voll ausgebreiteten Flügeln auf Baumstämmen und Felsen sitzen. Die Färbung und Musterung der Flügeloberseite bietet ihnen Schutz vor Räubern (meist Vögeln), da sie dem Untergrund, auf dem sie sitzen, stark angeglichen ist (siehe Abb. 1.9). Bei vielen Arten ist auch das Larvenstadium dunkler; dieser Prozeß wird jedoch von anderen Genen kontrolliert.

Nicht zur Beute von Vögeln zu werden ist ein wichtiger Faktor bei der natürlichen Selektion, da eine Vielzahl der Vögel, die nach Beute Ausschau halten, aktiv Baumstämme nach ruhenden Insekten absucht. Andererseits lassen sich Insekten nicht zwangsläufig auf jenen Bäumen nieder, die zu ihrer Färbung passen, obwohl sie sich dann, wenn sie einmal gelandet sind, den Platz suchen, an dem sie am wenigsten auffallen. Es gibt daher innerhalb einer Population immer ein bestimmtes Verhältnis zwischen helleren und dunkleren Varianten, das von den Freßgewohnheiten der Vögel in einer bestimmten Umgebung abhängig ist. Verdunkelt sich die Umgebung infolge der Deposition von Staub- und Rußpartikeln oder verstärkter Sulfidbildung auf Oberflächen, verändert sich der gesamte Genpool (d.h. der Gesamtbestand aller in einer Population vorhandenen genetischen Merkmale) der Population zugunsten einer Dunkelfärbung der Flügel (oder Larven), woraus eine bessere Anpassung an die Umgebung in von Luftverschmutzung betroffenen Regionen resultiert. Ob dieser Evolutionsverlauf durch selektiven Druck ausgelöst wird, der bereits in der Population vorhandene kleinere genetische Variationen begünstigt, oder durch zufällig auftretende vorteilhafte Mutanten, die durch spontane genetische Veränderungen entstehen, ist bislang strittig. Bei

Abb. 1.9. Birkenspanner (*Biston betularia*) sowohl der normalen als auch der *Carbonaria*-Variation, einmal auf einem flechtenbedeckten Baum im ländlichen Dorset (Großbritannien) ausruhend (links) und auf einem dunklen Baum in einem Industriegebiet in der Umgebung von Birmingham (Großbritannien) (rechts). N.B. Auf beiden Photos befinden sich zwei Exemplare! (Mit freundlicher Genehmigung von E.B. Ford, FRS, Oxford)

jeder Art, bei der Industriemelanismus vorkommt, wird das Merkmal durch einen dominanten oder intermediären Erbgang weitergegeben. Wäre er rezessiv, würden die Nachkommen nicht das neue Merkmal (dunkel) aufweisen, und der Vorteil wäre wieder verloren. Die schnelle Reaktion auf die dunklere Umgebung durch Adaptation ist daher in der Akkumulation von Genen begründet, die zumindest teilweise dominant sind.

Die urspüngliche *Carbonaria*-Farbvariante des Birkenspanners von 1848 war heterozygot (d.h. sie wies sowohl Gene für die normale als auch für die dunklere Färbung auf) und war etwas heller als sowohl die heterozygoten als auch homozygoten *Carbonaria*-Formen, die man später fand und bis heute noch findet. Aus Kreuzungen von "modernen" Homozygoten mit "normalen" Birkenspannern aus nichtindustriellen Regionen geht nach wie vor die etwas hellere "ursprüngliche" *Carbonaria*-Form hervor. Dies bedeutet, daß diese vorteilhafte Mutation (d.h. das Merkmal "dunkel") durch andere Gene unterstützt wurde, was zur Folge hatte, daß sich die vollständig dominante gegenüber der Hybridform durchgesetzt hat. Folglich ist der gesamte Genpool in einer Population an einer erfolgreichen Adaption beteiligt.

1.10.2 Sensibilität und Toleranz

Eine einzelne Genmutation bildet nur sehr selten die vollständige Antwort auf einen Umweltstreßfaktor. Vielmehr ist es die Ausbildung verschiedener Genkombinationen, die nach und nach die Effektivität einer Population erhöht, Streß zu widerstehen. Es kann jedoch vorkommen, daß einzelne Individuen innerhalb einer Population besonders gut mit diesen nützlichen Genkombinationen ausgestattet und als solche für die Züchtung geeignet sind.

Im Falle der Toleranz gegenüber Luftverunreinigungen wird nur selten eine künstliche Selektion von Tieren und Pflanzen durchgeführt, wenngleich die Toleranz von Tabak, Pappeln und Kiefern gegenüber O_3 dadurch verbessert werden konnte. Es wäre vermutlich von Vorteil, ähnliche Formen von Toleranz gegenüber Luftverschmutzung auch bei anderen Arten zu suchen (und auszunutzen). Überall auf der Welt nimmt die Luftverschmutzung weiterhin zu, vor allem in den Entwicklungsländern. Dies bedeutet, daß bestimmten Ökosystemen nur noch sehr wenig Zeit bleibt, natürliche Toleranzen gegenüber Streß zu entwickeln, der durch Luftverschmutzung verursacht wurde.

Die Evolution einer Toleranz gegenüber der Umwelt ist ein bekanntes Phänomen bei Pflanzen. Aufgrund solcher Mechanismen überleben und wachsen sie angesichts hoher Konzentrationen von Schwermetallen oder Salzen, bei anhaltender Dürre oder unter vielen anderen ungünstigen Bedingungen.

Resistenz gegenüber Umweltverschmutzung ist definiert als die Fähigkeit, wachsen zu können und auch in einer belasteten Umgebung nicht geschädigt zu werden. Die Resistenz muß dabei nicht vollständig sein und kann auf zweierlei Art erfolgen – durch Streßvermeidung (d.h. Schadstoffe werden gemieden) und durch Streßtoleranz, bei der Mechanismen zur Detoxifizierung dem einwirkenden Streß entgegengesetzt werden. Wenn es darum geht, der Deposition von Luftschadstoffen zu begegnen, scheidet Streßvermeidung aus, da Pflanzen im Rahmen ihrer physiologischen Aktivitäten ihre Stomata öffnen müssen. Folglich sind die wichtigsten Resistenzmechanismen die der Streßtoleranz.

Ein sehr praxisrelevantes Beispiel von Toleranz gegenüber Luftschadstoffen ist bei Gräsern bekannt geworden. Die Hügel um Manchester in Großbritannien sind bereits seit mehr als 200 Jahren Luftschadstoffen ausgesetzt – länger als jede andere Region auf der Erde. Folglich wissen die Milchbauern im höher gelegenen Umland von Manchester und wahrscheinlich auch jene, die in Windrichtung vieler anderer Industriestädte leben, schon seit langem, daß jeder Versuch, ihre Weiden mit kommerziell angebotenen Grassamenmischungen wieder zu besäen, dazu führt, daß die Saat nur sehr langsam aufgeht und schlecht wächst. Nur dann, wenn bereits adaptierte Grassorten genügend Zeit hatten, in ausreichendem Maße aus den umliegenden Weiden auch auf ihre überzugreifen oder wenn ältere Grassamen aufgehen, stellen sich die ursprünglichen Bedingungen wieder ein. In Farbtafel 1 ist diese breite Spanne genetischer Toleranz innerhalb einer bestimmten Sorte (Cultivar) von Wiesenrispengras gegenüber SO_2 beispielhaft dargestellt. Die Reaktionen auf NO_2 und auf Gemische aus SO_2 und NO_2 sind ähnlich; einige Individuen wachsen gut, während andere absterben.

Ein solcher Pool von toleranzbildenden Eigenschaften gegenüber Luftschadstoffen kann für viele Pflanzen auch an anderen, von Luftverschmutzung betroffenen Standorten von Nutzen sein, besonders dann, wenn diese Merkmale mit erwünschten Wachstumseigenschaften kombiniert werden können. Botaniker sind heute in der Lage, die Bildung solcher Formen durch konventionelle Pflanzenzüchtung oder moderne Gentechnologie zu beschleunigen. In Lancaster wurden zum Beispiel Gerstensorten gezüchtet, die hohe Konzentrationen von Stickoxiden tolerieren und die die Stickoxide sogar als Stickstoffquelle zu nutzen und dadurch weniger Kunstdünger zu brauchen scheinen. Leider hat dies häufig auch Nachteile, da die Investitionen der Pflanze zur Ausbildung von Toleranzen oder Detoxifizierungsmechanismen auf Kosten des Ertrages gehen. Bei landwirtschaftlichen Nutzpflanzen hängt alles davon ab, wie diese Kosten ermittelt werden - ob dabei alle Folgen für die Umwelt berücksichtigt werden oder ob alles von den Launen der Politik abhängen wird. Bei anderen Arten dagegen wird darüber die natürliche Selektion entscheiden.

Weiterführende Literatur

Ashworth JR (1933) Smoke and the Atmosphere. Manchester University Press, Manchester

Barry RG, Chorley FJ (1990) Atmosphere, Weather and Climate (5th edn.). Routledge, London

Bishop JA, Cook LM (eds) (1981) Genetic Consequences of Man Made Change. Academic Press, London and New York

Brimblecombe P (1986) Air Composition and Chemistry. Cambridge University Press, Cambridge

Brunner CR (1985) Hazardous Air Emissions from Incineration. Chapman & Hall, New York

Dix HM (1981) Environmental Pollution. John Wiley & Sons, Chicester

Dunderdale I (ed) (1990) Energy and the Environment. Royal Society of Chemistry, Cambridge

Grefen K, Reinisch DW, Suess MJ (eds) (1984) Ambient Air Pollutants from Industrial Sources: A Reference Handbook. Elsevier Science, Amsterdam

Harrison RM (ed) (1983) Pollution: Causes, Effects and Control. Special Publication No. 44, Royal Society of Chemistry, London

Kettlewell HBD (1973) The Evolution of Melanism. Oxford University Press, London

Mellanby K (1972) The Biology of Pollution. Studies in Biology No. 38, Edward Arnold, London

Raiswell RW, Brimblecombe P, Dent DL, Liss PS (1980) Environmental Chemistry. Edward Arnold, London

Richardson DHS (1987) Biological Monitors of Pollution. Royal Irish Academy, Dublin

Scientific American (1973) Chemistry in the Environment. WH Freeman, San Francisco

Steubing L, Jäger HJ (1982) Monitoring of Air Pollutants by Plants: Methods and Problems. Dr W Junk, The Hague

Treshow M (ed) (1984) Air Pollution and Plant Life. John Wiley & Sons, Chichester

World Health Organization (1987) Air Quality Guidelines for Europe. WHO, Copenhagen

2. Schwefeldioxid

2.1 Schwefelquellen und Schwefelkreislauf

2.1.1 Anthropogene Einwirkungen

Sowohl natürliche als auch anthropogen bedingte Emissionen tragen zur Gesamtmenge an Schwefeldioxid (SO_2) in der Atmosphäre bei. SO_2 ist ein Gas, das unangenehm stechend riecht, sobald seine Konzentration 1 nl l^{-1} übersteigt. Die weltweite Emission von Schwefeldioxid aus natürlichen Quellen wie z.B. mikrobieller Tätigkeit, Vulkanen, Schwefelquellen, Emission von verschiedensten Oberflächen inklusive Vegetation, Gischt und Verwitterungsprozessen (siehe nächsten Abschnitt) beträgt 128 Mt Schwefel (S) jährlich (a^{-1}). Sie ist lediglich um ca. 50% höher als die durch menschliche Tätigkeiten hervorgerufene Emission (momentan 70 Mt S a^{-1}), obwohl natürliche Emissionsquellen weiter über die Erdoberfläche verteilt sind und für natürliche Hintergrundwerte von ca. 1 nl SO_2 l^{-1} sorgen. Die biogene Emission von Verbindungen, die reduzierten Schwefel enthalten, durch Vegetation, Feuchtgebiete und Meere ist jedoch höher und wird zusammen mit H_2S in Kapitel 4 näher betrachtet.

Mehr als 90% der anthropogen bedingten SO_2-Emissionen entstehen in Europa, Nordamerika, Indien und dem Fernen Osten. Während der späten 70er Jahre waren die Werte am höchsten (77 Mt S a^{-1}), während der letzten beiden Jahrzehnte sind sie infolge von Emissionskontrollen, veränderten Verhaltensmustern bezüglich des Brennstoffverbrauchs und ökonomischer Rezession jedoch zurückgegangen. Leider zeichnet sich für Ende des Jahrhunderts und darüber hinaus ein verstärkter Kohleverbrauch ab (siehe Abb. 8.14). Daraus läßt sich ein erneuter Anstieg der globalen SO_2-Emissionen um 30% über das momentane Niveau hinaus auf 85 Mt S a^{-1} prognostizieren. Durchschnittliche Werte in städtischen Gebieten der Industrieländer bewegen sich zur Zeit zwischen 0,1 und 0,5 nl l^{-1}, doch auch höhere Werte sind trotz gesetzgeberischer Maßnahmen noch immer keine Seltenheit.

Der weitaus größte Teil der anthropogenen SO_2-Emissionen ist auf die Verbrennung von Kohle (siehe Tabelle 2.1) zurückzuführen. Zur Herstellung von Düngemitteln u.a. werden elementarer Schwefel und Pyrite (FeS) abgebaut. Diese "bewußt verursachten" Quellen werden jedoch in der Zukunft immer mehr an Bedeutung verlieren, da verstärkt "unfreiwillig verursachte"

Tabelle 2.1 Geschätzter globaler Schwefelaustausch im Jahre 1968, ausgelöst durch menschliche Tätigkeiten (hauptsächlich aus Anderson, 1978)

Quelle	*Verbrauch* ($Tg\ a^{-1}$)	*Rückgewinnung* ($Tg\ a^{-1}$)
"Bewußt"		
Gewinnung von elementarem Schwefel	18,0	18,0
Gewinnung von Pyriten	11,0	11,0
"Unfreiwillig"		
Kupferverhüttung	5,8	
Bleiverhüttung	0,7	
Zinkverhüttung	0,6	
Erdölraffination	16,9	22,0 (Kupferverhüttung bis Verbrennung von Erdgas)
Erdölverbrennung	10,3	
Kohleverbrennung	46,0	
Verbrennung von Erdgas	6,7	
Insgesamt	116,2	51,0

Nebenprodukte wie zum Beispiel Gips ($CaSO_4$) aus Rauchgasentschwefelungsanlagen zur Wiederverwertung kommen werden. Diese Veränderungen werden im wesentlichen aufgrund ökonomischer Faktoren und weniger aufgrund von Eingriffen seitens des Gesetzgebers eintreten.

Der naheliegendste Weg zur Reduzierung der SO_2-Emission ist die Verwendung von Brennstoffen mit möglichst niedrigem Schwefelgehalt. Bei der Entfernung von Schwefel aus Brennstoffen (inklusive pulverisierter Kohle) vor der Verbrennung wurden bereits beträchtliche Fortschritte erzielt, die dazu führen, daß die erhöhten Kosten einer solchen Behandlung nun genauso hoch sind wie die Kosten für die Einrichtung zusätzlicher Schadstoffreduktionsmechanismen.

In einem sog. Fließbettreaktor werden feste oder flüssige Brennstoffe in kleinste Teilchen zerstäubt und dann bei 500–700°C verbrannt. Sie werden dabei durch ein unter Druck nach oben gerichtetes Liftgas in Suspension gehalten. Im Fließbett installierte Dampf- und Wasserpumpen transportieren die entstandene Wärme auf sehr effiziente Weise zu den Turbinen. Die durch die Verbrennung emittierte potentielle Menge an SO_2 variiert je nach Schwefelgehalt des verwendeten Brennstoffs. Dem Fließbett können jedoch Kalkstein- oder Dolomitteilchen beigesetzt werden, wodurch sich die Emission von SO_2 um bis zu 90% verringert, da Schwefel in Form von Calcium- oder Magnesiumsulfaten in der Asche gebunden wird. Somit trägt diese Technik zu der Menge an "unfreiwillig" zurückgewonnenem Schwefel bei. Weiterhin ermöglicht sie die Verwendung von Kohle mit höherem Schwefelgehalt, wenn gleichzeitig die Vorschriften zur Emissionskontrolle eingehalten werden. Da die Temperatur bei der Verbrennung niedriger ist und weitgehend luftgesättigte Verhältnisse vorliegen, sind auch die Emissionen von Stickoxid (Kapitel 3) und Kohlenmonoxid (Kapitel 9) geringer. Verglichen mit allen

Tabelle 2.2 Energiegewinnungsleistung und Emissionsproblematik (ohne Rauchgasentschwefelung) verschiedener Verbrennungstechniken

Kraftwerkstyp	*Maximale Wärmegewinnung*	*Emissionen*		
		CO	*SO_2*	*$NO_2 + NO$*
Ölgefeuert	35-37%	geringfügig	hoch	sehr hoch
Erdgasgefeuert	35-37%	geringfügig	niedrig	sehr hoch
Konventionelles Kohlekraftwerk	35-40%	niedrig	hoch	sehr hoch
Gasturbinen	18-28%	hoch	sehr hoch	sehr hoch
Fließbettreaktor	40-50%	geringfügig	niedrig	niedrig

anderen Verbrennungstechnologien, die in künftigen Kraftwerksgenerationen von Bedeutung sein werden, scheint der Fließbettreaktor noch immer viele Vorteile zu bieten (siehe Tabelle 2.2).

Ein Großteil der anthropogenen SO_2-Emissionen gelangt über Hochkamine bis in die Troposphäre, wo sich die Temperatur der Luft und die der sich schnell abkühlenden Gase angleichen. In diesen Höhen werden sie dann häufig als unscheinbares Rauchwölkchen davongetragen. Das Verhalten dieser Wolke ist abhängig von den vorherrschenden Wetterverhältnissen. Die Inhaltsstoffe können als trockene Deposition in der Nähe des Emissionsstandorts abgelagert werden oder aber viele hundert Kilometer weit weg getragen werden. Stößt die Wolke jedoch auf Feuchtigkeit, regnen beträchtliche Mengen des gasförmigen SO_2 (und der Stickoxide) als nasse Deposition aus.

Diese Form der Säuredeposition und ihre Folgen werden in Kapitel 5 gesondert behandelt. Es können jedoch vier verschiedene Formen trockener Deposition von SO_2 ohne das unmittelbare Vorhandensein von Wassertröpfchen auftreten, die alle jedoch zu saurer Deposition führen, denn bei allen entsteht SO_3, das wiederum mit H_2O unter Bildung von Schwefelsäure reagiert (Reaktion 2.1).

Es kann zur Reaktion von atomarem Sauerstoff mit SO_2 in der Rauchwolke oder in höheren Lagen der Stratosphäre unter Bildung von SO_3 kommen (Reaktion 2.2); ein zweiter Reaktionsweg, basierend auf den Reaktionen 2.3 und 2.4, für die die Anwesenheit von überschüssigen Kohlenwasserstoffen mit freien Radikalen wesentlich ist, findet dagegen nur sehr selten statt. Eine dritte photochemische Reaktion könnte zur Bildung einer energetisierten Form von SO_2 führen, die dann mit O_2 unter Bildung von SO_4 reagiert. Da diese chemische Verbindung noch nie in der Atmosphäre nachgewiesen werden konnte, ist dieser lichtabhängige Säurebildungsprozeß sehr unwahrscheinlich.

$$SO_2 + H_2O \Leftrightarrow H_2SO_4 \qquad (2.1)$$

$$SO_2 + O + M^1 \Rightarrow SO_3 + M \quad (2.2)$$

$$O_3 + C_2H_4 \Rightarrow CH_2O_2^{\bullet} + HCHO \quad (2.3)$$

$$CH_2O_2^{\bullet} + SO_2 \Rightarrow SO_3 + HCHO \quad (2.4)$$

Der vierte und bei weitem wichtigste Reaktionsweg läuft mit Hilfe von Hydroxylradikalen ($^{\bullet}OH$) ab (siehe Anhang A), die aus O_3 (siehe Kapitel 6) oder atomarem Sauerstoff entstehen (Reaktionen 2.5 und 2.6). Diese Radikale reagieren mit SO_2 (Reaktion 2.7) unter Bildung von $HSO_3^{\bullet}$-Radikalen, die dann zu Peroxyl-Radikalen ($HO_2^{\bullet}$) und SO_3 (Reaktion 2.8) oxidiert werden. Durch eine entsprechende Reaktionsfolge kann es zur Bildung von Salpetersäure aus NO_2 kommen (siehe Kapitel 3). Die Häufigkeit dieses vierten Säurebildungsprozesses über $^{\bullet}OH$-Radikale bedeutet, daß es an warmen, sonnigen Sommertagen, an denen die Bildung von Ozon und atomarem Sauerstoff (und damit von $^{\bullet}OH$-Radikalen) begünstigt wird, vorwiegend zu trockener Deposition kommt, während es im Winter hauptsächlich zu nasser Deposition (siehe Kapitel 5) kommt.

$$O_3 + \text{Licht} \Rightarrow O + O_2 \quad (2.5)$$

$$O + H_2O \Rightarrow 2^{\bullet}OH \quad (2.6)$$

$$^{\bullet}OH + SO_2 + M \Rightarrow HSO_3^{\bullet} + M \quad (2.7)$$

$$HSO_3^{\bullet} + O_2 \Rightarrow HO_2^{\bullet} + SO_2 \quad (2.8)$$

Abbildung 2.1 zeigt einige der Zusammenhänge zwischen nasser und trokkener SO_2-Deposition auf, die zur nassen Deposition gehörenden Reaktionen werden im Detail erst in Kapitel 5 diskutiert.

2.1.2 Natürliche Einwirkungen

Schwefeldioxid wird, zusammen mit anderen gasförmigen Schwefelverbindungen wie z.B. H_2S, von Vulkanen und heißen Quellen in die Atmosphäre emittiert (siehe Kapitel 4). Innerhalb des gesamten Schwefelkreislaufs ist jedoch die Verwitterung schwefelhaltiger Mineralien wie z.B. Gips ($CaSO_4$) von größerer Bedeutung. Diese Art von Verwitterung wird durch Säurebildungsprozesse beschleunigt, die von mikrobieller Tätigkeit oder Luftverschmutzung ausgelöst werden. Ein Großteil des verwitterten Schwefels gelangt langsam in die Böden und wirkt dort als Pflanzennährstoff. In landwirtschaftlichen Regionen, wo die Böden von Natur aus arm an Schwefel sind, werden dem Boden

[1] M ist eine dritte Größe, wie zum Beispiel eine Oberfläche oder ein anderes Gasmolekül, die die durch die Bildung der neuen Bindung frei gewordene Energie aufnehmen kann.

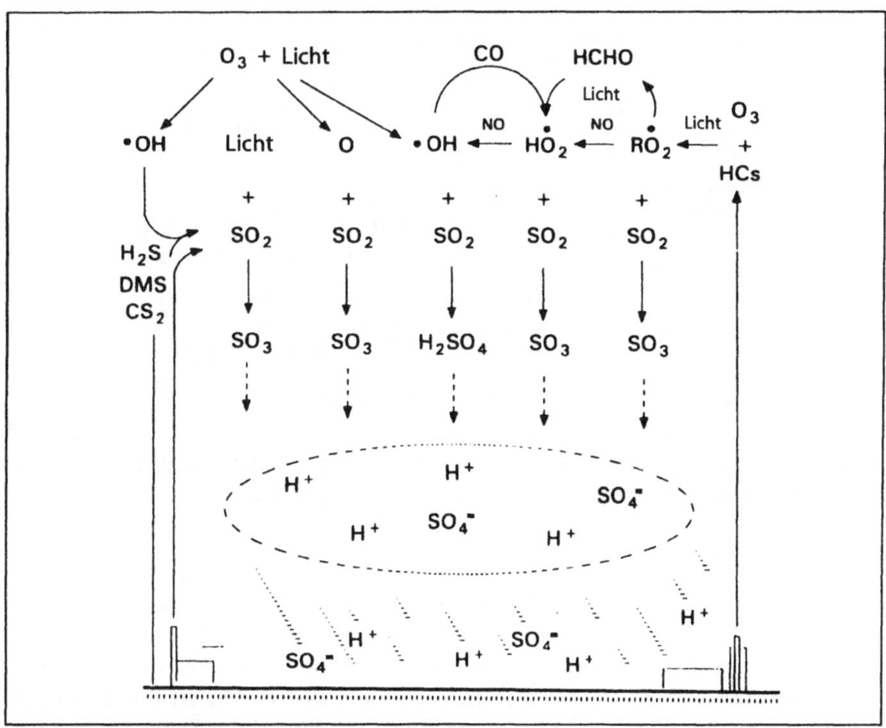

Abb. 2.1. Oxidation während der Gasphase und Depositonswege für atmosphärisches SO_2 (mit freundlicher Genehmigung von Drs. Cox und Penkett, AERE, Harwell, UK, und D. Reidel Publ. CO., Dordrecht, Niederlande)

Sulfate gewöhnlich als Dünger (zusammen mit Stickstoff, Phosphat und Kalium) zugeführt. In den meisten Regionen Europas und im Osten der USA sind solche Maßnahmen aufgrund der Luftverschmutzung mit Schwefeldioxid unnötig, da die Menge an Schwefel, die dem Boden über nasse und trockene Deposition zugeführt wird, fast fünfmal so hoch ist wie die durch Verwitterung freigesetzte, und dies selbst in Gegenden, die über Gestein mit hohem Schwefelgehalt verfügen.

Tröpfchenbildung aus Meeresgischt ist ein weiterer Weg, über den Schwefelverbindungen in die Atmosphäre gelangen. Solche Teilchen bleiben sehr lange in Suspension, da sie häufig sehr klein sind. Ein Großteil dieses Schwefels verbleibt, in Form von Sulfaten, über den Meeren und kehrt auch wieder dorthin zurück; jedoch können bis zu 10% ins Landesinnere transportiert werden.

Die globale Bedeutung des Schwefelkreislaufs und die Beziehungen, die zwischen den jeweiligen anthropogenen, natürlichen und mikrobiellen Umwandlungsprozessen von Schwefel zwischen den Schwefellagern der Erde, der Oberfläche des Landes, der Atmosphäre und den Meeren bestehen, werden in

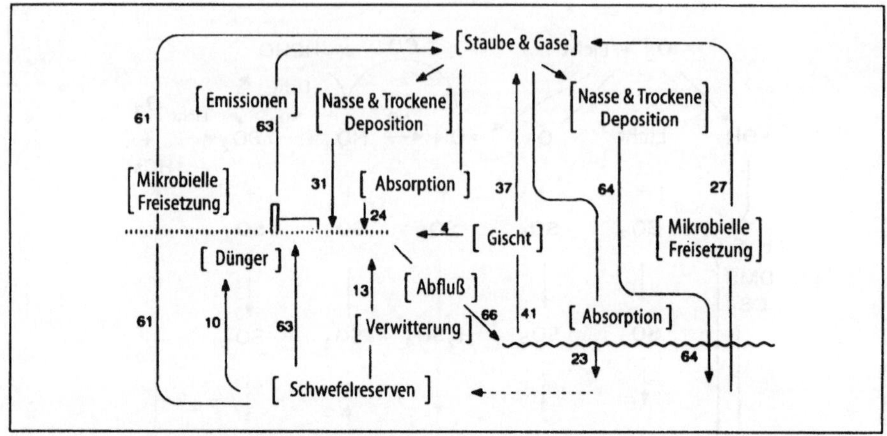

Abb. 2.2. Schwefelflüsse in verschiedener Form zwischen unterschiedlichen globalen Kompartimenten (ausgedrückt in Gigamol Schwefel pro Jahr)

Abbildung 2.2 dargestellt. Hierbei ist wichtig, daß die anthropogen bedingte Bildung von SO_2 fünfmal so groß ist wie die durch Verwitterung verursachte. Weiterhin ist zu beachten, daß der größere Anteil dieses Luftschadstoffs aufgrund seines größeren Flächenanteils in die Meere und nicht auf das Festland zurückfällt. Nicht so offensichtlich, aber ebenso wichtig ist die Tatsache, daß die zeitweilige Verringerung (im geologischen Sinne) der Schwefelreserven durch anthropogene Tätigkeiten auf lange Sicht zu neuen Schwefelreserven auf dem Grund der Meere führen wird.

2.1.3 Mikrobielle Tätigkeit

Landpflanzen, Meeresalgen und Mikroorganismen entlassen Schwefel in verschiedenen Formen in die Atmosphäre. Die Vegetation zum Beispiel setzt H_2S in die Atmosphäre frei, um überschüssigen Schwefel zu eliminieren (siehe Kapitel 4). Es gibt jedoch noch verschiedene weitere Vorgänge, durch die Schwefel aufgrund mikrobieller Tätigkeit zwischen der Biosphäre und der Umwelt ausgetauscht wird (Abb. 2.2). Dies ist auf die Vielzahl der chemischen Formen zurückzuführen, in denen Schwefel vorliegen kann. Eine ausgewogene Einschätzung der Auswirkungen von SO_2 auf lebende Systeme ist nur dann möglich, wenn die Wirkungen dieser unterschiedlichen Formen verstanden werden.

Das Besondere an schwefelhaltigen (ebenso wie stickstoffhaltigen) Verbindungen ist, daß sie eine Vielzahl oxidierter oder reduzierter Zustände einnehmen können. Einige dieser Verbindungen sind in Abb. 2.3 horizontal dargestellt. Sie unterscheiden sich auch energetisch voneinander, was am besten anhand ihres elektrochemischen Potentials (in Abb. 2.3. vertikal dargestellt) ausgedrückt werden kann. Wenn Elektronen (in Abb. 2.3) abwärts von Elektronenspendern (die oxidiert werden) zu Elektronenempfängern (die dadurch

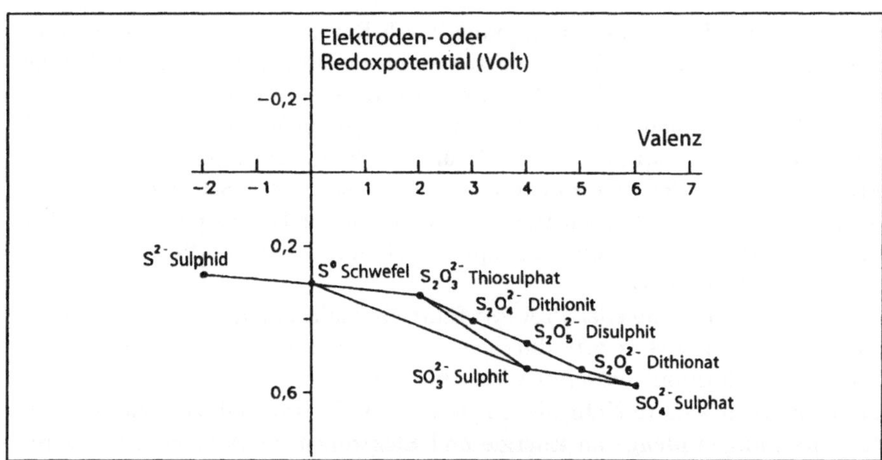

Abb. 2.3. Redoxpotentiale im Vergleich zur Valenz einiger verschiedener Schwefelverbindungen. Die vertikale Achse ist umgekehrt dargestellt, da elektronegative Verbindungen mehr Energie tragen und von daher Elektronen an elektropositive Verbindungen spenden. Durch eine auf diese Art dargestellte Einteilung der Elektroden- oder Redoxpotentiale gelangt man zu einer besseren Einschätzung der relativen Energie verschiedener Verbindungen

reduziert werden) fließen, wird Energie freigesetzt. Wollte man hingegen die Elektronen in die andere Richtung fließen lassen, so müßte Energie zugeführt werden. Dies ist vergleichbar mit kaskadenartigen Wasserfällen in einem japanischen Ziergarten, die von einer elektrischen Pumpe angetrieben werden.

Biologische Systeme, besonders mikrobielle, nutzen diese Energieunterschiede. Chemoautotrophe Bakterien wie *Thiobacillus*, *Thiovulum* und *Thiospirillopsis* zum Beispiel gewinnen Energie, indem sie Schwefel und Sulfide zu Sulfiten bzw. Sulfaten oxidieren, um Adenosintriphospat (ATP) bilden zu können. ATP, die Hauptenergieform aller lebenden Systeme, kann daraufhin zur Biosynthese von nahezu jeder anderen, für lebende Organismen wichtigen Verbindung verwendet werden (siehe Abb. 2.4, Weg A). Chemoautotrophe Bakterien treten gewöhnlich an der Oberfläche von Teichen ohne Frischwasserzufuhr an der Grenze zwischen anaeroben (sauerstoffarmen) Verhältnissen (der Quelle der Sulfide) und aeroben (sauerstoffreichen) Verhältnissen auf, wo O_2 zu H_2O umgewandelt werden kann.

Einige dieser chemoautotrophen Bakterien verursachen immense Schäden an Gebäuden, da sie fähig sind, extrem niedrige pH-Werte (unter pH 1), die durch die von ihnen freigesetzte Schwefelsäure verursacht werden, zu tolerieren. Die von *Thiobacillus concretivorus* freigesetzte Schwefelsäure zum Beispiel greift unablässig das in Beton, Mörtel oder Kalkstein enthaltene $CaCO_3$ an und führt zum Verwittern dieser Materialien. Die Schäden an Abwasserrohren sind deshalb besonders gravierend, da dort besonders lange anhaltende anaerobe Bedingungen herrschen, unter denen es zur Bildung reduzierter Formen von Schwefel kommt. Wenn dann durch Regengüsse plötzlich sauerstoffhaltiges Wasser zugeführt wird, entstehen ideale Bedingungen für das Wachstum von *Thiobacillus* und die Produktion von Beton angreifenden Exudaten. Nützlichere chemoautotrophe Bodenmikroorganismen jedoch oxidieren adsorbiertes SO_2 zu Sulfaten, die wiederum von Pflanzenwurzeln aufgenommen werden können. Der von anaeroben Böden freigesetzte Schwefelwasserstoff wird von chemoautotrophen Bakterien nahe an der Bodenoberfläche detoxifiziert, so daß er nicht in die Atmosphäre gelangt, wo er zum Problem werden kann (siehe Kapitel 4).

Eine Reihe mikrobieller Prozesse führt ebenfalls zur Reduktion oxidierter Formen von Schwefel, so z.B. durch einen als "assimilatorische photosynthetische Sulfatreduktion" bekannten Vorgang (Abb. 2.4, Weg E). Alternativ dazu kann eine gespeicherte Nahrungsquelle wie zum Beispiel Glukose zur Bildung der notwendigen Menge an Energie und Elektronen durch einen als "assimilatorische heterotrophe Sulfatreduktion" bekannten Vorgang (Abb. 2.4, Weg D) genutzt werden. Die meisten Pilze, Hefen und aeroben Bakterien synthetisieren auf diese Weise schwefelhaltige Aminosäuren. Diese beiden Arten assimilatorischer Sulfatreduktion können folglich als die Hauptwege betrachtet werden, mittels derer Sulfate aus der Atmosphäre adsorbiert und in der Biosphäre gespeichert werden.

Es ist unvermeidbar, daß mehr Schwefel als notwendig aufgenommen wird. Die Abgabe des überschüssigen Schwefels erfolgt meist als H_2S (siehe Kapitel 4). Die Menge an aufgenommenem Schwefel entspricht bei den meisten assimilatorischen sulfatreduzierenden Mikroorganismen gewöhnlich dem für die Biosynthese notwendigen Bedarf, so daß nur ein kleiner Teil Sulfid freigesetzt oder akkumuliert wird. Dies trifft jedoch auf einen anderen anaeroben Vorgang nicht zu, der als "dissimilatorische oder respiratorische Sulfatreduktion" bekannt ist (Abb. 2.4, Weg D) und der bei Bakterien der Gattungen *Desulfovibrio* und *Desulfotomaculum* vorkommt. Diese Organismen, die in wassergetränkten Böden oder Faulschlamm, Tümpeln, Abwasserrohren und dem Pansen von Wiederkäuern gefunden werden, nehmen große Mengen an Sulfat oder Sulfit auf und reduzieren sie zu elementarem Schwefel oder Sulfiden. Diese Produkte werden dann in der Umgebung der Organismen freigesetzt, die selbst nur einen geringfügigen Anteil für die Synthese schwefelhaltiger Aminosäuren verbrauchen. Gewöhnlich wird bei der dissimilatorischen Sulfatreduktion eine reduzierte Kohlenstoffverbindung als Elektronenquelle benutzt und die Energie als ATP gespeichert. Da Sulfate in Abwesenheit von Sauerstoff als terminale Elektronenempfänger (Abb. 2.4, Weg D) fungieren, wird dieser Vorgang auch häufig "Sulfatatmung" genannt.

Verglichen mit der assimilatorischen Sulfatreduktion durch Pflanzen, Pilze und aerobe Bakterien spielt die Sulfatatmung nur eine geringe Rolle bei der Entfernung von Schwefel aus der Atmosphäre, da jene Organismen in einer anaeroben Umgebung leben. Sie verursachen hingegen Umweltprobleme, wenn ihr Lebensraum gestört wird, da sie dann einen unangenehmen Geruch

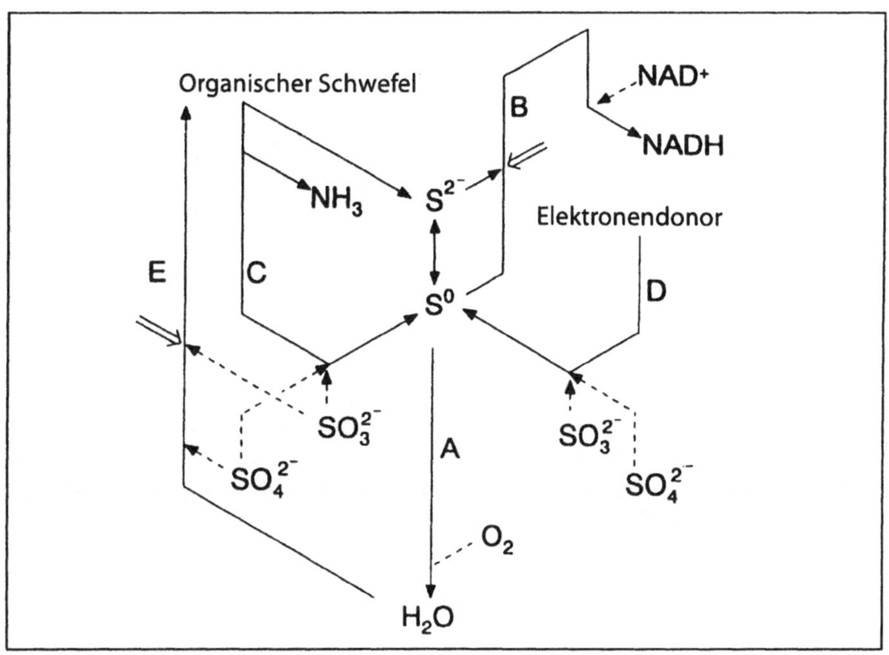

Abb. 2.4. Elektronenfluß (durchgezogene Linien) von und zu nativem Schwefel (S^0) und Sulfiden (z.B. H_2S) während **A** der Chemoautotrophie, **B** der Photoautotrophie, **C** der Desulfuration (Verwesung), **D** der respiratorischen bzw. dissimilatorischen Sulfatreduktion oder Sulfatatmung und **E** der assimilatorischen Sulfatreduktion. Der Doppelpfeil bei **B** und **E** verweist auf lichtabhängige Vorgänge. Weg **D** wird auch bei der assimilatorischen heterotrophen Schwefelreduktion beschritten, die nicht primär auf die Gewinnung von Energie (ATP etc.) ausgerichtet ist, sondern auf die Bildung reduzierter Schwefelformen zur Synthese schwefelhaltiger Aminosäuren

verbreiten. Außerdem sind sie an der Korrosion metallhaltiger Leitungen im Boden beteiligt. Wenn Eisenleitungen mit Wasser in Kontakt kommen, löst sich ein Teil des Metalls, und es kommt zur Bildung von H_2 (Reaktion 2.9). Wird dieses H_2 nicht beseitigt, entstehen zwei sich gegenseitig kompensierende Ladungen (d.h. es kommt zu einer Polarisierung), und die Zersetzung des Eisens wird gestoppt. Einige dissimilatorische Bakterien besitzen jedoch die Fähigkeit zur Nutzung von H_2 als Elektronenquelle zur Reduktion von Sulfat (Reaktion 2.10). Dies führt zur Depolarisierung des Systems und zu anhaltender Korrosion (Reaktion 2.11).

$$Fe + 2H_2O \Rightarrow Fe^{2+} + 2OH^- + H_2 \tag{2.9}$$

$$SO_4{}^{2-} + 4H_2 \Rightarrow S^{2-} + 4H_2O \tag{2.10}$$

$$S^{2-} + 2Fe^{2+} + 4H_2O \Rightarrow FeS + Fe(OH)_2 + 2OH^- \tag{2.11}$$

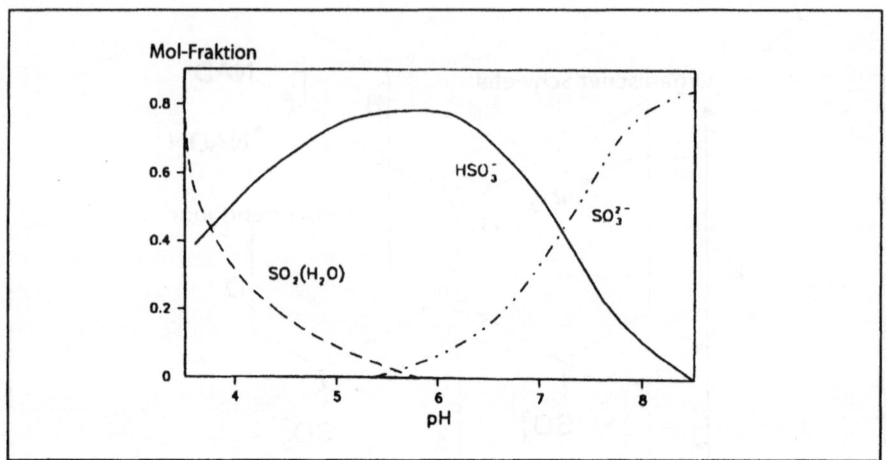

Abb. 2.5. Verhältnis zwischen der Menge an Sulfit, Bisulfit und gelöstem SO_2 bei unterschiedlichen pH-Werten

2.1.4 Reaktionen von Schwefeldioxid in Wasser und Gewebsflüssigkeiten

Schwefeldioxidmoleküle enthalten keine ungepaarten Elektronen und sind von daher keine freien Radikale. Sie lösen sich jedoch leicht in Wasser unter Bildung von Sulfit- ($SO_3{}^{2-}$) und Bisulfit- ($HSO_3{}^-$) Ionen (Reaktion 2.12). Nur ein geringer Teil des SO_2 liegt in nichtdissoziierter Form vor, das dann als schweflige Säure (H_2SO_3) oder als gelöstes SO_2 angesehen werden kann. Das Verhältnis von Bisulfit zu Sulfit in der Lösung ist von größerer Bedeutung, da das Dissoziationsgleichgewicht zwischen den beiden Verbindungen bei einem pK_a-Wert (siehe Anhang 2) von 7,18 liegt. Dies bedeutet, daß im neutralen Bereich (wie er z.B. in biologischen Gewebsflüssigkeiten vorkommt) ein ungefähr ausgeglichenes Verhältnis vorliegt (siehe Abb. 2.5).

Sulfit und Bisulfit besitzen beide ein freies Elektronenpaar am S-Atom, weshalb es vorzugsweise zu Reaktionen mit Molekülen kommt, denen Elektronen fehlen. Folglich werden Sulfit und Bisulfit rasch durch eine Reihe sich überschneidender Reaktionen oxidiert, die die Bildung oder den Verbrauch freier Radikale beinhalten (Reaktionen 2.13 bis 2.18). Für einige dieser schnell ablaufenden Reaktionen (Reaktionen 2.13 und 2.14) sowie für die Bildung von Superoxid ($^\bullet O^{2-}$) durch zwei verschiedene Reaktionen (Reaktionen 2.13 und 2.15) ist zusätzlich das Vorhandensein eines Metalls wie zum Beispiel Mangan notwendig.

Zusätzlich zu den in den Reaktionen 2.13 bis 2.17 aufgetretenen Bisulfitradikalen konnten freie Radikale auch in Form anderer Schwefelverbindungen nachgewiesen werden. Unter dem Einfluß von Licht oder bestimmten Reduktionsmitteln kommt es zum Beispiel zur Bildung von Sulfoxylradikalen ($SO_2{}^{\bullet -}$), die eine sehr viel längere Persistenz als die meisten anderen freien

Radikale aufweisen. Sie können Elektronen an Reaktionspartner mit einem Elektronendefizit abgeben und so z.B. Sulfit zu Sulfat oxidieren (Reaktionen 2.19 und 2.20).

$$SO_2 + H_2O \Leftrightarrow H_2SO_3^- \Leftrightarrow H^+ + HSO_3^- \Leftrightarrow H^+ + SO_3^{2-} \quad (2.12)$$

$$HSO_3^- + O_2 \overset{Mn^{2+}}{\Rightarrow} HSO_3^\bullet + {}^\bullet O_2^- \quad (2.13)$$

$$SO_3^{2-} + O_2 + 3H^+ \overset{Mn^{2+}}{\Rightarrow} HSO_3^\bullet + 2{}^\bullet OH \quad (2.14)$$

$$HSO_3^\bullet + O_2 \Rightarrow SO_3 + {}^\bullet O_2^- + H^+ \quad (2.15)$$

$$HSO_3^\bullet + {}^\bullet OH \Rightarrow SO_3 + H_2O \quad (2.16)$$

$$2HSO_3^\bullet \Rightarrow SO_3 + SO_3^{2-} + 2H^+ \quad (2.17)$$

$$SO_3 + H_2O \Rightarrow SO_4^{2-} + 2H^+ \quad (2.18)$$

$$SO_2 + OH^- \overset{\text{Licht oder Reduktionsmittel}}{\Longrightarrow} SO^\bullet{}_2^- + {}^\bullet OH \quad (2.19)$$

$$SO^\bullet{}_2^- + O_2 + H^+ + e \Rightarrow HSO_4^- \quad (2.20)$$

$$SO_3^{2-} + [O] \overset{\text{Sulfitoxidase}}{\Longrightarrow} SO_4^{2-} \quad (2.21)$$

In lebenden Geweben ist eine Anhäufung von freien Radikalen nicht erwünscht, da sehr viele andere schädliche Reaktionen ausgelöst werden könnten. Wie in Kapitel 3 und Kapitel 6 erläutert wird, verfügen die meisten Gewebe über ein System zur schnellen Beseitigung freier Radikale, wobei die freien Radikale unmittelbar nach ihrer Entstehung sofort wieder "eingefangen" werden. Sulfit kommt in der Natur sehr häufig vor und ist daher keine Ausnahme. Anstatt der oben beschriebenen Reaktionen zur Oxidation von Sulfit zu Sulfat haben fast alle Organismen ein molybdän-enthaltendes Enzym, genannt Sulfitoxidase, das ebenfalls für eine schnelle Beseitigung von Sulfit sorgt (Reaktion 2.21.).

2.1.5 Reaktionen von Sulfit mit Biomolekülen

Es gibt eine Vielzahl möglicher Interaktionen zwischen Sulfit und anderen wichtigen biochemischen Verbindungen. Die Reaktionen 2.12 bis 2.20 zeigen, daß es bei der Oxidation von Sulfat zur Bildung verschiedenster freier Radikale ($HSO_3^{\bullet -}$, ${}^\bullet O_2^-$, ${}^\bullet OH$, und $SO_2^{\bullet -}$) kommen kann. Dies hat eine Reihe von Auswirkungen auf lebende Gewebe. Die häufigsten sind Kettenspaltungen von DNA, Oxidation von Doppelbindungen bei Fettsäuren innerhalb der

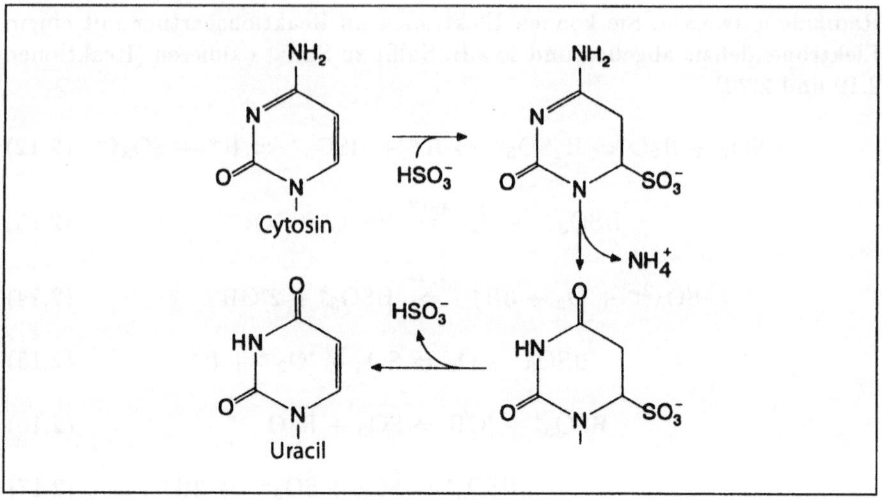

Abb. 2.6. Umwandlung von Cytosin in Uracil in der DNA durch Bisulfit, welches für einige der mutagenen Eigenschaften dieses Anions verantwortlich ist

Membranen und die Umwandlung der Aminosäure Methionin in Methioninsulfoxid (siehe Kapitel 6).

Bisulfit und Sulfit sind jedoch auch selbst äußerst reaktionsfreudige Nukleophile. In der Tat ist die Effizienz einiger ihrer Reaktionen mit organischen Verbindungen Grundlage der Konservierung von Lebensmitteln mit SO_2. Hobby-Winzer sind mit der sterilisierenden Wirkung von Natriumsulfit-Tabletten bestens vertraut. In hohen Konzentrationen kann Sulfit sogar mutagen sein, da es die Umwandlung von Cytosin in Uracil in der DNA bewirkt (Abb. 2.6). Dies führt dazu, daß Guanin-Cytosin-Basenpaare in Adenin-Thymin-Basenpaare umgewandelt werden, da Uracil bei der Replikation von Nucleinsäuren wie Thymin gelesen wird.

Die sterilisierende Wirkung von SO_2 beruht auch noch auf anderen zerstörerischen Reaktionen, die es bei Mikroorganismen auslöst und die zu deren sofortigem Tod führen. Die wichtigste ist der Angriff auf Disulfid-Brücken in Enzymen und strukturellen Proteinen (Reaktion 2.22). Dies führt zur Inaktivierung der reaktiven Zentren hydrolytischer Enzyme von Mikroorganismen oder beeinflußt das Nahrungsmittel selbst, woraufhin sich der strukturelle Zerfall und die unerwünschte Kontaminierung mit Mikroorganismen verzögern.

$$R\text{–}S\text{–}S\text{–}R' + HSO_3^- \Rightarrow R\text{–}S\text{–}SO_3 + R'\text{–}SH \qquad (2.22)$$

Einige weitere nukleophile Angriffe von SO_2 finden auf wichtige Vitaminverbindungen wie NAD^+, $NADP^+$, FAD, FMN, Pterine, Folsäure, Tryptophan und Thiamin statt. Der Angriff auf Thiamin, ein Vitamin des B-Komplexes, stellt für die Nahrungsmittelindustrie ein besonderes Problem

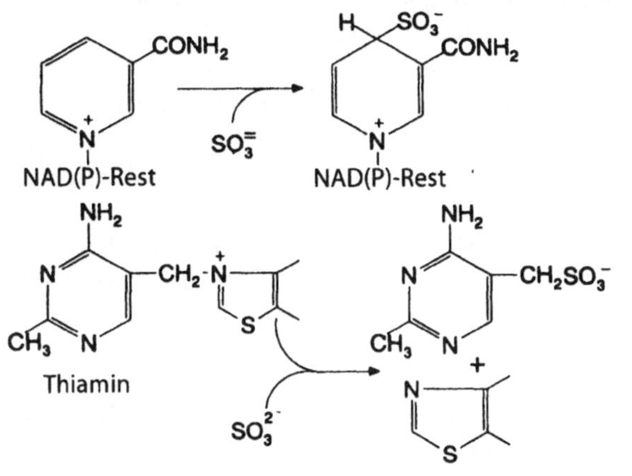

Abb. 2.7. Angriff von Sulfit auf den Nicotinamid-Ring von an Pyridin gebundenen Dehydrogenasen und während der Zerstörung des Vitamins Thiamin

dar, da er so effizient ist, daß einige mit SO_2 konservierte Babynahrungsmittel durch die Hersteller mit Thiamin angereichert werden müssen, um der Möglichkeit eines Thiaminmangels entgegenzuwirken.

Bei der Luftverschmutzung mit SO_2 sind die Sulfit-Werte jedoch viel zu niedrig, um ähnliche Reaktionen wie bei der Konservierung von Nahrungsmitteln auszulösen, wo ein großer Überschuß des einen Reaktionspartners (SO_2) vorliegt. Eine Reaktion mit SO_2, bei der geringe Mengen an hochtoxischen Produkten entstehen können, ist die Bildung von α-Hydroxy-Sulfonaten. Von diesen Verbindungen ist zum Beispiel bekannt, daß sie die Photorespiration (siehe Kapitel 8 und 9) stören können. Darüber hinaus kann es zum Angriff von Sulfit auf die Ringstruktur von NAD^+ (Abb. 2.7), $NADP^+$, FMN und FAD unter Bildung vergleichbarer Derivate kommen. Alle diese Co-Faktoren sind für die Enzymfunktion unerläßlich; die Folgen einer derartigen Hemmung von Enzymen durch α-Hydroxy-Sulfonat könnten eine wichtige Erklärung für von SO_2 auf zellulärer Ebene ausgelöste Schädigungen sein.

$$\text{R-CHO} + \text{HSO}_3^- \Rightarrow \text{R-CH(OH)-SO}_3^- \qquad (2.23)$$

2.2 Auswirkungen auf die Pflanzenwelt

2.2.1 Eintritt über die Stomata

Die erste Barriere, auf die ein gasförmiger Schadstoff trifft, bevor er ein Blatt erreicht, ist eine Schicht ruhender Luft über der Blattoberfläche, die einen sog. "Grenzschichtwiderstand" gegen den Eintritt von Luftschadstoffen darstellt.

Ruhende Luftschichten an beiden Blattseiten bilden folglich einen wichtigen Widerstand (siehe Abb. 2.8) gegen den Eintritt von SO_2. Der Eintritt durch solch eine Schicht findet mittels Diffusion von Gasmolekülen statt, die auf Konzentrationsunterschieden beruht. Der Grenzschichtwiderstand ist abhängig von der Windgeschwindigkeit und den Eigenschaften des Blattes, wie z.B. Größe, Form und Ausrichtung. Wenn die Windgeschwindigkeit zunimmt, sinkt der Widerstand gegen das Eindringen von Schadstoffmolekülen, so daß es zu verstärkter Schadstoffaufnahme kommt. Die Schicht ist normalerweise an den Blatträndern dünner als in der Mitte. Deshalb treten Schädigungen durch Luftschadstoffe auch meist an den Blatträndern auf, vor allem bei Gräsern und Getreiden.

Obwohl die Epidermiszellen einen größeren Teil der Blattoberfläche bedecken als die Poren der Stomata, bietet die sie bedeckende Wachsschicht doch einen größeren Schutz vor dem Eindringen von Schadgasen. Tatsächlich ist dieser cuticuläre Widerstand (Abb. 2.8) viel größer als der Widerstand, der sich bei der Aufnahme über die Stomata und die darunterliegenden, luftgefüllten Hohlräume ergibt. Deshalb wird die cuticuläre Leitfähigkeit auch häufig vernachlässigt, wenn es um den Eintritt von Schadgasen in ein Blatt geht. Lagert sich SO_2 auf einem nassen Blatt oder Stamm ab, kann es zerfallen und mit dem Wachs der Cuticula reagieren. Dadurch kann ein bestimmter Anteil SO_2 seinen Weg über die beschädigte Cuticula in das Blattinnere finden. Der größere Teil des atmosphärischen SO_2 dringt jedoch weiterhin über die Spaltöffnungen ein. Wenn die Cuticula über einen längeren Zeitraum hinweg feucht bleibt, besonders in der Nacht oder im Winter, nimmt die Depositionsrate von SO_2 auf die Blattoberfläche zu, obwohl die Spaltöffnungen geschlossen sind. Für Immergrüne hat dies besonders gravierende Folgen, da sie ihre Nadeln und Blätter auch im Winter behalten (siehe auch Kapitel 5 und 10).

Nimmt die Turgordifferenz zwischen den Schließ- und den benachbarten Epidermiszellen zu, öffnen sich die Spaltöffnungen. Bei den meisten Pflanzen geschieht dies während des Tages, wenn auch der gewöhnliche Wasser- und CO_2-Austausch stattfindet. Folglich findet auch die Aufnahme von Luftschadstoffen wie SO_2 vorwiegend am Tage statt. An sehr trüben Tagen sind die Spaltöffnungen nicht so weit geöffnet, daher sind die SO_2-Aufnahmeraten ebenfalls geringer. In der Nacht hingegen, wenn die Spaltöffnungen geschlossen sind, nähern sich die SO_2- (und auch O_3-)Aufnahmeraten von Pflanzen denen von inerten Oberflächen an. Dies bedeutet, daß die Mechanismen, mittels derer die Pflanze die Aufnahme von CO_2 und die Ausscheidung von Wasser kontrolliert, dieselben sind, die auch die Aufnahme von Schadgasen beeinflussen. Der Turgor, die Häufigkeit und die Verteilung der Spaltöffnungen sind daher wichtige Faktoren, die die in die Pflanze eindringende Menge an Schadgasen beeinflussen.

Bei hoher Luftfeuchtigkeit reagieren die Schließzellen auf SO_2 anders als auf andere Schadstoffe. Schließzellen werden aufgrund von SO_2 turgeszenter.

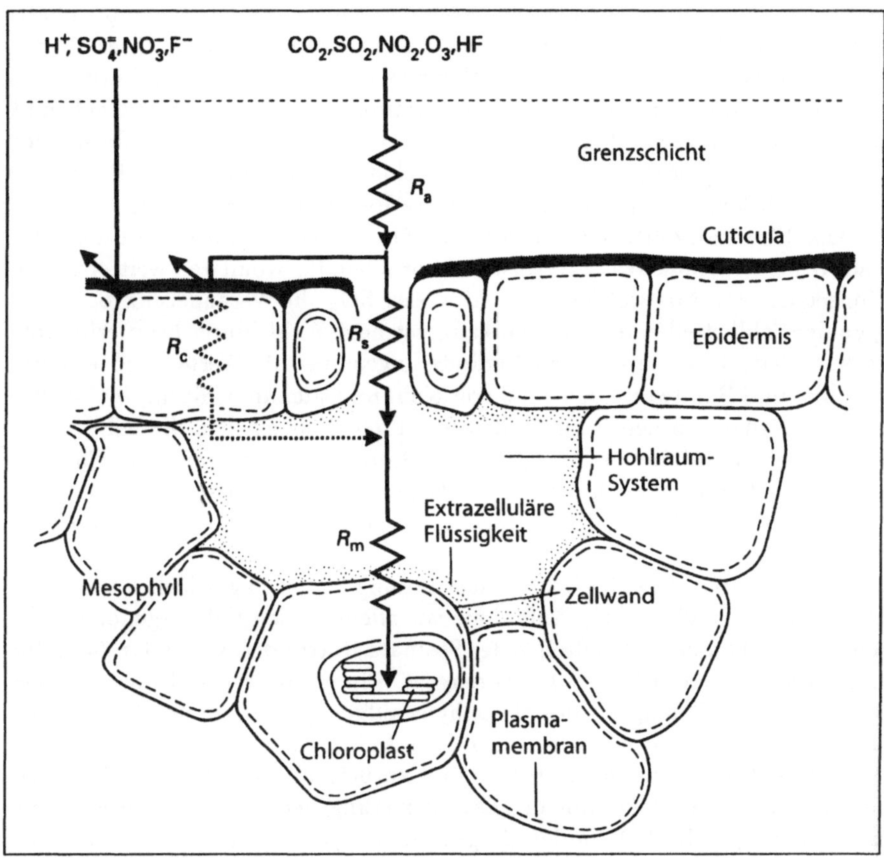

Abb. 2.8. Wege, über die SO_2 (und andere Schadgase) in die Pflanze eindringen können. Die Schicht ruhender Luft oder Grenzschicht stellt einen sog. Grenzschichtwiderstand R_a dar, der von einer Reihe von Faktoren wie z.B. der Windgeschwindigkeit abhängt. Der Eintritt in die Pflanze kann entweder verhindert oder verstärkt werden: je nachdem, wie weit die Stomata geöffnet sind (stomatärer Widerstand R_s), oder durch die Penetration der Cuticula und Epidermis (R_c). SO_2 und O_3 dringen meistens durch die Stomata ein, Stickoxide hingegen können in geringen Mengen auch durch die Cuticula diffundieren. Der Mesophyllwiderstand (R_m) setzt sich aus verschiedenen Teilwiderständen zusammen: der ruhenden Luftschicht des Hohlraumsystems, der extrazellulären Flüssigkeit, der Zellwand, der Plasmamembran, dem Cytoplasma und jeder anderen Organellenhüllmembran; all diese Widerstände müssen überwunden werden, bevor die Stellen, an denen die wesentlichen Reaktionen stattfinden, erreicht werden

In einigen Fällen beschädigt SO_2 auch die die Schließzellen umgebenden Nebenzellen, was zu einer weiteren Öffnung der Schließzellen und zum verstärkten Eintritt verschmutzter Luft führt. Wenn der Schadstoff schnell beseitigt wird, sind die Auswirkungen reversibel (je länger der Zustand anhält, umso weniger). Dies bedeutet jedoch, daß bei warmer und feuchter Witterung SO_2 leichter eindringen kann. Wenn es trocken und die Luftfeuchtigkeit niedrig ist, ist es umgekehrt. Die Spaltöffnungen sind weniger geöffnet, und der Widerstand gegen den Schadstoffeintritt ist größer. Dieses Schließen der Stomata kann jedoch auch auf andere Schutzmechanismen der Pflanze vor Dürre zurückgehen und muß keine direkte Reaktion auf SO_2 sein.

Das SO_2-induzierte Öffnen der Stomata bei hoher Luftfeuchte und der dadurch eintretende Wasserverlust hat vor allem für Koniferen weitreichende Konsequenzen. Auf welche Art und Weise SO_2 die Veränderung des Turgors der Schließzellen hervorrufen kann, ist noch nicht hinreichend erforscht, es wird jedoch vermutet, daß Veränderungen des pH-Wertes und erhöhte Bisulfit- und Sulfitwerte den Fluß von Kalium, Calcium, Chlorid, Malat und Protonen zwischen den Schließzellen und ihren Nebenzellen, die bei der Regelung der Spaltöffnungen ebenfalls eine Rolle spielen, stören. Von Calcium regulierte Membrankanäle der Schließzellen sind an den Bewegungen der Stomata beteiligt. Sulfit steht in Verdacht, diesen von Calcium abhängigen Vorgang zu stören.

Darüber hinaus ist SO_2 in wäßriger Lösung 30mal so gut löslich wie CO_2. Das bedeutet, daß die SO_2-Aufnahme vor allem an den tieferliegenden inneren Oberflächen der Schließzellen der Stomata stattfindet, wo ein Großteil des transpirierten H_2O (77–90%) verlorengeht. Ein geringerer Teil wird von der extrazellulären Flüssigkeit des Mesophylls aufgenommen, wo nur 10–23% des H_2O-Verlusts, jedoch bis zu 85% der CO_2-Aufnahme stattfinden (siehe auch Abb. 2.8). Dies ist hauptsächlich darauf zurückzuführen, daß die Vorgänge zur Aufnahme von CO_2 mit der CO_2-Fixierung bei der Photosynthese zusammenhängen. Da SO_2 in der Umgebung der Stomata aufgenommen wird, treten die unmittelbaren Auswirkungen von SO_2 auch vor allem dort auf. Tatsächlich sind Schädigungen durch SO_2 an den Plasmamembranen der Schließzellen und der Transportzellen, die die vaskulären Bestandteile der Blätter (Geleitzellen bei Angiospermen, Strasburger-Zellen bei Gymnospermen) versorgen, von besonderer Bedeutung. Dies bedeutet, daß an solchen beschädigten Stellen erhöhte Säurewerte und andere Ionen (z.B. Sulfit und Sulfat) auftreten. Zusammen können sie die Fähigkeit der Pflanze, H_2O und Assimilate zu transportieren und zu nutzen, deutlich einschränken.

2.2.2 Transferwiderstände im Blattinneren und Pufferkapazität

Ebenso wie der Eintritt von SO_2 durch die Grenzschicht und durch die Spaltöffnungen als variabler Widerstand (Abb. 2.8) betrachtet werden kann, kann auch die Bewegung von SO_2 (sowie von Sulfit und Bisulfit) durch das Hohlraumsystem der extrazellulären Flüssigkeit an den internen Mesophyllwänden entlang zu den Orten, wo die Reaktionen stattfinden, als Überwinden eines Widerstands interpretiert werden.

Der sog. "Mesophyllwiderstand" ist weder eine konstante noch zu vernachlässigende Größe; er variiert innerhalb einer Art und sogar von Sorte zu Sorte. Tatsächlich sind Unterschiede innerhalb einer Art bezüglich der Empfindlichkeit gegenüber SO_2 zumindest teilweise auf Unterschiede im Mesophyllwiderstand zurückzuführen. Darüber hinaus ist der Mesophyllwiderstand kein bloßer Diffusionswiderstand, da SO_2 und seine Derivate die Zellwand, die Zell- (oder Plasma)membran, einen Teil des inneren Cytoplasmas und sogar die doppelten Hüllmembranen von Organellen überwinden müssen, bevor sie mögliche Ziele wie die Chloroplasten erreichen. Dabei zerstört es Membranen, verändert die ionische Umgebung des Cytoplasmas und verursacht eine Reihe von Folgeschäden.

Das Verhalten von SO_2 in Wasser und Geweben wurde bereits diskutiert; die entscheidenden Faktoren sind jedoch die Pufferfähigkeit der extrazellulären Flüssigkeit, des Cytoplasmas, der Chloroplasten usw. Die Pufferfähigkeit der Zelle (d.h. die Fähigkeit, einer Abweichung des pH-Wertes vom Optimum entgegenzuwirken) hängt von einer Reihe von verschiedenen sowohl großen (häufig Proteinen) als auch kleinen (gewöhnlich Aminosäuren) Molekülen ab, die über freie Carboxyl-($-COO^-$), Phosphat-, Amino-($-NH_3^+$) oder Sulfhydryl-(–SH-)Gruppen verfügen. Liegen plötzlich hohe SO_2-Dosen vor, sind diese Puffermechanismen kurzfristig überlastet; eine vergleichbare Dosis in niedrigerer Konzentration über einen längeren Zeitraum hinweg stellt jedoch kein Problem dar. Es wird behauptet, daß Pflanzengewebe, die SO_2 ausgesetzt sind, eine niedrigere Pufferkapazität haben als solche, die nicht SO_2 ausgesetzt sind. Wenn sich jedoch der pH-Wert in bestimmten Teilen der Zelle (z.B. den Chloroplasten) verändern sollte, können die Folgen für den Stoffwechsel der Zelle beträchtlich sein.

Wie wir bereits im Abschnitt über die Reaktionen von SO_2 in Wasser und Gewebsflüssigkeiten gesehen haben, bestehen für die Produkte von SO_2 in Lösungen verschiedene Dissoziationsgleichgewichte. Normalerweise können nichtdissoziierte schwache Säuren leicht in Zellen und Organellen eindringen, da sie die Membranen ungehindert passieren können. Vollkommen dissoziierte starke Säuren hingegen bilden Anionen, die die Membranen nicht passieren können. Statt dessen transportieren in den Membranen eingebettete Proteine, sog. Carrierproteine, diese geladenen Teilchen aktiv von der einen Seite der Membran auf die andere. Ein Beispiel hierfür ist der Phosphattransport durch ein Protein, das sich in der inneren Hüllmembran der Chloroplasten befindet. Dieses Transportprotein tauscht anorganische oder organische Phosphatverbindungen, die aus der einen Richtung kommen, gegen ein Proton oder eine andere organische Phosphatverbindung aus der anderen Richtung aus (sog. Antiport). Darüber hinaus ermöglicht dieses Protein den Übertritt von Sulfit und Sulfat über die Membran in einer ähnlichen Art und Weise, indem es sie sozusagen "huckepack" nimmt. Starke Säuren (wie z.B. schweflige Säure und Schwefelsäure) können auf diese Weise sehr viel leichter in die Kompartimente der Zelle eindringen, als dies normalerweise durch passives Diffundieren möglich wäre.

Untersuchungen an Algen haben ergeben, daß zwischen dem cytoplasmatischen und dem äußeren pH-Wert eine einfache positive lineare Beziehung besteht, während bei höheren Pflanzen die Fähigkeit, dem intrazellulären Aciditäts- bzw. Alkalinitätsgradienten entgegenzuwirken und ihn zu kontrollieren, stärker ausgebildet ist. Bei Flechten allerdings ist der Mechanismus zur Stabilhaltung des pH-Wertes noch sehr primitiv ausgebildet und verläßt sich stark, wenngleich nicht völlig, auf die inhärente Pufferfähigkeit. Häufig wird angenommen, daß Flechten allgemein besonders empfindlich auf SO_2 reagieren, da sie in stark belasteten Gebieten nur selten anzutreffen sind. Dies trifft jedoch nur auf einige Flechten zu. Ein entscheidender Faktor ist, daß in den stark belasteten Regionen Nordeuropas und der USA die Luftfeuchte häufig hoch ist, was ein üppiges Flechtenwachstum begünstigt, so daß sich das Auftreten einer Schädigung wiederum stärker bemerkbar macht. Ebenso ist die Wahrscheinlichkeit, daß in diesen Regionen auch andere biotische und abiotische Streßfaktoren das Wachstum bestimmter Flechten einschränken, höher. Daher reagieren Flechten insgesamt gesehen nicht sensibler auf SO_2-Belastung als höhere Pflanzen, obgleich sie sich als sehr nützliche Bioindikatoren für die langandauernde Anwesenheit schädlicher atmosphärischer Schadstoffbelastung an einem bestimmten Ort oder innerhalb einer bestimmten Region erwiesen haben (siehe Kapitel 1).

Der Mechanismus zur Stabilisierung des pH-Wertes ist bei höheren Pflanzen sehr kompliziert und wird bislang nur teilweise verstanden. Die Pufferfähigkeit spielt eine Rolle; es gibt aber auch Protonenpumpen in den Membranen, die den Übertritt von Protonen von einem Kompartiment der Zelle in entweder ein anderes oder auch nach außen ermöglichen. Weder Sulfat noch Nitrat (aus NO_2 – siehe Kapitel 3) können die Tätigkeit der Protonenpumpen in der Zell- (oder Plasma-) Membran beeinträchtigen, jedoch wird die der Tonoplasten (das ist die Membran, die die Vakuole von Pflanzenzellen, die häufig mit gespeicherten Säuren und Abfallprodukten gefüllt ist, umgibt) durch Nitrat stark und zu einem geringeren Maße auch durch Sulfat gehemmt. Mit anderen Worten: Wenn Anionen wie Nitrat oder Sulfat von der extrazellulären Flüssigkeit bis in das Cytoplasma vordringen, wird der normale Mechanismus zur Stabilisierung des pH-Werts, der für den verstärkten Transport von Protonen in die saure Vakuole verantwortlich ist, behindert. Infolgedessen besteht die einzige effektive Maßnahme zur Kontrolle des pH-Wertes darin, daß die Ionenpumpe in der Plasmamembran stärker nach außen pumpen muß, gegen ein bereits durch die eindringende Schadstoffbelastung entstandenes Konzentrationsgefälle. Dies bedeutet, daß mehr Energie aufgewendet werden muß, um den Veränderungen des pH-Wertes entgegenzuwirken, und daß weniger Energie für das Wachstum der Pflanze zur Verfügung steht.

2.2.3 Schwefelstoffwechsel

Wie bereits erwähnt, nutzen höhere Pflanzen und Algen den Elektronenfluß bei der Photosynthese zur Reduktion von Sulfat zu Sulfhydryl-Gruppen (–SH), wie z.B. bei der Synthese von schwefelhaltigen Aminosäuren durch den als "assimilatorische photosynthetische Sulfatreduktion" bekannten Vorgang. Die Reduktion von Sulfat wird über zwei Stoffwechselwege durchgeführt (Abb. 2.9) – der eine beinhaltet den "aktiven Schwefelkreislauf", der andere ist vergleichbar mit der Stickstoffreduktion (siehe Kapitel 3).

Bei der Schwefelreduktion kommt es zur Bildung von Sulfit aus Sulfat, was dann wiederum zu Sulfid reduziert wird. Die Reaktion innerhalb der Zelle verläuft jedoch anders, da Sulfit im Chloroplasten durch Lichteinfluß und in den Mitochondrien durch Sulfitoxidase rasch zu Sulfat oxidiert würde. Bei der Photooxidation ist Superoxid ($^{\bullet}O_2^-$) beteiligt, geringe Mengen an Sulfit geben jedoch auch Elektronen an das Photosystem II ab. Das daraufhin gebildete $HSO_3^{\bullet}$-Radikal nimmt Elektronen vom Photosystem II auf und wird wieder zu Sulfit. Geringe Mengen an Sulfit existieren also von Natur aus in unmittelbarer Nähe zur Chloroplastenmembran und werden fortwährend durch den beschriebenen Oxidationsprozeß recycled, während gleichzeitig die Reduktion zu Sulfhydryl-Gruppen stattfindet. Nur dann, wenn der Eintrag von Sulfit aufgrund von Begasung mit SO_2 zu hoch wird, versagt dieses sensible Gleichgewicht, und die erhöhten Mengen an freien Radikalen, die von den Radikalfängern nicht mehr bewältigt werden können, führen zu physiologischen Schäden.

Die Reduktion von Sulfit in den Chloroplasten ergibt Sulfide und H_2S (siehe Kapitel 4) sowie Sulfhydryl-Gruppen (–SH). Darüber hinaus ist es für die Pflanzen u.a. auch durch die Freisetzung von H_2S über die Blätter bei Tageslicht (nicht jedoch bei Dunkelheit) möglich, sich des übermäßigen Schwefels zu entledigen, der durch die Belastung mit SO_2 entstanden ist.

Ein Teil des nichtreduzierten Sulfits wird zu Sulfat oxidiert und vom "aktiven Schwefelkreislauf" (oberer Teil von Abb. 2.9) aufgenommen. Dies führt zur Bildung zweier mit ATP verwandten Verbindungen: Adenosin-5'-Phosphosulfat (APS) und Adenosin-3-Phospho-5'-Phosphosulfat (PAPS), die bei der Sulfatierung vieler organischer Moleküle (vor allem von Lipiden) eine Rolle spielen. Das verbleibende Sulfit wird reduziert und zu schwefelhaltigen Aminosäuren wie Cystein umgewandelt (unterer Teil von Abb. 2.9). Ist diese Aminosäure erst einmal gebildet, so ist sie die Basis einer ganzen Reihe von Reaktionen, die die Bildung aller anderen schwefelhaltigen Aminosäuren, einschließlich Methionin, ermöglichen, die von Pflanzen, Pilzen und den meisten Mikroorganismen benötigt werden.

Beim Menschen ist die Situation umgekehrt. Wie die meisten monogastrischen Tiere müssen wir Methionin durch die Nahrung aufnehmen, da wir über

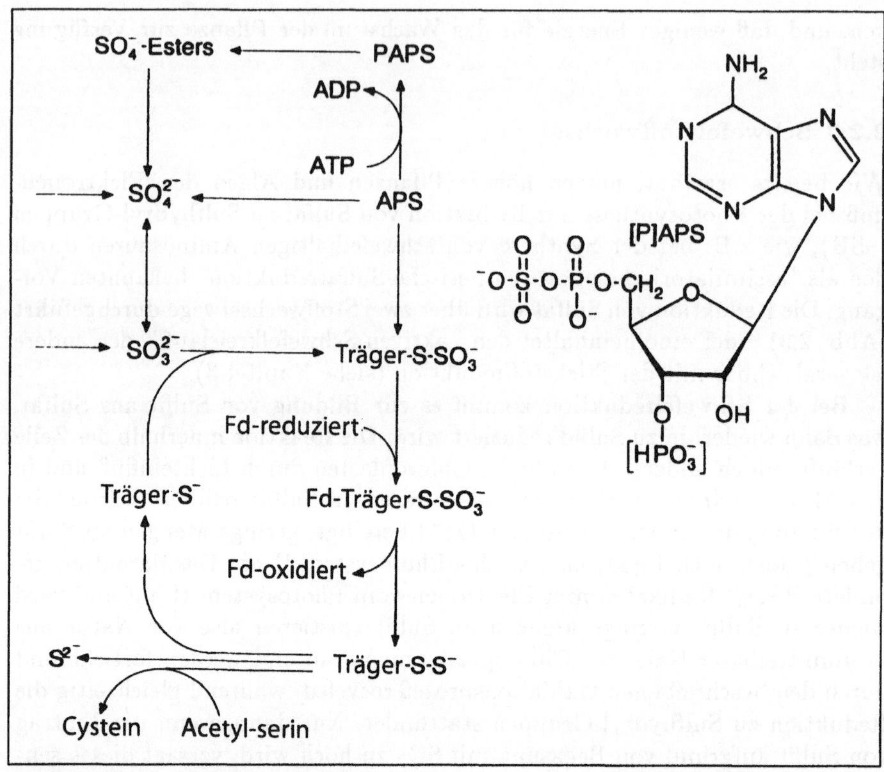

Abb. 2.9. Natürliche Vorgänge, die bei der Oxidation und Reduktion von Sulfat und Sulfit in lebenden Geweben ablaufen. Auf der linken Seite ist der sog. "aktive Schwefelkreislauf" abgebildet, mit den sulfonierten Nukleotiden Adenosin-5'-Phosphosulfat (APS) und Adenosin-3-Phospho-5'-Phosphosulfat (PAPS), dessen Strukturformel auf der rechten Seite steht. Das Sulfat von APS (mit H– anstatt eines weiteren Phosphats in Klammern) wird durch eine Reihe von Reaktionen (untere Hälfte), bei denen u.a. das Eisen-Schwefel-Protein Ferredoxin (Fd) eine Rolle spielt, ebenfalls zu Sulfit reduziert

die meisten biosynthetischen Enzyme zur Bildung von Cystein oder Methionin aus anorganischem Schwefel nicht verfügen. Bei Nichtwiederkäuern muß deshalb zuerst Methionin zu Cystein etc. gespalten werden und zuletzt zu NH_3 und Sulfit. Sulfit muß dann umgehend durch Sulfitoxidase zu Sulfat oxidiert werden, bevor es über die Nieren ausgeschieden werden kann.

Wiederkäuer unterscheiden sich vom Menschen und anderen monogastrischen Tieren dadurch, daß sie den durch Grünfutter aufgenommenen anorganischen Schwefel als ihre einzige Schwefelquelle nutzen können. Dies ist darauf zurückzuführen, daß die Mikroorganismen des Pansens (der dem eigentlichen Magen – dem Labmagen – vorangeht) entweder Sulfat zu Sulfit reduzieren oder durch Desulfurikation (siehe vorn) den Schwefel aus schwefelhaltigen Aminosäuren entfernen und dann ihre eigenen schwefelhaltigen Aminosäuren aus Sulfiden resynthetisieren. Die durch Verdauung im Labmagen bei einem pH-Wert von 1 freigesetzten bakteriellen Proteine und Aminosäuren gelangen dann durch Absorption durch die Darmwand in den Blutkreislauf der Wiederkäuer. Bei Weidetieren, deren Grünnahrung keine oder nur wenige schwefelhaltige Aminosäuren enthält, muß dem Futter lediglich anorganisches Sulfat beigemengt werden. In der Praxis ist dies jedoch nur selten notwendig, da auch auf Böden, die normalerweise arm an Schwefel sind, die Deposition von atmosphärischem Schwefel mehr als ausreichend ist, um diesen Mangel zu kompensieren.

2.2.4 Schäden an Chloroplasten

Die Hemmung der Photosynthese wird im allgemeinen als eine der ersten Auswirkungen von SO_2 auf Pflanzen angesehen. Infolgedessen wird angenommen, daß die Chloroplasten den wesentlichen Angriffspunkt für viele durch SO_2 oder eines seiner in wäßriger Lösung entstehenden Produkte hervorgerufene Störungen darstellen. Der pH-Wert im Stroma der Chloroplasten liegt normalerweise weit über pH 7 (fast bei pH 9 im Licht). Dies begünstigt die Bildung von Sulfitionen auf Kosten von Bisulfit, wenn S in Lösung ionisiert (Abb. 2.5). Folglich werden die Auswirkungen von Sulfit zumeist als repräsentativ für die Wirkungsweise von SO_2 im Chloroplasten angesehen. Tatsächlich haben Untersuchungen von Ultradünnschnitten gezeigt, daß das Anschwellen der Lumen in den Thylakoiden eine der ersten Auswirkungen von SO_2 ist. Solche Schwellungen sind Indikatoren für die weiter oben erwähnten ionischen Störungen und die Versauerung der Zelle. Anfangs ist diese Schwellung reversibel, obgleich die Zeit, die bis zur Wiederherstellung des vorherigen Zustandes vergeht, sich proportional zur Dosis verhält.

In Abb. 2.10 sind die wichtigsten Vorgänge in den Chloroplasten während der Photosynthese zusammengefaßt. Die Biochemie der CO_2-Fixierung ist ebenso abgebildet wie der Stickstoff- und Schwefelstoffwechsel. Alle diese Vorgänge sind von einem Elektronenfluß abhängig (wobei die Elektronen aus Wasser stammen), der durch Licht, das auf die Photosysteme I und II fällt, in Gang gebracht wird und entlang der inneren Thylakoidmembran einen Protonengradienten erzeugt, woraufhin das Stroma (wo CO_2 fixiert wird) basischer wird. Diese Alkalinisierung erhöht die Aktivität der für die CO_2-Fixierung zuständigen Enzyme, weshalb sich eine Versauerung aufgrund von SO_2-Belastung an dieser Stelle negativ auswirkt. So konnten zum Beispiel die direkten Auswirkungen von SO_2 anhand des für die CO_2-Fixierung zuständigen Enzyms, der Ribulose-1,5-Biphosphat-Carboxylase/Oxygenase (Rubisco) nachgewiesen werden. Damit Rubisco aktiv werden kann, muß der pH-Wert im Stroma von 7,5 auf 9 steigen. Es wurde errechnet, daß eine Reduktion des pH-Wertes im Stroma des Chloroplasten um 0,5 zu einem 50%igen Rückgang der Nettophotosyntheseleistung führt. Man sieht, daß sogar eine nur sehr kleine Veränderung langfristig für das Wachstum von Pflanzen, die Schadstoffen ausgesetzt sind, von Bedeutung sein kann.

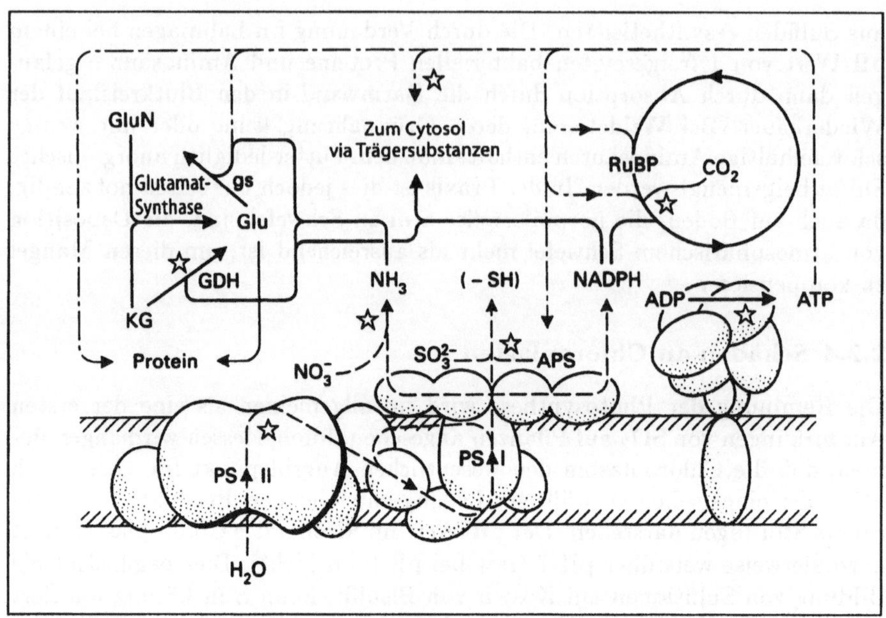

Abb. 2.10. Einige Reaktionen, die während der Photosynthese in den Membranen und dem Stroma der Chloroplasten ablaufen. Der Elektronenfluß durch die Photosysteme wird für eine Vielzahl verschiedener Zwecke (z.B. der Reduktion von $NADP^+$, Nitrit, Sulfit oder APS) genutzt. Weiterhin erzeugt er einen pH-Gradienten entlang der Membran (nicht im Bild), der durch ATPase für die Bildung von ATP aus ADP ausgenutzt wird (unten rechts). Die Verwendungsmöglichkeiten von ATP sind vielfältig; einige der wichtigsten werden jedoch in dieser Abbildung aufgezeigt. Alle können durch SO_2 und seine Produkte behindert werden (in Unsworth und Ormrod (Hrsg.), 1982)

Des weiteren verdeutlicht Abb. 2.10 einige biosynthetische Anforderungen an die Verfügbarkeit von ATP, sowohl innerhalb als auch außerhalb der Chloroplasten. Auf alle Vorgänge, die zur Photophosphorylierung (d.h. der Bildung von ATP aus ADP und Orthophosphat unter dem Einfluß von Licht) führen, konnten nachteilige Auswirkungen von SO_2 und seinen Produkten nachgewiesen werden. Dies heißt, daß SO_2 die Funktion der Photosysteme beeinträchtigt, den Elektronenfluß stört, die Membranen durchlässig für Protonen macht, die Nutzung des Protonengradienten verhindert und die Reaktion der Photophosphorylierung selbst hemmt. Dadurch kommt es zu einer Verminderung der Protein- und Kohlenwasserstoff-Syntheserate, die auf die Produktion von ATP angewiesen ist. Viele Hinweise unterstützen die Vorstellung dieses "ATP-Mangels", da die Verringerung des ATP-Vorrats, beispielsweise bei Kiefern, mit der Steigerung des SO_2-Gehalts in der Atmosphäre korreliert. Auch in pflanzlichen Mitochondrien konnte eine verminderte Fähigkeit zur Bildung von ATP nachgewiesen werden.

Die zur Aufrechterhaltung des Protonengradienten (der durch Elektronenfluß entsteht und mittels Membranproteinen zur Bildung von ATP genutzt wird – siehe rechte Seite von Abb. 2.10) entlang der Thylakoidmembran notwendige Integrität der an der Photosynthese beteiligten Membranen wird u.a. auch durch die Anwesenheit von Sulfit gestört, besonders dann, wenn gleichzeitig noch andere Anionen wie z.B. Nitrit vorhanden sind. Sulfit und Nitrit zusammen begünstigen eine zusätzliche Bildung von freien Radikalen, was dazu führt, daß die Membranen für Protonen durchlässig werden. Folglich wird keine ausreichende Menge an ATP produziert, was letzten Endes zu einer Beeinträchtigung des Wachstums führt. Diese Interaktion wird in Kapitel 11 ausführlicher behandelt.

2.2.5 Langfristige Schäden

Einer der am häufigsten auftretenden sichtbaren Schadenstypen sind Chlorosen (weißliche Stellen von absterbendem Gewebe, immer dort, wo die Pigmente gespalten werden). Farbtafel 3 zeigt typische Anzeichen einer Chlorose bei Luzernen (*Medicago*) aufgrund von SO_2. In der Vergangenheit konzentrierten sich viele Untersuchungen auf die Beschreibung sichtbarer Schäden (wie z.B. Chlorosen, Nekrosen, früher Blattverlust und vermehrte Anzahl abgestorbener Blätter etc.), doch mittlerweile gibt es Hunderte von Publikationen, die besagen, daß die Einwirkung von SO_2, auch ohne deutlich sichtbare Schäden zu verursachen, (gewöhnlich nachteilige) Auswirkungen auf das Wachstum von landwirtschaftlichen Nutzpflanzen, Bäumen, Flechten und Moosen hat. Leider ist es extrem schwierig, aus dieser Flut von Veröffentlichungen gültige quantitative Schlüsse zu ziehen, da die Ergebnisse so unterschiedlich sind. Dies liegt daran, daß unterschiedliche Teile verschiedener Arten, Sorten oder Klone von Pflanzen zu verschiedenen Jahreszeiten, bei verschiedenen Umweltbedingungen (was z.B. Boden, Temperatur, Feuchtigkeit etc. anbelangt) untersucht wurden und die Pflanzen bei den einzelnen Versuchsanordungen (Open-top-Kammern, begaste Freilandbeete, kontrollierte Bedingungen und Windkanäle) auf unterschiedliche Art und Weise dem Schadstoff SO_2 ausgesetzt wurden. Dennoch geht aus diesen Untersuchungen klar hervor, daß SO_2 das Wachstum und den Ertrag verringern kann, ohne daß sichtbare Schäden vorliegen.

Unsichtbare Schäden, die zu vermindertem Wachstum und Ertrag etc. führen, können nur dann berurteilt werden, wenn gleichzeitig ein Kontrollversuch ausgeführt wird. In der Vergangenheit wurde häufig angenommen, daß ein gültiger Kontrollversuch nur dann gegeben wäre, wenn die Kontrollpflanzen in einer Atmosphäre gezogen werden, die nur ein "Minimum" des Schadstoffs enthält (z.B. in mit Aktivkohle gefilterter Luft). Das Problem hierbei ist, daß solch eine Situation fast ebenso unrealistisch ist wie eine langanhaltende Belastung mit gleichbleibend hohen SO_2-Konzentrationen, die in Wirklichkeit nur als vorübergehende Konzentrationsspitzen aufgetreten sind. Vergleicht man das Wachstum von Pflanzen in mit Aktivkohle gefilterter Luft mit dem von Pflanzen, die niedrigen SO_2-Konzentrationen ausgesetzt sind, erhält man bemerkenswerte Ergebnisse. Wachstumsunterschiede von bis zu 30% wurden gemessen. In vielen Fällen stellt der Versuch mit mit Aktivkohle gefilterter Luft eine idealisierte Situation dar, während ein Kontrollversuch mit niedrig dosierter SO_2-Belastung eher für Vergleiche geeignet ist. Mit Aktivkohle gefilterte Luft sollte dagegen nur bei Kontrollversuchen für Regionen angewendet werden, in denen nachweislich nur eine geringe Schadstoffbelastung mit SO_2 vorliegt. Falls dies nicht geschieht, sollten Ergebnisse sehr vorsichtig interpretiert werden. Darüber hinaus ist zu berücksichtigen, daß Aktivkohlefilter nicht nur SO_2, sondern auch NO_2, O_3, PAN und Kohlenwasserstoffe (nicht jedoch NO) ausfiltern, so daß unfreiwillig auch versteckte Interaktionen zwischen bestimmten Schadstoffen verändert werden. Zusammenfassend läßt sich sagen, daß diese beiden Arten von Experimenten zwei recht unterschiedliche Arten von Differenzen messen, beide jedoch relevant sind. Möglicherweise sollten vergleichende Experimente immer mit zwei Kontrollen durchgeführt werden, wobei die eine mit "Reinluft" und die andere mit mit Aktivkohle gefilterter Luft durchgeführt werden sollte.

Aus bislang durchgeführten Untersuchungen wurde geschlossen, daß die in den meisten Agrarregionen Europas, Nordamerikas und anderswo vorherrschenden SO_2-Konzentrationen generell nicht hoch genug sind, um zu einem signifikanten Rückgang des Ertrages der wichtigsten Getreidearten zu führen. Wenn die Konzentration jedoch 60 nl SO_2 l^{-1} übersteigt, kann es zu einem Rückgang von 7,5% bei einer der am häufigsten angebauten landwirtschaftlichen Grasarten (*Lolium perenne*) kommen. Einer von der OECD im Jahr 1981 durchgeführten Kosten-Nutzen-Analyse zufolge entspricht dies einem bis zu 25%igen Wachstumsrückgang. Ertragsrückgänge bei Gräsern aufgrund von SO_2 hängen von der Dosierung (Konzentration multipliziert mit Zeit) ab. Die Situation wird jedoch komplizierter, wenn zusätzlich noch andere Schadstoffe, insbesondere NO_2, vorhanden sind. Dies führt zu einem überadditiven (synergistischen) Wachstumsrückgang (siehe Kapitel 11).

Das Wachstum von Gräsern und Bäumen wird durch eine Vielzahl von Umweltbedingungen beeinflußt. Die Stärke der Luftbewegung über einem Rasen oder einem Blätterdach beeinflußt die Sensibiliät gegenüber SO_2. Wenn die Windgeschwindigkeit hoch ist, wird der Grenzschichtwiderstand beträchtlich herabgesetzt, da die ruhende Luftschicht direkt über den Blättern weggeblasen wird. Auch jahreszeitabhängige Faktoren müssen in Betracht gezogen werden. Bei Gräsern sind die wachstumshemmenden Auswirkungen von SO_2 größer (und zwar um bis zu 50% im späten Winter), wenn sich die Pflanze aufgrund des Mangels an Licht und der niedrigen Temperaturen in einer Phase des langsamen Wachstums befindet.

Alle Arten von Umweltstreß, nicht nur die von Luftschadstoffen ausgelösten, beeinflussen das Wachstum, was sich unter dem Einfluß von SO_2 wiederum verändern kann. In Abb. 2.11 werden Zusammenhänge aufgezeigt, die deutlich machen, daß die durch Schadstoffe hervorgerufenen Schäden nicht

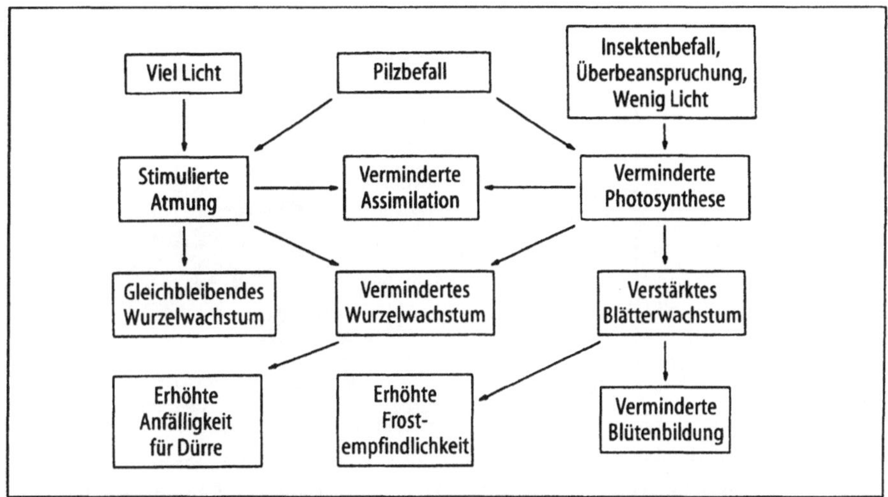

Abb. 2.11. Zusammenhänge zwischen verschiedenen Arten von Pflanzenstreß

von anderen Streßfolgen getrennt betrachtet werden können – sie hängen alle miteinander zusammen. Das Alter und der Abstand zwischen den einzelnen Pflanzen sind weitere Faktoren. Folglich ist es nicht weiter verwunderlich, wenn in der Vergangenheit über divergierende und offensichtlich widersprüchliche Auswirkungen von SO_2 auf Pflanzen berichtet wurde.

2.3 Auswirkungen auf die Gesundheit

2.3.1 Reizerscheinungen

Schwefeldioxid und seine Derivate unterscheiden sich merklich von den Stickoxiden (weniger jedoch von Ozon und photochemischen Oxidanzien), und zwar darin, daß sie starke Reizungen der Augen und auch der Nasengänge hervorrufen. SO_3 ruft auf molarer Ebene sogar eine viermal so starke Reizreaktion hervor wie SO_2, da SO_3 sofort zusammen mit Wasser unter Bildung von Schwefelsäure (Reaktion 2.1) reagiert. Liegt Sulfat partikulär vor, kann es zu einer ähnlich starken Reaktion kommen, wobei die Stärke der Reizung von der Konzentration und der Größe der Teilchen abhängt. Teilchen, die kleiner als 1 μm sind, verursachen die stärkste Reizung, doch auch größere Partikel rufen, ebenso wie höhere Konzentrationen von gasförmigem SO_2, einen unwillkürlichen Hustenreflex hervor. Augenreizungen in Verbindung mit einem erstickenden Husten lenken die Aufmerksamkeit der Betroffenen sofort auf die Gefahren in ihrer Umgebung, wenngleich zwischen den einzelnen Individuen große Unterschiede in der Anfälligkeit bestehen. Einige Menschen können SO_2 auch besser als andere anhand seines Geruchs feststellen, bei

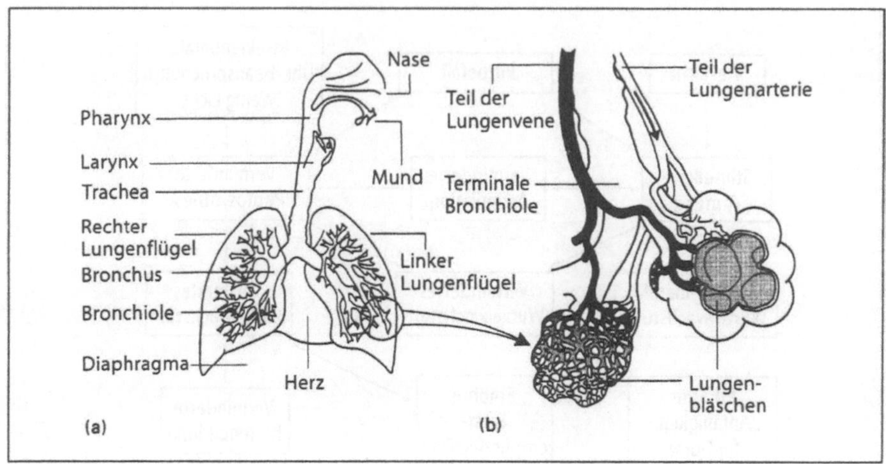

Abb. 2.12. Ausschnittszeichnungen des Atmungssystems von Säugetieren bei verschieden hoher Auflösung

sehr hohen Konzentrationen (>3 $\mu l\ l^{-1}$) ist der Geruchssinn jedoch bei allen paralysiert.

In Abb. 2.12 sind die wichtigsten Wege in die Lunge abgebildet, die in den Alveolen (Lungenbläschen) enden, wo der O_2- und CO_2-Austausch mit dem Blutkreislauf stattfindet. Der Eintritt von SO_2 in dieses System unterscheidet sich von dem der Stickoxide, des Ozons und der photochemischen Oxidanzien, da mehr als 95% des eingeatmeten SO_2 in den Atemwegen oberhalb des Larynx (Kehlkopf) absorbiert werden und bei einem Menschen in Ruhezustand nur weniger als 1% in die Lungenbläschen gelangt. Bei körperlicher Betätigung werden die Lungenbläschen dem SO_2 stärker ausgesetzt, gleichzeitig ziehen sich jedoch die oberen Atemwege zusammen, und die Schleimhautauskleidung trocknet aus. Diese Bronchokonstriktion und Trockenheit kann bei manchen Menschen zu chronischer Bronchitis führen, besonders dann, wenn diese bereits für Asthma prädisponiert sind. Dieselbe Gruppe zeigt häufig auch eine erhöhte Sensibiliät gegenüber Natriumsulfit, einem Stoff, der kommerziell als Sterilisierungs- oder Konservierungsmittel verwendet wird.

Liegt kurzzeitig eine sehr hohe SO_2-Konzentration vor, durchdringen Sulfat- und Sulfit-Anionen, die sich auf den Zelloberflächen der Nasenschleimhäute gebildet haben, die an der Oberfläche liegenden Schleimhautzellen und binden sich an die Granula in den darunterliegenden Mastzellen. Dies führt zu einer örtlichen Freisetzung von Histamin, das ein Zusammenziehen der Atemwege bewirkt und örtliche Entzündungen hervorruft. Die die Atemwege teilweise auskleidenden Zilien setzen häufig zusätzlichen Schleim frei, damit es durch Niesen oder Husten zum Abtransport eines Teils der schädlichen Anionen kommt. Ebenso verschafft das Tränen der Augen bei Reizungen Linderung.

Tabelle 2.3 Reaktionen des Menschen auf unterschiedliche SO_2-Konzentrationen bei verschiedener Expositionsdauer

Konzentration ($\mu l\ l^{-1}$)	*Dauer*	*Auswirkungen*
0,03–0,5	kontinuierlich	Zustand von Bronchitispatienten verschlechtert
0,3–1	20 Sekunden	Veränderte Gehirnaktivität
0,5–1,4	1 Minute	Geruch wird festgestellt
0,3–1,5	15 Minuten	Erhöhte Empfindlichkeit der Augen[a]
1–5	30 Minuten	Erschwerte Atmung, Verlust des Geruchssinns
1,6–5	>6 Stunden	Zusammenziehen der Atemwege in Nase und Lunge
5–20	>6 Stunden	Schädigung der Lunge; nach Beendigung der Exposition reversibel
20 und höher	>6 Stunden	Wasseransammlung in Lungenwegen und Lungengewebe (Lungenödem), führt letztlich zu Lähmung und/oder Tod

[a] Generell niedriger, wenn gleichzeitig Aerosole, Stäube oder andere Schadstoffe vorhanden sind.

Obwohl SO_2 der älteste als schädlich für den Menschen erkannte Luftschadstoff ist, haben in der jüngsten Vergangenheit Auswirkungen anderer Stoffe (z.B. die photochemischen Oxidanzien) von den gesundheitsschädlichen Folgen dieses sauren Gases auf den Menschen abgelenkt. Da Tiere keinen Hustenreflex haben, ist es schwierig, von Resultaten aus Tierversuchen auf mögliche Auswirkungen auf den Menschen zu schließen. Trotz dieser mangelnden Korrelation konnten durch eine Vielzahl von Tierversuchen über einen langen Zeitraum (fast 50 Jahre) hinweg Wirkungswege aufgeklärt und Gefahren abgeschätzt werden, auch wenn das direkte Risiko für die Gesundheit des Menschen aus solchen vergleichenden Studien nicht genau quantifiziert werden kann.

Die in den USA auf 5 μl SO_2 l^{-1} festgelegte maximale Arbeitsplatzkonzentration für eine fünftägige Arbeitswoche mit je acht Arbeitsstunden bietet einen - wenn überhaupt - nur sehr kleinen Sicherheitsspielraum. Dies ist darauf zurückzuführen, daß bei den Untersuchungen, die der Festsetzung dieses Grenzwerts zugrunde lagen, die 50fache Konzentration des Hintergrundwertes nur "geringfügige" Symptome bei Versuchstieren hervorrief. Tabelle 2.3 zeigt, daß beim Menschen auch SO_2-Konzentrationen, die weit unter 5 μl SO_2 l^{-1} liegen, unerwünschte Reaktionen auslösen. Es scheint so, als ob nur ein kerngesunder erwachsener Nichtraucher durch diesen Grenzwert geschützt ist und daß keinerlei Sicherheitsspielraum für eine etwaige Interaktion mit anderen Luftschadstoffen, Aerosolen oder Stäuben eingeräumt wurde.

Tabelle 2.4 Zusammenfassung wichtiger epidemiologischer Untersuchungen zum Zusammenhang zwischen langfristiger Gesundheit und SO_2 und Stäuben (Economic Commission for Europe, 1984)

	Durchschnittliche jährliche Schadstoffkonzentration		
Land	*SO_2 ($nl\ l^{-1}$)*	*Stäube ($\mu g\ m^{-3}$)*	*Beobachtete Auswirkungen*
USA	9,5	135	Mehr Fälle akuter Atemwegserkrankungen
USA	21	180	Verstärktes Auftreten von Atemwegserkrankungen; Lungenfunktion herabgesetzt
GB	38	200	Verstärktes Auftreten von Atemproblemen, vor allem bei Kindern
Polen	48	270	Mehr Fälle von chronischer Bronchitis und Asthma bei Rauchern
Rußland	48	285	Verstärktes Auftreten von Atemwegserkrankungen
GB	86	360	Häufigkeit von Atemwegserkrankungen erhöht; herabgesetzte Lungenfunktion bei Kindern

2.3.2 Gefahren am Arbeitsplatz und in den Städten

Von Arbeitern in bestimmten Industriezweigen (z.B. Verhüttung, Schwefelsäureproduktion etc.), die über einen längeren Zeitraum hinweg und regelmäßiger als andere Menschen SO_2 ausgesetzt sind, wird oft behauptet, daß sie eine gewisse Resistenz gegenüber diesem Gas erworben hätten. Auf der anderen Seite entfällt auf diese Gruppe die größte Zahl von Todesfällen und akuten Verletzungen. Die plötzlichen Todesfälle ähneln denen aufgrund von Erstickung; häufiger tritt der Tod jedoch zeitverzögert ein, und nachfolgende Obduktionen ergeben, daß Ödeme (erhöhte Wasseraufnahme im Gewebe), die Zerstörung der Auskleidung der Atemwege mit Zilien und, was noch wichtiger ist, bakterielle Infektionen der Lungen die Todesursache waren.

Bei nicht tödlich verlaufenden Unfällen mit SO_2 kommt es zu Augenentzündungen, Übelkeit, Erbrechen, Unterleibsschmerzen, Halsschmerzen, Bronchitis und häufig sogar Lungenentzündung. Normalerweise sind die Lungen hochgradig steril (und müssen es auch sein), doch aufgrund der Schwächung der natürlichen antibakteriell wirkenden Mechanismen bei SO_2-Vergiftungen ist häufig eine Notfallbehandlung angezeigt. Die sofortige Verwendung von Sauerstoffgeräten und Bronchodilatatoren zusammen mit der Verabreichung hoher Dosen von Antibiotika kann bleibende Schäden verhindern und Leben retten.

Plötzlich auftretende akute Fälle sind zum Glück selten; die Gefahr einer chronischen SO_2-Vergiftung über einen längeren Zeitraum hinweg in niedrigen Dosen ist für die Allgemeinbevölkerung jedoch höher. Es gibt eine Menge an Literatur, die sich mit dem Zusammenhang von Erkrankungen der Bronchien und dem SO_2-Gehalt der Luft in den Städten befaßt und diesen Zusammenhang auch belegt; der Beweis jedoch, daß eine chronische SO_2- und Staubbelastung bei der Entstehung und Entwicklung von Atemwegserkrankungen eine Rolle spielt, konnte nur unter Schwierigkeiten geführt werden. Das Problem hierbei ist, daß es noch eine Vielzahl weiterer möglicher Ursachen gibt, die bei breit angelegten epidemiologischen Untersuchungen häufig nicht gänzlich ausgeschlossen werden können. Die Krankengeschichte der Untersuchten muß ebenso berücksichtigt werden wie ihr Suchtverhalten (Raucher), ihr Alter, Geschlecht, die Größe der Familie, ethnische Zugehörigkeit, soziale Schicht sowie jahreszeit- und wetterabhängige Variablen.

Nichtsdestotrotz haben in den USA, Großbritannien und anderswo (siehe Tabelle 2.4) durchgeführte epidemiologische Untersuchungen ergeben, daß hohe SO_2- und Staubkonzentrationen die Lebenserwartung mindern und die Gesundheit schädigen. Die in Großbritannien durchgeführten Untersuchungen haben bei den betroffenen Gruppen darüber hinaus auch eine erhöhte Lungenkrebsrate festgestellt. Der Anstieg der Sterblichkeitsrate in London während des "Smogs" von 1952 wird häufig zitiert (Abb. 2.13). Dennoch steht eine hohe Anzahl von Todesfällen (ermittelt aus Sterblichkeitsuntersuchungen) häufig in keinerlei Zusammenhang zu Spitzenwerten der Luftverschmutzung. Die höchste durchschnittliche SO_2-Konzentration während des Londoner Smogs von 1952 betrug lediglich 0,7 $\mu l\ SO_2\ l^{-1}$ – weit unter der in den USA geltenden maximalen Arbeitsplatzkonzentration. Die wichtigsten Ergebnisse der bedeutendsten epidemiologischen Untersuchungen sind – zusammen mit den jährlichen Schadstoffkonzentrationen, bei denen die häufigsten Symptome auftraten – in Tabelle 2.4 dargestellt. Untersuchungen wie diese führten dazu, daß die WHO eine Richtlinie von 15–23 nl l^{-1} (40–60 $\mu g\ m^{-3}$) als jährliches Mittel empfiehlt, das einen Sicherheitsfaktor zwischen 2 und 3 beinhalten soll.

2.3.3 Toxizität von Schwefeldioxid und Sulfit in Geweben

Die meisten menschlichen Zellgewebe verfügen über ein mehr als nur ausreichendes Ausmaß an Sulfitoxidase-Aktivität (Reaktion 2.21), um Sulfit und Bisulfit fast unmittelbar nach deren Entstehung zu beseitigen. Die durchschnittliche Aufnahme von Bisulfit aus konservierten Nahrungsmitteln beträgt weniger als 0,2 mmol pro Tag. Diese Menge ist viel niedriger als die Menge, die durch die Spaltung von schwefelhaltigen Aminosäuren im Inneren der Zelle entsteht (etwa 25 mmol pro Tag und Mensch). Allein die Leber scheint über eine mehr als 200fach höhere Kapazität zu verfügen, als zur Oxidierung dieser Mengen notwendig wäre. Es wurde hochgerechnet, daß ein Mensch, der über 8 Stunden lang 5 $\mu l\ SO_2\ l^{-1}$ einatmet, die einer 1,3 mmol Bisulfit und Sulfit entsprechenden Menge, verteilt über den Tag, aufnehmen würde. Die Lungen scheinen über eine mehr als 100fache Menge an Sulfitoxidase zu verfügen, als zur Beseitigung dieser Menge notwendig wäre; diese

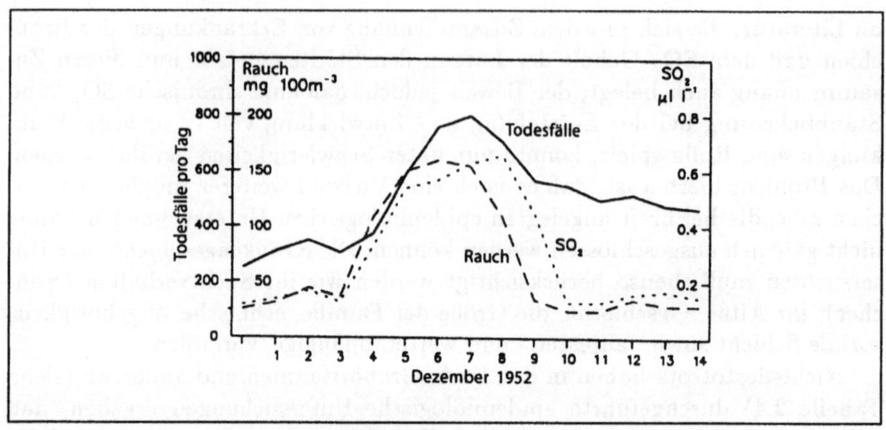

Abb. 2.13. Die erhöhte Sterblichkeitsrate in London im Dezember 1952 wurde den smogartigen Wetterverhältnissen zugeschrieben, die während der ersten Hälfte des Monats vorherrschten und bei denen hohe Konzentrationen von SO_2 und Rußpartikeln gemessen wurden

Berechnungen beziehen sich jedoch auf einen ganzen Tag und die gesamte Lunge. Es ist alles andere als sicher, daß eine solch intensive lokale Ansammlung z.B. in den Epithelgeweben der Lungen oder der Nasenregion schnell genug beseitigt werden kann, ohne daß lokal begrenzte Schädigungen auftreten. Die wichtigsten daran beteiligten Vorgänge sind der Angriff durch freie Radikale und nukleophile Angriffe, die den bereits beschriebenen sehr ähnlich sind.

Untersuchungen an Tieren, die radioaktivem $^{35}SO_2$ ausgesetzt wurden, haben ergeben, daß die Aktivität der Sulfitoxidase der Lungen nicht ausreicht, um alle unerwünschten Reaktionen und den gleichzeitigen Eintritt von mit ^{35}S gekennzeichnetem Bisulfit ins Blut zu verhindern. Das gekennzeichnete Bisulfit wird offensichtlich sofort als ^{35}S-Sulfocystein (Reaktion 2.22) gebunden, was dann entweder in die Leber oder in andere Gewebe transportiert wird. Da die Leber über alle notwendigen Enzyme zur Entgiftung verfügt, wird die Radioaktivität als ^{35}S-Sulfat schnell ins Blut zurückgeführt, von wo es wiederum rasch über die Nieren ausgeschieden wird. Der in den anderen Geweben verbliebene Rest wird langsam ins Blut zurücktransportiert und taucht schließlich im Urin wieder auf.

Die Frage, inwiefern diese in Tierversuchen bei hohen SO_2-Konzentrationen gewonnenen Ergebnisse auf Menschen, die niedrigeren Dosen ausgesetzt sind, übertragbar sind, bleibt jedoch offen. Allgemein scheint man sich einig zu sein, daß mutagene Auswirkungen aufgrund einer Umwandlung von Cytosin (siehe vorn) unwahrscheinlich sind, erhöhte Sulfocysteinwerte in Nervengeweben hingegen Anlaß zur Sorge sein könnten. Niedrige Sulfocysteindosen, die Tieren intravenös verabreicht wurden, haben zum Beispiel zu Gehirnabnormitäten geführt. Es sind jedoch vor allem unerwünschte Reaktionen im

Lungengewebe und in der Nähe der Atemwege, die für den Menschen die größte Bedeutung haben. Epidemiologische Untersuchungen, die Atemprobleme als Hauptfolge einer Belastung mit SO_2 aufzeigen, unterstützen diese These.

Leider gibt es bislang nur wenige Untersuchungen zur Erhellung der diesen Problemen zugrundeliegenden Vorgänge. Gewebekulturen aus Alveolarmakrophagen (Phagozyten, die für die Beseitigung von Zelldebris zuständig sind) und Lymphozyten (Nichtphagozyten, die für die Antikörperproduktion zuständig sind) wurden sowohl tierischen als auch menschlichen Lungen entnommen. Setzt man solche Zellen SO_2, Sulfit oder Bisulfit aus, kann man zu Beginn der Exposition eine verstärkte Bildung eines an die Plasmamembran gebundenen Enzyms, ATPase genannt, beobachten. Weiterhin läßt sich ein verminderter Vorrat an ATP feststellen, was auf eine allgemeine Herabsetzung der Zellaktivität schließen läßt. Auch die Konzentration von Lysozym (ein generelles proteinabbauendes Enzym, das von Makrophagen sezerniert wird) außerhalb der Zelle wird durch SO_2 erhöht. Dies scheint als Auslöser für eine verstärkte Bildung von Lysozym in den Makrophagen zu wirken. Darüber hinaus hat ein solcher Proteinabbau in den auskleidenden Geweben unerwünschte Auswirkungen auf die Integrität der sie umgebenden Alveolarzellen und lenkt die Aufmerksamkeit der Makrophagen von einer möglichen bakteriellen Infektion ab.

Nicht nur die Enzymmengen, auch die Eigenschaften der umgebenden Zellmembranen können durch SO_2, Bisulfit oder Sulfit verändert werden, was dazu führen kann, daß Lymphozyten nicht mehr fähig sind, Antigene zu erkennen und zu binden. Infolgedessen bilden sie nicht die passenden Antikörper, oder sie erkennen fremde oder anomale Zellen nicht. Diese geschwächte Immunabwehr führt dann zu den in den epidemiologischen Untersuchungen festgestellten Bronchien- und Atemwegsproblemen.

Ähnliche Membranveränderungen treten auch in den Makrophagenzellen der Lungen auf. Normalerweise produzieren Lymphozyten ein Lymphokin, MIF (Makrophage Inhibitory Factor, ein die Makrophagen hemmender Faktor) genannt, das die Bewegung der Makrophagen kontrolliert. Nach einer Belastung mit SO_2 verlieren die Makrophagen ihre Fähigkeit, auf MIF zu reagieren, und zeigen verstärkte Abwanderungstendenzen, was dazu führt, daß sie die ihnen von den Lymphozyten zugewiesene Aufgabe, nämlich die Bakterien zu "verschlingen", nicht ausführen.

Vorgänge wie diese führen zu langfristigen, von SO_2 hervorgerufenen Atemproblemen beim Menschen.

Weiterführende Literatur

Anderson JW (1978) Sulphur in Biology. Studies in Biology No. 101, Edward Arnold, London

Brimblecome P (1986) Air Composition and Chemistry. Cambridge University Press, Cambridge

Economic Commission for Europe (OECD) (1984) Air-borne Sulphur Pollution. Air Pollution Study No. 1, United Nations, New York

Mansfield TA (ed) (1976) Effects of Air Pollutants on Plants. SEB Seminar Series No. 1. Cambridge University Press, Cambridge

Muth OH (1970) Sulphur in Nutrition. AVI, Westport, Connecticut

Nriagu JO (ed) (1978) Sulphur in the Environment. John Wiley & Sons, New York

Saltzmann ES and Cooper WJ (eds) (1989) Biogenic Sulfur in the Environment. Amer. Chem. Soc. Symp. No. 393, Washington, DC

Stern AC (1977) Air Pollution (3rd edn.), Vol. 2, The Effects of Air Pollution. Academic Press, New York

Unsworth MH and Ormrod DP (eds) (1982) Effects of Gaseous Air Pollution in Agriculture and Horticulture. Butterworths, London

Waldbott GL (1978) Health Effects of Environmental Pollution (2nd edn.). CV Mosby, St. Louis, Missouri

Winner WE, Mooney HA and Goldstein RA (eds) (1985) Sulphur Dioxide and Vegetation: Physiology, Ecology and Political Issues. Stanford University Press, Stanford, California

3. Stickoxide

3.1 Bildung und Quellen

3.1.1 Der Stickstoffkreislauf

Stickstoffdioxid (NO_2) und Stickstoffmonoxid (NO) sind zwar nicht die Stickstofformen, die mengenmäßig in der Atmosphäre vorherrschen, wohl aber die, die die meisten Probleme in der Troposphäre verursachen. Chemiker verwenden für diese beiden Schadstoffe oft die Abkürzung NO_X; diese Bezeichnung impliziert jedoch, daß die biologischen Auswirkungen von NO_2 denen von NO ähneln, das anteilmäßig oft überwiegt. Noch schwerwiegender ist jedoch, daß bei der Verwendung dieser Abkürzung häufig unklar ist, ob sie das Treibhausgas Distickstoffoxid (N_2O, Stickoxydul) miteinschließt, das ebenfalls am Ozonabbau in der Stratosphäre beteiligt ist, in der Atmosphäre jedoch über 10mal so häufig vorkommt wie NO_2. Der Terminus "Stickoxide" dagegen ist eindeutig. Er umfaßt NO_2 und NO ebenso wie N_2O, N_2O_3, N_2O_5 usw. – wobei diese Verbindungen völlig unterschiedliche Auswirkungen auf lebende Systeme haben. Im biologischen Kontext empfiehlt es sich daher, die Abkürzung NO_X nicht zu verwenden, da sie zu der irrigen Annahme verleitet, daß die verschiedenen Stickoxide ähnliche Wirkungen haben.

Nicht alle Luftschadstoffe, an denen Stickstoff (N) beteiligt ist, sind oxidiert. Ammoniak (NH_3) zum Beispiel wird bei Fäulnisprozessen tierischer Ausscheidungsprodukte freigesetzt oder entweicht bei der Herstellung von Kunstdünger. Als Ammoniak oder protonierte Form des Ammoniaks, Ammonium (NH_4^+), sind diese reduzierten Stickstofformen in der Atmosphäre besonders schädlich für Ökosysteme, die empfindlich gegenüber übermäßigen Stickstoffeinträgen sind. Die Freisetzung von reduzierten Stickstoffverbindungen in die Atmosphäre und deren Auswirkungen werden in Kapitel 4 gesondert behandelt.

Im Stickstoffkreislauf, an dem Pflanzen, Tiere und Bodenmikroorganismen beteiligt sind, spielen die verschiedenartigsten reduzierten und oxidierten Verbindungen eine Rolle. Da die Elektronenkonfiguration um ein N-Atom sehr variieren kann, ergibt sich eine Reihe von unterschiedlichen Oxidations- bzw. Reduktionszuständen des Stickstoffatoms (Abb. 3.1). Dies wiederum ermöglicht eine Vielzahl von stickstoffhaltigen Verbindungen, die den biologischen Stickstoffkreislauf bestimmen (Abb. 3.2). Die anthropogenen Fakto-

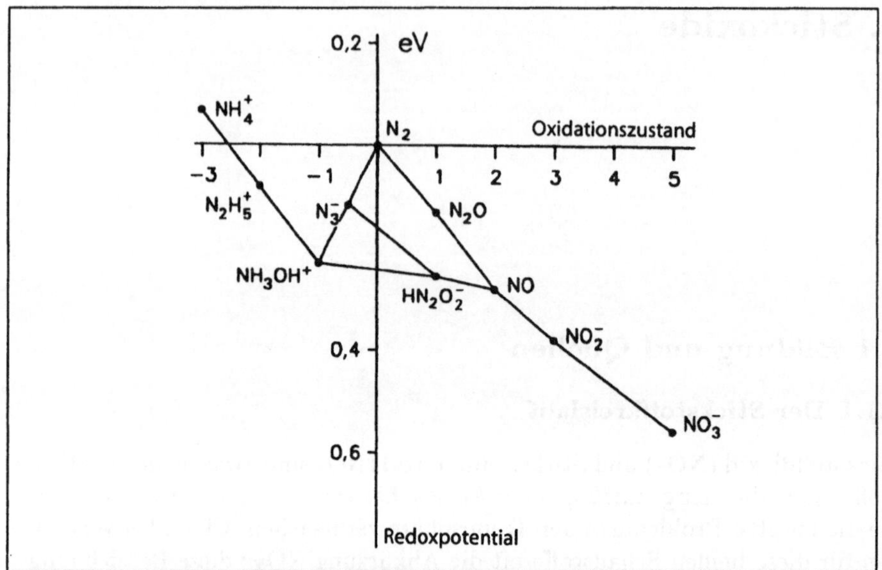

Abb. 3.1. Zusammenhänge zwischen Oxidationszuständen von Stickstoff bei pH 7 und Redoxpotential. Da Elektronegativität einen höheren energetischen Zustand darstellt als Elektropositivität, fließen die Elektronen diesem Gefälle folgend

ren, die auf den globalen Stickstoffaustausch einwirken, sind zwar beträchtlich (Tabelle 3.1); der überwiegende Teil des Stickstoffkreislaufs beruht jedoch auf mikrobieller Tätigkeit.

3.1.2 Distickstoffoxid

Distickstoffoxid (N_2O) ist das mengenmäßig am häufigsten in der Atmosphäre vorkommende Stickoxid. Es wird hauptsächlich durch Denitrifikation freigesetzt (Abb. 3.2); dies ist ein Prozeß, bei dem den Bodenmikroorganismen Nitrat (anstelle von molekularem Sauerstoff) als Wasserstoffakzeptor dient (Nitratatmung). Ein niedriger O_2-Gehalt im Boden begünstigt Denitrifikationsprozesse. Somit sind schlecht durchlüftete oder feste Böden, Staunässe und Überflutung beträchtliche N_2O-Quellen, und das Pflügen und Entwässern der Felder dient hauptsächlich dazu, diesen anaeroben Prozeß zu unterbinden.

Aerobe Mikroorganismen sind dagegen an der Nitrifikation beteiligt. Bei diesem Vorgang wird Ammonium oder Nitrit zu Nitrat umgewandelt, was durch eine gute Durchlüftung des Bodens begünstigt wird. Ein wichtiges Ziel beim Ackerbau ist die Maximierung mikrobieller Nitrifikation bei gleichzeitiger Fixierung von atmosphärischem N_2 in NH_3 durch das Enzym Nitrogenase (Abb. 3.2). Durch den Gebrauch von Kunstdünger wird eine Störung des natürlichen Gleichgewichts zwischen diesen Prozessen jedoch in Kauf genommen und die mikrobielle Fixierung von N_2 behindert. Eine Alternative

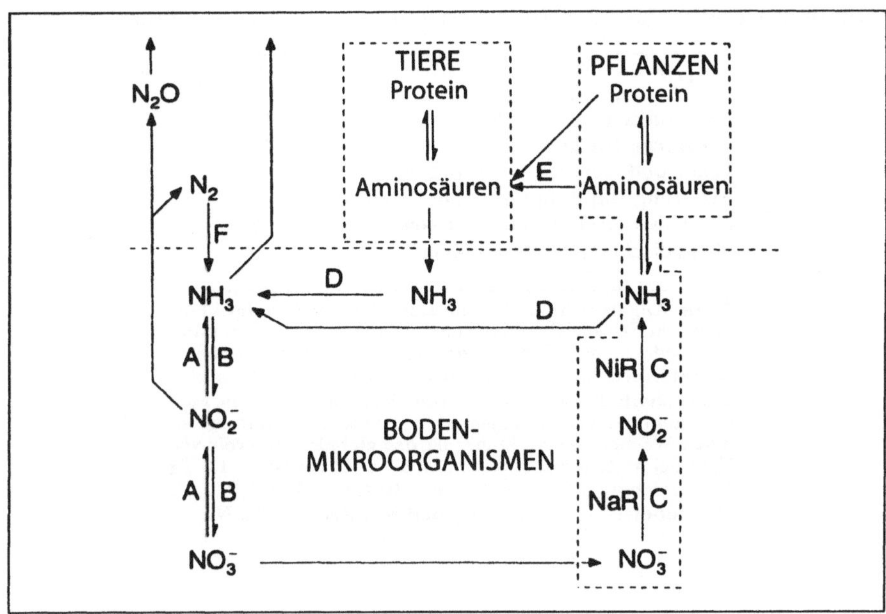

Abb. 3.2. Der Stickstoffkreislauf unter Mitwirkung von Pflanzen, Tieren, Boden und Luft. Folgende Prozesse finden statt: **A** = Denitrifikation bzw. dissimilatorische Nitratreduktion, bei der N_2O freigesetzt wird; **B** = mikrobielle Nitrifikation; **C** = assimilatorische Nitratreduktion; **NaR** = Nitratreductase; **NiR** = Nitritreductase; **D** = Zersetzung nach Tod bzw. Verwesung; **E** = Verdauung; **F** = Stickstoffixierung

wäre der Anbau von Leguminosen oder Klee im Fruchtwechsel; ökonomische Interessen geben jedoch gegenüber ökologischen häufig den Ausschlag. Überschüssiger Kunstdünger im Boden, der nicht ausgewaschen wird, wird in der Regel durch Denitrifikation abgebaut. Die weltweit zunehmende Verwendung von Kunstdünger führt deshalb infolge der damit einhergehenden Begünstigung der Denitrifikation zu einer Zunahme des N_2O-Gehalts in der Atmosphäre.

Die weltweite Erzeugung von N_2O pro Jahr durch Denitrifikation beträgt ungefähr 5% des gesamten N_2O-Pools in der Atmosphäre. Da N_2O relativ reaktionsträge ist, hat es eine lange atmosphärische Lebensdauer von 20 und mehr Jahren. Die Zunahme von atmosphärischem N_2O infolge verstärkter Denitrifikation findet daher nur langsam statt, wird aber über lange Zeit bestehen bleiben.

Geringe N_2O-Mengen entstehen auch bei unvollständiger Umwandlung von Ammonium zu Nitrit während des Nitrifikationsvorgangs (Abb. 3.2). Daher kommt es in verschiedenen Phasen des Nitrifikationsprozesses zu geringen Verlusten von fixiertem Stickstoff. Andererseits bringt die Stickstoffixierung einen Verbrauch von N_2O mit sich, da N_2O ein alternatives Substrat für Nitrogenase ist, die in allen Organismen vorkommt, die N_2 binden können.

Tabelle 3.1 Globale Stickstoff-Umsatzraten infolge verschiedener Prozesse[a]

Prozeß	*Tg N a^{-1}*
Denitrifikation/Nitrifikation	160
natürliche Stickstoffixierung	150
Feuer und Verbrennungsvorgänge	70
Fixierung durch industrielle Tätigkeit	40
Ionenaustausch durch Regen usw.	80
oberirdischer Abfluß ins Meer	35

[a] Die Angaben über die globalen Mengen einzelner Formen von Stickstoffverbindungen gehen auseinander, stimmen jedoch ungefähr mit den Angaben zu den globalen Umsatzraten überein, da, abgesehen von N_2O (das eine atmosphärische Lebensdauer von 150 Jahren hat), die meisten anderen Verbindungen eine Lebensdauer von nur einigen Wochen haben. Daher ist das globale Reservoir von N_2O bei weitem am größten (1500 Tg N) vor NH_3 (1,6 Tg N), Ammonium (0,5 Tg N), NO_2 (0,4 Tg N), NO (0,2 Tg N), Salpetersäure (0,2 Tg N) und Nitraten (0,1 Tg N).

Die große Unbekannte liegt in den Weltmeeren. Da diese, verglichen mit den Böden, relativ basisch sind, wird die Denitrifikation und somit die Bildung von N_2O begünstigt; denn der Energiegewinn der Denitrifikationsreaktion verhält sich umgekehrt proportional zum pH-Wert. Dies trifft besonders auf tiefe Gewässer zu, in denen wenig O_2 vorhanden ist, und auf Mündungsgebiete, in denen sich der Sauerstoffvorrat schnell erschöpfen kann. Die Einleitung von Abwässern verursacht eine allgemeine Abnahme des O_2-Gehalts und führt damit zu einer Eutrophierung von Flüssen; sie begünstigt somit die Denitrifikation.

Da in der Troposphäre keine N_2O-Abbaumechanismen vorhanden sind, treiben N_2O-Moleküle langsam in die höher gelegene Stratosphäre, wo eine photolytische Reaktion oder eine Reaktion mit atomarem Sauerstoff erfolgen kann. Der bei der Photolyse (Reaktion 3.1) entstehende molekulare Stickstoff (N_2) und Sauerstoff (O_2) hat für unser Thema keine Bedeutung; hingegen hat Reaktion 3.2, bei welcher Stickstoffmonoxid gebildet wird, eine katalytische Wirkung auf die Reduzierung des Ozongehalts in der Stratosphäre (s. Kapitel 7). Der Zusammenhang zwischen der weltweit zunehmenden Verwendung von Nitratdünger, verstärkter Denitrifikation und möglichen Auswirkungen auf das stratosphärische Ozon gibt Anlaß zu Sorge. Dieser Prozeß erstreckt sich über einen langen Zeitraum. Wenn sich zukünftig herausstellen sollte, daß er zu einem Ozonabbau in der Stratosphäre führt, wird dieser daher nicht mehr rückgängig zu machen sein (s. Kapitel 7). Außerdem ist Distickstoffoxid ein wichtiges Treibhausgas. Auf diese Problematik wird in Kapitel 8 näher eingegangen. Maßnahmen zur Verminderung der Verwendung von Düngern auf Nitratbasis sind naturgemäß unpopulär, vor allem in Entwicklungsländern. Durch die Übertragung von Genen, die an der Stickstoffixierung bzw. Stickstoffaufnahme beteiligt sind, auf wichtige Nutzpflanzen wie Getreide und Gräser kann dieses Problem jedoch möglicherweise gelöst werden.

$$2N_2O \overset{\text{Licht}}{\Rightarrow} 2N_2 + O_2 \tag{3.1}$$

$$N_2O + O \Rightarrow 2NO \tag{3.2}$$

3.1.3 Verbrennungsvorgänge

Stickstoffmonoxid entsteht hauptsächlich durch die Verbindung von atmosphärischem N_2 und O_2 bei hohen Temperaturen; in geringerem Ausmaß sind auch stickstoffhaltige Bestandteile von Brennstoffen an seiner Entstehung beteiligt. Reaktion 3.3 wird oft als der wichtigste Prozeß dargestellt; tatsächlich handelt es sich dabei aber um die Summe aus Einzelreaktionen (Reaktionen 3.4 und 3.5) unter Mitwirkung sehr reaktiver Atome, die in Flammen entstehen – wobei die zweite Reaktion sehr viel schneller abläuft als die erste. In den brennstoffreichen Bereichen einer Flamme bilden sehr reaktive Hydroxylradikale ($OH^\bullet$) (s. Anhang 1) NO (Reaktion 3.6); aber auch HCN, NH_3 und Amine ($-NH_2$, $=NH$ und $\equiv N$) sind Vorstufen von NO.

$$N_2 + O_2 \Rightarrow 2NO \tag{3.3}$$

$$N_2 + O \Rightarrow NO + N \tag{3.4}$$

$$N + O_2 \Rightarrow NO + O \tag{3.5}$$

$$N + {}^\bullet OH \Rightarrow NO + H \tag{3.6}$$

So paradox es erscheinen mag, nimmt die Menge des entstandenen NO ab, je höher der Stickstoffgehalt des Brennstoffs ist. Dagegen entsteht mehr NO, je geringer der Schwefelanteil des Brennstoffs ist. Deshalb führt die Verbrennung von schwerem Heizöl, das normalerweise einen niedrigen Stickstoffgehalt hat, zu NO-Emissionen in derselben Größenordnung wie bei Kraftwerken, in denen Kohle mit einem viel höheren Stickstoffgehalt verbrannt wird.

Um die NO-Emissionen aus Hochöfen zu reduzieren, kann bei der Wahl des Brennstoffs, der Konstruktion des Brenners und den Betriebsbedingungen angesetzt werden. So kann man z.B. die Verbrennungsoberfläche vergrößern, indem man die Tröpfchen- bzw. Partikelgröße des Brennstoffs verringert; hierdurch wird eine vollständigere Verbrennung erzielt (Reaktionen 3.7–3.9). Temperatur, Drücke, Sauerstoffzufuhr, Mischverhältnisse und Verweilzeit gehören ebenfalls zu den Parametern, mit deren Anpassung Verbesserungen erzielt werden können. Es ist sehr viel kostengünstiger, neue Brennertypen mit verringerten Stickoxid- (und damit Säure)emissionen zu konstruieren, als nachträglich Entschwefelungsanlagen zur Reduzierung der

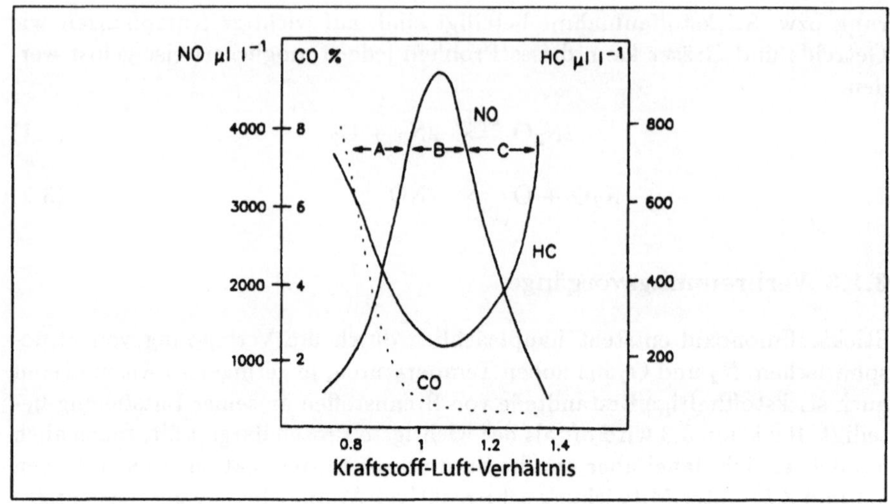

Abb. 3.3. Emissionen von Kohlenmonoxid (CO), Stickstoffmonoxid (NO) und unverbrannten Kohlenwasserstoffen (HC) aus Verbrennungsmotoren, die mit unterschiedlichen Luft-Kraftstoff-Gemischen betrieben werden. Kurve **A** zeigt die Emissionen bei früher verwendeten Mischungsverhältnissen, **B** diejenigen heutiger Motoren, **C** die Emissionen von Magermotoren

gesamten säurebildenden Emissionen einzubauen. Eine weitere Möglichkeit, die in japanischen Kraftwerken eingesetzt wird, ist die Injektion von NH_3 in den Verbrennungsprozeß (selektive katalytische Reduzierung). Dies (Reaktion 3.10) ist jedoch nur bei Temperaturen unter 1000°C sinnvoll, denn bei höheren Temperaturen führt das Ammoniak wieder zur Bildung von Stickstoffmonoxid.

$$C + 2NO \Rightarrow CO_2 + N_2 \quad (3.7)$$

$$2C + 2NO \Rightarrow 2CO + N_2 \quad (3.8)$$

$$2CO + 2NO \Rightarrow 2CO_2 + N_2 \quad (3.9)$$

$$4NO + 4NH_3 + O_2 \Rightarrow 4N_2 + 6H_2O \quad (3.10)$$

In den meisten Industrieländern entfallen ungefähr 30% der gesamten Stickoxidemissionen auf den Verkehr, 45% auf Kraftwerke und 25% auf Industrie, Haushalt und Kleingewerbe. In vielen Ländern wurde in jüngster Zeit durch die Einführung neuer Motorentypen und den Einbau von Katalysatoren als Standardmaßnahme zur Verringerung des Stickstoffmonoxidausstoßes eine verbesserte Kraftstoffverbrennung erzielt. Die Verbesserung der Verbrennungsvorgänge im Motor geht einher mit einer verbesserten katalytischen Umwandlung der Auspuffgase. Die Erhöhung des Luftanteils im Kraftstoff führt ebenfalls zu einer Verringerung der Treibhausgas-Emissionen. Abb. 3.3 zeigt die deutliche Emissionsverminderung, die mit einem Magermotor erzielt werden kann. Bei der Entwicklung neuer Motoren besteht jedoch nach wie vor das Problem, bei der Verwendung von mageren Kraftstoff-Luft-Gemischen den Ausstoß von unverbrannten Kohlenwasserstoffen zu verringern.

Zur Abgasreinigung bei Verbrennungsmotoren werden verschiedene Katalysatoren eingesetzt. Bei den (billigeren) Oxidationskatalysatoren, die in vielen Fällen als Minimum vorgeschrieben sind, erfolgen lediglich die Reaktionen 3.11 und 3.12, wodurch die Stickoxidemissionen nur geringfügig reduziert werden. Die teureren Platin-Rhodium-Dreiwegekatalysatoren wirken dagegen gleichzeitig oxidierend auf CO und Kohlenwasserstoffe und reduzierend auf Stickoxidemissionen (Reaktionen 3.11 - 3.13). Bei Dreiwegekatalysatoren stellt sich das Problem, daß die Oxidierung von unverbrannten Kohlenwasserstoffen und Kohlenmonoxid ein hohes Maß an Oxidanzien erfordert, die Reduktion von Stickstoffmonoxid dagegen durch ein Übermaß an Oxidanzien eingeschränkt wird (s. Abb. 3.4). Es besteht daher nur geringer Spielraum für einen Oxidanziengehalt, der alle drei Umwandlungsprozesse zuläßt, und es ist schwierig, die Bedingungen für eine optimale Abgasumwandlung bei unterschiedlichen Fahrbedingungen und über die gesamte Lebensdauer des Katalysators einzuhalten.

$$2CO + O_2 \Rightarrow 2CO_2 \tag{3.11}$$

$$(CH_2) + O_2\ (+2NO) \Rightarrow CO_2 + 2H_2O\ (+N_2) \tag{3.12}$$

$$2CO + 2NO \Rightarrow 2CO_2 + N_2 \tag{3.13}$$

Alle Systeme mit Magermotoren oder Dreiwegekatalysatoren erfordern zudem eine wesentlich bessere Steuerung der Kraftstoffzufuhr in Abhängigkeit von der Fahrsituation über das gesamte Spektrum der möglichen Zustände. Computergesteuerte Benzineinspritzung mit Rückkopplungsschleifen von Auspuffsensoren sollte deshalb zum Standard gehören; dies wird zwar die Kosten erhöhen, jedoch andererseits mit geringerem Benzinverbrauch und einer Reduzierung der Treibhausgas-Emissionen einhergehen. Gesetzliche Auflagen zur Verbesserung der Abgasqualitiät haben den zusätzlichen positiven Effekt, daß sie die Verminderung des Bleigehalts im Kraftstoff und damit der Bleiemission in die Atmosphäre vorantreiben, denn Blei macht die Katalysatoren schnell unbrauchbar.

Beträchtliche Stickoxidemissionen entstehen auch bei anderen industriellen Prozessen. Ammoniumnitrat wird in der Landwirtschaft als Stickstoffdünger verwendet und wird daher in großen Mengen hergestellt. Es wird normalerweise aus der Reaktion von Ammoniak mit Salpetersäure (Reaktion 3.14) synthetisiert – der Ammoniak wird im Haber-Bosch-Verfahren (Reaktion 3.15) gewonnen –, während die Salpetersäure bei der katalytischen

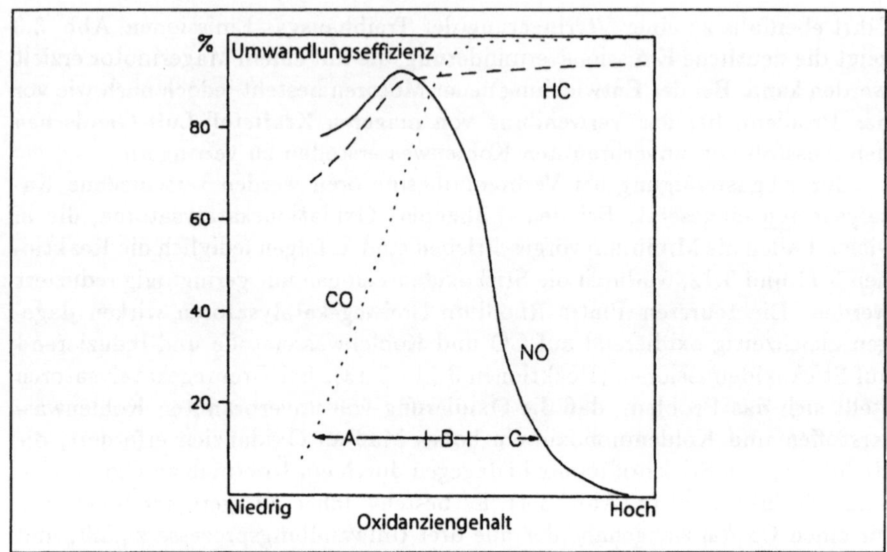

Abb. 3.4. Effizienz (in %), mit der Kohlenmonoxid (CO), Stickstoffmonoxid (NO) und unverbrannte Kohlenwasserstoffe (HC) von Katalysatoren in Abgasanlagen von Fahrzeugen umgewandelt werden. Die Werte im Bereich **A** beziehen sich auf Reduktions-, die im Bereich **C** auf Oxidations- und die im Bereich **B** auf Platin-Rhodium-Dreiwegekatalysatoren

Oxidation von NH_3 (Reaktionen 3.16–3.18) entsteht. Beträchtliche Mengen von Stickoxiden, Ammoniak und Ammoniumnitrat-Staub entweichen aus den Düngemittelfabriken und führen oft lokal zu erheblichen Umweltbeeinträchtigungen.

$$HNO_3 + NH_3 \Rightarrow NH_4NO_3 \tag{3.14}$$

$$N_2 + 3H_2 \Rightarrow 2NH_3 \tag{3.15}$$

$$4NH_3 + 5O_2 \Rightarrow 4NO + 6H_2O \tag{3.16}$$

$$2NO + O_2 \Rightarrow 2NO_2 \tag{3.17}$$

$$3NO_2 + H_2O \Rightarrow 2HNO_3 + NO \tag{3.18}$$

3.1.4 Oxidationsprozesse in der Atmosphäre

Wenn Stickstoffmonoxid in die Atmosphäre gelangt, wird es durch Ozon (Reaktion 3.19) schnell zu NO_2 oxidiert. Zugleich findet durch photochemische Rückumwandlung die gegenläufige Reaktion (3.20) statt sowie Reaktion

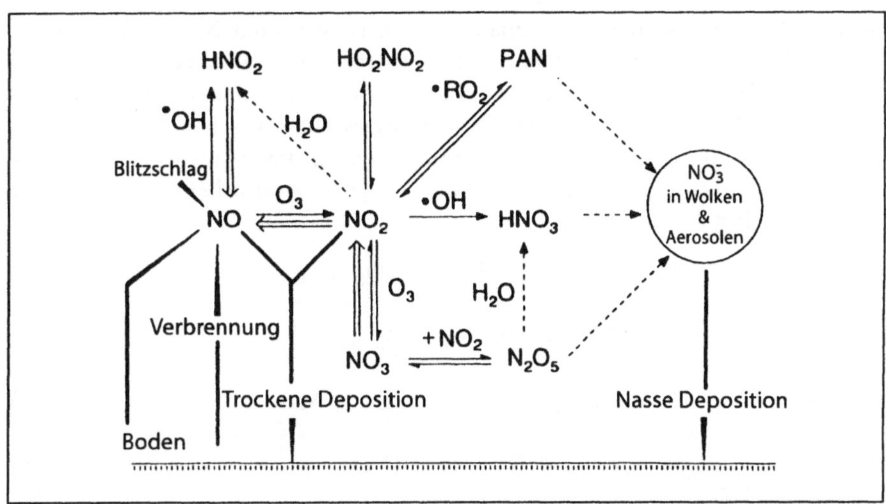

Abb. 3.5. In der Atmosphäre stattfindende Umwandlungsprozesse, an denen Stickoxide beteiligt sind (mit freundlicher Genehmigung von Drs. Cox und Penkett, AERE, Harwell, UK, und D. Reidel Publ. Co., Dordrecht, Niederlande). Lichtabhängige Reaktionen sind als gestrichelte Pfeile dargestellt. (Siehe auch die vereinfachte Darstellung in Abb. 6.1.)

3.21, in der wiederum Ozon gebildet wird. Der katalytische Kreislauf (bestehend aus Reaktion 3.19 und den gegenläufigen Reaktionen 3.20 und 3.21) ermöglicht das Entstehen eines photostationären Gleichgewichts, bei dem signifikante Konzentrationen von NO, NO_2 und Ozon gleichzeitig in der Atmosphäre bestehen. Der Anteil der einzelnen Verbindungen wird bestimmt durch die Lichtstärke, die Temperatur und das Vorhandensein von Schwebstäuben und unverbrannten Kohlenwasserstoffen (s. Abb. 6.1).

$$O_3 + NO \Rightarrow NO_2 + O_2 \tag{3.19}$$

$$NO_2 + \text{Licht} \Rightarrow NO + O \tag{3.20}$$

$$O + O_2 + M^1 \Rightarrow O_3 + M \tag{3.21}$$

Neben der photolytischen Spaltung (Reaktion 3.20) kann eine ganze Reihe von anderen Reaktionen für die Umwandlung von NO_2 (s. Abb. 3.5) verantwortlich sein. Bei hellem Sonnenlicht bilden photochemisch entstandene $^\bullet$OH-Radikale oder Ozon in der Reaktion 3.22 bzw. in den Reaktionen 3.23–3.25 Salpetersäure (HNO_3), wobei die $^\bullet$OH-Radikale wieder zurück in den Kreislauf gelangen (Reaktion 3.26). Zu den weiteren Verbindungen, die infolge der Bildung des sehr reaktiven NO_3 entstehen, gehören NO_2 und das mit diesem

[1] Siehe Reaktionen 2.2 und 2.7.

im Gleichgewicht stehende alternative Reaktionsprodukt N_2O_4 (Reaktionen 3.27 und 3.28) oder infolge von Sonneneinstrahlung zusätzliches NO (Reaktion 3.29). Die Reaktionen 3.23 und 3.27–3.29 ergänzen daher die Reaktionen 3.19 und 3.20 bei der Wahrung des Gleichgewichts zwischen NO und NO_2 in der Atmosphäre. Derzeitige Schätzungen gehen davon aus, daß jedes NO-Radikal durchschnittlich 300 Ozonmoleküle (Reaktion 3.19) zerstört, bevor es schließlich gebunden wird.

$$^{\bullet}OH + NO_2 + M^1 \Rightarrow HNO_3 + M \tag{3.22}$$

$$NO_2 + O_3 \Rightarrow NO_3 + O_2 \tag{3.23}$$

$$NO_3 + NO_2 + M^1 \Rightarrow N_2O_5 + M \tag{3.24}$$

$$N_2O_5 + H_2O \Leftrightarrow 2HNO_3 \tag{3.25}$$

$$HNO_3 + \text{Licht} \Rightarrow {}^{\bullet}OH + NO_2 \tag{3.26}$$

$$NO_3 + NO \Rightarrow 2NO_2 \Leftrightarrow N_2O_4 \tag{3.27}$$

$$NO_3 + NO \Rightarrow 2NO_2 \tag{3.28}$$

$$NO_3 + \text{Licht} \Rightarrow NO + O_2 \tag{3.29}$$

Weitere wichtige atmosphärische Reaktionen sind die, bei denen Peroxyacylnitrate (PAN; Reaktion 3.30) und Peroxysalpetersäure (HO_2NO_2) gebildet werden. Die Halbwertszeit der meisten PAN beträgt ungefähr 1 Stunde, Peroxysalpetersäure hingegen ist weniger beständig und besteht in der unteren Troposphäre nur für ein paar Sekunden. Beide Verbindungen sind jedoch in den kälteren Schichten der oberen Troposphäre und der unteren Stratosphäre, wo Reaktionen mit $^{\bullet}$OH-Radikalen dominieren, thermisch stabil. Für die Bildung von Peroxysalpetersäure ist das Vorhandensein von Hydroperoxyl-Radikalen ($HO_2^{\bullet}$) erforderlich, die durch die schnelle Anlagerung von atomarem Wasserstoff an O_2 entstehen. Das Hydroperoxyl-Radikal und die für seine Entstehung notwendigen Bedingungen (z.B. ionisierende Strahlung) treten wiederum eher in der Stratosphäre auf.

Salpetrige Säure (HNO_2) bildet sich schnell in der Gasphase bei Reaktionen zwischen NO, NO_2 und H_2O (Reaktion 3.31), zerfällt aber in wäßriger Lösung in einer Reihe von Zwischenreaktionen zu NO und Salpetersäure (Reaktionen 3.32–3.34). Dieser Zerfallsprozeß findet jedoch in verdünnten Lösungen langsamer statt, da Reaktion 3.32, bei der NO_3 gebildet wird, nur in konzentrierten Lösungen erfolgt.

$$CH_3CO.O_2 + NO_2 + M \Rightarrow CH_3COO_2NO_2 + M \quad (3.30)$$

$$NO + NO_2 + H_2O \Rightarrow 2HNO_2 \quad (3.31)$$

$$2HNO_2 \Rightarrow N_2O_3 + H_2O \quad (3.32)$$

$$2N_2O_3 \Rightarrow N_2O_4 + 2NO \quad (3.33)$$

$$N_2O_4 + H_2O \Rightarrow HNO_2 + HNO_3 \quad (3.34)$$

Die Vorgänge in der Atmosphäre, bei denen Stickoxide gebildet werden, sind daher äußerst kompliziert. Sie bestehen aus einer Vielzahl von Reaktionen (s. Abb. 3.5). Diese werden in unterschiedlichem Maße durch die herrschende Temperatur, die Lichtstärke und die jeweiligen Konzentrationsverhältnisse beeinflußt, da es nur dann zu einer Reaktion kommt, wenn die jeweils beteiligten Moleküle, Atome oder Radikale aufeinanderprallen. Beim Aufsteigen der Moleküle etc. in die Atmosphäre sinkt einerseits die Reaktionswahrscheinlichkeit mit steigender Höhe, da der Druck abnimmt; andererseits entfällt dabei aber auch ein Teil der Zusammenstöße mit unreaktiven Molekülen, und die Strahlung nimmt an Intensität zu. Folglich ändert sich die Halbwertszeit der an den Reaktionen beteiligten Stoffe mit der Höhe, und manche Zwischenprodukte, die in Bodennähe nur sehr kurzlebig sind, sind in der Stratosphäre sehr viel beständiger. Andererseits können Verbindungen, die am Boden relativ reaktionsträge sind, langsam in die Stratosphäre aufsteigen, wo sie schließlich mit anderen Verbindungen reagieren. Ein gutes Beispiel hierfür ist N_2O.

3.1.5 Trockene Deposition

Alle Stickoxide werden durch Absorption an der Land- bzw. Meeresoberfläche aus der Atmosphäre entfernt. Wie in Kapitel 1 dargestellt, differieren die Depositionsgeschwindigkeiten der einzelnen atmosphärischen Gase in Abhängigkeit von der Art der aufnehmenden Oberfläche erheblich. Sehr hoch ist die Geschwindigkeit bei sehr reaktionsfreudigen Verbindungen wie Salpetersäure, wohingegen die Geschwindigkeit bei NO_2 langsamer ist als bei SO_2 oder Ozon, aber sehr viel schneller als bei NO (Tabelle 1.4) oder N_2O. Die globale nasse und trockene Deposition von Nitrat und Salpetersäure zusammen (diese sind schwer voneinander zu trennen) wird auf ungefähr 25 Tg N a^{-1} geschätzt; die trockene Deposition von NO_2 trägt zusätzlich um ein Drittel dieser Menge zur N-Deposition bei.

Die Messung der Depositionsgeschwindigkeiten ist schwierig, da die Gase auf vielfältige Weise in Wechselwirkung miteinander treten können. So bildet ungelöste Salpetersäure z.B. Aerosole aus Ammoniumnitrat (Reaktion

3.14), einem Salz mit einer hohen Dissoziationskonstante, so daß signifikante Mengen von Ammoniak und Salpetersäure im Gleichgewicht vorliegen. Nachfolgend sind die relativen Depositionsgeschwindigkeiten verschiedener Stickstoffverbindungen dargestellt:

$$HNO_3 = NO_3^- > NH_3 > NH_4^+ > NO_2 > NO > N_2O$$

Wie erwartet werden kann, variiert die Depositionsgeschwindigkeit trockener Partikel erheblich (im Bereich mehrerer Größenordnungen) in Abhängigkeit von der Partikelgröße (s. Kapitel 1) und der Stärke der Turbulenzen in der Atmosphäre.

3.2 Auswirkungen auf die Pflanzenwelt

3.2.1 Eintritt ins Blatt

Der Ein- und Austritt von CO_2 und H_2O bei Pflanzenblättern ist im Detail untersucht worden. Die bisherigen Forschungsergebnisse zeigen, daß die meisten Schadgase wie SO_2 und Ozon auf ähnliche Weise wie CO_2 (s. Abb. 2.8) ins Blatt eintreten. Allgemein gilt, daß der Eintritt von Stickoxiden ähnlichen Diffusionswiderständen unterliegt wie der von SO_2; jedoch treten Stickoxide nicht nur über die Stomata ins Blatt ein. Da die cuticulären Widerstände gegen NO_2-Eintrag geringer sind als bei SO_2 oder Ozon, können auch bei geschlossenen Stomata Stickoxide über die Epidermis in das Blatt eintreten; diese Art der Aufnahme macht jedoch insgesamt nur einen geringen Anteil aus.

Die Oberfläche der feuchten Zellwand im Blattinnern ist wesentlich größer als die äußere Blattoberfläche und bietet damit eine große Fläche für die Absorption von Stickoxiden. Die Aufnahme von Stickoxiden wird daher wesentlich von ihrer Löslichkeit in der extrazellulären Flüssigkeit bestimmt. Sowohl gasförmiges NO_2 als auch NO sind in Wasser nur wenig löslich; die Löslichkeit von NO_2 nimmt jedoch bedeutend zu, wenn es vorher mit Wasser reagiert und Salpetersäure gebildet hat (Reaktion 3.18). Gasförmiges Stickstoffmonoxid dagegen reagiert vergleichsweise langsam mit Wasser unter Bildung von Salpetersäure und salpetriger Säure (HNO_2, Reaktionen 3.31–3.34). Normalerweise wird salpetrige Säure in Lösung unter Mitwirkung von Ozon, H_2O_2 und anderen Oxidationsmitteln zu Salpetersäure oxidiert, aber bei Vorhandensein eines Reduktionsmittels wie zweiwertigem Eisen kann auch eine Rückumwandlung in NO erfolgen. Meßergebnisse zeigen, daß die Aufnahme von gasförmigem NO nur ein Drittel der Menge beträgt, die die Pflanzen an NO_2 aufnehmen.

Leider kommt in der Natur kein radioaktives Stickstoffisotop vor, mit dem der Weg der Stickoxidaufnahme verfolgt werden könnte. Am längsten besteht ^{13}N mit einer Halbwertszeit von nur 10 Minuten. Untersuchungen mit O_2 erweisen sich aus ähnlichen Gründen als schwierig. In diesem Fall werden nichtradioaktive Stickstoff- und Sauerstoffisotope verwendet, und die Markierungen werden anhand der Massenunterschiede der Isotope mit einem Massenspektrometer verfolgt. Dies ist technisch anspruchsvoller, schwerer durchführbar und oft weniger genau. Experimente, bei denen ^{15}NO-Gas und ^{18}O-markiertes Nitrat in Lösung verwendet wurden, haben gezeigt, daß ^{15}NO sowohl in Nitrit als auch in Nitrat und daß ^{18}O in NO eingebaut wird.

Die von der extrazellulären Flüssigkeit getränkte Zellwand ist eine sehr komplizierte Matrix. Eine dichte Masse von Zellulosefasern bildet einen Rahmen, gegen den die Zellen aufgrund des Turgors drücken und dadurch die strukturgebende Festigkeit des Pflanzengewebes herstellen. In diesem Milieu diffundieren Ionen, undissoziierte Moleküle und Gase mit unterschiedlicher Leichtigkeit zur Zellmembran und durch sie hindurch – auch hierbei handelt es sich um ein komplexes Geschehen, an welchem sowohl wasseranziehende (hydrophile) als auch wasserabstoßende (hydrophobe) Phasen beteiligt sind. Manche Moleküle bewegen sich passiv durch die Membranen, andere werden aktiv aufgenommen und wieder anderen ist der Eintritt unmöglich. Die Aufnahme von Reaktionsprodukten der Stickoxide in Lösung scheint ein passiver Vorgang zu sein.

Wie bei SO_2 kann man die Aufnahme von Stickoxiden in die extrazelluläre Flüssigkeit und ihren Weg über Zellulosewand, Zellmembran und schließlich Cytoplasma bis zum Ort des Geschehens als Überwindung einer Reihe von Widerständen verstehen, die zusammenfassend als Mesophyllwiderstand (s. Abb. 2.8) bezeichnet werden. In der Praxis läßt sich dies zwar nur schwer nachweisen, aber einige der Mechanismen, die darüber entscheiden, ob eine Pflanze tolerant oder sensibel auf einen Schadstoff wie Stickstoffmonoxid reagiert, können nur mit unterschiedlichen Mesophyllwiderständen erklärt werden. Pflanzen, bei denen beispielsweise der Eintritt von Stickoxidprodukten in Lösung erschwert ist, sind gegenüber Pflanzen, die weniger Widerstand leisten, im Vorteil. An späterer Stelle wird auf die Mechanismen eingegangen, die eine Ausscheidung der Schadstoffe und ihrer Reaktionsprodukte (insbesondere der Stickoxidprodukte) bewirken.

3.2.2 Aufnahme über die Wurzeln

Tracer-Experimente mit $^{15}NO_2$ haben gezeigt, daß der direkte NO_2-Einbau in die Blätter (und Stengel) und die Aufnahme von NO_2 aus dem Erdreich über die Wurzeln unterschiedliche Vorgänge sind. Die Mengen an $^{15}NO_2$, die von den Wurzeln aus dem Boden aufgenommen werden, sind allerdings – verglichen mit dem direkten Einbau über die Blätter – gering. Somit ist die Aufnahme aus dem Boden nur dann von Bedeutung, wenn die NO_2-Belastung sich über einen längeren Zeitraum erstreckt. Untersuchungen haben jedoch ergeben, daß auch über diesen indirekten Weg eine erhebliche Stickstoffaufnahme von atmosphärischem NO_2 stattfindet.

Sogar bei Böden, die intensiv bearbeitet und denen große Mengen von Natur- oder Kunstdünger zugeführt werden, ist die zusätzliche Stickstoffaufnahme aus der Luft nicht zu vernachlässigen. Bei der Düngung von Rasen sollte die empfohlene Richtmenge von 200 kg N ha^{-1} a^{-1} nicht überschritten werden, denn sonst besteht die Gefahr, daß die in einer EU-Richtlinie festgesetzten Grenzwerte für Stickstoff-Oberflächenabfluß (run-off) (>50 mg Nitrat l^{-1}) überschritten werden. Daher wird oft weniger Stickstoff eingebracht (ca. 100 kg N ha^{-1} a^{-1}). In Ballungsgebieten bewegen sich Stickstoffeinträge, die auf nasse und trockene Depositionen aus der Atmosphäre zurückzuführen sind, in derselben Größenordnung. 50 km von London entfernt wurden Einträge von über 40 kg N ha^{-1} a^{-1} registriert. Ein Großteil dieser Immissionen fällt im Winter an, so daß nur ungefähr die Hälfte davon vom Wintergetreide aufgenommen wird und mehr als 30% im Sickerwasser verloren gehen.

Auch in Ökosystemen wie Wäldern, Buschland und der Tundra, in denen von Natur aus nur wenig Stickstoff zur Verfügung steht, kommt dem Stickstoff, der über die Deposition von Stickoxiden dorthin gelangt, eine wichtige Bedeutung zu. Dies gilt umso mehr, wenn in dem betreffenden Ökosystem nur wenig oder gar kein Stickstoff zur Wachstumsförderung zur Verfügung steht. In einigen Ökosystemen verursachen die Stickstoffimmissionen große Störungen. In bestimmte Morastgebiete etwa, deren Vegetation sich an den niedrigen Stickstoffgehalt des Bodens angepaßt hat, dringen fremde Arten ein, die mehr Stickstoff benötigen.

Die spezifischen Bedingungen in der direkten Umgebung der Wurzeln haben ebenfalls Einfluß auf die Stickoxidaufnahme; allerdings können sich auch Faktoren wie Verfügbarkeit von Wasser, Bodentemperatur und Mineralstoffversorgung auf die Empfindlichkeit der Pflanzen gegenüber verschiedenen Schadstoffen auswirken. Bei niedrigem Stickstoffgehalt des Bodens reagieren Pflanzen auf geringe Stickoxidimmissionen oft mit gesteigertem Wachstum. So reagieren zum Beispiel bestimmte Pflanzen (u.a. Gräser), die auf Böden mit einer Stickstoffunterversorgung wachsen, auf Stickoxidimmissionen mit einer leichten Ertragsverbesserung; dagegen nimmt bei Pflanzen derselben Herkunft, die mit einer ausreichenden Menge Stickstoffdünger gedüngt wurden, als Folge von Stickoxidimmissionen der Ertrag ab, und es kommt sogar zu sichtbaren Schäden. In ähnlicher Weise waren bei Experimenten auch die Auswirkungen anderer Schadstoffe wie SO_2, Ozon und Ammoniak davon abhängig, ob den Pflanzen Nährstoffe wie Schwefel, Phosphor und Kalium zur Verfügung standen.

Der Stickstoff, der über die Wurzeln in die Blätter gelangt, beeinflußt außerdem die Aufnahme von atmosphärischem NO_2. Das Verhältnis von Wurzeln zu Sprossen nimmt mit zunehmender Stickstoffverfügbarkeit ab; das Ergebnis sind größere Blattmassen und geringeres Wurzelwachstum. Wenn die Wurzeln einer größeren Stickstoffmenge ausgesetzt sind, führt dies dazu, daß

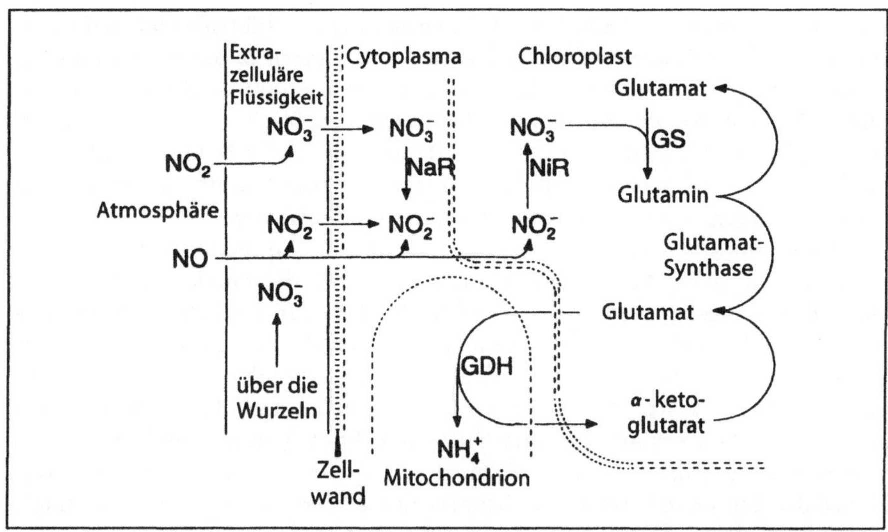

Abb. 3.6. Aufnahmeprozesse und Stoffwechselwege atmosphärischer Stickoxide im Pflanzengewebe über extrazelluläre Flüssigkeit, Zellwände, Zellmembranen und Cytoplasma in die Chloroplasten. An diesen Prozessen sind u.a. die Enzyme Nitratreductase (NaR), Nitritreductase (NiR), Glutamin-Synthetase (GS), Glutamat-Synthase und Glutamat-Dehydrogenase (GLDH) beteiligt

die Blattoberfläche, die Schadstoffe aufnehmen kann, im Verhältnis zur gesamten Biomasse der Pflanze zunimmt.

Bei den meisten Spezies steht die Fähigkeit der Pflanze, die Aufnahme von CO_2 und die Abgabe von Wasser über die Stomata zu regulieren, in einem direkten Zusammenhang mit dem Stickstoffgehalt der Blätter; diese Funktionen sind auch von Bedeutung für das Wachstumsverhalten bei Klimaänderungen (s. Kapitel 8). Das heißt, daß jede durch Stickoxide verursachte Störung, sei es, daß die Stickoxide dabei zusätzliche Stickstoffquellen darstellen, oder sei es, daß sie natürliche Prozesse der Verteilung von C und N beeinflussen, weitreichende Folgen hat.

3.2.3 Positive oder negative Auswirkungen?

Auf Farbtafel 2 sind die Auswirkungen von Stickstoffmonoxid auf zwei Cultivare Salat dargestellt, die in Hydrokultur unter Begasung mit CO_2 angebaut wurden (1000 μl l^{-1}; es handelte sich also um typische Gewächshausbedingungen). Die verwendeten NO-Konzentrationen sind zweifellos hoch (2 μl l^{-1}), gemessen an den Werten, die man im Freien antrifft, aber in Gewächshäusern oder sogar in geschlossenen Wohnräumen kommen sie durchaus häufig vor (darauf wird später noch eingegangen). Aus Farbtafel 2 lassen sich verschiedene wichtige Schlüsse ziehen. Zum einen hemmen Stickoxide eher das Pflanzenwachstum, als daß sie es fördern, verursachen aber nur selten sichtbare Schäden. Auch Pflanzen, die im Nährsubstrat nicht ausreichend Stickstoff zur Verfügung haben (die Pflanzen in der ersten und der dritten Reihe haben mit 0,5 mM Nitrat nur eine minimale Stickstoffversorgung), können den zusätzlichen Stickstoff aus den Stickoxiden nicht verwerten. Und schließlich gibt es eine weite Bandbreite in der Reaktion auf Stickoxide und auf Stickstoffverfügbarkeit nicht nur zwischen den verschiedenen Spezies, sondern sogar zwischen verschiedenen Cultivaren.

Die Reduktion von Nitrit und der Einbau von Ammonium in Glutamat (Abb. 3.6; s. auch Abb. 2.10) erfordern Energie, die durch die Photosynthese bereitgestellt werden muß. Das heißt, daß jede zusätzliche Aufnahme von Stickstoff über diesen Weg unweigerlich sowohl Energie als auch fixierten Kohlenstoff verbraucht und daß diese damit für andere Reaktionen nicht zur Verfügung stehen. Es ist jedoch nicht anzunehmen, daß diese Konkurrenz ausreichend erklärt, weshalb Stickoxide Photosynthese und Wachstum hemmen. Allerdings hat sich tatsächlich gezeigt, daß eine Erhöhung der CO_2-Konzentration beim Gartenbau oftmals keine größeren Pflanzen hervorbringt, wenn diese gleichzeitig mit Stickoxiden belastet sind.

Bei Pflanzen, die Stickstoffmonoxid und Stickstoffdioxid auch nur in geringer Konzentration ausgesetzt sind, steigen die Nitritwerte; und auch der Gehalt an salpetriger Säure, Ammoniak und Ammoniumionen kann steigen. Bei Reaktionen von salpetriger Säure entstehen stickstoff- oder kohlenstoffhaltige Nitrosoderivate (Reaktion 3.35); wenn die salpetrige Säure in verdünnter Lösung vorliegt, ist diese Reaktion jedoch aufgrund der Langsamkeit der Reaktion 3.32 und der geringeren Wahrscheinlichkeit, daß bei neutralem pH NO^+-Radikale gebildet werden, unwahrscheinlich. Es besteht jedoch die Möglichkeit, daß salpetrige Säure Aminosäuren angreift (Reaktion 3.36); welche Bedeutung ein solcher Prozeß in biologischen Systemen hat, ist jedoch noch nicht geklärt.

$$\begin{matrix} R \\ \diagdown \\ & NH + HNO_2 \Rightarrow \\ \diagup \\ R^1 \end{matrix} \begin{matrix} R \\ \diagdown \\ & N{-}N{=}O + H_2O + N_2 \\ \diagup \\ R^1 \end{matrix} \qquad (3.35)$$

$$RNH_2 + HNO_2 \Rightarrow ROH + H_2O + N_2 \qquad (3.36)$$

Stickstoffdioxid greift Lipide an und führt zu einer Isomerisierung der Kohlenstoff-Doppelbindungen von Cis- zu Trans-Formen oder verursacht Peroxidation (s. Kapitel 6). Jedoch konnten bei Pflanzen, die über lange Zeit hohen atmosphärischen Stickstoffdioxidkonzentrationen ausgesetzt waren, keine Anzeichen solcher Reaktionen festgestellt werden. Dagegen liegt Stickstoffmonoxid als freies Radikal (•N=O) vor und reagiert mit Metallatomen wie z.B. Eisen und Kupfer, selbst wenn diese enzymgebunden sind.

Diese Reaktionen haben häufig Auswirkungen auf regulatorische Vorgänge; daher nimmt man heute an, daß dies die Hauptursache ist, weshalb Stickoxide (und besonders Stickstoffmonoxid) das Pflanzenwachstum hemmen.

Die Wachstumshemmung, die infolge geringer Stickoxidkonzentrationen auftritt, unterscheidet sich in ihrem Ausmaß bei den verschiedenen Spezies ganz erheblich. Manche Gräser zeigen nach Begasung (0,06 μl l^{-1} über 20 Wochen) keinerlei Reaktion; bei anderen kommt es zu einer Verringerung des Trockengewichts um mehr als 55%. Das Ausmaß des Schadens ist je nach Einwirkungsdauer und -konzentration, Alter der Pflanze, Lichtstärke, Feuchtigkeit, Temperatur und Jahreszeit (s. vorhergehende Abschnitte) ganz unterschiedlich. Auch günstige Auswirkungen von Stickoxiden auf das Pflanzenwachstum wurden beobachtet; aber dies beschränkte sich auf einige wenige Arten.

Bei den Symptomen wird oft zwischen "unsichtbaren" und "sichtbaren" Schäden differenziert (s. Kapitel 1). Als Folge von Stickoxidkonzentrationen, wie sie typischerweise in der Atmosphäre vorkommen, sind sichtbare Schäden sehr selten und sind leicht mit den Schäden zu verwechseln, die auf die Einwirkung von SO_2 zurückgehen. Einige Arten zeigen als Folge von hohen Stickstoffdioxidkonzentrationen (>2,5 μl l^{-1} über 8 h) die Ausbildung von Chlorosen und Nekrosen auf den Blättern. Schädigungen und Ausbleichen des Gewebes treten hauptsächlich an der Blattspitze und an den Rändern auf; ältere Blätter sind davon stärker betroffen. Studien, in denen Pflanzen den üblicherweise in der Luft vorkommenden Stickoxidwerten ausgesetzt waren, zeigen in der Regel ein reversibles Anschwellen der Thylakoidmembranen der Chloroplasten, das dem durch SO_2 hervorgerufenen ähnelt. In manchen Fällen sind mit Stickstoffdioxid belastete Pflanzen auch während der frühen Wachstumsphasen grüner als sonst, aber diese Wirkung verschwindet rasch.

3.2.4 Gewächshauspflanzen

In Gewächshäusern stellt die intern erzeugte Luftverunreinigung mit Stickoxiden ein ernstzunehmendes Problem dar. Im gewerblichen Gartenbau gehört es zur Praxis, Propan, Erdgas oder Kerosin zu verbrennen, um die Luft im Gewächshaus mit CO_2 anzureichern und gleichzeitig Wärme zu erzeugen (s. Kapitel 8). Optimale Ergebnisse werden erzielt, wenn die CO_2-Konzentration die normalen Luftwerte um ein Dreifaches übersteigt (ca. 1000 μl l^{-1}). Da die Brennstoffkosten ein wichtiger Kostenfaktor sind, ist zunehmend die Tendenz zu beobachten, die Rauchgase aus diesen Brennern direkt in die Gewächshäuser zu leiten. Industriebrenner erzeugen – gelegentlich in großen Mengen – Stickstoffmonoxid (>1 μl l^{-1}), wovon jedoch nur wenig in NO_2 umgewandelt wird (Reaktion 3.19), da die Ozonwerte innerhalb der Gewächshäuser viel niedriger sind als im Freien. Tatsächlich sind die Stickoxidwerte in beheizten Gewächshäusern mit CO_2-Begasung vergleichbar mit den Werten, die im Freien bei starker Luftverschmutzung anzutreffen sind wie z.B. in schmalen, von hohen Gebäuden eingerahmten Straßen mit dauerndem dichten Verkehr.

Das Stickstoffmonoxid, das durch Verbrennung freigesetzt wird, beeinträchtigt sowohl die Gesundheit der Pflanzen als auch die der Gärtner; das (ungenutzte) Potential dieser NO-Mengen zur Versorgung der Pflanzen überrascht gleichwohl. Eine Heizung ohne Rauchabzug kann in einer 100tägigen Wachstumsperiode 100 kg Stickstoff ha^{-1} freisetzen, was dem Bedarf der im Gewächshaus angepflanzten Kulturpflanzen innerhalb dieses Zeitraums entspricht, allerdings in einer für die Pflanze nicht bioverfügbaren Form.

Die Luftverunreinigung in einem Gewächshaus unterscheidet sich in mehrfacher Hinsicht von der Situation, wie sie unter vergleichbaren Bedingungen im Freien gegeben ist; und genau diese Unterschiede mildern den Schaden, der durch den hohen Stickoxidgehalt entsteht. Zunächst finden in einem Gewächshaus nur sehr geringe Luftbewegungen statt, und daher bleiben die blattnahen Luftschichten ungestört. Dies bedeutet, daß für die Aufnahme einer Stickoxidmenge, die mit der in der turbulenten Luft im Freien vergleichbar ist, eine sehr viel höhere Konzentration erforderlich ist. Außerdem ist in einem Gewächshaus proportional mehr Stickstoffmonoxid als Stickstoffdioxid vorhanden, was wiederum die Aufnahmemenge herabsetzt, da Stickstoffmonoxid in der extrazellulären Flüssigkeit im Blattinnern weniger löslich ist als Stickstoffdioxid. Und schließlich liegen im Gewächshaus selten mehrere Luftschadstoffe zugleich vor (s. Kapitel 11); allerdings können unverbrannte Kohlenwasserstoffe anwesend sein. Dennoch sind Wachstumsstörungen der Pflanzen, die auf den hohen Stickoxidgehalt zurückzuführen sind, wirtschaftlich sehr wohl von Bedeutung. Denn der Nutzen, der durch die Begasung mit CO_2 zu erwarten ist, kann durch das Stickstoffmonoxid völlig zunichte gemacht werden.

3.2.5 Aussichten

Daß zu hohe Stickoxidkonzentrationen in der Luft auch die Vegetation im Freien schädigen können, ist allgemein anerkannt; wie dies pflanzenphysiologisch geschieht, ist jedoch nur teilweise geklärt. Bei den meisten Pflanzen gibt es Anzeichen dafür, daß sie in der Lage sind, auf dem Wege der normalen Stickstoff-Stoffwechselvorgänge oder durch Herbeiführen von Nitrat- bzw. auch Nitritreductase-Tätigkeit (Abb. 3.6) die toxische Wirkung der Stickoxide zu neutralisieren und den zusätzlichen Stickstoff nutzbar zu machen. Nitrate, die aus Stickstoffdioxid entstehen, stellen keinerlei Problem dar, aber die Eigenschaft von NO-Molekülen, sich wie freie Radikale zu verhalten, kann durchaus schädlich sein. Zwar scheint es die Pflanzen zu schützen, daß sie von Natur aus über die zusätzliche Fähigkeit verfügen, freie Radikale unschädlich zu machen. Langfristig gesehen sind diese Reaktionsmöglichkeiten der Pflanzen jedoch oft nicht ausreichend. Die Belastung, die durch die Anpassungsmaßnahmen und das Aufrechterhalten von Entgiftungsprozessen entsteht, zeigt sich daher vor allen Dingen in vermindertem Pflanzenwachstum.

Was kann getan werden, um diese Auswirkungen von Stickoxiden auf die Pflanzenwelt zu mildern? Gesetzliche Maßnahmen zur Überwachung und Begrenzung der Emissionen aus Verbrennungsprozessen sind wünschenswert; diese müssen jedoch einhergehen mit technischen Verbesserungen bei der Konstruktion und beim Bau von Brennern, mit einer besseren Steuerung des Temperaturverlaufs und des Luft-Brennstoff-Gemischs bei der Verbrennung und mit der Entwicklung effizienterer Abgas-Filtersysteme.

Ein anderer Mechanismus zur Verminderung der schädlichen Folgen ist in der Natur selbst zu beobachten; er könnte jedoch von Botanikern unterstützt werden, vor allem da, wo ein signifikanter Produktivitätsverlust bei bestimmten Arten bereits stattfindet. Die Pflanzenwelt hat ein riesiges genetisches Widerstandspotential für die Bewältigung von umweltbedingtem Streß. Außer Licht, CO_2 und Wasser gehört eine ausreichende Stickstoffversorgung zu den wichtigsten Voraussetzungen für Pflanzenwachstum. Die meisten Pflanzen zeigen eine ganze Palette von Anpassungsvorgängen, mit denen sie sicherstellen, daß sie unter den bestehenden Umständen den vorhandenen Stickstoff optimal nutzen. Die Pflanzen, denen dies gelingt, überleben; die anderen gehen zugrunde. Widerstandsfähigkeit gegen Schadstoffe ist ein bekanntes Phänomen. Pflanzen, die auf Schadstoffe besonders empfindlich reagieren, können auf dem Acker als diagnostische Indikatoren dienen (s. Kapitel 1). Bis vor kurzem gab es jedoch nur sehr wenige Fälle, wo sich Pflanzen als widerstandsfähig gegen Stickoxide erwiesen. Studien, die in Lancaster mit Gräsern, Getreidepflanzen und Tomaten durchgeführt wurden, haben jetzt jedoch klar gezeigt, daß sowohl in natürlichen als auch in künstlich mutierten Pflanzenpopulationen Individuen gefunden werden können, die bei sehr hohen Stickoxidwerten gedeihen und sich den zusätzlichen Luftstickstoff als Nährstoff zunutze machen können. Dies könnte in der Landwirtschaft auf lange Sicht eine attraktive Alternative zum überhöhten Einsatz von Kunstdünger sein.

3.3 Auswirkungen auf die Gesundheit

3.3.1 Störfälle in der Industrie

Die maximalen Arbeitsplatzkonzentrationen (MAK) für Stickoxide betragen 25 $\mu l\, l^{-1}$ NO bzw. 2 $\mu l\, l^{-1}$ NO_2 für eine Arbeitsdauer von 8 Stunden (Tabelle 1.8). Diese Werte liegen weit über den Emissionen, denen der größte Teil der Bevölkerung normalerweise ausgesetzt ist, aber in Einzelfällen können massive Belastungen mit nitrosen Dämpfen auftreten. Gase der Schwefelsäure verursachen einen heftigen Hustenreflex, der als Warnhinweis dienen kann. Im Gegensatz dazu ist es möglich, tödliche Mengen nitroser Dämpfe einzuatmen, ohne daß irgendwelche Warnzeichen auftreten. Diese Gase sind daher sehr viel gefährlicher. In den Industriezweigen, in denen durch Nitrierung verschiedener aromatischer Verbindungen Nitrozellulose (der Grundstoff für Lacke, Filme und Zelluloid) und Nitrophenole hergestellt werden, die in der Arzneimittel- und Farbstoffindustrie Verwendung finden, stellen nitrose Dämpfe in besonderem Maß eine Gefährdung dar. Gleiches gilt für Prozesse wie Ätzen, Gravieren, Schweißen in geschlossenen Räumen und Sprengarbeiten unter Tage. Bei Bränden werden große Mengen nitroser Gase, anderer Reizstoffe und gefährlicher Dämpfe freigesetzt, vor allem wenn Plastik verbrennt. Sogar Silage und gelagertes Heu kann bei den landwirtschaftlichen Arbeitskräften der Umgebung zur sogenannten Silo-Krankheit führen. Diese wird verursacht durch die im großen Umfang stattfindenden anaeroben Gärungs- und Denitrifikationsvorgänge im gelagerten Futter, bei denen nitrose Gase freigesetzt werden.

Belastung mit Stickoxiden führt nicht zu sofortigen Beschwerden, sondern zeigt sich erst am nächsten Tag mit Symptomen wie Husten, Kopfschmerzen und Brustenge. In besonders ernsten Fällen kann es zu plötzlichem Kreislaufkollaps, Blutstau und Wasseransammlung in der Lunge (Lungenödem) kommen. Ruhe, Behandlung mit Sauerstoff, Steroiden und Antibiotika wird empfohlen. Wenn die Patienten sich erholt haben, werden sie in der Folge mit großer Wahrscheinlichkeit an chronischen Atemwegs- und Brustbeschwerden leiden.

Schädliche Auswirkungen sind jedoch nicht auf die Lunge beschränkt. NO reagiert mit dem Häm der roten Blutkörperchen zu Methämoglobin. Darüber hinaus kann ein zu hoher Blutnitratspiegel den Blutdruck senken (d. h. gefäßerweiternd wirken). Hierdurch wird wiederum die Lebenszeit der roten Blutkörperchen verkürzt, und es kommt zu Leber- und Nierenstörungen, da der Körper gesteigerte Anstrengungen unternimmt, die Blutabbauprodukte über den Urin oder die Gallengänge auszuscheiden. Leber- und Nierenschäden ziehen oft Gelbsucht und andere damit einhergehende Krankheitsbilder nach sich. Bei Arbeitern, die nicht plötzlichen massiven Dosen (akutes Ereignis) ausgesetzt sind, sondern wie z.B. beim Schweißen über einen längeren Zeitraum immer wieder die Schadstoffe einatmen, wird die chronische Silo-Krankheit, an der sie dann später leiden, oft nicht als solche erkannt und nicht in einen direkten Zusammenhang mit ihrer Arbeit gebracht.

Die WHO hat einen Richtwert von 0,23 $\mu l\ l^{-1}$ NO_2 empfohlen, der nicht länger als eine Stunde überschritten werden darf. Bei Belastungen über einen Zeitraum von 24 Stunden sollte der Wert weniger als 0,08 $\mu l\ l^{-1}$ betragen, damit gesundheitliche Schäden auszuschließen sind.

3.3.2 Private Haushalte

Die Menschen in den Industrieländern verbringen im Durchschnitt 85% ihrer Zeit in geschlossenen Räumen; aber erst seit kurzem wird der Luftverschmutzung in geschlossenen Räumen mehr Beachtung geschenkt. Anstrengungen zur Energieeinsparung waren u.a. darauf gerichtet, durch bessere Isolierung den Luftaustausch zwischen drinnen und draußen weitgehend einzuschränken, was letztlich zu einer Verschlimmerung der Situation führte. Un-

Tabelle 3.2 NO_2-Konzentrationen in den verschiedenen Räumen in privaten Haushalten[a]

Konzentration ($nl\ l^{-1}$)	*Schlafzimmer (%)*	*Küche (%)*	*Wohnzimmer (%)*
0–21	48	11	40
22–42	33,5	29	49
45–63	13,5	19	18
64–84	2,5	13	5
85–105	2	10	2
106–126	0	7	1
127–147	0,5	3	1
148–168	0	1	1
>168	0	5	0

[a] Berechnet auf der Grundlage niederländischer Studien, die zwischen 1980 und 1982 durchgeführt wurden.

vollständige Verbrennungsprozesse und geringer Luftaustausch führen auch dazu, daß – ähnlich wie im Gewächshaus – die NO-Werte in geschlossenen Räumen weit höher sind als die NO_2-Werte. Dennoch können auch die NO_2-Werte in privaten Haushalten im Winter beträchtlich sein, insbesondere in der Küche und im Wohnzimmer (s. Tabelle 3.2).

Ohne nachvollziehbaren Grund wurde stets angenommen, daß NO_2 für die menschliche Gesundheit gefährlicher sei als NO. Daher haben sich Kontrollstudien unter völliger Vernachlässigung von NO stets auf NO_2 konzentriert, obwohl die NO-Werte in geschlossenen Räumen 2- bis 3mal so hoch sein können wie die Konzentration von NO_2. Eine solche Betrachtungsweise kann nur kurzfristig gerechtfertigt werden. In ihrer fast ausschließlichen Konzentration auf die Auswirkungen von NO_2, die für symptomatisch für Stickoxide insgesamt gehalten wurden, haben die Forscher möglicherweise die gesundheitlichen Auswirkungen von atmosphärischem Stickstoffmonoxid unterschätzt. Hinzu kommt, daß die Menschen in den Industrieländern einen Großteil ihres Lebens (85%) in geschlossenen Räumen verbringen, in denen mehr NO als NO_2 vorhanden ist.

Die in geschlossenen Räumen gemessenen NO_2-Werte variieren zwischen 20 und 250 $nl\ l^{-1}$ – bei gleichzeitigem Vorhandensein von mindestens ebensoviel NO. Bezogen auf die Arbeitsplatzgrenzwerte betragen die NO_2-Werte am oberen Rand dieses Bereichs ungefähr ein Achtel der MAK; allerdings sind Menschen, die nicht viel Zeit im Freien verbringen wie z.B. kleine Kinder, schwangere Frauen und ältere Menschen – Angehörige von Gruppen also, die ohnehin zu den gesundheitlich stärker gefährdeten gehören – diesen Konzentrationen länger als nur für die Dauer eines Arbeitstages ausgesetzt. Studien an Pflanzen zeigen jedenfalls, daß NO ein größeres Schadenspotential hat als NO_2. Studien, bei denen die Auswirkungen von NO in einer Konzentration von 1 μl l^{-1} (ein Wert, der in vielbefahrenen Straßen in Stoßzeiten oft erreicht wird) auf gesunde Menschen untersucht wurden, bestätigen diese Vermutung; diese Studien ergaben, daß schon nach 2 Stunden ein signifikanter Anstieg von Beschwerden (Beengtheit der Atemwege und der Lunge) auftrat.

In geschlossenen Räumen wird das Problem der Luftverschmutzung durch Rauchen verstärkt. Zigarettenrauch enthält Stickoxide, insbesondere NO, sowie eine Vielzahl anderer potentieller Reizstoffe. Proben von Zigarettenrauch enthalten zwischen 18 und 120 μl l^{-1} NO und ähnliche Mengen an NO_2. Kontrastive Studien, bei denen Raucher-Haushalte mit Nichtraucher-Haushalten und Haushalte, in denen mit Gas gekocht wird, mit solchen verglichen wurden, in denen mit Strom gekocht wird, ergaben ein häufigeres Vorkommen von Atemwegssymptomatiken bei den Kindern in Familien, in denen geraucht bzw. mit Gas gekocht wurde. Nur bei der letzteren Gruppe konnten jedoch die beobachteten gesundheitlichen Störungen teilweise eindeutig auf erhöhte Stickoxidwerte zurückgeführt werden; weil Zigarettenrauch eine große Zahl weiterer schädlicher Stoffe enthält, sind definitive Interpretationen der Untersuchungen von Rauchern sehr schwierig.

In vielen epidemiologischen Studien war zudem nur schwer zu ermitteln, ob Stickoxide als alleinige Ursache für Atemwegsinfektionen und verminderte Lungenfunktion anzusehen sind oder ob sie die Störungen im Zusammenwirken mit anderen Stoffen wie SO_2, Stäuben oder photochemischen Oxidanzien bewirken. Großangelegte Studien über die Lungenfunktion von Arbeitern, ihren Kinden und ihren Eltern, von denen einige z. T. täglichen Durchschnittswerten von bis zu 160 nl l^{-1} NO_2 sowie anderen Schadstoffen ausgesetzt waren, ergaben keine klare Korrelation zwischen den NO_2-Werten und der Lungenfunktion. Andererseits ergaben Studien mit Kindern und Hausfrauen in Familien, in denen mit Gas gekocht wurde und Spitzenwerte von 0,27–1 μl l^{-1} NO_2 pro Stunde erreicht wurden, eine deutliche Zunahme der Atemwegserkrankungen. Dagegen ergaben epidemiologische Studien mit anderen Gruppen, in denen die maximalen Werte/Stunde viel niedriger waren (0,08 μl l^{-1} NO_2) keine Anzeichen für ein größeres Risiko.

Gesunde und an Bronchitis erkrankte Probanden wurden unterschiedlichen Schadstoffbelastungen ausgesetzt: bis zu zwei Stunden lang wurden sie Versuchsatmosphären ausgesetzt, die NO_2 als einzigen Schadstoff enthielten, sowie Atmosphären, die NO_2 in Kombination mit anderen Schadstoffen enthielten. Nur NO_2-Werte über 1,6 μl l^{-1} verursachten eine Zunahme des Atemwegswiderstandes bzw. eine Abnahme der Lungenkapazität, aber zwischen den gesunden und den an Bronchitis erkrankten Probanden wurden keine Unterschiede festgestellt. Asthmatiker hingegen zeigten schon bei weit geringerer NO_2-Belastung (0,1 μl l^{-1}) eine deutliche Zunahme des Atemwegswiderstandes. Viele Asthmatiker reagieren auf eine breite Palette von Reizstoffen, darunter Stickoxiden, die die Freisetzung von Gewebshormonen auslösen, welche die Blutgefäße verengen, die Lungenfunktion herabsetzen und vermehrte Speichelbildung verursachen.

Tabelle 3.3 Wahrscheinliche Auswirkungen von Stickstoffdioxid auf den Menschen

Schadstoffkonzentration[a] *(µl l^{-1})*	*Symptome*
0–0,21	keine Auswirkungen
0,11–0,21	leichter Geruch wahrnehmbar
0,22–1,1	Auswirkungen auf den Stoffwechsel im Zusammenhang mit Toxizität, Anpassung oder Reparatur des Lungengewebes (z.B. Hemmung des Stoffwechsels von Prostaglandin E_2)
1,1–2	Signifikante Auswirkungen auf die Atemfrequenz und das Lungenvolumen, größere Anfälligkeit gegenüber Infektionen und Anzeichen für Gewebsreparatur
2,1–5,3	Schädigung des Lungengewebes (z.B. Verlust von Zilien), die nicht mehr durch Reparaturmaßnahmen ausgeglichen werden kann
über 5,3	Grobe Schäden des Lungengewebes und Emphysem; bei langanhaltender Exposition möglicherweise Todeseintritt

[a] bei einer Einwirkung von 2 Stunden (bei Asthmatikern sind diese Werte deutlich niedriger).

3.3.3 Lungenschäden

Der Hauptunterschied zwischen Studien zu den Auswirkungen der Luftverschmutzung auf den Menschen einerseits und auf Planzen, Mikroorganismen und Tiere andererseits liegt darin, daß es in der Regel nicht möglich ist, vergleichbare und gleichwertige biochemische und physiologische Untersuchungen am Menschen durchzuführen. Normalerweise können nur die pathologischen Folgen direkt untersucht werden, und die Verwendung von Gewebekulturen menschlicher Zellen oder von Biopsiematerial ist nur unter bestimmten Voraussetzungen sinnvoll. Gleichermaßen müssen Tierversuche mit Vorsicht betrachtet werden, wenn es darum geht, die Gefährlichkeit von Schadgasen für den Menschen zu beurteilen. Nichtsdestotrotz wurden große Forschungsprojekte mit unterschiedlichen Tierarten durchgeführt, die darauf zielten, die Ergebnisse auf den Menschen zu übertragen und die Folgen von kurz- und langfristiger Stickoxidbelastung abzuschätzen. Wie nicht anders zu erwarten, gab es große Unterschiede zwischen den einzelnen Versuchsmodellen, aber einige markante Punkte lassen sich dennoch hervorheben.

Ob und wie NO_2 eindringt und aufgenommen wird, hängt von vielen Faktoren ab. Bei Zellflüssigkeit z.B. spielen die Reaktionsfähigkeit von NO_2, seine Verdünnung in der eingeatmeten Luft, die Expositionsdauer und die Tiefe und Häufigkeit des Atmungsvorgangs eine wichtige Rolle. Da NO_2 löslich ist, wie Reaktion 3.18 zeigt, wird es von der Gewebsflüssigkeit (hauptsächlich als Nitrat) auf ähnliche Weise wie von der extrazellulären Flüssigkeit der Pflanzen aufgenommen. Aufgrund des gleichen Zusammenhangs kann NO – wenn auch mit größerer Schwierigkeit – als Gemisch aus Nitrat, Nitrit und undissoziierter salpetriger Säure eindringen. Folglich sind die Oberflächen der durch die Nasenhöhle verlaufenden Atemwege, die Bronchioli terminales und schließlich die Alveolen (Abb. 2.12) den gelösten Stickoxidprodukten ausgesetzt.

Wenn man leicht atmet, werden ungefähr 40% der Stickoxide in der Nase und im Rachenraum aufgenommen, aber wenn bei körperlicher Arbeit die Atmung schwerer wird und über den Mund erfolgt, verändert sich das Verhältnis, und das Lungengewebe wird zur wichtigsten Aufnahmefläche. Bei niedrigen NO_2-Konzentrationen sind die Verbindungen zwischen den Bronchiolen und dem Alveolarbereich die empfindlichsten Bereiche. Bei höheren Konzentrationen breitet sich die Schädigung auf die größeren Bronchien und in tiefere Gewebe aus.

Die Einwirkung von Stickoxiden führt außerdem auch zu verstärkter Ansammlung von Gewebsflüssigkeit (Ödem), Zelltrümmern oder von Schleim. Es kann auch zum Verklumpen bestimmter weißer Blutzellen (Makrophagen) kommen, die im ersten Schritt der Immunabwehr auf Infektionen mit starker Vermehrung reagieren. Tierlungen haben die bemerkenswerte Fähigkeit, sich von eingeatmeten Mikroorganismen wieder zu befreien. Da einige dieser Mikroben krankheitserregend sein können, ist dies erforderlich, um die Alveolen steril zu halten. Schon geringe NO_2-Konzentrationen stören diese natürlichen Abwehrmechanismen der Lunge und machen sie für Bakterien anfälliger (s. Tabelle 3.3).

Langfristig gesehen kann der Schaden, den NO_2 in der Epithelschicht verursacht, wieder behoben werden, wenn die NO_2-Werte wieder sinken. Die neuen Zellen, die bei dem Reparaturvorgang gebildet werden, sind – verglichen mit den ursprünglich beschädigten Zellen – relativ widerstandsfähig gegen die Schadwirkungen von NO_2. Andere langfristige Studien haben ergeben, daß NO_2 Veränderungen des Blutkreislaufs bewirkt. NO_2 führt zu einem Absinken des Partialdrucks von O_2 im Blut, während die CO_2- und Blut-pH-Werte ansteigen.

In geringen Mengen wirkt NO als ein natürliches lokales Hormon bzw. als ein Modulator mit blutdrucksenkender Wirkung. Dabei scheint NO imstande zu sein, eine Entspannung der glatten Muskulatur, welche die Blutgefäße umgibt, zu bewirken. Wie dieser Vorgang im einzelnen erfolgt, ist noch nicht völlig geklärt; aber man weiß, daß ein wichtiges Regulationsenzym, Guanylat-Cyclase, durch NO aktiviert wird. Derzeit ist jedoch noch nicht bekannt, welche Beziehung zwischen dem eingeatmeten NO und dem NO, das der Körper zur Blutdruckregulierung herstellt, besteht.

Tabelle 3.4 gibt eine Zusammenfassung der wichtigsten Auswirkungen von NO_2, die in einer Reihe langfristiger Tierversuche beobachtet wurden. Wahrscheinlich sind diese Beobachtungen auf den Menschen übertragbar. Leider wurde die Mehrzahl der Tierversuche mit NO_2-Werten durchgeführt, die wesentlich höher sind als die Werte, denen die meisten Menschen selbst

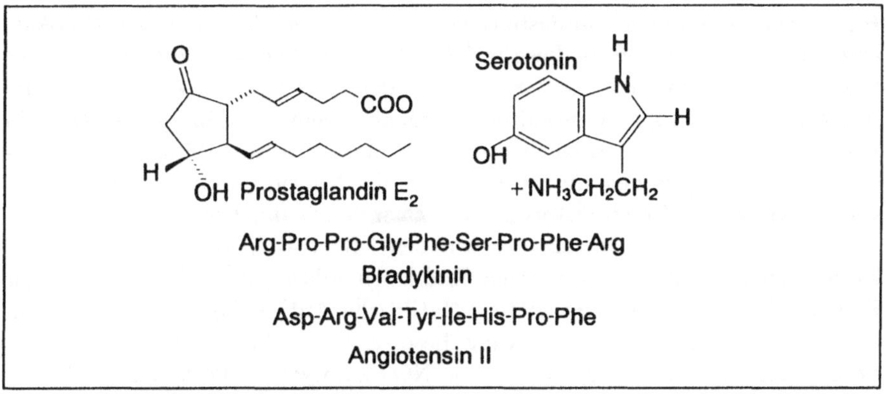

Prostaglandin E_2

Serotonin

Arg-Pro-Pro-Gly-Phe-Ser-Pro-Phe-Arg
Bradykinin

Asp-Arg-Val-Tyr-Ile-His-Pro-Phe
Angiotensin II

Abb. 3.7. Strukturformeln einiger wichtiger lokaler Modulatoren des Lungenblutdrucks beim Menschen

in äußerst belasteten Wohnungen, Straßen, Fabriken oder Gewächshäusern jemals ausgesetzt sind; damit ist ihre Relevanz fraglich. Zum derzeitigen Zeitpunkt ist es nicht möglich, eine vergleichbare Tabelle für NO aufzustellen, da entsprechende Studien nicht durchgeführt wurden.

3.3.4 Stoffwechsel-Reaktionen

Die Auswirkungen von Stickoxiden auf das Lungengewebe ähneln eher denen von Ozon als denen von SO_2 oder NH_3, weil die letztgenannten Substanzen aus der eingeatmeten Luft auf ihrem Weg zur Lunge im Nasen- und Rachenraum besser gefiltert werden. Wenn die Stickoxide schließlich von der Flüssigkeit aufgenommen werden, die die Alveolen der Lunge bedeckt, können Nitrat, Nitrit und undissoziierte salpetrige Säure zusammen vorkommen (s. vorhergehende Abschnitte) und in die Zellen gelangen.

Auch die Bildung anderer Stickstoffverbindungen ist möglich. So können etwa Aminosäuren und andere Amine von undissoziierter salpetriger Säure im Gleichgewichtszustand mit Nitrit zu den reaktionsfreudigeren Nitrosoderivaten (Reaktionen 3.35 und 3.37) umgewandelt werden. Lungengewebe ist kaum in der Lage, Nitrit zu Nitrat zu oxidieren oder zu NH_3 zu reduzieren. Dies bedeutet, daß die Bildung von Nitrosaminen (=N–N=O) für Tiere gefährlicher ist als für Pflanzen, zumal die meisten Nitrosamine carcinogen sind (hierauf wird an späterer Stelle ausführlicher eingegangen).

$$HNO_2 \Leftrightarrow H^+ + NO_2^- \qquad (3.37)$$

Die Lipide der Zelle sind anfällig sowohl für Autoxidation, die durch NO_2 herbeigeführt wird, als auch für Cis-Trans-Isomerisation ihrer Doppelbindungen. Versuche, bei denen In-vivo-Reaktionen in nichtwäßrigen Medien simuliert wurden, haben gezeigt, daß durch den Angriff von NO_2 auf ungesättigte

Bindungen in Lipiden mindestens vier verschiedene Typen freier Radikale erzeugt werden. Inwieweit diese in lebenden Geweben vorkommen, ist nicht bekannt. Gleichwohl könnte der Schaden, den sie Proteinen zufügen, die die Aminosäure Tryptophan enthalten, beträchlich sein. Bei Mangel an Vitamin E (α-Tocopherol, ein natürlicher Radikalfänger, der von Pflanzen synthetisiert und von Menschen und Tieren über die Nahrung aufgenommen wird) sind derartige Stoffwechselstörungen noch wahrscheinlicher.

Autoxidation, ein Prozeß, der von den Nitrosoradikalen gefördert wird, kann auch zur Bildung von freien Radikalen führen, die mit Sauerstoff zu Fettsäurehydroperoxiden reagieren. Natürliche Antioxidanzien wie Vitamin E reagieren dann zur Unterdrückung dieser Kettenreaktionen eher mit diesen Peroxyradikalen als mit NO_2. Die von NO_2 katalysierte Peroxidation unterscheidet sich jedoch von der durch O_3 herbeigeführten Peroxidation insofern, als der erste Reaktionsschritt zum Peroxyl sehr viel langsamer erfolgt und von Antioxidanzien wie Vitamin E leichter verhindert werden kann.

Sowohl NO_2 als auch NO bilden $^{\bullet}OH$-Radikale (Reaktionen 3.38 und 3.39), wenn sie mit H_2O_2 reagieren, das in Zigarettenrauch, aber auch in photochemischem Smog enthalten ist (Kapitel 6). $^{\bullet}OH$-Radikale sind so reaktiv, daß sie nahezu jede organische Verbindung angreifen (s. Anhang 1), insbesondere den 1-Antiproteinase-Inhibitor, der normalerweise die hydrolytische Spaltung des Proteins Elastin durch Enzyme wie z.B. Elastase verhindert. Als Folge davon spaltet Elastase das Elastin im Lungengewebe unter Zuhilfenahme von Wasser, was die Elastizität des Lungengewebes vermindert. Das heißt, daß es wie beim Lungenemphysem zu einem Elastizitätsverlust und verminderter Kontraktions- und Expansionsfähigkeit der Lunge kommt.

$$NO_2 + H_2O_2 \Rightarrow HNO_3 + {}^{\bullet}OH \tag{3.38}$$

$$NO + H_2O_2 \Rightarrow HNO_2 + {}^{\bullet}OH \tag{3.39}$$

Veränderungen in der Blutzusammensetzung des Menschen sind leicht feststellbar und werden benutzt, um die Auswirkungen, die Stickoxide auf den Menschen haben, festzustellen und zu überwachen. NO und NO_2 reagieren mit dem im Hämoglobin enthaltenen Eisen zu einer Art Methämoglobin, das die Bindung von O_2 verhindert. Es gibt jedoch keinen Beweis dafür, daß dieser Typ Methämoglobin in vivo entsteht - auch nicht bei den Stickoxidkonzentrationen, die bei den ungünstigsten Arbeitsbedingungen herrschen.

Von größerer Bedeutung sind die Auswirkungen der Stickoxide auf einige Modulatoren im Kapillarbett der Lunge (Tabelle 3.4 und Abb. 3.7). Eine Reihe dieser Modulatoren bzw. Gewebshormone halten sich gegenseitig die Waage und beeinflussen den Blutdruck innerhalb der Lunge. Dabei verändern sie das Verhältnis zwischen der Blutmenge, die durch das Gewebe diffundiert, und der Luftmenge, die in die Lunge einströmt. Selbst winzige Veränderungen des Blutdrucks, die auf eine Störung des Gleichgewichts zwischen diesen

Tabelle 3.4 Auswirkungen auf den lokalen Blutdruck infolge erhöhter Konzentrationen[a] der lokalen Modulatoren

Modulator (bzw. Gewebshormon)	*Wirkung auf den Lungenblutdruck*
Angiotensin II	steigernd
Bradykinin	senkend
Prostaglandin E_2	steigernd
Prostaglandin I_2	senkend
Serotonin (5-Hydroxytryptamin)	steigernd
Stickoxid	senkend

[a] Verursacht durch gesteigerte Synthese und/oder Aufnahme (zusätzlich zu verminderten Abbau- oder Eliminationsraten) des Gewebshormons. Wenn die Konzentration des lokalen Modulators sich verringert, verkehren sich die in der Tabelle aufgeführten Auswirkungen ins Gegenteil.

Modulatoren zurückgehen, haben signifikante Auswirkungen auf die physiologische Funktion des Lungengewebes, da die Lunge ein Niederdrucksystem mit hohem Durchfluß darstellt. Einige Modulatoren bzw. Gewebshormone werden im Lungengewebe selbst erzeugt und abgebaut. Daher bewirkt die Steuerung der Geschwindigkeit ihrer Synthese und ihres Abbaus schnelle Veränderungen in der Konzentration einiger dieser Gewebshormone, die dann eine noch genauere Feinsteuerung ermöglichen.

Die Wirkung eines dieser Modulatoren, Prostaglandin E_2, wurde im Tierversuch mit Ratten bei Einwirkung von niedrigen Dosen von NO_2 (0,2 $\mu l\, l^{-1}$ über 3 Stunden) untersucht. Normalerweise verursacht Prostaglandin E_2 eine lokale Konstriktion der Blutgefäße und erhöht damit den Blutdruck. Es wird zu inaktiven Formen metabolisiert, die durch das Blut aus den Kapillarzellen entfernt werden. Aufgrund dieses Stoffwechselvorgangs wird der konstringierende Effekt des Prostaglandins E_2 vermindert, und der Blutdruck sinkt wieder. Wenn die Lunge jedoch NO_2 ausgesetzt ist, wird die Umsetzung von Prostaglandin E_2 gehemmt, und somit wird die Vasokonstriktion (erhöhter Blutdruck) nicht aufgehoben. Diese Wirkung hält noch 3 Tage nach Ende der NO_2-Belastung an. Die Reaktion auf NO_2 ist also äußerst empfindlich und zudem akkumulativ.

Es besteht kein Zweifel, daß ähnliche Stoffwechselstörungen auch bei anderen Modulatoren vorkommen, die die Lungenfunktion beeinflussen. Die Tatsache, daß NO sich als eigenständiger natürlicher Modulator erweist, kann von großer Bedeutung sein und den Weg zu einem besseren Verständnis der Zusammenhänge zwischen Atemfunktionsstörungen und der Toxizität der Stickoxide weisen.

3.3.5 Bedeutung für die Ernährung

Die Tatsache, daß in den Wassereinzugsbereichen in der Nähe von Ballungsgebieten die gesamte Stickstoffdeposition (nasse und trockene Depositionen zusammen genommen) größenordnungsmäßig den Einträgen landwirtschaftlicher Düngung (40 bzw. 100 kg N ha^{-1} a^{-1}) entspricht, bedeutet, daß die ins Trinkwasser versickernden atmosphärischen Nitrate nicht mehr ignoriert werden dürfen.

Nitrate sind für den Menschen nicht toxisch; erst wenn sie zu Nitrit umgewandelt werden, verursachen sie Probleme. Methämoglobinämie (Comly-Syndrom) befällt Babies im ersten Lebensjahr, weil die Acidität ihres Magensaftes noch zu gering ist, um die Bakterien zu hemmen, die Nitrat zu Nitrit umwandeln. Das Nitrit gelangt dann ins Blut und verbindet sich mit dem Hämoglobin. Glücklicherweise tritt Methämoglobinämie nur selten auf; in Anbetracht des Risikos sollte jedoch in Gebieten, wo die in der EU-Richtlinie über Nitrate im Trinkwasser festgelegte Menge (50 mg l^{-1}) überschritten wird, zur Bereitung von Babynahrung aus Milchpulver nur Wasser mit niedrigem Nitratgehalt verwendet werden.

Weiterhin besteht der Verdacht, daß Nitrit im Zusammenhang mit der Entstehung von Magenkrebs steht. Theoretisch reagieren Nitrite bei Vorhandensein starker Säuren mit sekundären Aminen (=NH) unter Bildung von N-Nitrosoderivaten (=N–N=O). Diese könnten wiederum die Basen der DNA verändern und dazu führen, daß die so veränderten Zellen zu Krebszellen mutieren. Diese Theorie wird jedoch durch epidemiologische Studien nicht bestätigt. Die meisten Studien haben eine negative Korrelation zwischen Nitratbelastung und Magenkrebs ergeben. Selbst bei Arbeitern in Düngemittelfabriken, die hohen Nitratmengen ausgesetzt sind, ist kein erhöhtes Auftreten von Magenkrebs festzustellen. Bei der Nahrungsaufnahme wird Nitrat nur in geringen Mengen zu Nitrit umgewandelt, und somit ist ein Zusammenhang zwischen Magenkrebs und erhöhter Deposition atmosphärischer Stickstoffverbindungen sehr unwahrscheinlich.

Weiterführende Literatur

Grosjean D (1979) Nitrogenous Air Pollutants: Chemical and Biological Implications. Ann Arbor Science, Ann Arbor, Michigan.

Lee JA, Stewart GR (1978) Ecological aspects of nitrogen assimilation. Advances in Botanical Research 6, 1–43.

Marletta MA (1989) Nitric oxide: biosynthesis and biological significance. Trends in Biochemical Sciences 14, 488–492.

Ministry of Agriculture, Fisheries and Food (1969) Nitrogen and Soil Organic Matter. Technical Bulletin No. 15.

National Academy of Sciences (1977) Nitrogen Oxides. Committee on Medical and Biological Effects of Environmental Pollutants. Washington, DC.

Rowland A, Murray AJS, Wellburn AR (1985) Oxides of nitrogen and their impact upon vegetation. Reviews of Environmental Health 5, 295–342.

Schneider T, Grant L (1982) Air Pollution by Nitrogen Oxides. Elsevier Science, Amsterdam, Oxford and New York.

Turiel I (1985) Indoor Air Quality and Human Health. Stanford University Press, Palo Alto, California.

Watkins LH (1981) Environmental Impact of Road and Traffic. Applied Science Publishers, London and New Jersey.

Wellburn AR (1990) Why are atmospheric oxides of nitrogen usually phytotoxic and not alternative fertilizers? Tansley Review No. 24, New Phytologist 115, 395–429.

4. Ammoniak und Sulfide

4.1 Reduzierte Stickstoff- und Schwefelformen in der Atmosphäre

Stickoxide und SO_2 sind nicht die einzigen Gase in der Atmosphäre, die Stickstoff und Schwefel enthalten. Reduzierte Gase wie Ammoniak (NH_3), Schwefelwasserstoff (H_2S) und organische Sulfide (CH_3SH, CH_3SCH_3, CH_3SSCH_3 etc.) sind ebenfalls häufig vorhanden. Sie sind, ebenso wie Stickoxide und SO_2, wichtige Bestandteile des Stickstoff- bzw. Schwefelkreislaufs. Der Großteil des NH_3 und des H_2S in der Atmosphäre ist biogenen und nicht anthropogenen Ursprungs; eine problematische Konzentrationserhöhung von NH_3 und H_2S über die üblichen Werte hinaus ist jedoch meist auf Einwirkung des Menschen zurückzuführen.

Sowohl NH_3 als auch organische Sulfide haben wichtige Auswirkungen auf das Wetter. Wenn es feucht ist, bildet NH_3 Ammoniumsulfatteilchen. Diese wiederum sind zum großen Teil für den weißen Dunstschleier verantwortlich, der in städtischen Gebieten meist eine gute Fernsicht verhindert. Organische Sulfide hingegen tragen in beträchtlichem Maße zu den allgemeinen Säurebildungsprozessen (siehe Kapitel 5) bei und bewirken die Bildung von Wolken, vor allem über den Meeren (siehe später).

Es gibt zwar unterschiedliche Depositionswege, auf denen NH_3, H_2S und organische Sulfide die Atmosphäre verlassen, alle jedoch haben eine große Bedeutung für biologische Systeme. Sie bestimmen die Stickstoff-, Schwefel- und Säuremengen, die den jeweiligen Ökosystemen zugeführt werden. Einige dieser Ökosysteme sind schlecht an diese Einträge angepaßt und reagieren negativ auf sie.

4.2 Ammoniak

4.2.1 Gasförmige Freisetzung

Ammoniak (NH_3), ein Gas mit stechendem Geruch, wird von der Industrie als Rohstoff zur Herstellung von Ammoniumnitratdüngern, Kunst-, Spreng- und Farbstoffen sowie Medikamenten verwendet. Früher fand Ammoniak häufig auch als Kühlmittel Gebrauch. Noch heute fallen in der Umgebung von Ölraffinerien und bei der Verbrennung von Abfällen, besonders von Kunststoffen, beträchtliche Mengen an.

Die Industrie als Quelle von atmosphärischem NH_3 ist global gesehen jedoch eher unbedeutend, verglichen mit biologischen Zerfallsprozessen. Beim biologischen Abbau von Proteinen auf Bodenoberflächen (Pflanzenreste und tierische Ausscheidungsprodukte) werden große Mengen an NH_3 in die Atmosphäre freigesetzt. Die Konzentration von NH_3 in der Atmosphäre beträgt in ländlichen Regionen der gemäßigten Klimazonen zwischen 5 und 10 nl NH_3 l^{-1}, am Äquator ist sie beträchtlich höher (etwa 200 nl NH_3 l^{-1}). In städtischen Gebieten können die Konzentrationen bis auf 280 nl NH_3 l^{-1}, in der Umgebung von NH_3-Quellen in der Industrie und der Landwirtschaft bis auf 10 μl NH_3 l^{-1} ansteigen. In einigen Industrieländern steigen diese Werte aufgrund des intensiven Einsatzes von Kunstdüngern und verstärkter Massentierhaltung noch weiter an.

Es gibt eine ganze Reihe von Faktoren, die zur Freisetzung von NH_3 beitragen; einige davon sind sehr komplex. NH_3 bildet bereitwillig Kationen oder Verbindungen unterschiedlicher Stabilität. Am wichtigsten ist hierbei die Neigung von NH_3, mit H_2O unter Bildung von Ammoniumionen (NH_4^+) zu reagieren, ein Vorgang, der umso stärker abläuft, je alkalischer die Umgebung ist (Reaktion 4.1). Dies bedeutet, daß die Wahrscheinlichkeit der Freisetzung von NH_3 zunimmt, je höher der pH–Wert in einer Lösung ist.

$$NH_3 + H_2O \Leftrightarrow NH_4^+ + OH^- \tag{4.1}$$

CO_2-Gehalt und Temperaturveränderungen haben ebenfalls einen starken Einfluß auf das Verhältnis von NH_3 zu NH_4^+, da sowohl die Ionisierung von H_2O als auch die Dissoziierung von NH_3 temperaturabhängig ist. Darüber hinaus schwankt auch der Austausch von NH_3 zwischen Lösung und Gasphase stark mit der Temperatur.

NH_3 reagiert nicht allein mit H_2O. In Böden kann sich NH_3 an Lehm- oder organische Partikel anlagern oder mit Carbonyl- oder anderen sauren Gruppen unter Bildung von austauschbaren Salzen reagieren. NH_3 kann sich auch mit anderen organischen (vor allem mit phenolhaltigen) Molekülen unter Bildung nichtaustauschbarer Reaktionsprodukte verbinden. Das führt dazu, daß verschiedene Böden Ammoniak in sehr unterschiedlichem Ausmaß freisetzen, wobei dies auch durch den jeweiligen Wassergehalt des Bodens beeinflußt wird.

Der Transport von gasförmigem NH_3 durch den Boden mittels Diffusion wird durch den sog. Tortuositätsfaktor (von engl. tortuous für "gewunden") erschwert, NH_4^+ hingegen wird in Lösung leicht transportiert, und zwar mittels Diffusion oder – wenn sich das Wasser relativ zu den Bodenpartikeln bewegt – mittels eines als Konvektionsstrom oder auch Massenfluß genannten Vorgangs. Die Diffusionsrate steigt im allgemeinen mit dem Wassergehalt des Bodens und der NH_4^+-Konzentration. Ist der Boden überflutet, wird die Freisetzung von Ammoniak wiederum erschwert, wenn die tieferliegenden Bodenschichten dadurch anaerob werden, da dann eine Denitrifikation wahrscheinlicher ist.

Bei der Bildung von NH_3 aus NH_4^+-Ionen (Reaktion 4.1 in umgekehrter Richtung) werden OH^--Ionen verbraucht. Wenn sich daher NH_3 von der Bodenoberfläche verflüchtigt, versauert die Bodenlösung, wobei der Grad der Versauerung von der Pufferkapazität des Bodens abhängig ist. Infolgedessen ist die Freisetzung von NH_3 aus Böden größer, die die entstandene Versauerung durch einen hohen Carbonat-Gehalt oder durch andere alkalisch reagierende Substanzen neutralisieren können. Dies erklärt auch bis zu einem gewissen Grade, warum von Natur aus kalkhaltige oder gekalkte Böden mehr NH_3 emittieren.

Der Verlust von NH_3 aus Böden hängt auch von der Menge der Anionen in den verabreichten Düngemitteln ab. Die Freisetzung steigt, wenn die Löslichkeit des nichtstickstoffhaltigen Reaktionsproduktes abnimmt, d.h. wenn z.B. Ammoniumfluorid, Ammoniumsulfat oder Di-Ammoniumphosphat mit Calciumcarbonat unter Bildung von Calciumfluorid, Calciumsulfat und Calciumphosphat reagieren, die alle weniger wasserlöslich sind. Die Ausfällung dieser Calciumsalze führt zur Bildung von Ammoniumcarbonat (Reaktion 4.2), was wiederum unter Bildung von NH_3, CO_2 und noch mehr H_2O (Reaktion 4.3) hydrolytisch gespalten wird. Wenn nun andere im Dünger enthaltene Anionen eine größere Menge an löslichen Calciumsalzen bilden (z.B. Calciumcarbonat, -nitrat oder -chlorid), wird sehr viel weniger Ammoniumcarbonat gebildet (Reaktion 4.4). Folglich ist weniger Substrat für die Reaktion vorhanden (Reaktion 4.3), und die NH_3-Freisetzungsrate nimmt ab.

$$(NH_4)_2SO_4 + CaCO_3 \Rightarrow \underline{CaSO_4}\downarrow + (NH_4)_2CO_3 \tag{4.2}$$

$$(NH_4)_2CO_3 + H_2O \Rightarrow 2NH_3 + CO_2 + 2H_2O \tag{4.3}$$

$$2NH_4NO_3 + CaCO_3 \Rightarrow Ca(NO_3)_2 + (NH_4)_2CO_3 \tag{4.4}$$

$$(NH_2)_2C{=}O + 2H_2O + H^+ \Rightarrow HCO_3^- + 2\,NH_4^+ \tag{4.5}$$

$$NH_4HCO_3 \Rightarrow NH_3 + CO_2 + H_2O \tag{4.6}$$

Hinzu kommt, daß häufig Harnstoff als alternatives Düngemittel verwendet wird, da das Enzym Urease, das in Pflanzen, Mikroorganismen und Böden weit verbreitet ist, die Hydrolyse von Harnstoff zu Bicarbonat und NH_4^+ katalysiert (Reaktion 4.5). Die Ureaseaktivität ist in Böden mit hohem organischem Gehalt stärker, in kalkhaltigen Böden hingegen eher schwächer. Gewöhnlich ist die NH_3-Freisetzung in alkalischen Böden höher als in sauren Böden. Wird jedoch Harnstoff als Dünger verwendet, ist es umgekehrt. Dies ist auch dann der Fall, wenn die Böden mit Gülle oder mit anderen harnstoffhaltigen natürlichen Düngern behandelt werden, wenn das enthaltene Ammoniumbicarbonat zerfällt (Reaktion 4.6). Das beobachtete Verhältnis von

NH_3- zu CO_2-Freisetzung auf mit Gülle gedüngten Böden in Reaktion 4.6 beträgt 1:1 und ist damit nur halb so groß wie bei NH_4^+-Düngung (Reaktion 4.3). Dennoch ist die Kationenaustausch-Kapazität der mit Gülle gedüngten Böden in diesem Falle viel niedriger, da ein Großteil der NH_3-Freisetzung direkt an der mit Gülle gedüngten Oberfläche vonstatten geht und nicht aus der darunterliegenden Bodenschicht erfolgt.

Misthaufen und Jauchegruben sind ebenfalls Orte, von denen große Mengen an NH_3 freigesetzt werden. Die Gründe dafür sind ähnlich wie bei den mit Gülle gedüngten Feldern. Die regelmäßige Zufuhr frischen Mists auf die Haufen oder das Rühren in den Jauchegruben führt zu verstärkter Freisetzung von NH_3. Ein Großteil des in der Atmosphäre anzutreffenden NH_3 läßt sich auf die direkte Hydrolyse von Harnstoff aus tierischem Urin zurückführen; der Beitrag aus anderen Quellen ist vergleichsweise gering.

In Europa gehen bis zu 10% an nützlichem Stickstoff direkt über das NH_3 verloren, in wärmeren Klimazonen sogar bis zu 30%. Die globale Menge des als NH_3 in die Atmosphäre freigesetzten Stickstoffs ist sehr hoch – zwischen 115 und 245 Tg N a^{-1}. Der NH_3-Gehalt in der Luft über Belgien, Dänemark und den Niederlanden - ausgeprägte Agrarstaaten mit extensiver Landwirtschaft und Massentierhaltung - beträgt häufig ca. 25 nl NH_3 l^{-1}, mit Spitzenwerten von bis zu 75 nl NH_3 l^{-1}. Die geschätzte Gesamtmenge des in die Atmosphäre freigesetzten Stickstoffs ist daher in diesen Ländern besonders hoch (300–700 kg N ha^{-1} a^{-1}).

Die starke Zunahme der NH_3-Freisetzung während der letzten drei Jahrzehnte läßt sich auf folgende Faktoren zurückführen: (a) verstärkte Massentierhaltung, (b) wachsende Bevölkerungszahlen, (c) vermehrter Einsatz von Kunstdüngern als NH_4^+-Nitrat oder Harnstoff und (d) der Rückgang von Senken zur Aufnahme von NH_3 oder NH_4^+. Die ersten drei Faktoren hängen miteinander zusammen. Als der materielle Wohlstand zunahm, ernährten sich die Menschen zunehmend von tierischer und nicht mehr von pflanzlicher Nahrung. Dies bedeutet, daß für die Nahrung der Tiere mehr Futter angebaut werden mußte, und dies konnte nur durch den verstärkten Einsatz von Kunstdüngern erzielt werden.

Zur Reduzierung des Stickstoffverlustes bei der Verwendung von Düngemitteln durch NH_3-Freisetzung und Versickerung von überschüssigem Nitrat ins Grundwasser könnte noch sehr viel getan werden. Die Injektion von wasserfreiem Ammoniak in tieferliegende Bodenschichten wird z.B. noch nicht sehr häufig angewandt. Durch den Einsatz von NH_4^+ statt Harnstoff im Bewässerungsfeldbau (wo keine signifikante Ureaseaktiviät vorliegt) könnte der Stickstoffverlust bis unter 2% gesenkt werden. Dies ist für ärmere Regionen von großer Bedeutung, wo Stickstoff unverhältnismäßig teuer und die gasförmige Freisetzung aufgrund hoher Temperaturen größer ist.

4.2.2 Deposition von atmosphärischem Ammoniak

In der Atmosphäre neutralisiert NH_3 Schwefel- und Salpetersäure und fördert dadurch die Oxidation von SO_2 zu Sulfat durch O_3. In der Regel hat NH_3 in der Luft eine mittlere Verweildauer von einer halben Stunde, bevor es zu NH_4^+ umgewandelt wird. Bei einer Windstärke von 10 m s^{-1} wird folglich ein NH_3-Molekül ca. 18 km weit transportiert.

Die Messung der NH_3-Depositionsrate ist sehr kompliziert, da Regionen mit intensiver Landwirtschaft mehr NH_3 abgeben als aufnehmen. Andererseits ist der Netto-Eintrag in feuchte, saure Ökosysteme beträchtlich. Die Eigenschaft dieser Ökosysteme, eine nahezu ideale Senke für NH_3 darzustellen, kann nicht allein auf stomatäre Aufnahme zurückgeführt werden. Die Aufnahmerate von feuchtem Heideland in den Niederlanden zum Beispiel kann bis zu 100 kg N ha^{-1} a^{-1} betragen. Ökosysteme, die Pflanzenarten beherbergen, die besonders an niedrige Stickstoff- und Nährstoffwerte angepaßt sind, reagieren am sensibelsten auf den Eintrag atmosphärischer Stickstoffverbindungen (siehe Tabelle 4.1). Die in solchen Ökosystemen beobachteten Auswirkungen lassen sich hauptsächlich auf die verstärkte Konkurrenz durch schneller wachsende Pflanzenarten zurückführen, die vorher in diesen Ökosystemen aufgrund der Stickstoffarmut kaum verbreitet waren. Letztlich führt dies dazu, daß die ursprünglichen, für diese Ökosysteme charakteristischen Pflanzenarten verschwinden, was dann einen endgültigen Verlust unwiederbringlicher genetischer Ressourcen bedeutet. In Sumpfgebieten zum Beispiel, die ihre Nährstoffe allein aus Regenfällen beziehen (sog. ombrotrophe Ökosysteme), werden bestimmte Moose (*Sphagnum*) von Samenpflanzen verdrängt. In ähnlicher Weise wachsen in Heidelandschaften verstärkt heidekrautartige Pflanzen, Wiesen werden durch die Verbreitung von stickstoffliebenden, hochwachsenden mehrjährigen Pflanzen wie Disteln, Nesseln oder Weideröschen verdrängt, während es in Seen zu verstärktem Algenwachstum kommt.

Es wird befürchtet, daß ähnliche Prozesse auch in naturnahen Waldbeständen für zu große Stickstoffeinträge sorgen könnten. Eine mögliche Erklärung für neuartige Waldschäden besteht in der Tat darin, daß zuviel Stickstoff aus der Atmosphäre zur Begünstigung von Pathogenen und zu einer inkorrekten Verhärtung der Nadeln führen könnte (siehe Kapitel 10).

Die Veränderung der Vegetation als Reaktion auf exzessiven Stickstoffeintrag führt auch zu Veränderungen für die Tierwelt. Fische sterben an Sauerstoffmangel, da sie mit schnell wachsenden Pflanzen um Sauerstoff konkurrieren müssen. In Wäldern mit verstärktem Stickstoffeintrag kommt es zu heftigem Borkenkäferbefall etc.

Wenn in einer Region die NH_3-Werte in der Luft hoch sind, so ist meist auch die SO_2-Konzentration erhöht. Dies führt zu einer sog. "Co-Deposition", die durch die gekoppelte Deposition der beiden Gase gekennzeichnet ist. Dies erklärt sich daraus, daß wenn NH_3 zu NH_4^+ wird, die Oxidation von SO_2 zu Sulfat zunimmt. Das Ausfallen von SO_2 an der Bodenoberfläche in Form von Ammoniumsulfat stellt sicher, daß die hohen Co-Depositionsraten von SO_2

Tabelle 4.1 Ökosysteme, die besonders sensibel auf übermäßigen Stickstoffeintrag reagieren

Ökosystem	*Beschreibung*
Feuchtgebiete	1. Sumpfgebiete (d.h. Moore, deren einzige Nährstoffzufuhr das Regenwasser ist; Ombrotrophie), z.B. Hochmoore
	2. Sumpfgebiete auf Granitgesteinen oder anderen stickstoffarmen Böden
Seen	1. Reinwasserseen, teilweise mit bestimmten Arten bedeckt (z.B. Wasserlobelien, Brachsenkraut)
	2. Nährstoffarme Seen mit starkem Bewuchs von Laichkrautgewächsen inklusive *Potamogeton*
Andere	1. Heidelandschaften mit starkem Flechtenbewuchs auf mineralstoffarmen Böden
	2. (Futter-)Wiesen auf mineralstoffarmen Böden mit extensiver Weide- und Heuwirtschaft, denen nie künstliche Dünger zugeführt wurden
	3. Nadelwald in Höhenlagen

und NH_3 aufrechterhalten werden. In Aerosolpartikeln, aus denen sich Wolken bilden, laufen ähnliche Prozesse ab. Da $NH_4{}^+$ und Sulfat hygroskopisch sind, ziehen sie mehr und mehr Wasserdampf an, so daß sie immer größere Partikel bilden, bis sie schließlich als Regentropfen fallen usw. Über die nasse Deposition von $NH_4{}^+$ als Ammoniumsulfat im Regen kommt der Großteil des Ammoniaks aus der Luft zur Erde.

4.2.3 Auswirkungen von Ammoniak auf Pflanzen

Kommt es infolge eines Industrieunfalls zu hohen lokalen Konzentrationen von NH_3 ($> 1{,}5\ \mu l\ NH_3\ l^{-1}$), weisen die meisten Pflanzen sichtbare Schäden auf. Im allgemeinen können bei Werten von 70 nl $NH_3\ l^{-1}$ oder darunter weder sichtbare noch unsichtbare Schäden festgestellt werden, auch nicht bei sehr sensiblen Pflanzenarten. Es wird jedoch auch die Meinung vertreten, daß es aufgrund der Deposition von NH_3 und $NH_4{}^+$ bei bestimmten Pflanzen, die niedrige Stickstoffwerte bevorzugen, zur Auswaschung von Kalium und Magnesium kommt, was auf lange Sicht zu Mineralstoffmangel führt.

Bei höheren NH_3-Konzentrationen (140 nl $NH_3\ l^{-1}$) können noch immer kaum Auswirkungen auf die Photosynthesetätigkeit festgestellt werden; ist die Pflanze hingegen über einen längeren Zeitraum (zwei Monate) dem Einfluß von NH_3 ausgesetzt, kommt es bei sensiblen Nadelbaumarten wie Eiben, Fichten und Zypressen zu sichtbaren Schädigungen. Diese Schädigungen werden jedoch meist mit verminderter Frosthärte und erhöhter Anfälligkeit für Pilzbefall erklärt. Gemüse und Gartenfrüchte sind im allgemeinen resistenter. Blumen- und Rosenkohl hingegen können charakteristische schwarze Flecken sowie verstärkte Frostempfindlichkeit aufweisen, wenn die

NH_3-Konzentration über einen Zeitraum von 10 Tagen bei 0,7 μl NH_3 l^{-1} andauert.

4.2.4 Auswirkungen von Ammoniak auf die Gesundheit

NH_3 in der Luft ist normalerweise nicht gesundheitsschädigend. Gelegentlich kommt es bei Industrieunfällen zur Freisetzung großer NH_3-Mengen. NH_3 reagiert dann umgehend mit den Schleimhäuten des Rachenraums oder der Oberfläche der Hornhaut unter Bildung von Ammoniumhydroxid, was Verätzungen verursacht. Bei geringeren NH_3-Konzentrationen ist die Pufferkapazität dieser Schichten normalerweise ausreichend, um die gesamte Menge an NH_3 zu absorbieren, so daß nur sehr geringe Mengen in die Lungen gelangen können. Zu Reizungen der Augen und des Rachenraums kommt es bei Konzentrationen von 350–700 μl NH_3 l^{-1} – ein Wert, der weit über den normalen Umgebungswerten liegt. Physiologische Veränderungen hingegen können bereits bei weit niedrigeren Konzentrationen beobachtet werden. Schon bei einer Konzentration von 16 μl NH_3 l^{-1} zum Beispiel sind die NH_4^+- und die Harnstoffwerte im Blut erhöht. Die maximale Arbeitsplatzkonzentration ist von Land zu Land unterschiedlich festgelegt. In den meisten Ländern gelten Werte von ca. 25 μl NH_3 l^{-1} für einen Achtstundentag.

4.3 Schwefelwasserstoff

4.3.1 Übelriechende Emissionen

Schwefelwasserstoff (H_2S) – mit seinem berüchtigten Geruch nach faulen Eiern – ist ein äußerst giftiges und leicht entzündliches Gas. Es gibt nur wenige industrielle Verwendungsmöglichkeiten für H_2S; es entsteht jedoch in großen Mengen bei einer Vielzahl industrieller wie natürlicher Prozesse als Nebenprodukt, besonders beim Abbau von Schwefel. Mehr als 90% der globalen Emission von H_2S lassen sich auf menschliche Tätigkeiten zurückführen, biogene Emissionen sind im Vergleich dazu gering. Die Freisetzung von H_2S aus Erdöl- und Erdgasquellen ist jedoch eine der Hauptgefahren bei der Produktion und Raffination schwefelhaltiger Brennstoffe, da aus Rohöl und Erdgas unmittelbar nach Erreichen der Oberfläche H_2S freigesetzt wird, besonders wenn das Erdgas oder Erdöl heiß war und unter Druck stand.

Der Zerfall organischen Materials in Kläranlagen und der Abbau von tierischen Ausscheidungsprodukten und pflanzlichen Abfällen durch mikrobielle Tätigkeit sind weitere wichtige Quellen von H_2S und organischen Sulfiden (Merkaptanen). Gerbereien, Kürschnereien Klebstoffabriken, Schlachthöfe, Abfallentsorgungsanlagen und Zuckerraffinerien produzieren beträchtliche Mengen an H_2S (ebenso wie Merkaptane), weshalb diese Industriezweige zu den unbeliebtesten Nachbarn zählen. Besonders bei Gerbereien kommt es häufig zu einem versehentlichen Ausströmen von H_2S, da bei der ersten Phase der Fellentfernung eine Natriumsulfidpaste und beim anschließenden Chromgerbvorgang Schwefelsäure verwendet wird. Man muß achtgeben, daß sich die beiden Abwässer nicht mischen, weil sonst H_2S entsteht. Bei der Herstellung von Papier, Rayon und schwefelhaltigen Farbstoffen sowie der Vulkanisierung von Gummi kann ebenfalls H_2S entstehen. In all diesen Industriezweigen müssen spezielle Sicherheitsmaßnahmen zum Schutze der Arbeiter getroffen werden.

In der Umgebung von Zellstoffabriken können die H_2S-Werte auf bis zu 11,5 μl H_2S l^{-1} steigen, innerhalb dieser Fabriken können sie sogar noch darüber liegen (> 20 μl H_2S l^{-1}). In städtischen Gebieten liegen die H_2S-Werte normalerweise unter 5,4 nl H_2S l^{-1}. Sollten diese Werte überschritten werden (und zwar egal wie lange), wird sich die Bevölkerung wahrscheinlich umgehend beschweren, da unser Geruchssinn auf H_2S sehr empfindlich reagiert.

Ab einer bestimmten Konzentration, die normalerweise zwischen 0,15 und 1,5 nl H_2S l^{-1} liegt, stellen Menschen H_2S aufgrund des Geruchs fest; Merkaptane werden sogar in noch geringeren Konzentrationen festgestellt. Bis zu einem gewissen Grade ist die Sensibilität von Mensch zu Mensch verschieden; liegen jedoch etwa dreimal so hohe Konzentrationen vor, wird der Geruch nach faulen Eiern von allen deutlich wahrgenommen. H_2S wird meist von anderen übelriechenden Substanzen wie Methylmerkaptan (CH_3SH), Carbondisulfid (CS_2), Dimethylmonosulfid (CH_3SCH_3) und Dimethyldisulfid (CH_3SSCH_3) begleitet. Die "Qualität" des Geruchs ändert sich entsprechend – d.h. er wird noch schlimmer.

4.3.2 Austausch von Schwefelwasserstoff aufgrund mikrobieller Tätigkeit

Bestimmte schwefeloxidierende Bakterien, Mitglieder der Gattung der grünen Schwefelbakterien (*Chlorobium*) und der Gattung der purpurnen Schwefelbakterien (*Chromatium*), haben die Fähigkeit, H_2S aus ihrer Umgebung zu entfernen. Diese in Schlamm und stehenden Gewässern lebenden Bakterien betreiben Photosynthese unter anaeroben Bedingungen. Anders als höhere Pflanzen, die H_2O spalten und aus diesem Prozeß (Photolyse) Elektronen gewinnen, die sie ihren Photosystemen zuführen, spalten diese Bakterien H_2S und setzen durch einen als Photoautotrophie bekannten Vorgang elementaren Schwefel frei. Solche photoautotrophen Bakterien haben eine bedeutende Rolle für die Evolution gespielt, da sie einst für die Bildung eines großen Teils der geologischen Schwefelreserven der Erde verantwortlich waren. Heutzutage spielen sie jedoch nur noch eine untergeordnete Rolle für den globalen Schwefelhaushalt.

Andere, unangenehmere anaerobe Organismen verwenden Aminosäuren, die sie aus den Proteinen zerfallender Bakterien, Pflanzen und Tiere hydrolysieren, als Kohlenstoffquelle, aus der sie ihre Energie beziehen. Dabei wird der in den Aminosäuren Cystein und Methionin enthaltene Schwefel bzw. Stickstoff als H_2S, CH_3SH und NH_3 freigesetzt, ohne jedoch deren Oxidations- oder Reduktionszustand zu verändern (siehe Abb. 2.4). Diese aus der sog. Desulfuration hervorgegangenen Reaktionsprodukte tragen wesentlich zum charakteristischen Verwesungsgestank bei – ein unangenehmer, aber notwendiger Bestandteil des globalen Schwefelhaushalts.

Ein etwas weniger abstoßendes Beispiel ist Mundgeruch. Dieser entsteht, wenn sich die im Mund allgegenwärtigen anaeroben Bakterien bei einer Erkrankung des Zahnfleischs oder der Zähne stark vermehren und dann beim Abbau von Proteinen größere Mengen an CH_3SH freisetzen. Verschwitzte Socken an ungewaschenen Füßen bieten ebenfalls eine ideale Umgebung für ähnliche Organismen.

Mikroorganismen im Boden und in Kläranlagen ebenso wie Plankton in den Meeren produzieren beträchtliche Mengen an CH_3SCH_3, CH_3SSCH_3 und CH_3SH. Schätzungen zufolge übersteigen die biogenen Emissionen von CH_3SCH_3 die von H_2S, wobei ein Großteil davon aus den Meeren stammt (siehe später).

4.3.3 Emission von Schwefelwasserstoff durch Pflanzen

Schwefelwasserstoff ist nur in geringem Maße phytotoxisch. Nur bei sehr hohen Konzentrationen ($>$ 100 nl H_2S l^{-1}) konnten Nekrosen und Triebspitzendürre bei Pflanzen festgestellt werden. Bei niedrigen H_2S-Konzentrationen (30 nl H_2S l^{-1}) konnten sogar positive Auswirkungen auf das Wachstum festgestellt werden. Von größerem Interesse ist jedoch, daß sowohl lebende als auch verrottende Vegetation eine signifikante H_2S-Quelle ist. Junge Blätter scheinen mehr H_2S zu emittieren als ältere. Begast man junge Blätter mit $^{35}SO_2$, so wird mehr als die Hälfte als $H_2{}^{35}S$ wieder emittiert, die Menge des mit ^{35}S gekennzeichneten Sulfats bleibt hingegen gering. Das bedeutet, daß Sulfat kein Zwischenprodukt bei der Synthese von H_2S aus SO_2 ist. Die Rolle des Schwefels in biologischen Systemen wurde bereits in Kapitel 2 behandelt, Abb. 4.1 jedoch zeigt auf, daß die Produktion von H_2S aus SO_2 ein alternativer Mechanismus ist, mittels dessen schädliche Auswirkungen von atmosphärischem SO_2 durch tolerante Pflanzengewebe abgemildert werden können.

Noch ist nicht genau bekannt, wie groß die Menge an Schwefel ist, die von Pflanzen als H_2S emittiert wird. Schätzungen haben jedoch ergeben, daß von 100 Tg SO_2 a^{-1} und H_2S, die durch natürliche Prozesse in die Atmosphäre gelangten, mehr als 7,4 Tg a^{-1} als reduzierte Schwefelverbindungen von Pflanzen freigesetzt werden. Warum dies so ist, ist ebenfalls unklar. Sicher ist, daß der Vorgang nicht dazu dient, überschüssige Reduktionsmittel loszuwerden, da die Sulfatreduktionsrate weniger als 0,1% der CO_2-Fixierungsrate beträgt. Es könnte der Erhaltung von Reservoirs an bestimmten Reduktionsmitteln und Trägersubstanzen dienen, die bei der Sulfatreduktion eine Rolle spie-

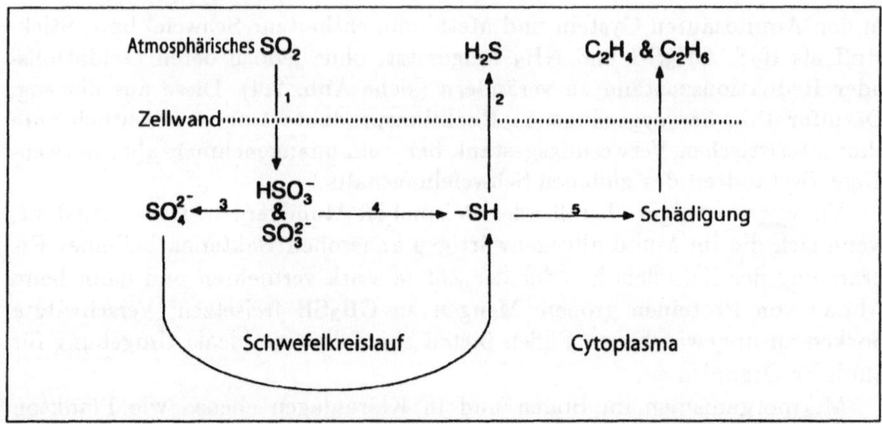

Abb. 4.1. Alternative Stoffwechselwege für von Pflanzen aufgenommenes atmosphärisches SO_2. SO_2-tolerante Pflanzen nehmen entweder weniger SO_2 auf (1), oder sie haben die Fähigkeit, mehr Sulfit oder Bisulfit zu reduziertem Schwefel umzuwandeln (4) und mehr Schwefel in Form von H_2S zu emittieren (2). Dadurch nimmt die dem Schwefelkreislauf zugeführte Menge des SO_2 ab (3), weshalb es bei der Pflanze zu weniger Schädigungen kommt (5), die in der Regel durch die Freisetzung von Ethan während der Peroxidation von Lipiden erkennbar sind

len, um ein Gleichgewicht zwischen Thiol-, Sulfhydryl- (–SH) und Disulfid- (–S–S–)Gruppen aufrechtzuerhalten.

Die Menge der Radikalfänger Glutathion und Cystein unterliegt in allen lebenden Geweben einer sorgfältigen Kontrolle. Möglicherweise fungiert die Freisetzung von H_2S daher als eine Art Ventil, mittels dessen überschüssiger Schwefel wieder freigesetzt wird, nachdem er den S-Stoffwechsel innerhalb der Zellen durchlaufen hat.

4.3.4 Unfälle

Liegt H_2S in Konzentrationen unter 20 nl H_2S l^{-1} vor, so ist gewöhnlich allein der Geruch für Menschen eine ausreichende Warnung, sich zu entfernen oder Hilfsmaßnahmen zu ergreifen. Bei höheren Konzentrationen (150 μl H_2S l^{-1}) kann es jedoch zur Paralyse des Geruchssinns kommen, so daß sich die Opfer der Gefahren nicht bewußt werden (siehe Tabelle 4.2). Hohe Konzentrationen von H_2S sind in der Tat ebenso toxisch wie Cyanwasserstoff (Blausäure, HCN). Für beide Gase gilt dieselbe maximale Arbeitsplatzkonzentration von 10 μl l^{-1}, und auch ihre Auswirkungen sind ähnlich. Innerhalb von Sekunden werden die Nerven, die den Atmungsvorgang steuern, gelähmt, und die Atmung versagt.

Die mit H_2S und HCN verbundenen toxikologischen Wirkungen werden durch die Hemmung des durch Cytochromoxidase katalysierten Flusses von Elektronen zum O_2 in den Mitochondrien während des Atmungsvorganges verursacht. Bei einer akuten Vergiftung mit H_2S weisen die Haut sowie die

Tabelle 4.2 Auswirkungen von H_2S auf den Menschen

Konzentration	*Auswirkungen und Symptome*
0-0,2 nl l^{-1}	Keine Beschwerden
0,2–1,2 nl l^{-1}	Geruch wird wahrgenommen
1,2–5,4 nl l^{-1}	Gestank nach faulen Eiern wird festgestellt
5,4–10 μl l^{-1}	Vereinzelte Beschwerden und Kopfschmerzen
10–20 μl l^{-1}	Augenreizungen
20–50 μl l^{-1}	Starke Augenreizungen und Schädigungen
50–100 μl l^{-1}	Charakteristische Augenschädigung, "Gasauge"
100–320 μl l^{-1}	Verlust des Geruchssinns, Übelkeit und verstärkte Reizung der Lunge
320–530 μl l^{-1}	Schädigung der Lunge und Wasseransammlung
530–1000 μl l^{-1}	Atemnot, Stimulation des Atemzentrums, Krämpfe, drohender Atemstillstand
1000 μl l^{-1} und höher	Sofortiger Zusammenbruch und Atemversagen mit Todesfolge

inneren Organe der Opfer gewöhnlich eine grau-grüne Färbung auf. Dies ist auf die Bildung von Sulfhämoglobin unmittelbar nach Eintritt des Todes zurückzuführen. So z.B. im Falle von 23 Einwohnern der Stadt Poza Rica in Mexiko, wo im Jahre 1950 aufgrund eines defekten Ventils auf einem neuen Erdgasfeld über einen Zeitraum von nur 20 Minuten H_2S freigesetzt wurde.

Die Auswirkungen von nicht tödlich verlaufenden Unfällen mit H_2S auf den Stoffwechsel lassen sich hauptsächlich auf diese partielle Hemmung der Cytochromoxidase in den Mitochondrien zurückführen. Sie ist auch für die erhöhte Anzahl und Größe von roten Blutzellen verantwortlich. Die am häufigsten auftretenden klinischen Symptome sind jedoch Reizungen der Lungenwege und der Augen, die nach einigen Tagen zu Lungen- bzw. Bindehautentzündung führen (Tabelle 4.2).

Die Genesung nach akuten Vergiftungen verläuft in der Regel ohne Nachwirkungen, in einigen Fällen kann es jedoch zu bleibenden Schäden infolge der Sauerstoffunterversorgung kommen. Eine auf 10 μl H_2S l^{-1} angesetzte maximale Arbeitsplatzkonzentration für einen Achtstundentag ist aber zu hoch, da es bei dieser Konzentration bereits zu Augenreizungen kommen kann.

Chronische Auswirkungen aufgrund von H_2S sind Bindehautentzündung (Konjunktivitis), Kopfschmerzen, Schwindel, Durchfall (Diarrhöe) und Gewichtsverlust. Frühe französische Medizinhistoriker verwendeten den Begriff *"plomb des fosses"* zur Beschreibung der bei Müllmännern in Paris aufgetretenen Koliken und Durchfallerkrankungen, die sich möglicherweise auf eine solche Ursache zurückführen lassen und die den Symptomen einer Bleivergiftung ähnlich waren.

Tabelle 4.3 Gesamte globale Schwefelemission[a] aus anthropogenen und natürlichen Quellen. (Nach Bates et al., 1992)

Herkunft	*Tmol* a^{-1}	%
Anthropogen[b]	2,40	73,9
Verbrennung von Biomasse[c]	0,07	2,1
Biogen:		
Marin[d]	0,48	14,8
Terrestrisch[e]	0,01	0,3
Vulkanisch[f]	0,29	8,9

[a] Meersalz-Sulfat-Transfer ausgenommen.
[b] Hauptsächlich SO_2 und Carbonylsulfid (OCS).
[c] Nicht auf menschliche Tätigkeiten zurückzuführen (die 95% der auf menschliche Tätigkeiten zurückzuführenden Emissionen sind bereits oben eingeflossen).
[d] Emissionen aus den Meeren vor allem als CH_3SCH_3 (88%), der Rest H_2S (<10%) und OCS plus CS_2 (<2%).
[e] Emissionen vom Festland vor allem (>60%) aus tropischen Regionen (20° N - 20° S), bestehend hauptsächlich aus OCS (47%), CH_3SCH_3 (27%) und H_2S (20%).
[f] Hauptsächlich SO_2 und Sulfate (>98%).

4.4 Organische Sulfide

4.4.1 Biogene und anthropogene Emissionen

Lebende Organismen produzieren verschiedene organische Sulfide (CH_3SCH_3, CH_3SH, CH_3SSCH_3 und CS_2) oder deren weiter abgebaute Produkte (Carbonylsulfid, OCS). Zusammen stellen diese Emissionen einen signifikanten Anteil des gesamten globalen S-Austauschs dar, auch wenn sie lediglich 20% der aus menschlicher Tätigkeit resultierenden Emissionen betragen (Tabelle 4.3).

Der Großteil dieser Emission organischer Sulfide wird von marinem Phytoplankton verursacht. Dabei ist die Emission von Dimethylsulfid (CH_3SCH_3) die bei weitem wichtigste. CH_3SCH_3 entsteht beim Abbau von Dimethyl-Sulfonpropionat, einem Osmotikum, das vom Phytoplankton produziert wird, um den Zellturgor zu regulieren. Die Bedeutung dieser CH_3SCH_3-Emissionen liegt darin, daß sie direkt mit der Wolkenbildung über den Meeren zusammenhängen. Die am Beginn der Wolkenbildung stehenden sog. Kondensationskeime bestehen hauptsächlich aus Ammoniumsulfat-Aerosolteilchen, die über den Meeren aus CH_3SCH_3 entstehen. Die CH_3SCH_3-Emission durch Phytoplankton unterliegt starken jahreszeitlichen Schwankungen (Tabelle 4.4). In der nördlichen Hemisphäre (etwa 50–65° N) zum Beispiel steigen die Emissionen von CH_3SCH_3 im Sommer auf bis zu 6,5 μmol S m^{-2} Tag^{-1},

Tabelle 4.4 Globale CH_3SCH_3-Emission in μmol S m^{-2} Tag^{-1} zu verschiedenen Jahreszeiten. (Nach Bates et al., 1992)

Region	*Sommer*[a]	*Winter*[a]
Meere	54,48	29,68
Land	3,05	2,30

[a] Als Sommer in der nördlichen Hemisphäre wurden die Monate Mai bis Oktober, als Winter die Monate November bis April gewertet, in der südlichen Hemisphäre genau umgekehrt.

im Winter hingegen liegen sie bei ca. 1,4 μ mol S m^{-2} Tag^{-1}. Die Konzentrationen der nicht aus dem Meersalz stammenden Sulfat-Aerosole, die einen wichtigen Anteil an den Kondensationskeimen ausmachen, spiegeln diese Entwicklung wieder. Dies bedeutet, daß ein großer Teil der Wolkenbildung weltweit, die hauptsächlich über den Meeren stattfindet, mit der Aktivität von Phytoplankton in Verbindung steht.

Bei der Bildung von Sulfat-Aerosolen aus CH_3SCH_3 in der unteren Schicht der Stratosphäre spielen verschiedene Reaktionen eine Rolle, an denen das $^{\bullet}OH$-Radikal beteiligt ist. Die Hauptreaktionsprodukte sind SO_2 und Methylsulfonsäure, $CH_3S(O_2)OH$, die beide nach weiterer Oxidation Sulfate bilden. Die Reaktionen 4.7–4.9 zeigen einen der in der Luft stattfindenden Reaktionswege, die für die Bildung von Methylsulfonsäure aus CH_3SCH_3 verantwortlich sind. Bei menschlichen Tätigkeiten entsteht keine Methylsulfonsäure; deshalb ist sie ein genauer globaler Indikator für biogene Emissionen von Schwefelverbindungen. Die Konzentrationen von Methylsulfonsäure über den Meeren unterliegen analog zum Wachstum des Phytoplanktons jahreszeitlichen Schwankungen. Methylsulfonsäure trägt beträchtlich zur Versauerung des Regenwassers bei, wenn die marinen Luftmassen landeinwärts ziehen und es dort zum Niederschlag kommt.

$$CH_3SCH_3 + {}^{\bullet}OH \Rightarrow CH_3S(OH)CH_3 \quad (4.7)$$

$$CH_3S(OH)CH_3 + 2{}^{\bullet}OH \Rightarrow CH_3SO^{\bullet}H + CH_3O_2 + H_2 \quad (4.8)$$

$$CH_3SO^{\bullet}H + O_2 \Rightarrow CH_3S(O_2)OH \quad (4.9)$$

Carbonylsulfid (OCS) ist das wichtigste durch menschliche Einwirkung entstehende organische Sulfid. In vielen Regionen ist die OCS-Konzentration in der Troposphäre höher als die von SO_2. In der unteren Schicht der Stratosphäre wird OCS zuerst zu SO_2 und dann durch $^{\bullet}OH$-Radikale zu Sulfat-Aerosolen (Reaktionen 4.10–4.12) oxidiert. Folglich hat OCS, ebenso wie CH_3SCH_3, Auswirkungen auf die Wolkenbildung, diesmal jedoch über dem

Festland. Der Hauptunterschied zwischen den beiden Verbindungen besteht darin, daß CH_3SCH_3 biogenen Ursprungs und schon seit sehr langer Zeit vorhanden ist, während OCS anthropogenen Ursprungs ist und, global gesehen, erst seit kurzer Zeit Veränderungen hervorruft. Es hat einige Zeit gedauert, bis die Auswirkungen von OCS auf der ganzen Erde erkennbar wurden. In der Antarktis wurde erst kürzlich eine signifikante Zunahme der Sulfatkonzentration in den Eiskristallen von frisch gefallenem Schnee festgestellt, was einzig und allein auf OCS zurückgeführt werden kann.

$$OCS + {}^{\bullet}OH \Rightarrow CO_2 + HS^{\bullet} \tag{4.10}$$

$$HS^{\bullet} + {}^{\bullet}OH \Rightarrow SO^{\bullet} + H_2 \tag{4.11}$$

$$SO^{\bullet} + {}^{\bullet}OH \Rightarrow SO_2 + H^{\bullet} \tag{4.12}$$

$$CS_2 + {}^{\bullet}OH \Rightarrow OCS + HS^{\bullet} \tag{4.13}$$

Global gesehen hat Carbondisulfid (CS_2) nur einen geringen Anteil an der gesamten S-Emission. In einigen Fällen ist CS_2 jedoch als lokaler Luftschadstoff von erheblicher Bedeutung, da CS_2 bei der industriellen Produktion von Viskose-Rayon-Fasern verwendet wird. In der Umgebung solcher Produktionsanlagen werden Werte von 0,05–0,5 μl CS_2 l^{-1} mit Spitzen von bis zu 1,9 μl CS_2 l^{-1} gemessen. In den Anlagen sind die Werte sogar meist noch höher. Die durchschnittliche Konzentration verbleibt selbst dann oft bei ca. 8 μl CS_2 l^{-1}, wenn Sicherheitsvorkehrungen getroffen wurden. Im Freien wird CS_2 unter Lichteinfluß zu OCS und SO_2 oxidiert (Reaktionen 4.13 und 4.10–4.12).

4.4.2 Organische Sulfide und Vegetation

OCS, das über dem Festland vorherrschende organische schwefelhaltige Gas in der Atmosphäre, wird von Pflanzen über die Stomata schnell absorbiert. Die Aufnahme ist lichtabhängig und stellt einen wichtigen Weg dar, auf dem OCS aus der Atmosphäre entfernt wird. Im Blatt wird OCS zu H_2S und CO_2 hydrolysiert. In niedrigen Konzentrationen ist OCS nur leicht phytotoxisch und trägt zur Versorgung der Pflanze mit S bei, wenn die Versorgung durch die Wurzeln nicht ausreicht.

Das von Pflanzen vorrangig emittierte organische Sulfid ist CH_3SCH_3. Die Freisetzung durch Landpflanzen ist ebenso temperaturabhängig wie die durch Phytoplankton. In höheren Breitengraden kommt es zu ausgeprägten jahreszeitlichen Schwankungen, nicht jedoch während der Regen- und Trockenzeit in den Tropen. Die globale Emission von CH_3SCH_3 durch Landpflanzen beträgt nichtsdestotrotz nur einen Bruchteil derjenigen des Phytoplanktons.

4.4.3 Toxikologische Auswirkungen von Carbondisulfid

Von allen organischen Sulfiden stellt nur CS_2 eine ernstzunehmende Gefahr für den Menschen dar, und zwar aufgrund der hohen Konzentrationen, die in und um Produktionsanlagen, die Viskose-Rayon-Fasern herstellen, auftreten können.

CS_2 gelangt über die Lungen in den Blutkreislauf und von dort in das Körpergewebe. Andere Aufnahmewege (über Haut, Nahrung und Trinkwasser) sind von untergeordneter Bedeutung. Im Körper löst sich CS_2 einerseits in Lipiden oder bindet sich andererseits an Proteine.

Die Entgiftung kann auf unterschiedliche Art und Weise erfolgen. Einerseits kann CS_2 mit Aminen unter Bildung von Dithiocarbamaten reagieren oder sich an Glutathion binden (siehe Kapitel 6), bevor es mit dem Urin ausgeschieden wird; andererseits kann CS_2 mit Cytochrom-P450 (von lebenden Geweben häufig zur Entgiftung fremder chemischer Substanzen oder Xenobiotika verwendet) im Cytosol unter Bildung von S und OCS reagieren. OCS wird dann zu S und CO_2 weiteroxidiert.

Die Auswirkungen von CS_2 auf den Menschen sind gewöhnlich auf das Nervensystem, das Blut und die Augen beschränkt. Zu den subakuten und akuten Auswirkungen, ausgelöst von Konzentrationen von 160–950 μl CS_2 l^{-1}, gehören Appetitlosigkeit, Reizbarkeit, Wutausbrüche, Halluzinationen, Delirium und Verfolgungswahn (Paranoia). Bei niedrigeren Konzentrationen (30–160 μl CS_2 l^{-1}) kann es zu Veränderungen des Farbsehvermögens, der Dunkeladaption, der Scharfstellung und der Sehschärfe selbst sowie zu verzögerter Pupillenreaktion, häufig unter Begleitung von Bindehautentzündung (Konjunktivitis), kommen. Bei Konzentrationen von 6–95 μl CS_2 l^{-1} konnten längerfristig chronische Auswirkungen auf Blutgefäße, die das Gehirn, das Herz und die Nieren versorgen, sowie hormonelle Störungen festgestellt werden.

Ab einer Konzentration von ca. 60 nl l^{-1} wird CS_2 über den Geruchssinn wahrgenommen. In Reinform riecht CS_2 recht süßlich und aromatisch, im Freien jedoch ist der Geruch sehr viel unangenehmer, da gleichzeitig geringfügigere H_2S- und OCS-Mengen auftreten, auf die der menschliche Geruchssinn sehr empfindlich reagiert.

Die in der Industrie geltenden maximalen Arbeitsplatzkonzentrationen für einen Achtstundentag sind sehr hoch angesetzt (20 μl l^{-1}); die WHO empfiehlt jedoch einen Richtwert von durchschnittlich 32 nl CS_2 l^{-1}, verteilt über 24 h, unterhalb dessen keine schädlichen Folgen für die Gesundheit zu erwarten sind. Soll die CS_2-Konzentration jedoch als Geruchsindex in der Umgebung von Viskose-Rayon-Fasern herstellenden Anlagen verwendet werden, so empfiehlt die WHO die Reduzierung dieses Richtwerts auf ein Zehntel des Wertes, der über den Geruchssinn wahrgenommen werden kann (also ca. 6,4 nl CS_2 l^{-1} über einen Zeitraum von 30 min).

Weiterführende Literatur

Bates TS, Lamb BK, Guenther A, Dignon J, Stoiber RF (1992) Sulfur emissions to the atmosphere from natural sources. Journal of Atmospheric Chemistry 14, 315–337

Freeney JR, Simpson JR (eds) (1983) Gaseous Loss of Nitrogen from Plant-Soil Systems. Martinus Nijhoff/Dr. W. Junke, The Hague

Rennenberg H, Brunold Ch, DeKok LJ, Stulen I (1989) Sulfur Nutrition and Sulfur Assimilation in Higher Plants: Fundamental Environmental and Agricultural Aspects. SPB Academic Publishing, The Hague

Rogers JE, Whitman WB (eds) (1991) Microbial Production and Consumption of Greenhouse Gases: Methane, Nitrogen Oxides and Halomethanes. Am. Soc. of Microbiology, Washington, DC

Saltzman ES, Cooper WJ (eds) (1989) Biogenic Sulfur in the Environment. Am. Chem. Soc Symp. No. 393, Washington, DC

Van der Eerden LJM (1982) Toxicity of Ammonia to Plants. Agriculture & Environment 7, 223–235

5. Saurer Regen

5.1 Bildung und Deposition von sauren Niederschlägen

5.1.1 Definitionen

Der Begriff "pluie acide" wurde erstmals 1854 von Ducros, einem französischen Chemiker, verwendet. Es war jedoch Robert Angus Smith, der den Begriff "acid rain" 1872 bekannt machte, als er in einem seiner ersten Berichte als Chief Alkali Inspector des Vereinigten Königreiches die saure Beschaffenheit des Regens beschrieb, der in der Gegend um Manchester niederging. Daß das Phänomen saurer Regen nicht isoliert von anderen Formen von Luftverschmutzung betrachtet werden kann, wurde bereits in Kapitel 1 diskutiert; Kapitel 2 bis 4 haben gezeigt, daß auch in der Gasphase Reaktionen stattfinden, die zur Bildung saurer Verbindungen in der Atmosphäre beitragen. Sie sind Teil der sog. trockenen Deposition, während die in der Gas-Wasser-Phase ablaufenden Reaktionen, die in Niederschlägen (Nebel, Regen, Hagel, Schneeregen oder Schnee) die Erde erreichen, zur sog. nassen Deposition gehören. Diese Reaktionen bestehen sowohl aus säure- als auch aus nichtsäurebildenden Prozessen; saurer Regen ist also lediglich eine mögliche Form der nassen Deposition, wenn auch eine sehr wichtige. Vielleicht sollte man besser von "Niederschlägen" als von "Deposition" sprechen, da auf diese Weise deutlich wird, daß es sich um ein periodisch auftretendes Phänomen handelt, d.h. daß die Auswirkungen saurer Niederschläge nur unregelmäßig zu spüren sind. Ein Großteil der bei der nassen Deposition atmosphärischer Schadstoffe beteiligten Vorgänge ist in Abb. 5.1. dargestellt.

Die Bildung von Tröpfchen in Wolken, durch die die Schadstoffe gebunden und schließlich beim Ausregnen aus der Luft entfernt werden (sog. "rain-out"), ist ein sehr effizienter Prozeß. Welche Menge an Schadstoffen dadurch aus der Atmosphäre entfernt wird, ist von einer Vielzahl verschiedener Faktoren wie z.B. der Art und Menge des Schadstoffes oder der durchschnittlichen Größe und Temperatur der Regentropfen oder Schneeflocken etc. abhängig. Das unterhalb der Wolkendecke stattfindende sog. "wash-out" ("Auswaschen") ist von geringerer Bedeutung, spielt jedoch bei der Entfernung von Stäuben eine wichtigere Rolle (Kapitel 1).

Die Emission primärer Schadstoffe wie SO_2 oder NO wurde bereits in Kapitel 2 und 3 betrachtet. Auch die nachfolgenden, in der Gasphase stattfin-

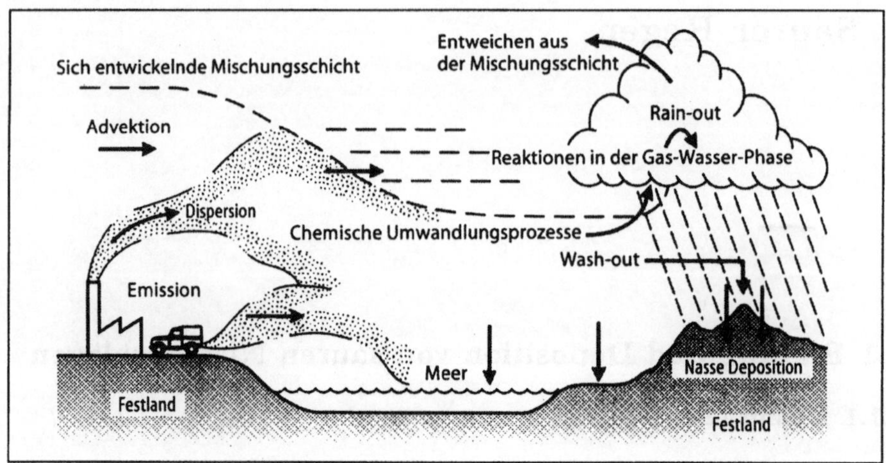

Abb. 5.1. An der nassen und trockenen Deposition beteiligte Vorgänge (mit freundlicher Genehmigung des Watt Committee of Energy, Vereinigtes Königreich). Vergleicht man Abb. 5.1 mit Abb. 1.1, so kann man sehen, wie verschiedene Länder ihre Beziehung zu Ursache und Wirkung unbewußt wahrnehmen (man beachte die Mitte der Abb.)

denden Umwandlungsprozesse in Rauchwolken oder die Reaktionen mit Licht oder Sauerstoff, die stattfinden, wenn die Schadstoffe aus der Mischungsschicht entweichen (Abb. 5.1), wurden bereits diskutiert. Die meisten in der Gasphase stattfindenden Reaktionen, die für die Säurebildung außerhalb von Wolken verantwortlich sind, verlaufen jedoch relativ langsam. Von den vier in der Gasphase stattfindenden Reaktionen, die in Kapitel 2 beschreiben wurden (Reaktionen 2.1–2.8), ist die Reaktion von SO_2 mit $^\bullet OH$ (gebildet aus O_3 oder atomarem Sauerstoff und H_2O) die wichtigste (Reaktionen 2.7 und 2.8). Vergleichbare trockene, in der Gasphase stattfindende Reaktionen (z.B. Reaktion 3.22) führen zur Bildung von Salpetersäure aus NO_2. Die Oxidation von NO_2 durch $^\bullet OH$ in der Gasphase verläuft allerdings 10mal so schnell wie die entsprechenden Reaktionen mit SO_2.

In der Gasphase stattfindende Reaktionen führen auch zur Bildung von organischen Säuren. So führt zum Beispiel die Reaktion von Peroxylradikalen ($HO_2^\bullet$) mit Aldehyden (HCHO, CH_3CHO) zur Bildung von Ameisen-, Essig- und höheren organischen Säuren, die zwischen 5 und 20% zur Gesamtmenge der Säure in der Troposphäre beitragen.

5.1.2 Säuregehalt des Wolkenwassers

Der beste Ausgangspunkt für die Betrachtung der säurebildenden Reaktionen in den Wolken ist die Frage, wie hoch der pH-Wert[1] des Wolkenwassers wäre,

[1] Siehe Anhang 2 zur genaueren Erklärung von pH, pK_a etc.

gäbe es keine Luftverschmutzung. Läßt man den potentiellen Beitrag von SO_2 und Stickoxiden aus Vulkanen, Sümpfen, Blitzen etc. einmal außer acht, so ist CO_2 das "natürliche" Gas in der Atmosphäre, das am stärksten zur Säurebildung beiträgt.

$$CO_2 + H_2O \Leftrightarrow H_2CO_3 \tag{5.1}$$

$$H_2CO_3 \Leftrightarrow HCO_3{}^- + H^+ \tag{5.2}$$

$$HCO_3{}^- \Leftrightarrow CO_3{}^{2-} + H^+ \tag{5.3}$$

Kohlendioxid reagiert mit H_2O unter Bildung von Bicarbonat und Carbonat (Reaktionen 5.1–5.3). Doch da der pK_a in Reaktion 5.3, bei der es zur Bildung von Carbonat kommt, mit 10,3 sehr hoch ist (d.h. wenn die Konzentrationen von Carbonat und Bicarbonat gleich sind), hat Reaktion 5.2, bei der es zur Bildung von Bicarbonat aus CO_2 kommt, bei weitem den größten Einfluß auf den Säuregehalt einer natürlichen Atmosphäre. Weiterhin hängt die Menge eines gelösten Gases vom Partialdruck ab, der wiederum proportional zum Molenbruch (d.h. der Molzahl einer Einzelkomponente dividiert durch die Gesamtmolzahl im Gemisch) ist. Im Falle von CO_2 bedeutet dies, daß wenn der Partialdruck von atmosphärischem CO_2 0,000 35 atm beträgt, die Henrysche Konstante (K_H) wie folgt lautet:

$$K_H = \frac{[H_2CO_3]}{[CO_2\,Gas]} = 3{,}79 \times 10^{-2}\ mol\ l^{-1}\ \text{atmosphärische Einheit}^{-1}$$

und die Gleichgewichtskonstante ($K_{5.2}$) von Reaktion 5.2. ist gegeben durch

$$K_{5.2} = \frac{[H^+][HCO_3^-]}{[H_2CO_3]} = 4{,}5 \times 10^{-7}\ mol\ l^{-1}$$

Wenn man diese beiden Gleichungen kombiniert, erhält man:

$$[HCO_3^-] = \frac{[CO_2\,Gas] \times K_H \times K_{5.2}}{[H^+]}$$

Wenn also die Konzentration von Bicarbonat in reinem Wasser gleich der Konzentration von H^+ ist, erhält man durch Substitution:

$$\begin{aligned}[H^+]^2 &= [CO_2\,Gas] \times K_H \times K_{5.2} \\ &= 0,00035 \times 3,79 \times 10^{-2} \times 4,5 \times 10^{-7} \\ &= 5,97 \times 10^{-12}\ mol^2\ l^{-2}\end{aligned}$$

Daraus folgt

$$[H^+] = 2,44 \times 10^{-6}\ mol\ l^{-1}$$

und schließlich

$$pH = -\log\,[H^+] = 5{,}61$$

Dies bedeutet, daß, egal wie sauber die Luft ist und auch dann, wenn man die Verteilung von alkalinen Materialien durch Wind außer acht läßt, natürliches Wolkenwasser immer leicht sauer ist.

Auf dieselbe Art und Weise kann man die Auswirkungen von sauren atmosphärischen Gasen wie SO_2 und NO_2 berechnen, die sich leichter lösen und aufspalten als CO_2 und deren Henrysche Konstante und relevante Dissoziationskonstanten daher ebenfalls wesentlich größer sind. Von den verschiedenen Gleichungen mit SO_2 (Reaktionen 5.4–5.6) sind nur die ersten beiden für den Säuregehalt von Wolkenwasser relevant, da der pK_a von Reaktion 5.6 im neutralen Bereich liegt ($pK_a = 7{,}2$). Folglich liegt bei pH-Werten, die niedriger als 5,6 sind, nur sehr wenig Sulfit vor.

$$SO_2 + H_2O \Leftrightarrow H_2SO_3 \tag{5.4}$$

$$H_2SO_3 \Leftrightarrow H^+ + HSO_3^- \tag{5.5}$$

$$HSO_3^- \Leftrightarrow H^+ + SO_3^{2-} \tag{5.6}$$

Nimmt man bei Reaktion 5.4 die Henrysche Konstante als 1,24 mol l^{-1} atmosphärische Einheit^{-1} und bei Reaktion 5.5 die Gleichgewichtskonstante als $1{,}27 \times 10^{-3}$ mol l^{-1} an, kommt man mit den oben beschriebenen Berechnungen zu dem Ergebnis, daß Luft, die mit 100 nl SO_2 l^{-1} belastet ist, in den umliegenden Wolken aufgrund der Bildung von Bisulfit einen pH-Wert von 5,9 erzeugt. 100 nl l^{-1} SO_2 ist jedoch ein Wert, der einer stark verschmutzten Luft in städtischen Regionen gleichkommt. Es müssen also noch andere Mechanismen außer der simplen Lösung von SO_2 an der Bildung von saurem Regen beteiligt sein. Dieser zusätzliche Säurebildungsprozeß durch Oxidation wird im nächsten Abschnitt beschrieben.

Ähnliche Berechnungen wurden angestellt, um den natürlichen Beitrag des Schwefelkreislaufs (siehe Kapitel 2) zum Säuregrad des Wolkenwassers zu ermitteln, wobei die Folgen anthropogener Emissionen und jede Form von Alkalinität durch Ammoniak (siehe Kapitel 4), Kalkpartikel und Stäube etc. nicht berücksichtigt wurden. Auch unter diesen idealisierten Bedingungen haben die Berechnungen gezeigt, daß der pH-Wert des Wolkenwassers bei ca. 5,6 liegen würde. Eine Betrachtung der durch Oxidation in Gang gebrachten Säurebildungsprozesse muß daher lediglich diejenigen Reaktionen berücksichtigen, die unterhalb pH 5,6 ablaufen.

5.1.3 Bildung von Schwefelsäure

Wenn in Wassertröpfchen Bisulfit zu Bisulfat oxidiert wird, gerät das Verhältnis zwischen SO_2-Aufname und der Ionisierung von schwefliger Säure (Reaktionen 5.4 und 5.5) aus dem Gleichgewicht, und mehr SO_2 equilibriert mit Wolkenwasser. Infolgedessen wird mehr Säure gebildet. Darüber hinaus gibt es noch andere Oxidationsprozesse in den Tröpfchen der Wolken, die zusätzlich zu den in der Gasphase ablaufenden Reaktionen mit dem $^{\bullet}OH$-Radikal (siehe Kapitel 2) zur Säurebildung beitragen.

Viele in der Atmosphäre vorkommende Oxidanzien wie z.B. O_3, Wasserstoffperoxid (H_2O_2), Peroxyacetylnitrate (PAN, z.B. $CH_3COO_2{}^{\bullet}NO_2$) (siehe Kapitel 6) oder andere freie Radikale (z.B. $CH_3O_2{}^{\bullet}H$) reagieren nur in verschwindend geringem Maße mit gasförmigem SO_2. Sind sie jedoch in Wolkenwasser gelöst, oxidieren sie bereitwillig gelöste Bisulfitionen (Reaktionen 5.7 und 5.8), woraufhin es zur Bildung von Sulfat und noch mehr Säure kommt (Reaktion 5.9).

$$O_3 + HSO_3{}^- \Rightarrow HSO_4{}^- + O_2 \quad (5.7)$$

$$H_2O_2 + HSO_3{}^- \Rightarrow HSO_4{}^- + H_2O \quad (5.8)$$

$$HSO_4{}^- \Leftrightarrow H^+ + SO_4{}^{2-} \quad (5.9)$$

$$2HO_2{}^{\bullet} + M^2 \Rightarrow H_2O_2 + O_2 + M \quad (5.10)$$

H_2O_2 entsteht ebenso wie O_3 (siehe Kapitel 6) bei einer Reihe von in der Gasphase ablaufenden Reaktionen (z.B. Reaktion 5.10) unter Beteiligung einiger freier Radikale (siehe Anhang A). Einige dieser an der Bildung von Wasserstoffperoxid beteiligten Radikale (z.B. Peroxyl, $HO_2{}^{\bullet}$) können auch in den Wassertröpfchen der Wolken vorkommen und dort beträchtliche Mengen an H_2O_2 bilden. Der Unterschied zwischen diesen beiden Vorgängen (Reaktionen 5.7 und 5.8) liegt darin, daß die Oxidation durch O_3 vom pH-Wert abhängig ist: bei einem pH-Wert von 5 läuft sie zwar sehr schnell ab, sobald jedoch der pH-Wert sinkt und die Löslichkeit von SO_2 abnimmt, fällt sie sehr stark ab. Die Oxidation durch H_2O_2 hingegen verläuft unabhängig vom pH-Wert; liegt der pH also unterhalb 5, kommt diesem Vorgang bei der Bildung von Bisulfit in Wassertröpfchen eine größere Bedeutung zu.

Die meisten anderen freien Radikale (z.B. PAN) verhalten sich in dieser Hinsicht wie O_3, obwohl das Peroxyessigsäure- ($CH_3COO_2{}^{\bullet}H$) und das Methyl-Wasserstoffperoxidradikal ($CH_3OO_2{}^{\bullet}H$) im Verhalten eher dem von H_2O_2 gleichen. O_3- und PAN-abhängige Oxidationen, ebenso wie die pH-abhängigen und durch Fe^{3+} oder Mn^{2+} katalysierten Oxidationen von Bisulfit durch Sauerstoff, gehen sehr stark zurück, sobald der pH-Wert im Wolkenwasser sinkt. Dies bedeutet, daß der H_2O_2-Gehalt im Wolkenwasser eine starke Auswirkung auf die Säurebildung bei einer Reihe unterschiedlicher klimatischer Bedingungen hat. In der Tat konnten mit Hilfe von Meßinstrumenten auf Bergen oder in Flugzeugen beträchtliche Mengen an H_2O_2 in Wolken nachgewiesen werden (0,1 nl H_2O_2 l^{-1} mit Spitzenwerten von bis zu 0,9 nl l^{-1}).

---

[2] Siehe Reaktionen 2.2 und 2.7.

Tabelle 5.1 Reihenfolge der Wichtigkeit verschiedener Ionen, die zur weltweiten sauren und basischen Deposition beitragen

Oberfläche	*Säuren*	*Basen*
Festland[a]	$SO_4{}^{2-} > NO_2 \gg Cl^-$	$Ca^{2+} > Mg^{2+} > NH_4{}^+ > K^+ > Na^+$
Meere	$Cl^- > SO_4{}^{2-} \gg NO_3{}^-$	$Na^+ > Mg^{2+} > Ca^{2+} > K^+ \gg NH_4{}^+$

[a] Entfernungen von mehr als 100 km zwischen den einzelnen Meßstationen.

5.1.4 Bildung von Salpetersäure

Bei Kälte bildet sich Salpetersäure (Reaktionen 5.11–5.14) in der Gasphase (Reaktionen 5.11 und 5.12), wenn N_2O_5 mit Wasser in Kontakt kommt (Reaktionen 5.13 und 5.14). Im Gegensatz dazu ist die Reaktion von NO_2 mit $^{\bullet}OH$-Radikalen in der Gasphase zur Bildung von Salpetersäure (Reaktion 5.15) eine Reaktion, die in warmen Sommern stattfindet. Da verschiedene Vorgänge sowohl in den warmen Sommer- als auch in den kalten Wintermonaten ablaufen, ist die Deposition von Nitrat gleichmäßiger über die Jahreszeiten verteilt als die von Sulfat. Die Reaktion 5.11 entsprechende, in der Gasphase stattfindende Reaktion für SO_2 (Reaktion 5.16) verläuft dabei sehr langsam. Das bedeutet, daß die in den warmen Sommermonaten verstärkt stattfindende Reaktion von SO_2 mit $^{\bullet}OH$ (Reaktionen 2.7 und 2.8) im Spätsommer und Frühherbst den größten Teil der Sulfatdeposition bildet.

$$O_3 + NO_2 \Rightarrow NO_3 + O_2 \quad (5.11)$$

$$NO_3 + NO_2 \Rightarrow N_2O_5 \quad (5.12)$$

$$N_2O_5 + H_2O \Rightarrow 2HNO_3 \quad (5.13)$$

$$HNO_3 \Leftrightarrow H^+ + NO_3{}^- \quad (5.14)$$

$$^{\bullet}OH + NO_2 + M \Rightarrow HNO_3 + M \quad (5.15)$$

$$O_3 + SO_2 \Rightarrow SO_3 + O_2 \quad (5.16)$$

5.1.5 Weitere Quellen von Acidität und Alkalinität

Regenwasserproben vom Festland unterscheiden sich in ihren Ionen-Gehalten deutlich von solchen, die über dem Meer genommen wurden. In Tabelle 5.1 sind verschiedene Ionen, die zur weltweiten Säure- und Basenbildung beitragen, in der Reihenfolge ihrer Bedeutung dargestellt. Die im Meerwasser vorherrschenden Natrium- und Chloridionen werden durch hochsteigende Blasen in die Atmosphäre eingebracht und durch Gischt, die vom Wind fortgetragen

Tafel 1 Nach Größe angeordnete Sprößlinge von Wiesenrispengras (*Poa pratensis* cv. Monopoly), die 20 Wochen lang in mit SO_2 belasteter Luft gezogen wurden. Es wird deutlich, wie groß die genetische Bandbreite in der Reaktion auf die Luftverschmutzung sogar bei ein und demselben Cultivar einer Spezies ist. Ähnliche Resultate ergaben sich bei Begasung mit NO_2 und mit einer Kombination von $SO_2 + NO_2$

Tafel 2 In Nährlösung gezogener Salat (cv. Ambassador), der 21 Tage lang in Reinluft gezogen wurde (**rechts**) bzw. in Luft, die 2 $\mu l\ l^{-1}$ NO enthielt (**links**; diese Konzentration ist typisch für ein mit CO_2 angereichertes, mit Propan beheiztes Gewächshaus). Die vorderen Pflanzen hatten nur ein Minimum an Nitrat (0,5 mM) zur Verfügung, die hinteren waren adäquat mit Nitrat (10 mM) versorgt. Dieses Experiment veranschaulicht, daß NO das Wachstum hemmt und daß es auch dann nicht als alternative Stickstoffquelle genutzt werden kann, wenn die Nitratversorgung über die Wurzeln begrenzt ist

Tafel 3

Tafel 4

Tafel 5

Tafel 6

Tafeln 3–6 Beispiele für sichtbare Schäden an Pflanzen: infolge von SO_2 an Alfalfa-Blättern (*Medicago sativa* cv. Du Puits, **Tafel 3**); infolge von Ozon an den Nadeln der Ponderosa-Kiefer (*Pinus ponderosa*, **Tafel 4**); infolge von Fluoridbelastung an Gladiolenblättern (*Gladiolus gandavensis* cv. Snow Princess, **Tafel 5**) und infolge von Ozonbelastung am O_3-sensiblen Tabakblatt (*Nicotiana tabacum* cv. Bel W3, **Tafel 6**)

Tafel 7 zeigt zwei vom Satelliten Nimbus 7 an aufeinanderfolgenden Tagen (5. und 6. April 1982) aufgenommene Fotos, auf denen die UV-absorbierenden Gebiete über Nordamerika zu sehen sind. Die violetten und grünen Gebiete (die in weiß, hellbraun und braun übergehen) zeigen hohe Ozonkonzentrationen in der Troposphäre über den USA und Kanada. In dem schwarzen Gebiet über Mexiko befindet sich infolge der ozonabbauenden Wirkung des in der Vulkanwolke enthaltenen SO_2, die beim Ausbruch des Vulkans El Chichón freigesetzt wurde, wenig Ozon

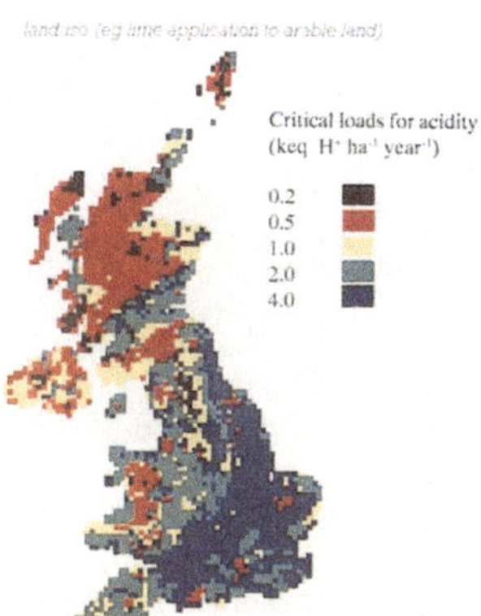

Tafel 8 Als kritisch angesehene Säureeintragsmengen ("Critical Loads") in Großbritannien unter Berücksichtigung der mineralogischen Bodenverhältnisse, der Verwitterungsraten und der neutralisierenden Wirkung von ausgebrachtem Kalk

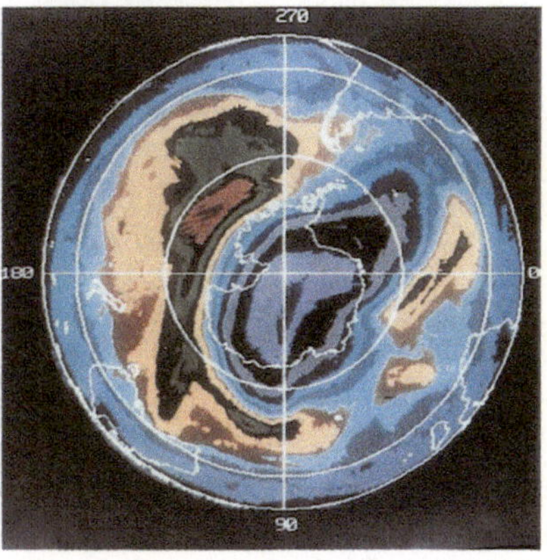

Tafel 9 Satellitenbild der Antarktis im Frühjahr. Über dem Südpol (blauschwarz) ist die Konzentration des UV-absorbierenden Ozons sehr gering; deutlich höher ist die O_3-Konzentration über dem südlichen Pazifik (rot-grün)

Tafel 10

Tafel 11

Tafel 12

Tafel 13

Tafeln 10–13 Fichte (*Picea abies*, **Tafel 10**) mit starkem Nadelverlust, besonders unterhalb der Krone, und Lamettasyndrom (schlaffes Herunterhängen der Zweige zweiter Ordnung) **Tafel 11** – zwei Zweige einer Fichte von einem unteren Abhang des Bergs "Jungfrau", Schweiz. Auffällig ist bei einem der Zweige das typische Vergilben der Oberseite der älteren Nadeln, das charakteristisch ist für natürlichen oder durch Ammonium hervorgerufenen Magnesiummangel **Tafel 12** – Die Sitka-Fichte (links, rechts ein Kontrollexemplar, das in Reinluft gezogen wurde) weist nach 3 Sommern mit erhöhten Ozonkonzentrationen die für die neuartigen Waldschäden kennzeichnenden Vergilbungssymptome auf **Tafel 13** – Tabakpflanzen nach Experimenten mit UV-B-Belastung (linke Pflanze) bzw. ohne UV-B-Strahlenbelastung (rechts). Die mit UV-B behandelten Blätter weisen eine erhöhte Reflexion auf und kräuseln sich nach oben

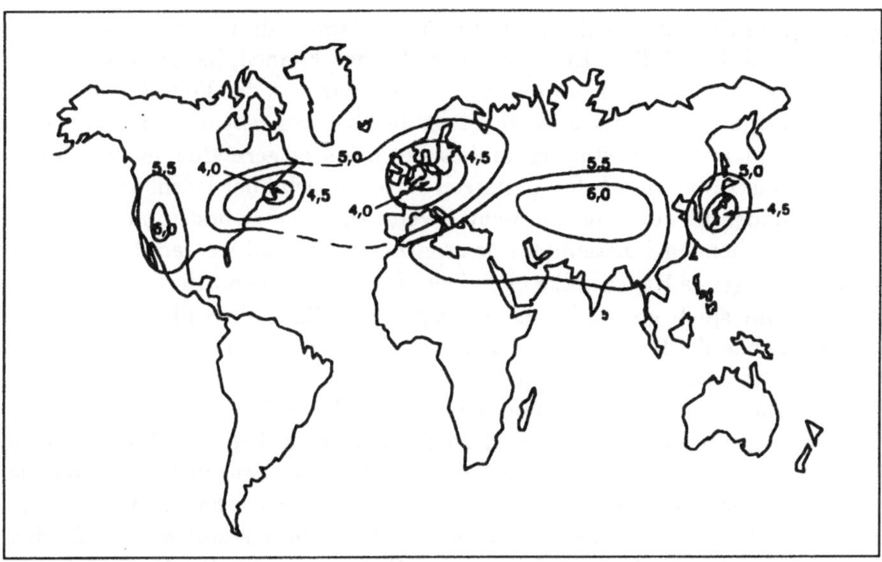

Abb. 5.2. Mittlerer pH-Wert des Regenwassers und seine weltweite Verteilung (mit freundlicher Genehmigung von Dr. D.M. Whelpdale und des WHO Centre on Surface and Ground Water, Kanada, und Dr. G. Gravenhorst)

wird, auf das Festland transportiert. Auf dem Festland jedoch transportiert der Wind basische Calcium-, Magnesium- oder Kaliumionen in die Atmosphäre. Die dadurch eingebrachten Ionen sind umfangreicher als die anthropogenen Flugascheemissionen aus Verbrennungsprozessen oder aus Stäuben, die beim Bergbau und bei Zementarbeiten entstehen.

Der größte Anteil anthropogen bedingter alkaliner Emissionen entfällt auf die Emission von NH_3 aus Massentierhaltungsbeständen (siehe Kapitel 4). Der NH_3-Gehalt in der Atmosphäre unterliegt starken Schwankungen und ist abhängig von der Windgeschwindigkeit, der Niederschlagshäufigkeit und -dauer sowie der Beschaffenheit der Vegetation. Der NH_4^+-Gehalt im Regenwasser ist während Dürreperioden oder im Frühjahr und Herbst, wenn die Felder gepflügt werden, am höchsten. Die gesamte Menge basischer Substanzen, die von Feldern mit Getreideanbau in die Atmosphäre gelangen, ist häufig höher als die Schwefelmenge, die durch Emissionen aus industriellen Ballungsräumen (>50 kg ha^{-1} a^{-1}) emittiert wird. Dies bedeutet, daß ein Teil des Regens, der auf den Feldern niedergeht, deutlich basisch sein kann (>pH 8; siehe Abb. 5.2).

5.1.6 Dispersion und Transport

Natürliche und anthropogene Emissionen in die Atmosphäre entstehen bei einer Vielzahl verschiedener Vorgänge. Von Vulkanen abgesehen entstehen die meisten Emissionen (z.B. im Autoverkehr) in Bodennähe; andere wiederum gelangen durch häufig mehr als 100 m hohe Kamine in die Atmosphäre. Die Höhe, bis in die all diese Emissionen vordringen können, hängt von den Mischungseigenschaften der Atmosphäre ab, die zur Zeit der Freisetzung bestehen. Manchmal bei Nacht und auch tagsüber bei schneebedecktem Boden ist die Atmosphäre sehr beständig, und es gibt nur sehr geringfügigen vertikalen Luftaustausch. Bei diesen Bedingungen verteilen sich über Hochkamine emittierte Schadstoffe nur langsam, wenn sie erst einmal eine bestimme Höhe mit der entsprechenden Lufttemperatur erreicht haben, und werden dann als zusammenhängende Rauchwolke über weite Strecken transportiert. Die örtliche Topographie spielt ebenfalls eine wichtige Rolle. Sind die Schlote nicht hoch genug, bleiben die Emissionen in Tälern stecken und folgen den Wasserläufen gewissermaßen wie Flüssigkeiten.

Tagsüber heben erwärmte Oberflächen und die tieferliegenden Luftschichten die Emissionen durch Konvektion auf größere Höhen. Die Rauchwolken können auch instabil werden und Wirbel und Schleifen ausbilden, die die Dispersion von Rauchwolken begünstigen. Sie sind auch häufig die Ursache für hohe lokale Schadstoffkonzentrationen, wenn die instabilen Wirbel dazu führen, daß die Rauchwolke sich auf den Boden absenkt. Hierbei spielt wiederum die lokale Topographie eine wichtige Rolle. Bodenerhebungen und hohe Gebäude zum Beispiel bewirken Fallwinde, die in Bodennähe lokal zu hohen Schadstoffkonzentrationen führen können.

Rauchwolken können von Winden wegtransportiert werden (Advektion). Folglich bestimmen klimatische Bedingungen die Transportrichtung und -geschwindigkeit. Es gibt jedoch auch Wetterlagen, die die Akkumulation von Schadstoffen bewirken. Sich nur langsam fortbewegende Hochdrucksysteme mit niedrigen Advektions- und Dispersionsraten haben solche Auswirkungen. Treffen diese schließlich auf ein herannahendes Tiefdrucksystem, kann es in einer Region, die mehr als 1000 km von der ursprünglichen Emissionsquelle entfernt liegt, zu stark sauren Regenfällen kommen. Solche Umschwünge zwischen Hoch- und Tiefdrucksystemen kommen im Osten der USA und im Norden Europas häufig vor.

5.1.7 Deposition

Durch Regen-, Schnee- und Schneeregenfall etc. werden Schadstoffe und ihre sauren Reaktionsprodukte durch nasse Deposition auf das Festland oder in die Meere transportiert. Dieser Vorgang unterscheidet sich von der trockenen Deposition, da die Raten der trockenen Deposition (D_d, von engl. dry deposition) direkt abhängig von der Schadstoffkonzentration der Luft (C_a, von engl. concentration, air) und der Depositionsgeschwindigkeit (V_d, von engl. velocity, deposition) sind, wobei die letztere wiederum von der Beschaffenheit der Bodenoberflächen abhängig ist (siehe Kapitel 1). Die Raten der nassen Deposition (D_w, von engl. wet deposition) hingegen sind nicht von der Bodenoberfläche, dafür aber von der Niederschlagsrate (P, von engl. precipitation), dem Washout-Verhältnis (W, d.h. der Konzentration des gelösten

Schadstoffes pro Masseneinheit Wolken- oder Regenwasser dividiert durch die Konzentration desselben Schadstoffes oder Vorläufers pro Masseneinheit Luft, die von zehn bis mehreren tausend reichen kann) und der Schadstoffkonzentration der Umgebungsluft (C_a) abhängig:

$$D_d = C_a \times V_d \qquad D_w = W \times P \times C_a$$

In Abb. 5.2 ist dargestellt, welchen pH-Wert das Regenwasser in den einzelnen Regionen der Welt in den späten siebziger Jahren aufwies. In weiten Teilen Nordasiens und -amerikas liegen die pH-Werte zwischen 5 und 5,5 – das sind nahezu ideale Werte (wie man sie in Abwesenheit von Luftschadstoffen erwarten würde). Regionen, auf die regelmäßig die zehnfache Säuremenge abregnet, sind die Ostküste der USA und Nordeuropa. Der sauerste Regen (pH<4) fällt übers Jahr gesehen in Dänemark, Südschweden und dem nördlichen Teil des US-Bundesstaates New York.

Die Depositionsgeschwindigkeit von Sulfationen kann in den am stärksten betroffenen Regionen bis zu 2,5 g m^{-2} a^{-1} betragen, die von Nitrat kann noch um ein Drittel höher liegen. Insbesondere in der Nähe der Emissionsquellen und an Orten, die in Windrichtung dieser Quellen liegen, sind die Depositionsraten von Nitrat häufig ebenso hoch oder sogar höher als die von Sulfat, vor allem in Nordeuropa.

Die vom European Atmospheric Chemistry Network über fünf oder mehr Jahre durchgeführte Analyse von Niederschlagsdaten ergab, daß an 29 der 120 untersuchten Standorte ein beträchtlicher Anstieg des Säuregehalts zu verzeichnen war, an 23 Orten konnte eine verstärkte Deposition von Sulfat, an 55 eine verstärkte Deposition von Nitrat nachgewiesen werden. Diese Tendenz war nach 1965 besonders ausgeprägt.

Nur selten kommt es vor, daß der pH-Wert des Regens unter 3,4 liegt. Dies scheint ein unterer Grenzwert zu sein, da die Lebensdauer von Regen- oder Wolkentröpfchen begrenzt und bei niedrigem pH die Löslichkeit von SO_2 geringer ist. Darüber hinaus ist die Oxidationsrate von SO_2 bei niedrigem pH sehr stark herabgesetzt, da die Reaktion mit O_3 pH-abhängig ist.

Suspensionen saurer Tröpfchen in Nebel in großer Höhe weisen aufgrund von Verdunstung häufig pH-Werte weit unter 3,4 auf. Weiterhin fangen diese Tröpfchen aufgrund ihrer geringen Größe (1–100 μm) zusätzliche Oxidanzien ein. Diese stark sauren Nebel (pH<2,75) können in höheren Lagen in Waldbestände hineintreiben und sich an Nadeln ablagern (Interzeptionsdeposition). Wieviel Schaden diese Nebel anrichten können, ist noch nicht hinreichend erforscht.

5.2 Auswirkungen auf Lebensräume

5.2.1 Pflanzennährstoffe und Bodenversauerung

Sowohl durch nasse als auch trockene Deposition gelangen Sulfate und Nitrate in den Boden; die Deposition von Protonen hat jedoch die Versauerung des

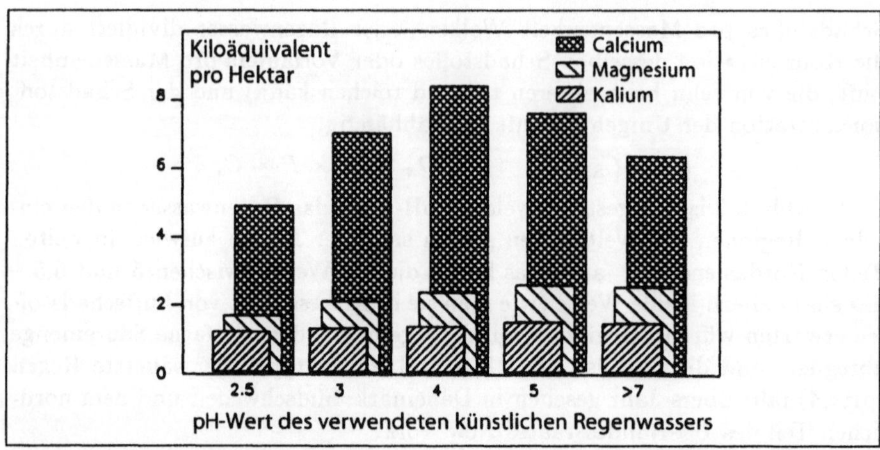

Abb. 5.3. Simulierte Auswirkungen von unterschiedlich sauren Niederschlägen auf den Kationengehalt eines skandinavischen Waldbodens (nach Abrahamsen, 1980, zitiert in Beilke und Elshout, 1983)

Tabelle 5.2 In den meisten Böden anzutreffende typische Puffersysteme

Pufferbereich [pH]	*Puffersystem*
8,0–6,2	Calciumcarbonat-Bicarbonat-Austausch
6,2–5,0	Silicat-Carbonat-Austausch
5,0–4,2	Kationenaustauschsysteme (z.B. Ca^{2+}, Mg^{2+}, NH_4^+)
4,5–2,8	Austausch von hydratisiertem Aluminiumhydroxid
3,8–2,4	Austausch von Eisen

Bodens zur Folge. Sie führt zur Mobilisierung und Auswaschung von Nährstoffkationen, was wiederum zur Minderung der Bodenfruchtbarkeit führt.

Die Waldvegetation nimmt die Schadstoffe aus der Atmosphäre direkt auf (siehe Kapitel 2 und 3). Außerdem werden Ionen durch Adsorption stärker ausgefiltert, so daß es aufgrund von Niederschlägen oder Kronendurchfluß (oder Stammabfluß, wenn das Wasser den Stamm hinunterfließt) zu einer Anreicherung bestimmter Elemente im Stammfußbereich kommt. Durch einen solchen Vorgang kann die Sulfatkonzentration in manchen Waldböden um bis zu 17 g m^{-2} a^{-1} ansteigen (siehe Abb. 5.3).

Der Stickstoffhaushalt in Wäldern unterscheidet sich deutlich vom Schwefelhaushalt. Weniger als 30% der aus der Atmosphäre zugeführten Stickstoffverbindungen tauchen im Stammfußbereich auf. Während die meisten Wälder eine Senke für Stickstoff darstellen, gleichen sich Eintrag und Austrag von Schwefelverbindungen meist aus, da viele der kargen Böden in sensiblen Regionen (z.B. Skandinavien) mit Sulfat vollkommen gesättigt, hingegen arm an N sind.

Unter natürlichen Bedingungen ist Sulfat oft das am häufigsten vorkommende Anion im Bodenwasser. Ein schnelleres Auswaschen von Sulfat verstärkt den Verlust von Kationen wie Kalium, Magnesium und Calcium. Ebenso erhöht der verstärkte Säureeintrag den Austausch zwischen Protonen und gebundenen Kalium-, Magnesium- und Calciumionen. Deshalb werden auch diese Ionen verstärkt ausgewaschen. Folglich reagieren kalkarme, sandige Böden mit einem natürlichen pH-Wert von ca. 6 und einem niedrigen Anteil an kolloidalem Material, durch das Wasser leicht durchsickern kann, am sensibelsten auf sauren Regen. Bei sauren Böden mit niedrigem Kationengehalt ist der Nährstoffverlust jedoch am größten, obwohl die Veränderung des pH-Werts nur minimal ist. Zur Verdeutlichung dieses Sachverhaltes sind in Abb. 5.3 die Auswirkungen steigender Acidität auf die im Boden eines Kiefernwaldes verbleibende Menge an Kalium, Magnesium und Calcium dargestellt.

Die meisten Böden verfügen über verschiedene Puffersysteme, um Veränderungen des Säuregehaltes entgegenzuwirken. Die klassische Form der Pufferung erfolgt über eine Vielzahl verschiedener Puffersysteme, von denen einige in Tabelle 5.2 aufgeführt sind. Die Auflösung von Calciumcarbonat (Reaktion 5.17) wurde bereits beschrieben, doch in vielen Silikatböden findet auch ein Kohlensäure-Bicarbonat-Austausch statt (Reaktion 5.18). In saureren Böden (pH 2,8–5) hingegen läuft eine Reihe von Kationenaustauschreaktionen zur Neutralisation ab, einschließlich der Freisetzung und Ausfällung von Aluminium, wobei berücksichtigt werden muß, daß es sehr viele natürliche im Gestein und Boden vorkommende Formen von Aluminium gibt. Es kann als Silikat, Alaun, Oxid und in einer Vielzahl anderer Formen vorliegen. Normalerweise werden Kationen wie zum Beispiel Calcium und Magnesium aus Gestein und Böden durch H^+-Ionen mittels einer schnellen und reversiblen Reaktion, die zur Pufferung des pH-Werts des Bodens dient, ausgetauscht (Reaktion 5.19).

$$CaCO_3 + H_2O + CO_2 \Leftrightarrow Ca^{2+} + 2HCO_3^- \qquad (5.17)$$

$$CaAl_2Si_2O_8 + 2H_2CO_3 + H_2O \Leftrightarrow Ca^{2+} + 2HCO_3^- + Al_2Si_2O_5(OH)_4 \qquad (5.18)$$

$$[\text{Boden}] = Ca + 2H^+ \Leftrightarrow H\text{–}[\text{Boden}]\text{–}H + Ca^{2+} \qquad (5.19)$$

Werden jedoch weiterhin übermäßige Säuremengen in den Boden eingebracht, wird dieser Austauschvorgang durch die Verfügbarkeit von Calcium und Magnesium in den Bodenpartikeln begrenzt. Ist diese erschöpft, findet eine Freisetzung von Al^{3+} im Austausch gegen H^+-Ionen statt. Infolgedessen kommt es durch sauren Regen zur beschleunigten Verwitterung und zur Freisetzung von Aluminiumhydroxid an der Oberfläche von Boden- und Gesteinspartikeln. Aluminiumhydroxid kann in Anwesenheit von starken Basen oder Säuren sowohl als Base als auch als Säure wirken (Ampholyt) (Reaktion

Tabelle 5.3 Jährlicher Schwermetallaustausch eines Fichtenwald-Ökosystems im Solling, BRD (nach Meyer - siehe Beilke und Elshout, 1983)

Element	*Deposition* [$kg\ ha^{-1}\ a^{-1}$]	*Versickerung* [$kg\ ha^{-1}\ a^{-1}$]
Aluminium	2,8	24
Cadmium	0,02	0,03
Kupfer	0,66	0,11
Chrom	0,17	0,006
Eisen	2,1	0,16
Blei	0,73	0,013
Nickel	0,14	0,07
Zink	1,7	2,4

5.20). Die Freisetzung von Aluminiumhydroxid aus Böden ist genauer gesagt eher eine Auflösung (Reaktion 5.21), gefolgt von einem Protonentransfer (Reaktion 5.22). Daran schließen sich weitere Umwandlungsprozesse (Reaktionen 5.23 und 5.24) und Auflösungsreaktionen an. Durch die Mobilisierung von Aluminium verschwindet die Säure zwar nicht, wird aber in eine schwächere kationische Säure umgewandelt.

$$Al^{3+} + 3OH^- \Leftrightarrow Al(OH)_3 \Leftrightarrow H^+ + H_2AlO_3{}^- \tag{5.20}$$

$$Al(OH)_3 + 3H_2O \Leftrightarrow Al(OH)_3(H_2O)_3{}^0 \tag{5.21}$$

$$Al(OH)_3(H_2O)_3{}^0 + H^+ \Leftrightarrow Al(OH)_2(H_2O)_4{}^+ \tag{5.22}$$

$$Al(OH)_2(H_2O)_4{}^+ + H^+ \Leftrightarrow Al(OH)(H_2O)_5{}^{2+} \tag{5.23}$$

$$Al(OH)(H_2O)_5{}^{2+} + H^+ \Leftrightarrow Al(H_2)_6{}^{3+} \tag{5.24}$$

Ist der Säuregehalt weiterhin zu hoch, kann es auch zur Mobilisierung von Eisenoxiden kommen, wenn die hydratisierten Formen von Al^{3+} ($Al(OH)^{2+}$ und $AL(OH)_2{}^+$) durch Oberflächenabfluß und Sickerwasser, das in Bäche, Flüsse und Seen mündet, verlorengegangen sind. In Regionen mit harten Granitböden (wie in Südnorwegen), die großen Mengen sauren Regens ausgesetzt sind, kann es sehr schnell zu solchen Prozessen kommen. Hinzu kommt noch, daß Granitgestein nur sehr langsam verwittert und somit nur sehr wenige austauschbare Calcium- oder Magnesiumionen zur Verfügung stehen, um dem Säureeintrag entgegenzuwirken. Farbtafel 8 zeigt ähnliche sensible Regionen in Großbritannien, ausgedrückt in Form von Depositionsraten, die gerade noch toleriert werden können (siehe Kapitel 1).

In der Bodenlösung finden folglich komplexe Prozesse statt, die der Versauerung entgegenwirken. Dabei sind vor allem drei verschiedene Arten zu nennen: Austausch, Pufferung und Neutralisation. Beim Austausch werden basische Kationen (Calcium, Magnesium, Kalium, Natrium oder Ammonium) durch Protonen ersetzt, oder die Protonen nehmen Plätze an neu aufgeschlossenen Mineralien ein. Ist gleichzeitig ein starkes, ein Gegengewicht darstellendes Anion wie Sulfat anwesend, gehen die basischen Anionen im Sickerwasser verloren. Pufferung (siehe oben) beinhaltet Austauschreaktionen, zum Beispiel zwischen Bicarbonat- und Aluminiumionen (Reaktionen 5.17 bis 5.24).

Die Bildung von Salzen aus den eingetragenen sauren Verbindungen und den im Boden vorhandenen Basen trägt zur Neutralisation bei. Bei der Neutralisation spielen viele Faktoren eine Rolle, die Beschaffenheit des Bodens und die Temperatur sind jedoch die wichtigsten. Durch andauernden Säureeintrag wird die Menge der im Boden vorhandenen Basen letztlich reduziert; unter bestimmten Umständen jedoch führt die Versauerung auch zu einer verstärkten Verwitterung von Mineralien. Infolgedessen kommt es entweder zu einer erneuten Freisetzung von Calcium und Magnesium, oder die Verwitterungs- und Neutralisationsprodukte lagern sich in der Nähe der Austauschorte ab, was dann eine weitere Zunahme der Verwitterung verhindert und mit der Zeit sogar zu einem Rückgang der Verwitterungsrate führen kann. Bei so unterschiedlichen Reaktionen je nach Böden und Bedingungen ist es natürlich schwierig, von lokalen Auswirkungen auf einen breiteren globalen Kontext zu schließen.

Es ist bekannt, daß versauertes Grundwasser große Schäden an im Boden verlegten Metalleitungen anrichtet. Weiterhin wird die Löslichkeit einiger Schwermetalle, die gewöhnlich nicht sehr mobil sind, durch die Versauerung erhöht. Normalerweise sind sie stark an organisches Material gebunden, und sie zeigen nur dann eine Bereitschaft zu Mobilität, wenn der Humusgehalt sehr niedrig und der Säuregehalt besonders hoch ist. In Tabelle 5.3 ist der Schwermetallaustausch eines Fichtenwaldbodens im Laufe eines Jahres dargestellt. Alle Schwermetalle, mit Ausnahme von Aluminium und Zink, haben danach die Tendenz, im Boden zu verbleiben. Das in der Umwelt weit verbreitete Blei taucht ebenfalls nur sehr selten im Sickerwasser auf.

Zuletzt müssen noch die NH_4^+-Ionen erwähnt werden, die über Regentropfen oder Aerosole, die Ammoniumsulfat, -nitrat oder -carbonat enthalten, in den Boden eingebracht werden. Dieser Eintrag von NH_4^+-Ionen ist der NH_3-Verwitterung direkt entgegengesetzt (siehe Kapitel 4), und die Reaktionsgleichung, die das Gleichgewicht zwischen NH_3 und NH_4^+ beschreibt (Reaktion 5.25), verändert sich zugunsten der Bildung von NH_4^+ und zuungunsten der Freisetzung von NH_3, sobald der pH-Wert des Bodens unter 8 fällt. Dies gilt auch, wenn der pK_a in Reaktion 5.25 sich je nach Temperatur, Feuchtigkeit und CO_2-Konzentration verändert. Gemäß Reaktion 5.25 führt die Freisetzung von NH_3 zur Versauerung des Bodens. Dies ist glücklicherweise nur bei alkalinen Böden mit hohem Calciumgehalt (d.h. gekalkten

Böden) ein Problem. Die Hauptauswirkung eines zusätzlichen NH_4^+-Eintrags durch Regen oder Aerosole auf saure Böden besteht darin, daß dem Boden dadurch ein weiteres basisches austauschbares Kation zugeführt wird, das zusätzlich zu Calcium und Magnesium bei der Neutralisation mitwirken kann.

$$NH_3 + H^+ \Leftrightarrow NH_4^+ \tag{5.25}$$

Es gibt Hinweise dafür, daß sich verändernde land- und forstwirtschaftliche Gewohnheiten in abgelegenen Regionen ebenfalls zur Versauerung des Grundwassers beitragen. In der Vergangenheit wurden hochgelegene Weideflächen im Frühjahr heftig gedüngt, und das zugeführte NH_4^+ half bei der Neutralisation des Grundwassers. Im Zuge der Landflucht werden viele dieser Weideflächen aufgegeben, und das Düngen findet nun sehr viel seltener statt. Intensive Waldanpflanzungen haben weiterhin zur Zunahme von Nadelstreudecken geführt. Diese setzen während ihres Abbaus selbst Säure frei und führen zu einer noch stärkeren Versauerung des Grundwassers.

5.2.2 Verdunstung und Sublimation

Die im Niederschlag enthaltene Säure kann durch eine Reihe verschiedener Vorgänge Schädigungen oder Zerfallsprozesse verursachen. Fällt Regenwasser auf Vegetation oder Gestein, läuft es entweder sofort ab, dringt in eine Spalte ein oder bleibt aufgrund von Oberflächenspannung als Tropfen bestehen (Abb. 5.4), besonders dann, wenn die Oberfläche hydrophob (also wasserabweisend) ist, wie zum Beispiel die Cuticula eines Blattes. Auch Blätter oder Nadeln haben Spalten (z.B. eingesunkene Stomata) oder Haare, die die Tropfen fangen und halten, besonders wenn die Tröpfchen (z.B. bei Nebel) sehr klein sind.

Solche Tröpfchen oder mit Wasser gefüllten Spalten sind einer Vielzahl verschiedener Witterungseinflüße ausgesetzt. Zum Beispiel kann das Wasser gefrieren oder verdunsten, was die ionische Zusammensetzung der Tröpfchen verändert. Gehen Wassermoleküle verloren, steigt die Ionenkonzentration (einschließlich der Protonen), was lokal zu einem Sinken des pH-Werts auf teilweise sehr niedrige Werte führt. Dadurch kann es zur Beschädigung der umgebenden Strukturen kommen. Bei erneuten Regenfällen sind diese eng umgrenzten Stellen wiederum Hauptangriffspunkte für dieselben Vorgänge. Schäden treten also verstärkt an diesen kritischen Punkten auf (Abb. 5.4).

Es gibt noch mindestens zwei andere in den Tröpfchen ablaufende Vorgänge, die zur Säurekonzentration beitragen. Während der Eisbildung schieben die Wassermoleküle andere Moleküle im Wassertröpfchen vor den sich bildenden Eiskristallen her. Dies bedeutet, daß erhöhte Mengen von Ionen etc. nur am äußeren Rand des Eiskristalls zu finden sind. Wenn also die Temperatur immer um den Gefrierpunkt herum schwankt und sich dieser Vorgang somit ständig wiederholt, kommt es zur Konzentration von Säure an bestimmten, lokal sehr begrenzten Stellen. Ist die Luft oberhalb des gefrorenen

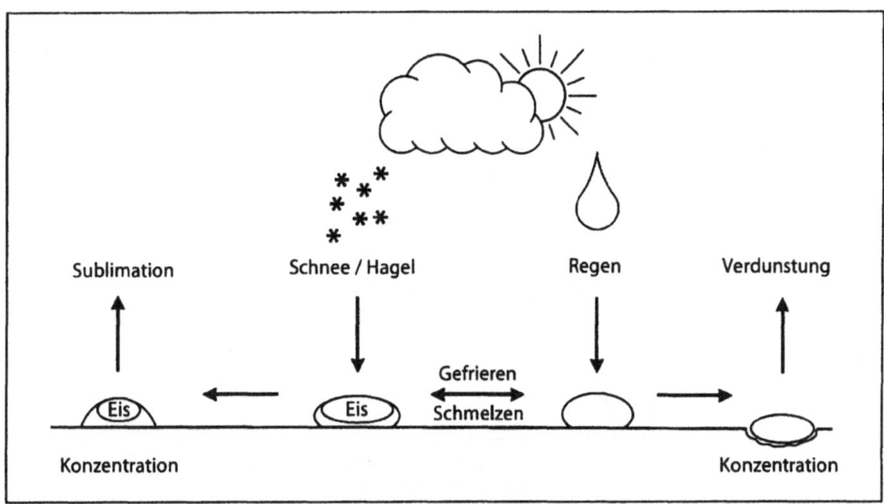

Abb. 5.4. Die verschiedenen an der Konzentration von Säure auf Blatt- und Gesteinsoberflächen beteiligten Vorgänge

Tröpfchens oder gefallenen Schneepartikels jedoch wärmer oder trockener, findet auch Sublimation statt (Abb. 5.4). Während der Sublimation gehen Wassermoleküle aus dem festen direkt in den gasförmigen Zustand über, wobei sie eine höhere Ionenkonzentration (H^+ eingeschlossen) zurücklassen. Die unmittelbaren Auswirkungen der Säurekonzentration in Eiskristallen und der Sublimation sind jedoch weniger schädlich als die ungefrorener Tröpfchen, da der Angriff auf die darunterliegenden Oberflächen bei niedrigeren Temperaturen geringer ist. Sind sie jedoch einmal geschmolzen, treten die Auswirkungen plötzlich auf und können größere Schäden anrichten, da auf einem sehr engen Raum sehr hohe Säurekonzentrationen erreicht werden.

Wassertröpfchen müssen nicht einmal auf einer Oberfläche gelandet sein, um solch einen Säurebildungsvorgang durchzumachen. Der Säuregrad von Aerosolen und Nebeltröpfchen kann in großen Höhen durch ein vergleichbares Zusammenwirken von verstärkt ablaufenden Oxidationen, Verdunstung und Sublimation erhöht werden. Wenn solch ein Nebel dann bei der sog. Interzeptionsdeposition mit Vegetation in Kontakt kommt, ist er bereits saurer als Regenwasser. Diese Nebel haben vor allem Auswirkungen auf die Nadelspitzen von Nadelbäumen oder auf die oberen Äste oder Kronen von Bäumen. Einige sehr niedrige pH-Werte (<1) wurden in Eis-/Wassertröpfchen auf Koniferennadeln in Mitteleuropa gemessen, wo es oft – entweder auf den Nadeloberflächen oder in den sie einhüllenden Nebelschwaden – zu einem wiederholten Kreislauf von Verdunstung und Sublimation kommt.

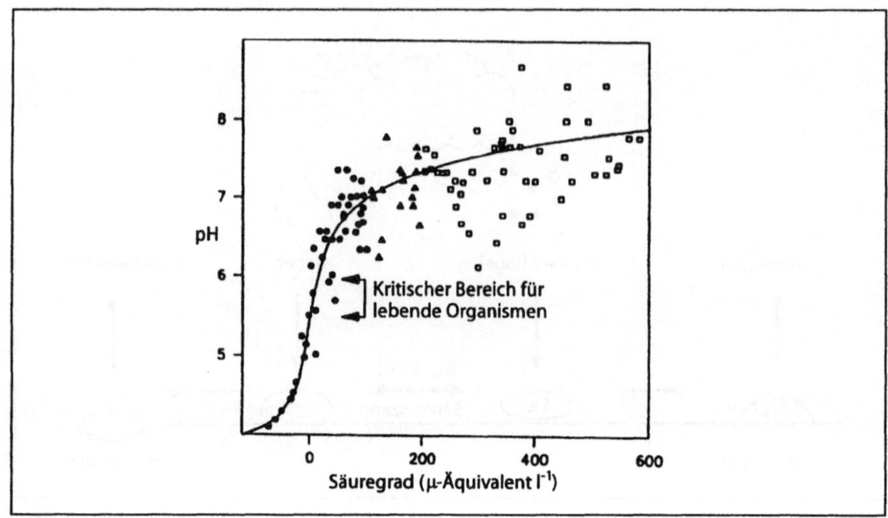

Abb. 5.5. Verhältnis zwischen Säuregehalt und verschiedenen Härtegraden des Wassers in den hochgelegenen Bergseen des Lake District, Großbritannien, im Jahre 1983. Symbole: permanent versauerte Seen: Kreise; weiches Wasser: Dreiecke; mittelhartes Wasser: Quadrate (mit freundlicher Genehmigung von Drs. Sutcliffe und Carrick und dem Institute of Freshwater Ecology, Windermere)

5.2.3 Versauerung von Flüssen und Seen

Bicarbonat ist bei der Neutralisation von Süßwasser von entscheidender Bedeutung. In "hartem" Wasser liegen hohe Konzentrationen von Bicarbonat vor, während in Gewässern, deren pH unter 5,4 liegt, überhaupt kein Bicarbonat vorkommt. Der Begriff "permanent versauert" wird verwendet, um zwischen versauerten Gewässern und Gewässern mit weichem Wasser zu unterscheiden, die geringe Mengen an Bicarbonat enthalten. Es gibt auch eine biologische Unterscheidung zwischen permanent versauerten und weichen Gewässern, da der pH-Bereich zwischen 5,7 und 5,2 eine entscheidende Grenze zwischen Überleben und Sterben vieler Süßwassertiere darstellt (Abb. 5.5).

In vielen Untersuchungen wurde der steigende Anteil permanent versauerter Seen in sensiblen Regionen Skandinaviens und Nordamerikas aufgezeigt. Tabelle 5.4 veranschaulicht eine typische Entwicklung der fortschreitenden Versauerung von Seen in Südnorwegen. In der Praxis ist es schwierig, die Versauerungsrate von Seen zu berechnen, da wechselnde klimatische, geographische und geologische Faktoren zu berücksichtigen sind. Untersuchungen von arktischem Eis über die letzten 30 Jahre hinweg haben jedoch gezeigt, daß der pH-Wert jährlich um 0,0007 pH-Einheiten gesunken ist, was direkt auf anthropogene Emissionen zurückzuführen ist. Ähnliche Trends zeichnen sich auch bei Messungen von antarktischem Schnee ab. Messungen von arktischem Polareis zeigen weiterhin, daß die Versauerungsprozesse hauptsäch-

Tabelle 5.4 Veränderungen des pH-Werts von 87 südnorwegischen Seen im Lauf der Zeit (nach Wright, SNSF Report TN 34/77, 1977, S. 71)

	Anzahl Seen [in Prozent]	
pH-Bereich	*1923–1949*	*1970–1976*
4,5 und darunter	0	2
4,6–5	3	25
5,1–5,5	18	14
5,6–6	21	17
6,1–6,5	11	15
6,6–7	20	13
7,1–7,5	17	9
7,6–8	3	5
über 8	7	0

lich im Frühling stattfinden. Dies fällt mit dem verstärkten Transport verschmutzter Luft in die Polarregionen am Ende des Polarwinters zusammen. Im Sommer sind diese Regionen durch die Polarwetterfronten geschützt, die nördlich der industrialisierten Regionen auftreten.

Durch die Messung des pH-Werts allein erhält man jedoch noch keine exakte Beschreibung der sauren Eigenschaften natürlicher Gewässer. Die H^+-Ionenkonzentration eines versauerten Sees hängt nicht allein von der Kohlensäurekonzentration ab, sondern auch von der Konzentration starker Basen, anderer schwacher organischer Säuren, und vor allem der Konzentration der eingetragenen starken Säuren. Die zu ihrer Messung notwendigen Techniken sind kompliziert und verlangen eine Korrektur der bei der Titration aufgetretenen Volumenveränderung. Der Einfluß der über dem See liegenden Luft muß ebenfalls berücksichtigt werden. Betrachtet man die H^+-Ionenkonzentration als den nicht neutralisierten Rückstand von Schwefel- und Salpetersäure, so müssen die SO_2- und NO_2-Konzentrationen ebenso bekannt sein wie die relative Luftfeuchte.

Das wichtigste Neutralisationsmittel, das über die Luft ins Seewasser gelangt, ist NH_4^+. Folglich ist die Kenntnis der Konzentration von gasförmigem NH_3 sowie aller in Wasser gelösten Verbindungen wichtig, wenn es darum geht zu bestimmen, inwieweit ein bestimmes Luft-Seewasser-System aus dem Gleichgewicht geraten ist. Es dürfte nicht überraschen, daß dafür umfangreiche Berechnungen notwendig sind. In bislang durchgeführten Untersuchungen konnte gezeigt werden, daß zumindest zwei noch nicht näher zu bestimmende organische Säuren mit pK_a-Werten von 5,65 bzw. 3,55 in beträchtlichem Maße zur Versauerung vieler Seewasser-Systeme beitragen.

5.3 Auswirkungen auf Pflanzen

5.3.1 Blattschäden und Veränderungen der Cuticula

Die Frage, ob Blattschäden eine direkte Folge saurer nasser Deposition sind, wird nach wie vor kontrovers diskutiert. Setzt man sensible Anbaupflanzen wie Rettich, Rüben, Soja- oder Kidneybohnen künstlichem Regen mit einem pH-Wert von 3,4 oder darunter aus, kommt es zu sichtbaren Schäden am Blatt. Dies ist, jedoch unter natürlichen Bedingungen sehr unwahrscheinlich. Der Grad der Schädigung durch sauren Regen hängt von der Dosierung ab, die sich aus der Konzentration und der Dauer des Kontakts von sauren Tröpfchen mit der Blattoberfläche ergibt. Faktoren wie Temperatur, Feuchtigkeit, Windstärke, die Fähigkeit der Oberflächen zur Feuchtigkeitsaufnahme und die Morphologie des Blattes haben alle einen Einfluß auf die Dauer des Kontakts und somit auch auf das Ausmaß der Schäden. Bei sensiblen Pflanzen treten 95% aller aufgrund von saurem Niederschlag entstandenden Blattschäden an den Stellen auf, wo sich normalerweise das Wasser am Blatt ansammelt – entlang den Blattadern oder den Rändern, in der Nähe von Haaren und Stomata. Starke Säuren hydrolysieren die auf der Cuticula befindlichen wächsernen Ester und setzen langkettige Fettsäuren frei. Dies verändert die wasserabweisenden (hydrophoben) Eigenschaften der Cuticula und erhöht die Feuchtigkeitsaufnahme.

Im Freiland gewachsene Pflanzen scheinen für die Ausbildung von Blattschäden weniger anfällig zu sein als die mit künstlichem saurem Regen behandelten. Eine Beschädigung der Wachsschicht der Cuticula und andere Veränderungen der Nadelstruktur bei Koniferen werden jedoch häufig festgestellt, auch wenn die spezifischen Veränderungen keinem bestimmten Niederschlagsereignis zugeordnet werden können. Säuren verursachen Risse in den dünnen, wächsernen Stöpseln, die die Stomata von Nadelbäumen bedecken, und ermöglichen somit das Eindringen von Schadstoffen, verstärkten Schädlingsbefall, verstärkten Wasserverlust oder vermehrte Frostschäden. Es scheint jedoch, als ob die direkten Auswirkungen saurer nasser Deposition auf Blättern und Nadeln allein keine ausreichende Erklärung für neuartige Waldschäden seien (siehe Kapitel 10). Sie können jedoch einen zusätzlichen Streßfaktor darstellen, der zu einem langfristigen Wachstumsrückgang von Bäumen und Anbaupflanzen beiträgt.

5.3.2 Physiologische und biochemische Veränderungen

Untersuchungen von Veränderungen, die sich durch saure nasse Deposition ergeben und nicht auf direkte Aufnahme von SO_2 (Kapitel 2) oder Stickoxiden (Kapitel 3) zurückzuführen sind, sind selten. Es wird von reduzierten Mengen an Blattpigmenten berichtet, doch es konnten keine Veränderungen der Photosyntheserate oder der Atmung festgestellt werden, es sei denn, es wurde Wasser mit unrealistischen pH-Werten (<2) verwendet. Dies macht es sehr schwierig, Wachstumsrückgänge bei sensiblen Anbaupflanzen wie Rettich, Rüben, Mais und Sojabohnen direkt sauren nassen Depositionen zuzuschreiben, deren pH-Werte zwischen 4 und 5 liegen.

Die Bedeutung einer adäquaten *In-vivo*-Pufferung bzw. eines Mechanismus zur Aufrechterhaltung des physiologischen pH-Werts wurde bereits in Kapitel 2 herausgestellt. Bestimmte Pflanzen widerstehen einer Veränderung des zellulären pH-Werts auch dann, wenn sie regelmäßig saurem Regen mit einem pH-Wert von bis zu 3 ausgesetzt werden, indem sie die überschüssige Säure in ihre Vakuolen pumpen. Art und Umfang dieser Pufferkapazität ist eine vererbte Eigenschaft. Folglich widerstehen säuretolerante Pflanzen einer Veränderung des pH-Werts, während säuresensible Pflanzen weniger anpassungsfähig sind. Es ist möglich, daß die dafür aufzuwendende Energie (siehe Kapitel 1) eine Erklärung für den Rückgang des Nettowachstums von Anbaupflanzen aufgrund von saurer nasser Deposition ist. Steht ein Zellsystem verstärkt unter der Anforderung, einer pH-Veränderung entgegenzuwirken, wird mehr Energie für die Arbeit der Protonenpumpen bereitgestellt, damit diese vermehrt H^+-Ionen aus den Zellen heraus (oder durch die Tonoplastmembran hindurch in die Vakuolen) pumpen können. Das bedeutet, daß für das Wachstum weniger Energie zur Verfügung steht.

Ein Merkmal von Experimentalversuchen ist es, daß nicht die Gesamtsäuremenge, sondern die Zusammensetzung des verwendeten Regenwassers die Reaktion bestimmt. Gemische aus Schwefel- und Salpetersäure zeigen deutlichere Auswirkungen als zum Beispiel Salpetersäure allein. Darüber hinaus ist die Reaktion der Pflanze auf Gemische aus Schwefel- und Salpetersäure ähnlich wie die auf einen Angriff durch freie Radikale. Ferner deutet auch eine erhöhte Anzahl an Radikalfängern und die Freisetzung von Kohlenwasserstoffen wie Ethen und Ethan auf eine Schädigung der Zelle hin. Dies läßt darauf schließen, daß das verminderte Wachstum teilweise auf Schadmechanismen ähnlich denen, die normalerweise mit O_3 in Verbindung gebracht werden, zurückzuführen ist (Kapitel 6).

5.3.3 Direkte Nährstoffverluste und Auswirkungen auf die Reproduktion

Die Anwendung von saurem Regen im Versuch führt bei Pflanzen zur Auswaschung von Kationen wie Kalium, Magnesium und Calcium aus den Blättern, die sich dann am Fuß der Pflanze – zusammen mit anderen Nährstoffen – ansammeln. Die verstärkte Aufnahme solcher Nährstoffe durch die Wurzeln gleicht diese Verluste häufig wieder aus. Während der Saatkeimung, des Wachstums der Sämlinge und der Ausbildung von Blüten und Samen reagiert die Pflanze in Experimenten sehr sensibel auf sauren Regen. Über langfristige Folgen von saurem Regen für die Ausbildung von Blüten und Früchten ist jedoch wenig bekannt. Die volle Bedeutung für die Regeneration von Wäldern muß erst noch erfaßt werden, doch zweifellos kann gesagt werden, daß die Individuen, die bereits in frühen Stadien ihrer Entwicklung sensibel auf Säureeintrag reagierten, besonders gefährdet sind.

5.4 Auswirkungen auf Tiere

5.4.1 Seen und Fischereigewässer

Im Anschluß an saure Niederschläge kommt es durch Verdunstungs- und Sublimationsvorgänge zur Konzentration von Säure im Wasser, wenn es durch die Vegetation, an den Baumstämmen herab und durch den Boden hindurch fließt. Die Mineralisierung organischen Materials durch mikrobielle Tätigkeiten in den unterschiedlichen Bodenschichten trägt ebenfalls zur Erhöhung des Säuregehaltes bei. Im Anschluß daran kann es zu einem umfangreichen Ionenaustausch zwischen den Bodenpartikeln kommen, was zu einer Veränderung der Eigenschaften der Bodenpartikel und schließlich des Grundwasserspiegels führen kann. Folgt dann eine Überflutung des Bodens, finden verstärkt anaerobe Reduktionsreaktionen durch Mikroorganismen statt, und es kommt erneut zu einer erhöhten Säurebelastung (siehe Kapitel 2). Trocknet der Boden aus, kommt es hingegen zur Reoxidation von Sulfid zu Sulfat. Ebenso trägt auch die Umwandlung von Nitrat zu NH_3 zur Verminderung des Säuregehalts bei.

In den meisten von Versauerung betroffenen Gebieten bestehen nur geringe Unterschiede (<10%) zwischen der Menge der eingetragenen S-Verbindungen und der Schwefelmenge, die im Sickerwasser auftaucht (d.h. das gesamte System ist gesättigt). Das für viele Regionen Skandinaviens typische karge Grundgestein mit einer lediglich dünnen Bodenschicht kann Schwefelverbindungen nur sehr schlecht speichern. Bei torfigen Böden hingegen kann der Unterschied zwischen Ein- und Austrag an Schwefelverbindungen mehr als 40% betragen.

Der Säuregehalt im Sickerwasser kann sehr unterschiedlich sein, da es z.B. basischer wird, wenn es durch Kalkstein oder Kreide fließt. Weiterhin gibt es pH-Unterschiede zwischen den verschiedenen Tiefen stehender Gewässer, zwischen Zu- und Abflüssen sowie zwischen einzelnen Jahreszeiten, insbesondere bei Flüssen. Dabei kommt es nach der Schneeschmelze häufig zu hohen Säurekonzentrationen. In Abb. 5.6 wird ein für ein skandinavisches Flußsystem typischer Verlauf dargestellt. Dem Absinken des pH-Werts unmittelbar nach der Schneeschmelze folgt ein Anstieg des Gehalts an Aluminiumionen, die aufgrund der gestiegenen Säurekonzentration von den Boden-/Gesteinssystemen freigesetzt wurden.

Die kurzfristigen Folgen der Versauerung für Fische sind in Tabelle 5.5 zusammengetragen. Wie sensibel sie reagieren, ist bei den einzelnen Arten (und sogar bei einzelnen Individuen innerhalb einer Art) je nach Entwicklungsstadium jedoch sehr unterschiedlich. Neben dem Säuregehalt sind auch

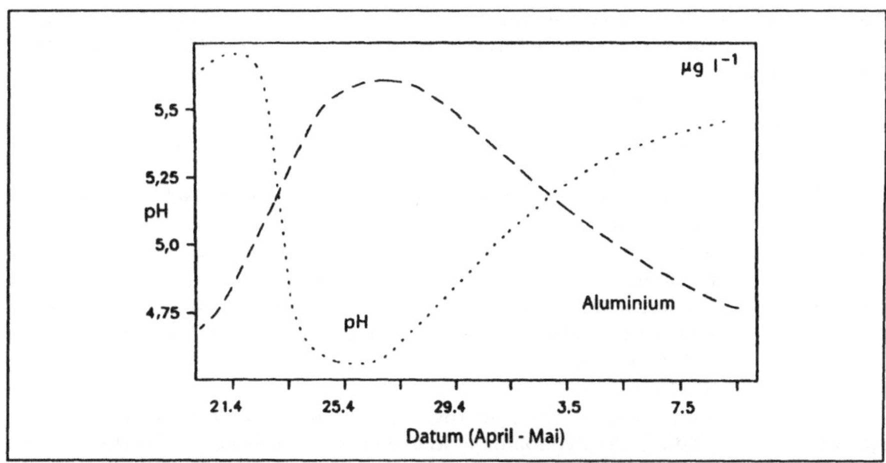

Abb. 5.6. Veränderung des Säure- und Aluminiumgehalts in einem skandinavischen Flußsystem nach der Schneeschmelze

noch andere Faktoren von Bedeutung. Die Bicarbonat-, Phosphat-, Eisen- und Spurenelementgehalte können alle die Reaktion beeinflussen.

Aluminiumionen sind, neben H^+- und Phosphationen, zweifellos die für die Gesundheit von Fischen entscheidenden Ionen. Viele Studien haben erwiesen, daß Aluminiumionen für Fische toxisch sind und daß diese Toxizität mit dem Säuregrad in Zusammenhang steht. Untersuchungen an Forellen haben z.B. ergeben, daß Forellen bei einer Aluminiumkonzentration von 100 $\mu g\ l^{-1}$ (die höchste nach einer wie in Abb. 5.6 beschriebenen Schneeschmelze gemessene Konzentration) noch mehr als 14 Tage leben können, wenn der pH-Wert bei 5,2 bleibt. Eine Zunahme des Säuregehaltes (auf pH 4) bei gleichbleibendem Aluminiumgehalt führt binnen 5 Tagen zum Tod eines Großteils der Fische, obwohl keinerlei Schäden an den Kiemen festgestellt werden konnten.

In Anwesenheit von Aluminiumionen ist der Calciumgehalt von entscheidender Bedeutung. Ist der Calciumgehalt niedrig, wirken Aluminiumionen toxisch, ist der Calciumgehalt hoch, haben die Aluminiumionen keinerlei Auswirkungen, auch dann nicht, wenn der pH-Wert niedrig ist. Das Problem ist sehr komplex, da z.B. Fischbrut am sensibelsten auf Säure reagiert, während sie in einem späteren Entwicklungsstadium sensibler auf Aluminiumionen reagiert.

Es gibt keinen Zweifel daran, daß anhaltende saure Niederschläge in betroffenen Gebieten langfristig zu einem Rückgang der Süßwasserfischbestände führen. Schätzungen aus dem Jahr 1983 zufolge waren in südnorwegischen Seen von über 13 000 km^2 Oberfläche keinerlei Fische mehr vorhanden. Abb. 5.7, in der der Anteil der Seen dargestellt ist, die in den letzten 35 Jahren ihre Bestände an europäischer Forelle verloren haben, ist einer Untersuchung entnommen, die in 2850 südnorwegischen Seen durchgeführt wurde. Sie verdeutlicht das Ausmaß des Problems.

Tabelle 5.5 Kurzfristige Folgen von Versauerung auf Fische (nach Alabaster und Lloyd, *Water Quality Criteria for Freshwater Fish*, pp. 21-45, FAO, Butterworths, London, 1980)

pH-Bereich	*Folgen*
6,5–9	Keine Folgen
6,0–6,4	Schäden unwahrscheinlich, außer wenn der CO_2-Gehalt sehr hoch ist (>1000 mg $CO_2\ l^{-1}$)
5,0–5,9	nicht besonders schädlich, außer wenn der CO_2-Gehalt hoch ist (>20 mg $CO_2\ l^{-1}$) oder Eisenionen vorliegen
4,5–4,9	Schädlich für die Eier von Lachs- und Forellenarten (Salmoniden) und für erwachsene Fische, wenn der Ca^{2+}-, der Na^{+}- und der Cl^{-}-Gehalt niedrig ist
4,0–4,4	Schädlich für erwachsene Fische vieler Arten, wenn diese nicht allmählich an einen niedrigen pH-Wert gewöhnt wurden
3,5–3,9	Tödlich für Salmoniden, wenngleich an niedrige pH-Werte gewöhnte Plötzen länger überleben können
3,0–3,4	Die meisten Fische sterben innerhalb von Stunden

Ein weiteres langfristiges Problem kann auch durch eine regelmäßige Kalkung der betroffenen Gewässer nicht verhindert werden. Phosphat ist für das Wachstum der Fische ein Nährstoff von entscheidender Bedeutung, und der Phosphatgehalt in übersäuerten Gewässern bleibt permanent niedrig. Es scheint, daß das in gewässernahen Böden verfügbare Phosphat durch Aluminiumionen als unlösliches Aluminiumphosphat ausgefällt wird, bevor es noch in das Gewässer eingewaschen werden kann. Wenn Seen zur Eindämmung von Versauerung gekalkt werden, sollte daher auch Phosphat zugegeben werden.

5.4.2 Vergiftungserscheinungen bei Fischen

Das Blut von Süßwasserfischen enthält hohe Konzentrationen von Natrium und Chloriden (entsprechend einer Menge von 150 mM l^{-1} NaCl) sowie niedrigere Konzentrationen von Calcium, Kalium und Bicarbonat. Weiche Süßgewässer enthalten jedoch weniger als 0,1 mM NaCl. In diesen Gewässern lebende Fische müssen deshalb jegliche NaCl-Verluste im Urin oder über die Kiemen durch Aufnahme über die Kiemen ausgleichen (siehe Abb. 5.8).

Die Kiemen von Fischen weisen eine komplexe Struktur auf. Die Seite der Kehle wird durch Kiemenspalten in verschiedene Kiemenbögen unterteilt. Von diesen Kiemenbögen ragen Kiemenblätter ab, von denen jedes in einzelne Kiemenlamellen aufgeteilt ist (Abb. 5.9). Die Mehrzahl der die Kiemenlamellen bedeckenden Zellen ist entweder für die Schleimproduktion oder den Austausch von O_2 (Atmungszellen) zuständig. Bestimmte Bereiche der Kiemen sind mit Zellen bedeckt, die reich an Mitochondrien sind. Atmungszellen werden mit arteriellem Blut versorgt und nehmen Natrium und Chlorid auf. Mitochondrienreiche Zellen hingegen werden mit venösem Blut versorgt und gewinnen Calcium zurück.

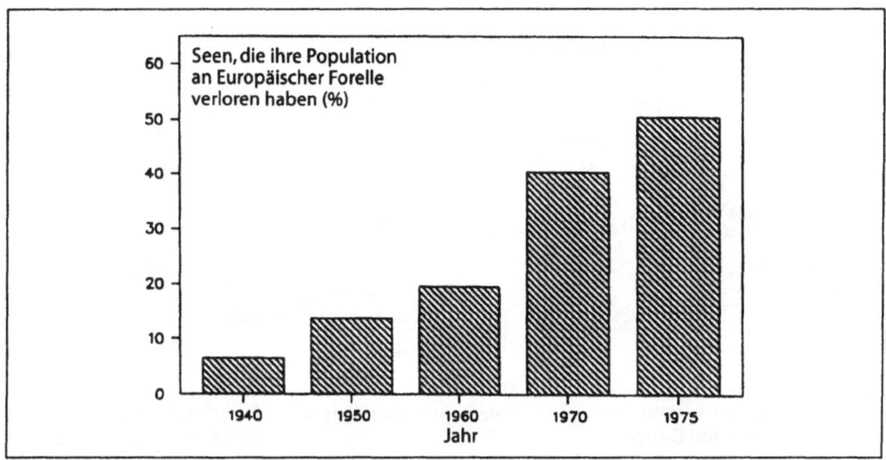

Abb. 5.7. Anteil der (insg. 2850) skandinavischen Seen, die ihre Bestände an europäischer Forelle verloren haben

Die Aufnahme von Chlorid und Natrium sind zwei getrennt voneinander ablaufende Prozesse; für beide wird Energie in Form von ATP benötigt. Während Chlorid aufgenommen wird, werden OH^--Ionen und Bicarbonationen dagegen ausgetauscht und nach außen gepumpt. Die Natriumpumpen von in natürlichen Gewässern lebenden Fischen sind fähig, Natrium gegen ein 1000faches Konzentrationsgefälle zu halten, wenn die H^+-Konzentration innen und außen gleich ist. In sauren Gewässern (pH ca. 4) müssen die auszutauschenden H^+-Ionen gegen ein 1000faches Konzentrationsgefälle nach außen gepumpt werden, d.h. der Energieverbrauch ist sehr groß. Da in beide Richtungen steile Konzentrationsgradienten bestehen, werden stets die innen vorliegenden $NH_4{}^+$-Ionen anstatt der H^+-Ionen ausgestoßen. Die Kiemenmembranen sind für Natrium partiell und für H^+-Ionen stark durchlässig. Sogar wenn die H^+-Ionen aktiv hinausgepumpt werden, fließen sie sogleich passiv zurück (d.h. ohne Energieverbrauch). Durch Calciumionen jedoch wird dieser Vorgang behindert. Anders ausgedrückt treten bei hoher Calciumkonzentration weniger H^+-Ionen ein und weniger Natriumionen aus.

Währenddessen wird, wenn der Säuregehalt zunimmt, Bicarbonat (eines der Austauschionen für Chlorid), zu CO_2 umgewandelt, was die aktive Aufnahme von Chlorid erschwert. Calcium setzt jedoch auch die Permeabilität der Kiemenmembran für Chlorid herab. Folglich kommt es zum Verlust von Chlorid, und ein verstärkter Schutz gegen Säure wird erforderlich.

Die Hauptursache für das Fischsterben in versauerten Gewässern (Tabelle 5.5) ist der übermäßige Verlust von lebenswichtigen Ionen wie Natrium, der durch aktive Aufnahme nicht wieder ausgeglichen werden kann. Fällt die Natrium- und Chloridkonzentration im Blutplasma um etwa ein Drittel (auf 100 mM NaCl), schwellen die Körperzellen an, und es kommt zu Konzentrationserscheinungen in den sie umgebenden Flüssigkeiten. Die Abgabe von

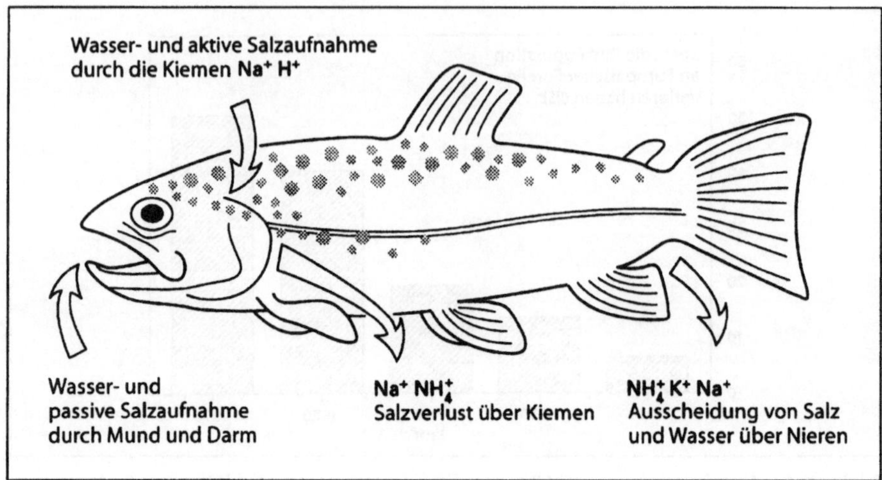

Abb. 5.8. Die verschiedenen für Süßwasserfische wichtigen Ionenaustauschvorgänge

Kalium durch die Zellen kann diese Veränderungen teilweise kompensieren, doch wenn das Kalium nicht schnell genug durch den Körper ausgeschieden wird, kommt es zur Depolarisierung von Nerven- und Muskelzellen. Das unkontrollierte Zucken von Fischen, die nicht an niedrige pH-Werte gewöhnt sind und plötzlich versauertem Wasser ausgesetzt werden, ist für diese Auswirkungen symptomatisch.

Calcium ermöglicht also den Fischen, mit versauerten Gewässern zurechtzukommen und sich daran zu gewöhnen. Calciumionen binden sich von Natur aus an die äußeren Oberflächen von Kiemen. Haben sich die Fische an die Versauerung adaptiert, verstärkt sich die Affinität der Kiemen für Calciumionen. Sulfat kann diese Calciumionen jedoch sehr effektiv verdrängen. Über pH 3,8 ist seine Wirkung sogar noch stärker als die von Nitrat oder Chlorid, während darunter nur ein sehr geringer Unterschied zwischen diesen Ionen besteht.

Calcium ist eines der wichtigsten Regulationsmoleküle in den Zellen aller lebenden Systeme, sogar dann, wenn nur sehr geringe Mengen davon vorhanden sind. Die Modulation der Permeabiliät von Membranen, wie oben beschrieben, ist nur einer von vielen Vorgängen in der Zelle, die von Calciumionen gesteuert werden. Überschüssige Aluminiumionen stören jedoch diese von Calcium gesteuerte Permeabilität. Wie bereits festgestellt, ist Aluminium bei pH-Werten zwischen 5 und 5,5 für Fische toxisch, bei darunter oder darüber liegenden Werten hingegen weniger gefährlich. Bei Überflutungen im Frühjahr nach der Schneeschmelze (Abb. 5.6) kommt es zu pH-Werten um 5 und hohen Konzentrationen von Aluminiumionen in Form von einwertigem $Al(OH)^{2+}$ (genauer $Al(OH)_2(H_2O)_4{}^+$). Dies führt zur verstärken Abgabe von Natriumionen. Ist der pH-Wert niedriger, liegen mehr $Al(OH)^{2+}$-

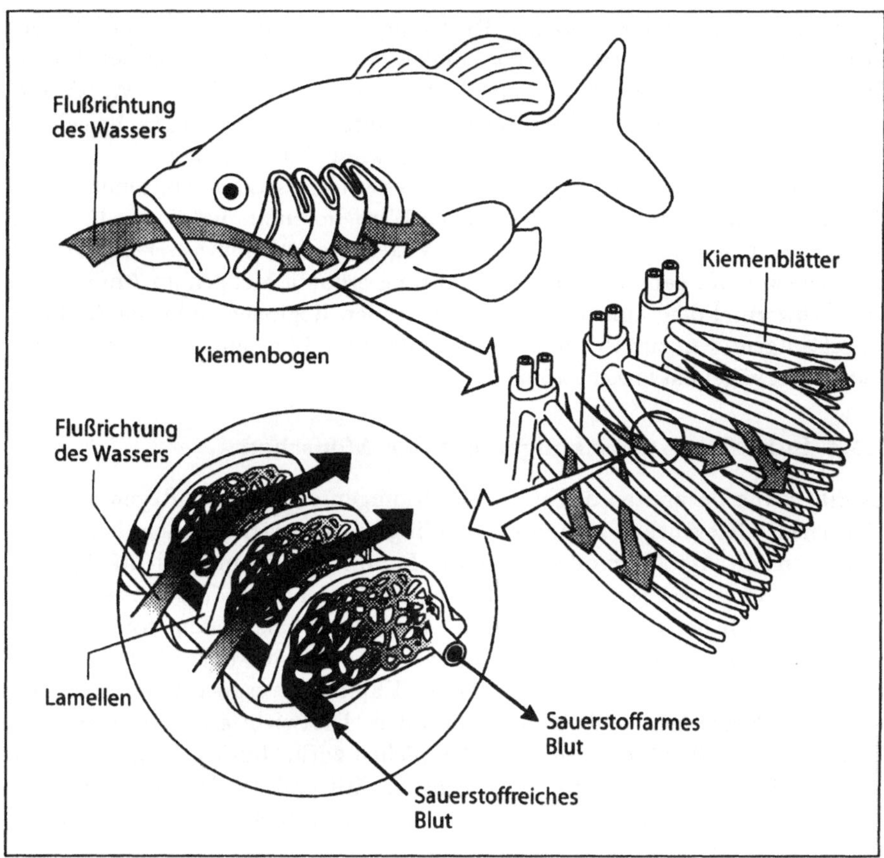

Abb. 5.9. Graphische Darstellungen der Kiemen von Fischen und ihrer verschiedenen Blutversorgungssysteme (nach Campbell *Biology* (Second Edition), Benjamin/Cummings, 1990)

und Al^{3+}-Ionen vor, und die Natriumverluste sind geringer. Die Toxizität von $Al(OH)^{2+}$-Ionen liegt darin, daß sie das Verstopfen der Kiemen mit Schleim verursachen, den Atmungsvorgang stören und andere calciumgesteuerte Regulierungsvorgänge hemmen. Die ionische Form von Aluminium hemmt auch Entwicklungsvorgänge wie die Verkalkung des Skeletts bei Fischbrut. Die Verluste an Fischbrut aufgrund dieser Ursachen und die Tatsache, daß weniger Fische das Erwachsenenalter erreichen, sind für den langfristigen Rückgang der Fischbestände verantwortlich.

5.4.3 Auswirkungen auf Wirbellose und Vögel

Sinkt der pH-Wert unter 5,5, so verschwinden auch Eintagsfliegen, Frühlingsfliegen, Süßwasser-Garnelen, Napfschnecken, Schnecken und Käferlarven aus den betroffenen Gewässern. Ihr Verschwinden aus diesen Gewässern aufgrund der Versauerung ist nicht für den Rückgang des Fischbestandes verantwortlich, da ihre Bestände nicht zuerst, sondern vielmehr gleichzeitig abnehmen. Die Ursachen sind ähnlich: Störungen bei der Kontrolle des pH-Werts und das Versagen der osmotischen Regulation aufgrund eines Ungleichgewichts zwischen Calcium und Aluminium – genau wie bei den Fischen.

Die durch die Versauerung von Sickerwasser freigesetzten Aluminium- und Schwermetallionen reichern sich in vielen Wirbellosen an und finden Eingang in verschiedene Nahrungsketten. Jene Vögel, die auf Süßwasser-Wirbellose angewiesen sind, nehmen über ihre Nahrung erhöhte Mengen an Aluminium und Schwermetallen auf. In den entsprechenden Regionen sinkt die Zahl der Vögel aufgrund unzureichender Verkalkung ihrer Eier, aus denen sich dann keine Jungvögel entwickeln können.

5.4.4 Indirekte Auswirkungen auf den Menschen

Es gibt keine bekannten direkten Auswirkungen von saurem Regen auf den Menschen. Gelegentlich kommt es allerdings zu Industrieunfällen, bei denen Menschen mit Aerosolen oder Nebeln in Berührung kommen, die häufig verwendete Säuren wie Schwefel-, Salpeter-, Salz- oder Flußsäure enthalten.

Versehentlicher Kontakt mit sauren Aerosolen ist als Gefahr wohlbekannt. Die Symptome ähneln im großen und ganzen denen, die durch SO_2 (Kapitel 2), NO_2 (Kapitel 3) und Fluorwasserstoff (Kapitel 9) verursacht werden. Alle führen zu Reizungen und Atembeschwerden. Die wichtigsten Unterschiede lassen sich auf die Größe der Aerosoltröpfchen zurückführen. Tröpfchen von 0,8 μm oder weniger sind am gefährlichsten. Mit anderen Worten kommt es auch bei geringeren Säuremengen dann zu umso stärkeren Schädigungen der Lunge, je kleiner die Aerosolteilchen sind.

Indirekte Auswirkungen von saurem Regen sind langfristig gesehen möglicherweise eine Gefahr für bestimmte Teile der menschlichen Bevölkerung, und zwar durch Veränderungen in der Wasserqualität. Die Schadstoffbelastung natürlicher Gewässer geht dabei zum weitaus größten Teil auf Nitrat zurück. Ein Großteil dieses Nitrats stammt aus dem Sickerwasser von mit Kunstdüngern behandelten Böden. Es taucht dann in Grundwasserleitern (Aquifer) wieder auf, aus denen Trinkwasser entnommen wird. Saurer Niederschlag hat allerdings, wenn überhaupt, nur geringen Einfluß auf übermäßigen Nitrateintrag in das Grundwasser.

Ein Zusammenhang zwischen Trinkwasser mit hohem Nitratgehalt und dem Auftreten von Magenkrebs wird vermutet, da bestimmte Mundbakterien Nitrate in carcinogene Nitrosoderivate (=N–N=O) umwandeln. Er ist aber schwer nachzuweisen. Bei Menschen, deren Nahrung ungewöhnlich hohe Mengen an Nitrat aufweist, kommt es allerdings in der Tat häufiger zum Auftreten von Magenkrebs. Die EU hat den Nitratgehalt bei der öffentlichen Wasserversorgung auf ein Maximum von 50 mg l^{-1} festgelegt. Leider weist das Trinkwasser in den Niederlanden und Großbritannien häufig höhere Werte auf. Die am häufigsten verwendete Methode zur Senkung dieser Werte besteht in der Verdünnung mit Wasser mit niedrigem Nitratgehalt aus anderen Reservoirs. Es ist aber auch möglich, das Nitrat durch Ionenaustausch durch Bicarbonat zu ersetzen und anschließend mittels mikrobieller Denitrifikation das ausgetauschte Nitrat zu Stickstoff zu reduzieren.

Die wahrscheinlichste Gefahr, die von sauren Niederschlägen durch eine Veränderung der Wasserqualität im Rahmen der öffentlichen Wasserversorgung ausgeht, ist der Anstieg von Aluminiumionen, die in bestimmten Wassereinzugsgebieten aus dem Boden ausgewaschen werden. Die Anzahl der Fälle von Osteomalazie, einer seltenen Form der Knochenerweichung, hat in Regionen mit hohen Aluminiumkonzentrationen im Trinkwasser (1000–2000 $\mu l\ l^{-1}$) zugenommen. Ein möglicher Zusammenhang zwischen diesen beiden Faktoren wurde hergestellt, als Patienten mit Nierenversagen mit Aluminium behandelt wurden, welches als Nebenwirkung Knochenerweichung hervorrief. Diese konnte wiederum durch die Anwendung eines aluminiumchelatisierenden Medikaments (Desferrioxamin) gelindert werden, das jetzt bei der Behandlung von Osteomalazie Anwendung findet. Diese Störung des Kalkaufbaus der Knochen durch Aluminium entspricht der unzureichenden Verkalkung des Skeletts bei der Fischbrut, wenn diese in versauerten, mit Aluminium angereicherten Gewässern nicht heranwachsen.

Eine andere Krankheit, die dem Vorhandensein von Aluminium im Wasser zugeschrieben wird, ist die Alzheimersche Krankheit, eine Form der Demenz, die weit früher auftritt als normalerweise üblich. Die Erkrankten sterben in der Regel ungefähr 10 Jahre nach Ausbruch der Krankheit. Bei Autopsien hat man Beläge, sog. Plaques, im Gehirn gefunden, die Aluminium enthalten. Das Interessante daran ist, daß sich das Aluminium im Zentrum dieser Plaques befindet, was darauf hindeutet, daß Aluminium der Anlaß zur Plaquebildung war. Diese Plaques erschweren die Kommunikation der Nerven untereinander, was sich dann als Demenz äußert.

Andere Studien haben ergeben, daß ein Zusammenhang zwischen der Häufigkeit von Demenz und niedrigen Calciumwerten in der Ernährung oder im Trinkwasser besteht. Bei einer Untersuchung wurde festgestellt, daß 30% aller mit Knochenbrüchen aufgrund von Calciummangel in ein Krankenhaus eingewiesenen Patienten auch an Demenz litten. Dieser Zusammenhang muß erst noch untermauert werden, das Entfernen von Aluminium aus dem Trinkwasser, der Nahrung und den Kochgeräten ist jedoch eine vernünftige Vorsichtsmaßnahme. In Teilen Skandinaviens ist es heute üblich, Aluminium aus dem Wasser zu entfernen, das für die Dialyse und zur Zubereitung von Babynahrung verwendet wird.

Weiterführende Literatur

Beilke S, Elshout AJ (eds) (1983) Acid Deposition. D. Reidel, Dordrecht, Niederlande

Chadwick MJ, Hutton M (1991) Acid Depositions in Europe. Stockholm Environment Institute, York
Cresser M, Edwards A (1987) Acidification of Freshwaters. Cambridge University Press, Cambridge
Drabloes D, Tollan A (eds) (1980) International Conference on the Ecological Impact of Acid Precipitation. Sanderfjord, Oslo-Aas
Duensing EE, Duensing LB (1980) Environmental Effects of Acid Precipitation. Vance Bibliographies, Monticello, Illinois
Howells G (1983) Acid waters - the effects of low pH and acid associated factors on fisheries. Advances in Applied Biology 9, 143–255
Hutchinson TC, Havas M (eds) (1980) Effects of Acid Precipitation on Terrestrial Ecosystems. Plenum Press, New York
Last FT, Watling R (eds) (1991) Acidic Deposition: Its Nature and Impacts. Royal Society of Edinburgh, Edinburgh
Legge AH, Krupa SV (eds) (1986) Air Pollutants and their Effects on the Terrestrial Ecosystem. Wiley Interscience, New York
Legge AH, Krupa SV (eds) (1990) Acidic Deposition: S and Nitrogen Oxides. Lewis Publishers, Michigan
Longhurst JWS (ed) (1989) Acid Deposition: Sources, Effects and Controls. British Library, London
Schneck JJ (1981) Acid Rain: A Critical Perspective. Tasa, Minneapolis
Schrader S, Greve U, Schönwald HR (eds) (1983) Acid Precipitation and Forest Damage Bibliography. Bundesforschungsanstalt für Forst- und Holzwirtschaft, Hamburg
The Watt Committee on Energy (1984) Acid Rain. Report No. 14, London

6. Ozon, PAN und photochemischer Smog

6.1 Bildung und Quellen

6.1.1 Bildung von Ozon in der Troposphäre

Die wichtigste Ozonquelle in der Troposphäre, die unterhalb der Stratosphäre liegt und von Luftturbulenzen gekennzeichnet ist, ist die Photolyse von NO_2 (Reaktion 6.1), bei der atomarer Sauerstoff (O) freigesetzt wird. Dieser reagiert dann mit molekularem Sauerstoff (Reaktion 6.2) zu O_3. Kohlenwasserstoffe, Aldehyde und CO beschleunigen diese ursprüngliche Photolyse (Reaktion 6.1), indem sie die Geschwindigkeit der Oxidation von NO mit Peroxyradikalen ($RO_2^\bullet$) (z.B. Reaktion 6.3) erhöhen; gleichzeitig tragen sie zur Bildung der sehr reaktiven Hydroxylradikale ($^\bullet OH$) bei. Die vielfältigen Reaktionen und Wechselwirkungen zwischen den Stickoxiden und O_3 sind in Abb. 3.5 im Detail und in Abb. 6.1 zusammenfassend dargestellt.

$$NO_2 + \text{Licht} \Rightarrow NO + O \tag{6.1}$$

$$O + O_2 + M^1 \Rightarrow O_3 + M \tag{6.2}$$

$$HO_2^\bullet + NO \Rightarrow NO_2 + {\bullet}OH \tag{6.3}$$

6.1.2 Unverbrannte Kohlenwasserstoffe

Bei der Verdunstung von Lösemitteln und der unvollständigen Verbrennung von Treib- und Brennstoffen wird eine Vielzahl von Kohlenwasserstoffen in die Atmosphäre freigesetzt. Wiederholte Analysen von Luftproben haben ergeben, daß mehr als 600 verschiedene Kohlenwasserstoffe in der Atmosphäre vorhanden sind, die auf der Nordhalbkugel überwiegend nördlich des 30. Breitengrades emittiert werden. Zu ihnen gehören Acetylen, Benzol, Butan, Ethan, Hexan, Pentan, Propan und Toluol, die alle anthropogenen Ursprungs sind.

Der in der Atmosphäre mengenmäßig bedeutendste Kohlenwasserstoff ist das Treibhausgas Methan (CH_4 – s. Kapitel 8), das – in Mengen von 1 bis 100

---

[1] Siehe Reaktionen 2.2 und 2.7.

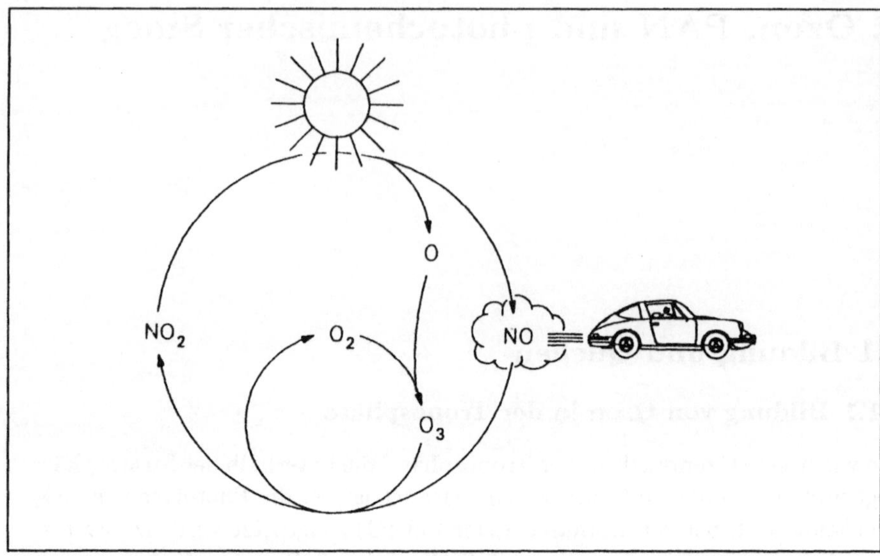

Abb. 6.1. Vereinfachte Darstellung der Bildung von Ozon unter Beteiligung von Stickoxiden und Sonnenlicht. Die unverbrannten Kohlenwasserstoffe, die an diesem Prozeß ebenfalls beteiligt sind, wurden in der Darstellung ausgelassen; sie verhindern, daß NO_2 als NO wieder in den Kreislauf zurückgeführt wird, und erhöhen die Menge des gebildeten O und O_3

$\mu l\ l^{-1}$ – bei Fäulnisprozessen verwesender Vegetation und aus Industrieanlagen und privaten Haushalten freigesetzt wird. Es gibt photolytische Mechanismen, die bewirken, daß CH_4 vollständig zu CO_2 oxidiert wird (Abb. 6.2) und daß auch andere organische Verbindungen abgebaut werden. Einige der in der Atmosphäre vorkommenden Kohlenwasserstoffe regulieren auch das Pflanzenwachstum (Ethylen oder Ethen, CH_2CH_4); andere wiederum sind für den Menschen schädlich. Benzol z.B. führt bei längerer Einwirkung zu Blutkrebs, und seine gesundheitsgefährdende Wirkung für das Personal an Tankstellen ist unumstritten (siehe Kapitel 9).

6.1.3 Bildung von photochemischem Smog

Ungesättigte Kohlenwasserstoffe können die Bildung von photochemischem Smog, die in Gegenwart von Stickoxiden und starkem Sonnenlicht bei stabilen meteorologischen Bedingungen stattfindet, begünstigen. Die Reaktionsketten, die zu Smogbildung führen, sind lang und komplex, denn bei jeder Reaktion, an der ein freies Radikal beteiligt ist, entsteht ein weiteres Radikal, das seinerseits zur Bildung eines dritten freien Radikals führt usw. Bedingt durch die große Vielfalt der in die Atmosphäre emittierten Kohlenwasserstoffe ergeben sich zudem viele Ausgangspunkte für diese Kettenreaktionen. Auch Aldehyde und Ketone führen bei starkem Licht zur Entstehung freier Radikale (Reaktion 6.4) wie z.B. $RO_2^{\bullet}$-Radikale (Reaktion 6.5), wohingegen Ozon

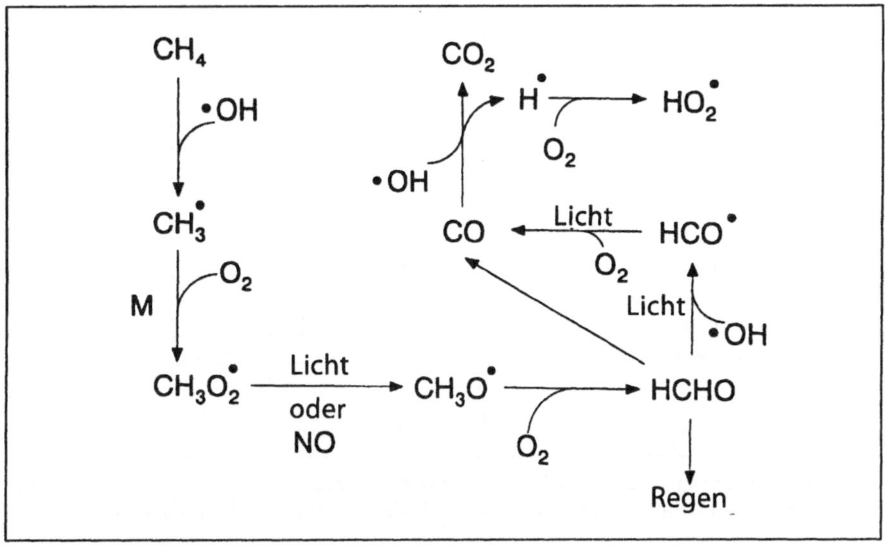

Abb. 6.2. Folge von Reaktionen, bei denen CH_4 in der Atmosphäre unter Einwirkung von Licht, Sauerstoff und •OH-Radikalen zu CO_2 oxidiert wird. Der letzte Oxidationsschritt, in dem CO zu CO_2 oxidiert wird, ist für die Atmosphäre von wesentlicher Bedeutung

ungesättigte Kohlenwasserstoffe angreifen und dabei ebenfalls freie Radikale, aber auch reaktionsfreudige Aldehydgruppen produzieren kann (Reaktionen 6.4 und 6.6). Viele dieser freien Radikale, die bei starkem Sonnenlicht gebildet werden, verursachen die für photochemischen Smog typischen Augenreizungen.

$$\text{R-CHO} + \text{Licht} \Rightarrow \text{R}^\bullet + \text{HCO}^\bullet \tag{6.4}$$

$$\text{R}^\bullet + \text{O}_2 \Rightarrow \text{RO}_2{}^\bullet \tag{6.5}$$

$$\text{O}_3 + \text{R-CH=CH-R'} \Rightarrow \text{R-CHO} + \text{R'O}^\bullet + \text{HCO}^\bullet \tag{6.6}$$

$$\text{R'O}_2{}^\bullet + \text{RO}^\bullet \Rightarrow \text{R'OR} + \text{O}_2 \tag{6.7}$$

$$\text{R-CO.O}_2{}^\bullet + \text{NO}_2 + \text{M}^1 \Rightarrow \text{R-CO.O}_2{}^\bullet\text{NO}_2 + \text{M} \tag{6.8}$$

Nur wenige dieser Reaktionen sind Abbruchreaktionen. In seltenen Fällen wird eine Kettenreaktion abgebrochen, wenn zwei freie Radikale aufeinander prallen (Reaktion 6.7). Sehr viel häufiger sind jedoch Reaktionen zwischen $RO_2{}^\bullet$-Radikalen und Stickoxiden unter Bildung von Peroxyacetylnitraten (PAN, Reaktion 6.8). PAN reagieren sehr bereitwillig mit sensiblen Oberflächen wie beispielsweise der der Augen oder empfindlichem Pflanzen-

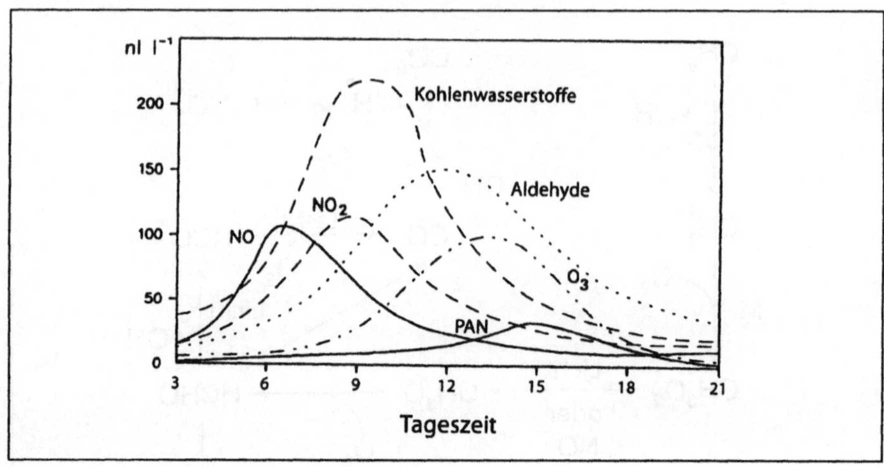

Abb. 6.3. Bildung und Zerfall der Bestandteile des typischen photochemischen Smogs über einem Ballungsgebiet an einem hellen, warmen und windstillen Werktag

gewebe, und je größer die Kohlenstoffkomponente ist, desto toxischer ist es. Einige der Verbindungen, die Augenreizungen auslösen, sind beständiger als solche, die Schadwirkungen auf Pflanzen haben; an ihrer Bildung sind weitere Schadstoffe wie Formaldehyd (HCHO, Abb. 6.2) und Acrolein beteiligt. Grob geschätzt entsteht auf je 50 Ozonmoleküle ein PAN-Molekül.

Photosmogepisoden unterliegen einem charakteristischen täglichen Rhythmus (Abb. 6.3). An windstillen Tagen beginnen die CO-, NO- und Kohlenwasserstoffkonzentrationen im Morgengrauen zu steigen, wenn der Berufsverkehr einsetzt. Die NO_2-Konzentrationen erreichen ungefähr $1\frac{1}{2}$ Stunden nach dem NO-Maximum den höchsten Wert, wenn die Sonne schon recht hoch steht. Auf den Rückgang der NO-Konzentration folgt die Bildung von Aldehyden und Ozon; die O_3-Konzentration ist kurz nach Mittag, bald nachdem der Aldehyd-Höhepunkt überschritten ist, am höchsten. Dies ermöglicht Kettenreaktionen unter Beteiligung von freien Radikalen, bei denen PAN und andere Reizstoffe (Abb. 6.3) gebildet werden. Am späten Nachmittag wird durch den Feierabendverkehr wieder mehr NO (und NO_2) ausgestoßen, das sofort den Großteil des Ozons und der reaktionsfreudigen Aldehyde abbaut. Daraus folgt, daß die Stickoxidkonzentrationen nicht den typischen zweiphasigen Tagesrhythmus aufweisen, der normalerweise bei windigem und veränderlichem Wetter mit bewölktem Himmel (s. Kapitel 1, insbes. Abb. 1.4) beobachtet wird.

Der blau-braune Dunst über dichtbesiedelten Großstädten, der in der Regel mit photochemischem Smog einhergeht, besteht hauptsächlich aus unverbrannten Kohlenwasserstoffen in fortgeschrittenem Oxidationsstadium. Typischerweise treten die höchsten Ozon- und Peroxidkonzentrationen am Nachmittag auf und sind bis Mitternacht fast vollständig abgebaut. Die Bedingungen, unter denen der sog. "Los-Angeles-Smog" entsteht, können an allen Orten der Erde gegeben sein. Wichtigste Voraussetzung hierfür ist eine ungefähr gleich hohe Konzentration von Stickoxiden und Kohlenwasserstoffen in der Atmosphäre. Bei hellem Sonnenlicht und Windstille entsteht der Großteil des Ozons und der PAN derzeit aus NO und unverbrannten Kohlenwasserstoffen, die überwiegend durch den Autoverkehr ausgestoßen werden. Daher sind Gesetze zur Verminderung der Abgase aus Kraftfahrzeugen das beste Mittel, um in den Gebieten, in denen die Bedingungen für die Bildung von photochemischem Smog gegeben sind, die Luftverschmutzung zu reduzieren. Kosten-Nutzen-Analysen haben ergeben, daß es in Ländern mit viel Sonnenlicht, hohen Temperaturen und wenig Wind kostengünstiger wäre, die durch den Kfz-Verkehr verursachten Emissionen zu reduzieren als bestehende Kraftwerke mit Entstickungsanlagen nachzurüsten.

Photochemischer Smog ist inzwischen weltweit zu einem Problem geworden, insbesondere in Städten in niedrigen Breiten mit hohem Bevölkerungswachstum und schneller Industrialisierung. Mexiko (Stadt) und Bagdad sind zur Zeit am stärksten betroffen. Hier – und andernorts – übersteigt der O_3-Gehalt häufig auch über längere Zeit 100 nl l^{-1}. Zudem sind hohe Ozonkonzentrationen in der Troposphäre nicht mehr nur auf den Sommer beschränkt. In Städten wie Madrid oder Athen treten inzwischen auch im Winter an beständigen, sonnigen Tagen mit hohem Luftdruck signifikante Ozonkonzentrationen auf. Das troposphärische Ozon, das über dichtbesiedelten Gebieten entsteht, breitet sich auf ähnliche Weise aus wie niedrige Bewölkung. Farbtafel 7 zeigt Satellitenaufnahmen von Nordamerika, die während einer viertägigen Smogepisode aufgenommen wurden, während der sich die Ozon"wolke" von Los Angeles bis nach New York erstreckte.

6.2 Schadensmechanismen

6.2.1 Materialschäden

Ozon verhält sich gegenüber organischen Molekülen so reaktiv, daß es sich lohnt, die Folgen im Detail zu betrachten. Die Doppelbindungen von Kohlenwasserstoffverbindungen sind sehr anfällig für Kettenabbrüche und die Bildung neuer Bindungen, die durch O_3 verursacht werden. Der in Abb. 6.4 dargestellte Kettenabbruchmechanismus führt zur Bildung von $RO_2{}^{\bullet}$-Radikalen, die ihrerseits – ähnlich wie bei den Kettenreaktionen, die bei Photosmogepisoden (z.B. Reaktionen 6.6 und 6.7) ablaufen – weitere freie Radikale hervorbringen. Der einzige Unterschied zu jenen besteht darin, daß diese Reaktionen an der Materialoberfläche erfolgen und zu einem Verlust der Zugfestigkeit führen.

Natürliche Polymere wie Gummi, Baumwolle, Zellulose und Leder sowie Farben, Elastomere (die bei der Reifenherstellung verwendet werden), Kunststoffe, Nylon und Textilfarbstoffe werden durch Ozon geschädigt. Nur wenn die Doppelbindungen durch benachbarte Gruppen geschützt werden,

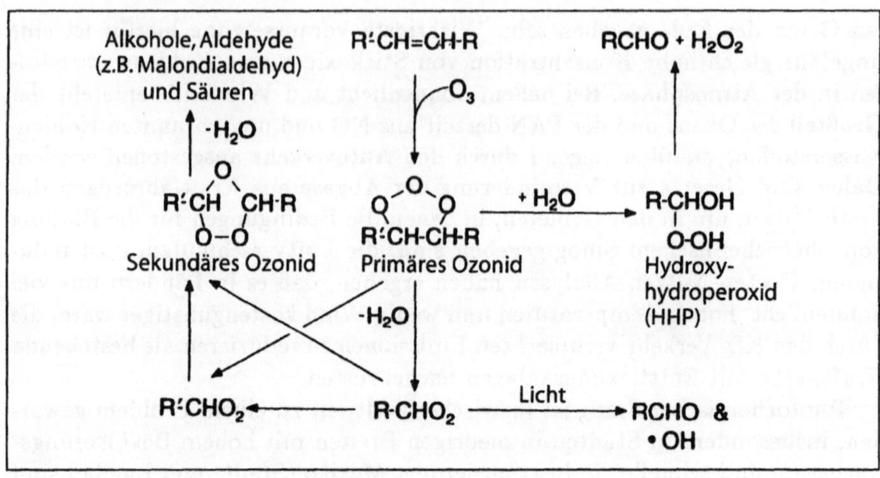

Abb. 6.4. Abfolge der Reaktionen bei der Ozonolyse. Hervorzuheben ist, daß die möglichen Reaktionen davon abhängen, ob H_2O vorhanden ist und daß im biologischen Kontext keine freien Radikale an Reaktionen in der wäßrigen Phase beteiligt sind

kann der jeweilige Stoff dem Angriff durch Ozon standhalten. Ein gutes Beispiel für einen derartigen Schutzmechanismus stellt Neopren dar, bei dem neben der Doppelbindung ein elektronegatives Chloratom angelagert ist. Ähnliche Schutzmechanismen wurden in neuere Polymere eingebaut; eine weitere Möglichkeit bietet der Einsatz von Antioxidanzien. Die Kosten, die weltweit jährlich durch diese Materialschäden entstehen, sind beträchtlich. Ihr Anteil beträgt mehr als 30% der infolge von Luftverschmutzung an Sachgütern entstehenden Schäden.

6.2.2 Ozonolyse oder Peroxidation?

Biologisches Gewebe besteht zu einem hohen Prozentsatz aus Wasser, das somit als Reaktionsmedium zur Verfügung steht. Diese Tatsache hat Auswirkungen auf die wesentlichen Merkmale des Ozonangriffs auf ungesättigte Bindungen in Kohlenstoffverbindungen. Hydriertes Ozon bildet anstelle von freien Radikalen und sekundären Ozoniden bei der Ozonolyse H_2O_2 (Wasserstoffperoxid), Hydroxyhydroperoxide (HHP) und reaktive Aldehyde (Abb. 6.4). Wenn die von Ozon angegriffene Verbindung mehr als eine Doppelbindung enthält (z.B. die Fettsäuren der Lipide), entsteht auch Malondialdehyd ($OHC.CH_2.CHO$) (Reaktion 6.9). Malondialdehyd kann auch in einer Reihe anderer Reaktionen, die als Lipidperoxidation bezeichnet werden, aus ähnlichen Substraten gebildet werden. Oft werden Ozonolyse und Lipidperoxidation einander gleichgesetzt; tatsächlich handelt es sich hierbei jedoch um zwei verschiedene Vorgänge. Bei der Ozonolyse wird H_2O_2 gebildet, Doppelbindungen werden nicht miteinander in Konjugation gebracht (es werden

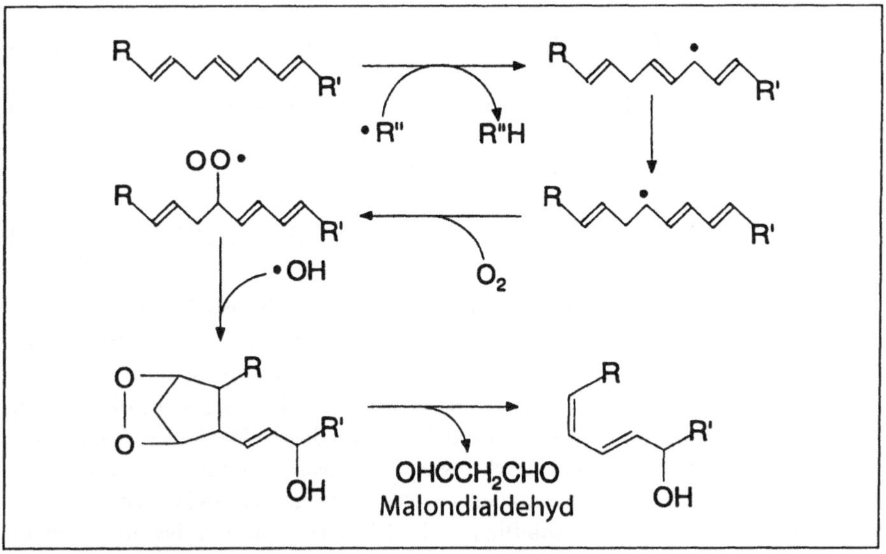

Abb. 6.5. Abfolge der Reaktionen bei der Lipidperoxidation. Freie Radikale sind sowohl zu Beginn als auch während der verschiedenen Reaktionen beteiligt. Malondialdehyd entsteht nicht nur bei der Lipidperoxidation, sondern kann auch bei der Ozonolyse (Abb. 6.4) gebildet werden

also nicht abwechselnd C–C-Doppel- und Einfachbindungen gebildet), und in der wäßrigen Phase sind keine freien Radikale beteiligt. Bei der Lipidperoxidation dagegen entstehen konjugierte Produkte (abwechselnd Einfach- und Doppelbindungen), der Angriff erfolgt eher durch freie Radikale als durch Ozon, und es wird kein H_2O_2 (Abb. 6.5) gebildet.

Diese Unterscheidungen sind wichtig zum Verständnis der Frage, bei welchen Reaktionen und durch welche reaktive Spezies die Proteine bzw. Lipide der biologischen Membranen tatsächlich angegriffen werden. Die Bildung von Malondialdehyd ist kein Beweis für das Vorliegen des einen oder des anderen Vorgangs, da Malondialdehyd bei beiden Reaktionsfolgen entsteht. Experimente mit Ozonbegasung haben ergeben, daß bei der Lipidperoxidation bei Raumtemperatur in biologischen Stoffen mit hoher Wahrscheinlichkeit keine freien Radikale entstehen; H_2O_2, das bei der Ozonolyse entstanden ist, wurde jedoch oft nachgewiesen. In alkalischen Lösungen oder bei Reaktion mit H_2O_2 (Reaktion 6.11) führt O_3 häufig zur Bildung von •OH-Radikalen (Reaktion 6.10); in lebenden Systemen wird dieses H_2O_2 jedoch durch Katalase schnell wieder gespalten (Reaktion 6.12; hierauf wird an späterer Stelle näher eingegangen).

$$O_3 + \text{R–CH=CH.CH}_2\text{.CH–R'} \Rightarrow \text{R–CHO} + \text{OHC.CH}_2\text{.CHO} + \text{R'–CHO} \qquad (6.9)$$

$$O_3 + H_2O \Rightarrow 2^{\bullet}OH + O_2 \quad (6.10)$$

$$H_2O_2 + O_3 \Rightarrow HO_2^{\bullet} + {}^{\bullet}OH + O_2 \quad (6.11)$$

$$2H_2O_2 \overset{\text{Katalase}}{\Rightarrow} 2H_2O + O_2 \quad (6.12)$$

$$NO_2 + R\text{-}CH{=}CH.CH_2\text{-}R' \Rightarrow HNO_2 + R\text{-}CH{=}CH.C^{\bullet}H\text{-}R' \quad (6.13)$$

Im allgemeinen herrscht mehr Klarheit darüber, in welcher Weise Stickoxide in geringen Konzentrationen ungesättigte Verbindungen angreifen. Bei den dabei stattfindenden Reaktionen werden freie Radikale und salpetrige Säure gebildet (Reaktion 6.13); die Reaktionen sind denjenigen, die bei der Lipidperoxidation erfolgen, sehr ähnlich. Wenn dieser Mechanismus verantwortlich wäre für die toxische Wirkung auf Pflanzen und Tiere, dann müßten Ozon und Stickoxide gleichermaßen toxisch sein und ähnliche Schäden hervorrufen. Ozon ist jedoch schädlicher als Stickoxide, und es ist daher anzunehmen, daß der Angriff durch Ozon (Ozonolyse) sich von dem Angriff durch Stickoxide (Lipidperoxidation) unterscheidet.

6.2.3 Größere Empfindlichkeit der Proteine im Vergleich zu Lipiden

Drei Aminosäuren (Cystein, Methionin und Tryptophan) sind, sowohl in wäßriger Lösung als auch in biologischem Gewebe, gegenüber Ozon besonders empfindlich. Die Sulfhydryl-Gruppen (–SH) der beiden erstgenannten Aminosäuren werden zu Disulfid-(–S–S–)Brücken bzw. zu Sulfoxiden (>S=O) oxidiert; bei Tryptophan wird der Pyrrolring geöffnet und N-Formyl-Kynurenin gebildet (Abb. 6.6).

Bei den gleichen Aminosäuren hat die Reaktion mit Ozon jedoch wesentlich größere Auswirkungen, wenn die Aminosäuren Bestandteil von Proteinen sind, die in der Zelle lebenswichtige Funktionen ausüben. Die Schäden sind besonders schwerwiegend, wenn eine oder mehrere dieser Aminosäuren die Sekundär- oder Tertiärstruktur eines Proteins beeinflussen. Eine Veränderung der räumlichen Anordnung eines Proteins ist besonders kritisch, wenn diese Proteine z.B. Bestandteil des aktiven Zentrums eines Enzyms sind. Bei einigen Enzymen gibt es deutliche Anzeichen dafür, daß sie auf diese Weise geschädigt werden. Zudem gibt es kaum Hinweise darauf, daß ein Enzym seine ursprüngliche Aktivität oder Struktur zurückgewinnen kann, wenn es erst einmal durch Ozon geschädigt wurde.

Von den Proteinen in Pflanzen, Mikroorganismen und Tieren sind diejenigen am ehesten einem Ozonangriff ausgesetzt, die nur teilweise in Zellmembranen eingebettet sind. Diese Proteine zeigen in der Tat schon oft ozonbedingte Veränderungen, ehe welche bei den Lipiden in der darunter liegenden

Membran auftreten. Membranveränderungen infolge von Angriffen auf Proteine und auf Lipide führen u.a. zu bedeutenden Veränderungen in der Zellpermeabilität. Auf die sich daraus ergebenden Folgen wird an späterer Stelle eingegangen.

6.2.4 Reaktionen unter Beteiligung von PAN

Weniger gründlich erforscht sind die Schadensmechanismen, die durch PAN ausgelöst werden. Dies liegt zum großen Teil daran, daß diese Reaktionen unter Laborbedingungen nur schwer nachzuvollziehen sind. PAN greifen die Aminosäuren an, die auch gegenüber O_3 empfindlich sind (z.B. reagiert Methionin zu Methioninsulfoxid, Cystein reagiert zu Cystin, s. Abb. 6.6). Das bedeutet, daß Veränderungen der Thiolgruppen der Proteine ebenfalls zu Strukturveränderungen und einer Verminderung der Enzymaktivität führen. Glücklicherweise dringen PAN nicht leicht in Proteine ein, und die Halbwertszeit der meisten PAN ist kurz (bei pH 7 ungefähr 7 Minuten). Zudem werden einige der Elektronendonatoren wie NADH und NADPH, die Schlüsselfunktionen haben, durch PAN nur oxidiert und – anders als beim Ozon – nicht zerstört.

Andererseits absorbieren PAN eine größere Menge der schützenden natürlichen Antioxidanzien als O_3. Normalerweise wandelt O_3 zwei Moleküle reduziertes Glutathion (ein Tripeptid mit der Bezeichnung γ-Glutamylcysteinylglycin, GSH) in ein Molekül oxidiertes Glutathion (GSSG, Reaktion 6.14) um. PAN reagieren jedoch auch mit einem dritten Molekül von reduziertem GSH (Reaktion 6.15), das nicht ohne weiteres durch Rückreaktion (unter Einwirkung von Glutathion-Reductase usw. – siehe weiter unten) ersetzt werden kann. Dadurch wird der Pool an natürlichen Antioxidanzien vermindert, und weitere Schäden sind die Folge.

$$2\mathbf{G}\text{–}\mathrm{SH}^1 + \mathrm{O_3} \Rightarrow \mathbf{G}\text{–}\mathrm{S–S}\text{–}\mathbf{G} + \mathrm{H_2O_2} + \tfrac{1}{2}\mathrm{O_2} \qquad (6.14)$$

$$3\mathbf{G}\text{–}\mathrm{SH}^1 + \mathrm{CH_3CO.O_2NO_2} \Rightarrow \mathbf{G}\text{–}\mathrm{S–S}\text{–}\mathbf{G} + \mathbf{G}\text{–}\mathrm{S.CO.CH_3} + \mathrm{H_2O} + \mathrm{HNO_3} \qquad (6.15)$$

6.2.5 Natürliche Antioxidanzien

Einwertige Reduzierung von molekularem Sauerstoff führt zur Bildung von Superoxid- ($^\bullet O_2^-$) und $^\bullet$OH-Radikalen, H_2O_2 und H_2O (Abb. 6.7) sowie O_3. Im Gegensatz zum Perhydroxyl-Radikal ($HO_2^\bullet$) sind $^\bullet O_2^-$ und H_2O_2 in wäßriger Lösung nicht reaktiv genug, um Lipidperoxidation einzuleiten. Der pK_a-Wert des Gleichgewichts zwischen $^\bullet O_2^-$ und $^\bullet$OH (Reaktion 6.16)

[1] **G** = Glutathion (ein Tripeptid).

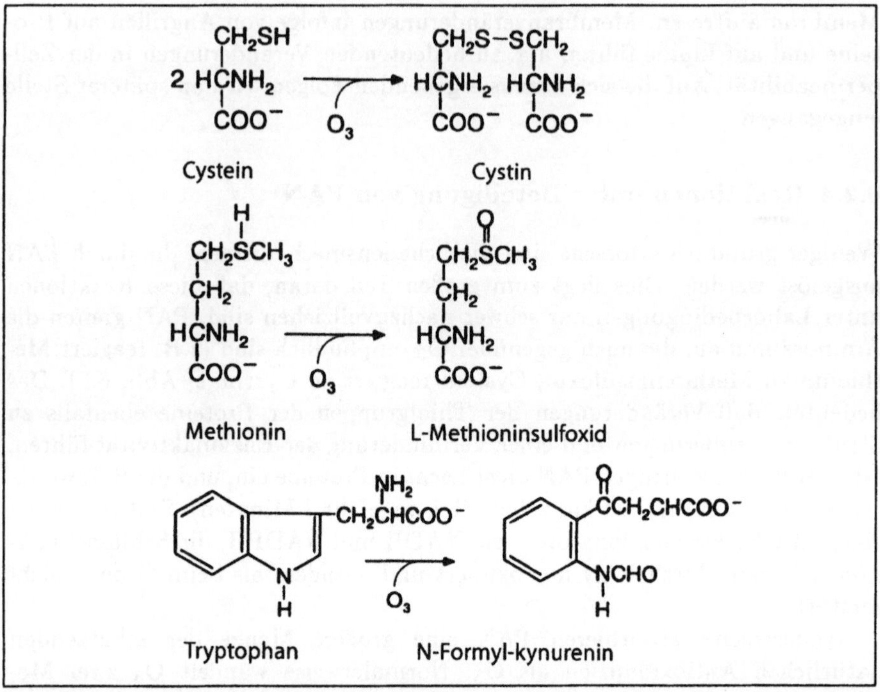

$2\ \mathrm{HC(NH_2)(CH_2SH)COO^-} \xrightarrow{O_3} \mathrm{HC(NH_2)(COO^-)CH_2S{-}SCH_2C(NH_2)H(COO^-)}$

Cystein → Cystin

$\mathrm{CH_3S(H)CH_2CH_2CH(NH_2)COO^-} \xrightarrow{O_3} \mathrm{CH_3S(O)CH_2CH_2CH(NH_2)COO^-}$

Methionin → L-Methioninsulfoxid

Tryptophan $\xrightarrow{O_3}$ N-Formyl-kynurenin

Abb. 6.6. Einige Gruppen in den Aminosäuren sind besonders empfindlich gegenüber O_3. Dazu gehören die Sulfhydrylgruppen von Cystein, welche Disulfidbrücken bilden, und die Schwefelatome von Methionin, die zu Sulfoxid oxidiert werden. Bei Tryptophan kommt es leicht zu einer Öffnung des Pyrrolrings. Diese Reaktionen finden sowohl bei freien Aminosäuren statt als auch bei Aminosäuren, die Bestandteil von Enzymen und anderen Proteinen sind. Im letztgenannten Fall entsteht ein größerer Schaden

beträgt 4,8. Das bedeutet, daß in gut gepuffertem Zellinhalt (bei einem pH-Wert von ungefähr 7) nur wenige $HO_2{}^\bullet$-Radikale vorkommen. In Zellvakuolen, wo der Säuregehalt höher ist, ist die Bildung von $HO_2{}^\bullet$-Radikalen jedoch wahrscheinlicher. Zudem bilden nichtgepufferte extrazelluläre Flüssigkeiten, die sowohl SO_2 als auch NO_2 ausgesetzt sind (s. Kapitel 11), ebenfalls $HO_2{}^\bullet$ zu Lasten von ${}^\bullet O_2{}^-$.

$$H^+ + {}^\bullet O_2{}^- \Leftrightarrow HO_2{}^\bullet \tag{6.16}$$

In wäßriger Umgebung ist ${}^\bullet O_2{}^-$ relativ unreaktiv, aber sobald es in den Membranen in die hydrophoben Bereiche der Seitenketten der Fettsäuren gelangt, oxidiert es α-Tocopherol (Vitamin E) und zerstört damit den wichtigsten Antioxidationsmechanismus einer Zelle außerhalb der wäßrigen Lösung. ${}^\bullet O_2{}^-$- und $HO_2{}^\bullet$-Radikale können jedoch über H_2O_2 in ${}^\bullet OH$-Radikale umgewandelt werden (Reaktionen 6.17–6.19), die dann mit praktisch allen biologi-

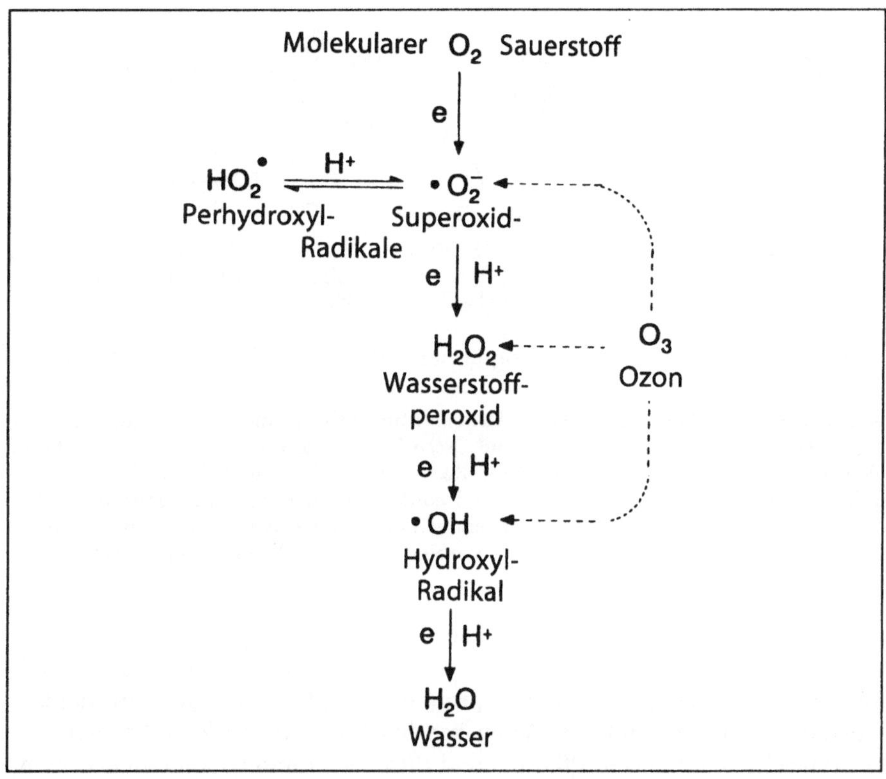

Abb. 6.7. Die verschiedenen Formen der Sauerstoffreduzierung. Hervorzuheben ist, daß O_3 verschiedene reaktive Zwischenstufen bildet und daß das $^\bullet O_2^-$-Radikal bei pH 4,7 im Verhältnis 1:1 im Gleichgewicht mit dem $HO_2^\bullet$-Radikal steht

schen Molekülen unmittelbar reagieren. Das heißt, daß sie nicht über nennenswerte Entfernungen hinweg diffundieren, bevor sie eine Reaktion eingehen.

$$^\bullet O_2^- + Fe^{3+} \Rightarrow Fe^{2+} + O_2 \tag{6.17}$$

$$\text{Hypoxanthin}^2 \text{ [oder Xanthin}^2] + O_2 \Rightarrow \text{Xanthin}^2 \text{ [oder Urat}^2] + H_2O_2 \tag{6.18}$$

$$Fe^{2+} + H_2O_2 \Rightarrow Fe^{3+} + OH^- + {}^\bullet OH \tag{6.19}$$

$$2{}^\bullet O_2^- + 2H^+ \Rightarrow H_2O_2 + O_2 \tag{6.20}$$

Bei vielen Mechanismen, mit denen biologische Gewebe sich vor Angriffen freier Radikale schützen, wird H_2O_2 freigesetzt. Einige dieser Mechanismen

[2] Purinbasen.

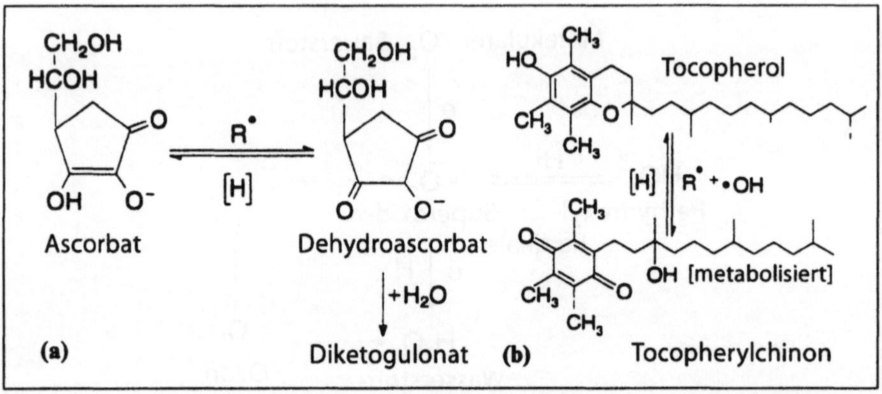

Abb. 6.8. Zwei der wichtigsten Antioxidationsmittel, die in den meisten biologischen Systemen vorkommen, sind Ascorbat (Vitamin C) und α-Tocopherol (Vitamin E). Bei beiden werden freie Radikale abgebaut und die Oxidationsprodukte teilweise durch unterschiedliche Reduktionsvorgänge zurückgewonnen. Ascorbat ist in wäßrigen Umgebungen ein wirkungsvolles Antioxidans, während α-Tocopherol empfindliche hydrophobe Verbindungen wie Membranlipide schützt

sind nur bei bestimmten Spezies anzutreffen, viele sind jedoch allen aeroben Organismen zu eigen. Dazu gehören z.B. die Superoxiddismutasen (SOD). Superoxiddismutasen sind Metalloproteine, die $^{\bullet}O_2{}^-$ in H_2O_2 umwandeln (Reaktion 6.20). Es gibt drei Arten von SOD: ein Kupfer-Zink-Protein, das bei Wirbeltieren, höheren Pflanzen und Pilzen vorkommt; ein Manganenzym, das bei allen Tieren und Pflanzenmitochondrien sowie in Bakterien identifiziert wurde, und eine eisenhaltige Superoxiddismutase, die nur in einigen prokaryotischen Organismen (d.h. Organismen ohne innere membrangebundene Kompartimente) nachgewiesen wurde. SOD können ihre Funktion nur dann erfüllen, wenn sie zur Spaltung von H_2O_2 (Reaktion 6.12), das andernfalls $^{\bullet}OH$-Radikale bilden würde (Reaktion 6.19), mit dem weitverbreiteten Enzym Katalase zusammenwirken.

Den meisten Organismen stehen mindestens drei weitere Möglichkeiten zur Verfügung, mit denen sie sich gegen freie Radikale verteidigen. Glutathion-Peroxidase z.B. entfernt H_2O_2 und andere organische Peroxide aus den wäßrigen Zellteilen, indem es die Umwandlung von zwei Molekülen Glutathion (GSH) zu einem Molekül des Oxidationsprodukts Glutathion-Disulfid (GSSG; Reaktion 6.21) katalysiert. Die Rückreaktion von GSSG zu GSH erfolgt mit Hilfe des Enzyms Glutathion-Reductase (Reaktion 6.22).

$$2\mathbf{G}\text{–SH}^{1} + \text{ROOH} \Rightarrow \mathbf{G}\text{–S–S–}\mathbf{G} + H_2O + \text{ROH} \qquad (6.21)$$

$$\mathbf{G}\text{–S–S–}\mathbf{G}^{1} + 2\text{NADPH} \overset{\text{Glutathion–Reductase}}{\Rightarrow} 2\mathbf{G}\text{–SH} + 2\text{NADP}^{+} \qquad (6.22)$$

[1] **G** = Glutathion (ein Tripeptid).

Vitamin E (α-Tocopherol) wird von Pflanzen synthetisiert und ist ein wichtiger Bestandteil der menschlichen Nahrung. In den Lipiden der Zellmembranen übt es die Funktion eines Antioxidans aus. Es wird durch $^{\bullet}O_2^-$, H_2O_2 oder $^{\bullet}OH$ zunächst zu einem Semichinol und dann zu Tocopherylchinon oxidiert (Abb. 6.8). Ein Teil des Tocopherylchinons kann zu α-Tocopherol zurückgebildet und wiederverwertet werden; insgesamt gehen jedoch beträchtliche Mengen verloren, die bei den Pflanzen durch erneute Synthetisierung bzw. bei Menschen und Tieren durch die Nahrungsaufnahme ersetzt werden müssen.

Vitamin C (Ascorbat) ist ein weiteres von Pflanzen synthetisiertes Antioxidans, das der Mensch über die Nahrung zu sich nimmt; es hat sowohl bei Tieren als auch bei Pflanzen die Funktion eines Radikalfängers. Dieses Kohlenhydrat reagiert in Gegenwart zweier Enzyme, Ascorbatoxidase und Ascorbatperoxidase, mit $^{\bullet}O_2^-$, H_2O_2 und $^{\bullet}OH$-Radikalen unter Bildung von Dehydroascorbat (Abb. 6.8). Dehydroascorbat kann in Gegenwart anderer Enzyme wieder zu Ascorbat reduziert werden; ein Teil des Ascorbats geht jedoch zwangsläufig verloren, wenn der Zuckerring sich öffnet und 2,3-Diketogulonat gebildet wird, das dann im Stoffwechsel verbraucht wird. Damit gewährleistet ist, daß das lebenswichtige Antioxidans Ascorbat in den wäßrigen Teilen der Zellen stets in ausreichender Konzentration vorhanden ist, muß es dem Organismus ständig neu zur Verfügung gestellt werden: bei Pflanzen durch Rückgewinnung und durch erneute Biosynthese, bei Tieren durch Freisetzung aus den begrenzten Reserven.

Es gibt weitere antioxidierende Systeme, die vor allem Pflanzen zur Verfügung stehen. Die phenolischen Bestandteile der Pflanzenzellwände und einige Carotinoide (Xanthophylle) in den Chloroplasten können potentielle Oxidanzien aufnehmen. Im Xanthophyll-Zyklus wird Zeaxanthin über Antheraxanthin in einer Reaktion, die durch Epoxidase katalysiert wird, zu Violaxanthin umgewandelt. Ein anderes Enzymsystem stellt dann durch Spaltung der Epoxy-Gruppen wieder Zeaxanthin her.

Deshalb müssen immer auch die natürlichen Schutzmechanismen berücksichtigt werden, wenn man die Auswirkungen, die die Luftschadstoffe auf die verschiedenen biologischen Systeme haben, betrachtet. Von der Eigenschaft des Oxidans und seinem Aufenthaltsort in der Zelle hängt ebenfalls ab, welches Antioxidans verbraucht wird. Bei den wäßrigen Teilen der Zelle sind dies hauptsächlich Glutathion und Ascorbat (sowie bei Pflanzen Phenol), wohingegen die nichtwäßrigen (bzw. hydrophoben oder lipophilen) Teile der Zelle stärker auf den Schutz angewiesen sind, den α-Tocopherol bzw. bei Pflanzen auch Carotinoide bieten.

6.3 Auswirkungen auf die Pflanzen

6.3.1 Eintritt in die Pflanze

Die Geschwindigkeit, mit der Ozon und PAN sich auf verschiedenen Oberflächen (z.B. Boden, Wasser, Vegetation) ablagern, ist höher als diejenige von Stickoxiden und ungefähr ebenso hoch wie die Depositionsgeschwindigkeit von SO_2 (Tabelle 1.4). Herrscht während einer Photosmogepisode Windstille, bietet dies der Vegetation einen gewissen Schutz, da eine unbewegte blattnahe Luftschicht der Diffusion von O_3 zusätzlichen Widerstand entgegensetzt. Wenn das troposphärische Ozon durch den Wind transportiert wird, kann es selbst in vielen Kilometern Entfernung Vegetationsschäden verursachen, weil der Grenzschichtwiderstand durch die Luftbewegung leichter überwunden wird.

Ozon (und PAN) gelangen über die Stomata (Spaltöffnungen) in das Blatt, obwohl auch die Wachsschicht der Blattoberfläche (Cuticula) durch Ozon beschädigt werden kann. Bei den meisten Pflanzen sind die Stomata tagsüber geöffnet. Daher beginnt die Schädigung durch Ozon bei Tageslicht; Kakteen und andere Pflanzen, deren Stomata zur Vermeidung von Wasserverlust nur nachts geöffnet sind, sind jedoch bei Dunkelheit am empfindlichsten gegenüber O_3.

Die Reaktion auf O_3 wird durch eine Reihe von umweltbedingten und genetischen Faktoren bestimmt (s. Tabelle 6.1). O_3 kann sich auf den feuchten Oberflächen im Blattinneren (z.B. in der extrazellulären Flüssigkeit von Mesophyllgewebe) lösen und ähnlich wie CO_2 entlang eines Konzentrationsgradienten diffundieren. Die Löslichkeit, die Abbaugeschwindigkeit und der pH-Wert des jeweiligen Mediums haben Einfluß auf die Ozonmenge, die aufgenommen wird. Die Löslichkeit von Ozon beträgt ungefähr ein Drittel derjenigen von CO_2 und nur ein Hundertstel derjenigen von SO_2 (s. Kapitel 2).

6.3.2 Zellveränderungen und -schäden

Wenn O_3 in die Lufträume innerhalb des Blattes eindringt und in die Nähe der extrazellulären Flüssigkeit gelangt, bildet es sofort andere, unterschiedlich reaktive Derivate. Es ist nicht wahrscheinlich, daß eine große Menge Ozon tiefer in die Zellen gelangt, ohne vorher eine Reaktion einzugehen. Studien in Lancaster und andernorts haben ergeben, daß O_3 mit ungesättigten Kohlenwasserstoffen (Ethen und Isoprenoidverbindungen), die z. T. von den tiefer gelegenen Zellen freigesetzt werden, unter Bildung von primären Ozoniden und Hydroxyhydroperoxiden (HHP, s. Abb. 6.4) reagiert. Diese HHP sind z.T. verantwortlich für die schädlichen Auswirkungen von Ozon, die eintreten, bevor das natürliche antioxidantische System im Innern der Zelle eingreifen kann.

Tabelle 6.1 Faktoren, die die Reaktion der Pflanzen auf O_3 und PAN beeinflussen

Genetische Faktoren	*Umweltfaktoren*
Entwicklung (und Seneszenz):	Bodenverhältnisse:
Zelle (u.a. Vitalität und Alter)	Säure
Gewebe (u.a. Sukkulenz)	Temperatur
Blatt (u.a. Form, Haare, Wachse)	Wasserstreß
Wurzeln	Nährstoffe (K^+, Phosphate, Nitrate)
Pflanze (u.a. Stomatastruktur)	
Innerhalb der und zwischen den Spezies:	Klimatische Bedingungen:
einzelne Exemplare	Licht
Klone	Feuchtigkeit
Varietäten	Temperatur
Cultivare	CO_2-Gehalt
Populationen	Andere Schadstoffe (PAN, Kohlenwasserstoffe, SO_2, NO, NO_2, HF, NH_3)
	Dauer der Belastungsepisoden
	Biotische Bedingungen
	Krankheitserreger (Insekten, Pilze, Bakterien, Viren)
	Wettbewerb unter den einzelnen Exemplaren
	Wettbewerb zwischen den Spezies
	Pestizide
	Verbindung mit Mykorrhizen

Die meisten Studien über Ozonschäden haben ergeben, daß das Plasma oder die Zellmembranen der Pflanzenzellen (auch Plasmalemma genannt) am meisten Schaden erleiden. Dies äußert sich in einer Veränderung der Permeabilität und in einer "Löchrigkeit" der Zellmembranen, die einen Verlust wichtiger Kationen wie Kalium zur Folge hat. Innere Membranen (z.B. die Organellenhüllen) sind in einem geringeren Maß betroffen, da die toxischen Oxidanzien, die aus O_3 gebildet werden, auf ihrem Weg in das Zellinnere zunehmend verdünnt werden und daher in geringeren Konzentrationen einwirken.

Es gibt zwar Anzeichen dafür, daß innerhalb der Zellen Reparaturmechanismen zum Tragen kommen; an welchen Stellen die Schäden verursacht werden, ist jedoch schwer zu spezifizieren. Die schweren Schädigungen durch die Oxidanzien, welche aus O_3 entstehen, kündigen sich durch anfängliche Symptome wie den Verlust von Chlorophyll, die Zunahme der Blattfluoreszenz (die auf nicht genutzte Lichtenergie hindeutet) und Veränderungen der Adenylatkonzentration (ATP usw.) an. Die empfindlicheren durch O_3 verursachten Störungen in den Pflanzenzellen zeigen sich in Form von Veränderungen bei verschiedenen Stoffflüssen über die Membranen, insbesondere von

Zucker, Aminosäuren, Wasser und Kaliumionen. Die Störung des Membrantransports kann zurückgeführt werden auf die Unfähigkeit der Zelle, die Steuerung des osmotischen Drucks und ein ausreichendes Elektronenpotential über die Membranen hinweg aufrechtzuerhalten. Nur wenn die Ozonkonzentration niedrig ist oder lediglich über einen kurzen Zeitraum einwirkt, kann die Membran nach der Ozonepisode die normale Transportfähigkeit wiedererlangen.

6.3.3 Sichtbare Schäden

Die durch HHP verursachten Schäden beruhen darauf, daß die Zelle nicht in der Lage ist, die Membranpermeabilität wiederherzustellen oder die Folgen der veränderten Membrandurchlässigkeit auszugleichen. Im Anfangsstadium auf empfindliche Zellen beschränkt, weiten sich die Schäden zu irreversiblen pathologischen Formen aus, die sich in der charakteristischen Bleichung der Zellen manifestieren. Ein frühes Schadenssymptom sind wasserdurchtränkte Zonen unterhalb der Blattepidermis. Wenn eine Reparatur noch möglich ist, verschwinden diese wasserdurchtränkten Stellen allmählich wieder, sobald das Gewebe die Fähigkeit zur Steuerung der Permeabilität wiedererlangt hat.

Die sichtbaren Schäden beschränken sich normalerweise auf das Blattwerk, wobei eine Reihe genetischer und umweltbedingter Faktoren auf die Art dieser Schäden Einfluß nimmt (s. Tabelle 6.1). Typisch sind chlorotische Flekken auf den Blättern zwischen den Blattadern (s. Farbtafel 6); die Symptome variieren jedoch je nach Spezies. In einem späteren Stadium können sich die Flecken infolge der verstärkten Anthocyanproduktion rötlich oder bräunlich oder infolge von Tanninbildung dunkel verfärben. Farbtafel 4 zeigt die charakteristischen gelben und weißen Streifen auf der Benadelung von Koniferen, die durch wiederholte Photosmogepisoden verursacht werden; das Titelbild des Buches zeigt die deutlich ausgeprägte Braunfärbung von Ponderosa-Kiefern in den San-Bernardino-Bergen in Südkalifornien (Abdruck mit freundlicher Genehmigung von Dr. Mark Poth, US Forest Service, Riverside).

6.3.4 Schäden infolge von Peroxyacylnitraten

Peroxyacylnitrate (PAN) gelangen ebenfalls über die Stomata in das Blatt; sie haben eine stärkere toxische Wirkung auf die Pflanzen als HHP usw. Glücklicherweise treten sie in der Regel aber in viel geringeren Konzentrationen auf als diese. Die sichtbaren Schadenssymptome sind unterschiedlich, wobei Braunfärbung der Blattunterseiten jedoch ein durchgängig zu beobachtendes Merkmal ist. Während der Entwicklungsphase sind Blätter und Nadeln besonders empfindlich gegenüber PAN; daher rührt das "gestreifte" Aussehen, das entsteht, wenn eine Smogepisode mit einer Wachstumsphase zusammenfällt (s. Farbtafel 4). Das benachbarte Gewebe bleibt gesund.

Angriffspunkte von Peroxyacylnitraten sind die Sulfhydrylgruppen der Proteine und, in geringerem Ausmaß, die ungesättigten Doppelbindungen der Lipide. Außerdem treten nur dann Schäden ein, wenn vor, während und nach der Belastung mit PAN Lichteinwirkung vorlag. Die Gründe hierfür sind sehr komplex; Sonnenlicht bewirkt die Bildung zusätzlicher freier Radikale, die dann den antioxidantischen Schutzmechanismus ausschalten. Der Zustand der nicht reparierten geschädigten Bereiche verschlechtert sich in dem Maß, wie die Menge der Photooxidationsprodukte zunimmt, die darüber hinaus auch neue, unkontrollierte Störungen verursachen.

6.4 Auswirkungen auf die Gesundheit

6.4.1 Gefahren in Innenräumen und am Arbeitsplatz

Die gesundheitlichen Gefahren, die durch Ozonbelastung in Innenräumen ausgelöst werden, werden häufig verkannt. Diese Gefahren werden in den meisten Fällen von Ozon verursacht, das von außen eingedrungen ist. Wenn man von einem durchschnittlichen Luftaustausch ausgeht ($4\ h^{-1}$), so beträgt die Konzentration z.B. in Büros 70% der Konzentration, die im Freien gemessen wird. Auch die O_3-Konzentration in Innenräumen ist im Sommer höher als im Winter. In Gebieten, in denen oft Photosmog herrscht, wurden in Innenräumen O_3-Konzentrationen von über 100 nl l^{-1} gemessen.

Die gemessenen Werte bewegen sich innerhalb einer großen Bandbreite. Diese beträchtlichen Schwankungen sind einerseits auf die Luftaustauschrate (die zwischen 0,6 und 30 h^{-1} betragen kann) und andererseits auf die jeweilige Inneneinrichtung zurückzuführen. Die Depositionsrate von O_3 in bezug auf verschiedene Oberflächen variiert beträchtlich. Während sie bei Materialien wie Kunststoffen und Glas sehr niedrig ist (ca. 0,001 cm s^{-1} bei neuem Glas), ist sie bei fabrikneuen Textilien sehr hoch (0,109 cm s^{-1} bei neuer Baumwolle).

Schon seit geraumer Zeit ist bekannt, daß Menschen, die mit Röntgengeräten, UV-Lampen, Xenon-Bogenlicht und mit Geräten mit hoher Spannung arbeiten, einer nicht unerheblichen Gefährdung durch Ozon, das sich aufgrund der ionisierenden Wirkung elektrischer Entladungen bildet, ausgesetzt sind. Die größte Gefährdung bringt wohl Elektro- und Gasschweißen mit sich, das oft in engen Räumen ausgeführt wird. Um die Gefährdung zu verringern, muß man eine ausreichende Belüftung sicherstellen. Auch beim Flugverkehr in großen Höhen müssen die höheren Ozonkonzentrationen, die in der tieferen Stratosphäre herrschen, berücksichtigt und entsprechende Schutzmaßnahmen für die Fluggäste und die Besatzung getroffen werden.

Mit dem Einzug des Fotokopier- und Faxgeräts ist auch an vielen Büroarbeitsplätzen die Ozonkonzentration gestiegen. Aus Lärmschutzgründen werden diese Geräte oft in schlecht belüftete Ecken oder kleine Abstellräume verbannt, die für die Aufstellung solcher Geräte nicht geeignet sind; dadurch wird das Problem häufig zusätzlich verschärft. Die empfohlene MAK für O_3, deren Grenzwert bei 0,1 $\mu l\ l^{-1}$ O_3 für eine 40-Stunden-Woche liegt, ist immer noch zu hoch; eine max. O_3-Konzentration in Innenräumen von deutlich unter 0,05 $\mu l\ l^{-1}$ wäre erstrebenswert.

6.4.2 Gefahren im Freien

Die natürliche Ozonkonzentration im Freien beträgt ungefähr 0,005 $\mu l\ l^{-1}$; Blitzentladungen und Photosmogepisoden können einen Anstieg der Konzentration auf weit über 0,1 $\mu l\ l^{-1}$ bewirken. Der US-Grenzwert (0,12 $\mu l\ l^{-1}$ Ozon als Stundendurchschnitt im Freien), der höchstens einmal pro Jahr überschritten werden sollte, wird während der Sommermonate in vielen Teilen der USA, Europas und Japans häufig überschritten.

Besonders gefährdet sind Kinder, ältere Menschen, Menschen mit einer bereits bestehenden Erkrankung der Atemwege, mit einem geschwächten Immunsystem oder mit einer koronaren Herzkrankheit. Bei der Reaktion des Körpers auf die Ozonbelastung spielt die Ozonkonzentration eine wichtigere Rolle als die Expositionszeit. Eine hohe Konzentration mit kurzer Einwirkungszeit verursacht einen verhältnismäßig größeren Schaden als eine niedrige Ozonkonzentration mit langer Einwirkungszeit. Intermittierende Exposition ist ebenfalls schwerwiegender als eine kontinuierliche Einwirkung. Das heißt, daß eine 6stündige Ozoneinwirkung mit anschließendem Aufenthalt in sauberer Luft nachteiligere Folgen haben kann als eine dauernde Belastung mit derselben Ozonkonzentration, die gleichmäßig über den ganzen Tag hinweg einwirkt. Sind gleichzeitig andere Schadstoffe in der Luft vorhanden (z.B. Stickoxide), so sind die Auswirkungen überadditiv (siehe Kapitel 11).

6.4.3 Kurze und lange Expositionszeiten

Photochemischer Smog verursacht Reizungen der Augen, der Nase, des Rachens und der Brust. Die Reizung der Augen wird nicht durch Ozon ausgelöst, sondern durch PAN und in Spuren auftretende freie Radikale von Kohlenwasserstoffen. Es ist bislang noch wenig erforscht, inwieweit die physiologischen Reaktionen auf Ozon sich von den Reaktionen auf PAN usw. unterscheiden. Allerdings wurden in umfangreichen Studien die Bedingungen ermittelt, unter denen Ozon Tumore auslöst. Diese Studien wurden größtenteils mit Tieren als Modellsystemen durchgeführt; auf die Problematik, inwieweit Ergebnisse aus Tierexperimenten auf den Menschen übertragbar sind, wurde bereits in den Kapiteln 2 und 3 eingegangen. Zumindest konnte jedoch festgestellt werden, daß die atmosphärische Ozonkonzentration nicht carcinogen ist.

Fest steht auch, daß Ozon sehr stark oxidierend wirkt und die Wände der pulmonalen Bronchiolen und Alveolen angreift. Ozon zerstört die Epithelzellen an den Oberflächen der Atemwege, welche später von dickwandigen würfelförmigen Zellen mit nur wenigen und kurzen Zilien (Flimmerhärchen) ersetzt werden. Zusätzlich zu diesem Verlust von Zilien schädigt Ozon die

Tabelle 6.2 Toleranzerzeugende Wechselbeziehungen zwischen Luftschadstoffen (bezogen auf den Menschen)

Primärer Schadstoff	*Sekundäre Schadstoffe, die Toleranz gegenüber dem primären Schadstoff erzeugen*
H_2S	O_3, $COCl_2$
NO_2	CCl_3NO_2, O_3, $COCl_2$, Thiocarbamid (Thioharnstoff)
O_3	CCl_3NO_2, H_2S, Keten, NO_2, NOCl, $COCl_2$, Thiocarbamid

Epithelzellen auch durch Vakuolenbildung im Cytoplasma und durch Bildung abnormer Mitochondrien. NO_2 kann ähnliche Schäden an den Zellen hervorrufen, jedoch erst in einer 20fach höheren Konzentration als O_3. Die ursprüngliche Schädigung wird häufig von einer Flüssigkeitsansammlung in den betroffenen Geweben (Ödem) begleitet; dadurch können akute Entzündungen ausgelöst werden. Entzündungen treten jedoch nur bei Belastung mit einer hohen Ozonkonzentration auf und klingen bei Abnahme der Ozonkonzentration wieder ab.

Die Auswirkungen von Ozon werden durch körperliche Anstrengung verstärkt. Es wird daher empfohlen, bei hohen Ozonwerten sportliche Aktivitäten einzustellen; Risikogruppen (z.B. Kinder, die ohnehin mehr Zeit im Freien verbringen als andere Bevölkerungsgruppen) sollten sich bei hohen Ozonwerten nicht im Freien aufhalten.

Erstreckt sich die Ozonbelastung über einen längeren Zeitraum, kann dies dazu führen, daß ein erheblicher Anteil der Lungenepithelzellen durch würfelförmige Zellen ersetzt wird. Die Anzahl der Makrophagen, der fibrösen Elemente und der schleimabsondernden Zellen erhöht sich, und es kommt zu einer Verdickung der Wände der Atmungsorgane. Diese Veränderungen ziehen bei einer Reihe von Krankheitsbildern wie Bronchitis und Emphysemen eine Verschlechterung des Zustands nach sich. Menschen, die an derartigen gesundheitlichen Problemen leiden, werden mehr als andere durch atmosphärisches Ozon gefährdet. Kinder, die in Gebieten mit hoher Luftverschmutzung und häufigen Photosmogepisoden leben, stellen mittlerweile einen hohen Anteil der Bronchitispatienten.

Es wurde beobachtet, daß nach erstmaliger Belastung eine verstärkte Toleranz gegenüber späterer Ozoneinwirkung entwickelt wird. Bei Versuchen, in denen Ratten verschiedenen Konzentrationen ausgesetzt wurden, hat man festgestellt, daß die Tiere, die einer höheren anfänglichen Ozonkonzentration ausgesetzt waren, besser vor einer erneuten Ozoneinwirkung in der doppelten Konzentration geschützt waren als Ratten mit einer niedrigen anfänglichen Ozonbelastung. Ein Vergleich der biochemischen Blutveränderungen bei Einwohnern Kaliforniens mit denjenigen von Einwohnern Kanadas, die ähnlichen Ozonkonzentrationen ausgesetzt wurden, ergab, daß die Menschen in Kalifornien bereits eine gewisse Toleranz gegenüber Ozon erworben hatten.

Epidemiologische Studien über eine Zunahme der Atemwegsinfektionen und eine Abnahme der Lungenfunktion bei Bevölkerungsgruppen, die photochemischem Smog ausgesetzt sind, werden durch die Tatsache erschwert, daß komplexe und sich rasch verändernde Kombinationen von Ozon, Stickoxiden, PAN und anderen Smogbestandteilen berücksichtigt werden müssen. Kurzzeitstudien über die Korrelation zwischen einwirkender Dosis und Reaktion lassen erkennen, daß – ähnlich wie bei den Pflanzen – Stickoxide und Ozon zwar ähnliche Schadwirkungen auf die Lunge hervorrufen, daß bei NO_2 jedoch mehr als die fünffache Konzentration erforderlich ist, um ähnliche Reaktionen wie Ozon auszulösen.

Die intensive Untersuchung von Toleranz auslösenden Mechanismen ergab, daß Ozoneinwirkung verschiedene Toleranzreaktionen auch für andere Stoffe in Gang setzt. Es ist eine ganze Reihe von Fällen bekannt, bei denen eine toxische Substanz den Erwerb von Toleranz gegenüber einer anderen toxischen Substanz auslöst; in Tabelle 6.2 sind einige Beispiele aufgeführt.

6.4.4 Biochemische und physiologische Veränderungen

Tiere verfügen ebenfalls über eine Reihe von Mechanismen zum Schutz vor freien Radikalen (siehe Abschnitt "Reaktionen unter Beteiligung von PAN"). Die Einwirkung von Ozon verursacht erhöhte SOD-, Glutathion-Peroxidase-, Glutathion-Reductase-, Disulfidreductasekonzentrationen und eine Zunahme der nicht proteinhaltigen Sulfhydryl-Gruppen (hauptsächlich des Glutathions) im Lungengewebe. Diese Stoffe bewirken ihrerseits eine gewisse Toleranz.

Es liegen keine ausführlichen Studien über Pegel und Verbrauch von Ascorbat vor, man weiß allerdings, daß tierisches Gewebe, das ausreichend mit Vitamin E (α-Tocopherol) versorgt ist, viel weniger empfindlich gegenüber Ozon ist als Gewebe, das einen Mangel an dieser schützenden Verbindung aufweist. Auch bei Tieren wurde eine erhöhte Malondialdehydproduktion festgestellt, was sowohl auf Ozonolyse als auch auf Lipidperoxidation hinweist. Es gibt keinen Grund zu der Annahme, daß der Ozonangriff auf Tiere sich von dem Ozonangriff auf Pflanzen unterscheidet. Wahrscheinlich reagiert Ozon in den feuchten Schleimhautschichten, welche die Zellen der Atemwege auskleiden, mit ungesättigten Kohlenwasserstoffen unter Bildung von HHP und reaktiven Aldehyden usw. (Abb. 6.4), welche dann die Plasmamembranen schädigen.

Es ist nachgewiesen, daß das Einatmen von ozonbelasteter Luft Störungen der Mitochondrienstruktur, eine Verminderung des Atemzugvolumens und eine Erhöhung der Atemfrequenz hervorruft. Außerdem erfolgt ein Anschwellen der Zellen, erhöhte Produktion der am Stoffwechsel beteiligten Enzyme, verstärkter Sauerstoffverbrauch und eine Effizienzabnahme bei der Bildung von ATP. Diese Schäden, die Ozon in den Mitochondrien verursacht, sind jedoch wahrscheinlich sekundär. Ihnen geht – ähnlich wie bei empfindlichem Pflanzengewebe – eine durch Oxidanzien verursachte Schädigung der Durchlässigkeit der Zellmembranen voraus.

Eine wichtige Aufgabe der alveolaren Makrophagen ist die Aufrechterhaltung der Sterilität des Lungengewebes. Diese weißen Blutzellen, die im Rückenmark gebildet werden, umgeben eindringende Partikel (u.a. Bakterien) mit einer schützenden Vakuole (Phagosom), die u.a. Enzyme (z.B. saure Phosphatase und Lysozym) enthält. Während der folgenden Verdauung schützt die Vakuolenmembran die Makrophage vor diesen starken Enzymen, die den Eindringling angreifen und schließlich zerstören. Normalerweise befinden sich die Hydrolasen der Makrophagen in schützenden Lysosomen, damit die übrige Makrophage nicht geschädigt wird. Die Ozonprodukte können jedoch eine verstärkte Brüchigkeit und teilweise Auflösung (Lyse) der Lysosomen verursachen. Normalerweise werden die Hydrolasen der Lysosomen nur beim Zelltod freigesetzt, was dann zur Autolyse der Zelle (Selbstverdauung) führt. Ozonprodukte wie z.B. HHP lösen diese Reaktionen jedoch aus, bevor der normale Lebenszyklus einer Zelle vollendet ist.

Wenn Ozon auf das Lungengewebe einwirkt, veranlaßt es offenbar die Makrophagen dazu zusammenzuströmen, als ob Bakterien eingedrungen wären, obwohl dies nicht der Fall ist. Weitere Makrophagen eilen herbei und werden dann – je nach Ozoneinwirkung – teilweise beschädigt. Gleichzeitig wird ihre eigentliche Funktion, das Bekämpfen von bakteriellen Infektionen, behindert, so daß Lungenentzündungen und andere Atemwegserkrankungen leichtes Spiel haben. Die Auswirkungen von Ozon werden also durch die Aktivierung normaler zellulärer Vorgänge, die eigentlich eine ganz andere Funktion haben, verschlimmert. Diese Tatsache erklärt, weshalb niedrige Konzentrationen von atmosphärischem Ozon zu signifikanten Veränderungen der Lungenfunktion führen, die für Bronchitis- und Lungenemphysem-Patienten besonders schwerwiegende Auswirkungen haben.

6.4.5 Zellmodelle

Erythrozyten (rote Blutzellen) transportieren beträchtliche O_2-Mengen im Körper. Dazu sind ihre Zellmembranen für nicht reaktive gelöste Gase frei durchlässig. O_2 ist in den hydrophoben (wasserabstoßenden) Bezirken der Membranen sehr gut löslich, wohingegen Ozon im wäßrigen Blutplasma 10mal löslicher ist als O_2. Menschliche rote Blutzellen wurden vielfach als Modellsysteme verwendet, um die Auswirkungen von Ozon auf die Zellmembranen zu untersuchen, denn sie bieten den Vorteil, daß sie nach dem Verlust ihres Kerns keine Proteine synthetisieren und daß bei ihnen keine anderen Stoffwechselvorgänge stattfinden als der Abbau von Zuckern. Somit stellt sich nicht das Problem, daß während der experimentellen Begasung inhärente biochemische Anpassungsprozesse stattfinden könnten. Versuche mit roten Blutzellen haben ergeben, daß zahlreiche Stellen gegenüber Ozon und H_2O_2 empfindlich sind. So wurden z.B. verstärkte Membranbrüchigkeit, verminderte Konzentrationen von Antioxidanzien (wie beispielsweise Glutathion) und Veränderungen der Enzymaktivität festgestellt.

Die Mechanismen, die beim Angriff von Ozon auf einzelne Proteine der roten Blutzellen eine Rolle spielen, wurden ebenfalls untersucht. Bei Glycophorin, einem Protein der Erythrozytenmembran, sind die Aminosäuren mit den Positionen 72 bis 92 in Membranen eingebettet; sie enthalten kein Cystein oder Tryptophan. Das Methionin, das sich in der Position 8 befindet, liegt außerhalb der Membranen, wohingegen das in der Position 82 gelegene Methionin innerhalb der Membranen liegt. Wenn die Membranen einer Ozonbelastung ausgesetzt werden, wird Methionin 8 zu Methioninsulfoxid oxidiert (Abb. 6.6), wohingegen Methionin 82 geschützt ist. Diese Veränderungen erklären, wie Ozon Immunreaktionen, bei denen an der Oberfläche liegende Proteine entscheidenden Anteil haben, beeinflussen kann.

Versuche mit roten Blutzellen haben auch gezeigt, daß Auswirkungen auf Lipide und Proteine erst bei höheren Ozonkonzentrationen auftreten. Zugabe eines Lysophospholipids führt zum Bruch der roten Blutzelle oder zur Auflösung – ähnlich dem Vorgang bei einem Schlangenbiß oder Insektenstich –; Ozon ruft jedoch bei roten Blutzellen keine Lyse (Auflösung) hervor. Wenn Phospholipide in Abwesenheit von roten Blutzellen einer Ozonbelastung ausgesetzt sind, werden die Fettsäuren in den Phospholipiden ozonolysiert (d.h. es entstehen keine freien Radikale). Diese verhalten sich dann wie Lysophospholipide und können rote Blutzellen in Abwesenheit von Ozon öffnen oder auflösen. Das heißt, daß Ozon kein ozonisiertes Phospholipid hervorbringen kann, solange es sich in der Zellmembran befindet, daß es aber Sulfhydrylguppen außerhalb der Zellmembranen verändern kann. Daher findet der Ozonangriff eher auf die nach außen gewandten Proteine als auf die Lipide innerhalb der Membranen statt. Erst wenn die primäre Schädigung der Proteine die Membranfunktion verändert (d.h. die Permeabilität erhöht) hat, erfolgt die sekundäre Schädigung der Lipide.

6.4.6 Entstehung von Mutationen

Ultraviolettes Licht und Ozon werden häufig bei der Desinfektion des Wassers in Schwimmbecken als Alternativen zu Hypochlorit eingesetzt. Das Ozon oxidiert die Sulfhydrylgruppen und ozonolysiert die Fettsäuren der Zellwände der Bakterien. Ozon verursacht im Zusammenspiel mit UV-Licht Genschäden: DNA-Stränge brechen, und die DNA-Reparaturmechanismen werden geschädigt. Die eigentliche Chromosomenstörung wird dabei durch UV-Licht ausgelöst, und die Gegenwart von Ozon hemmt dann die DNA-Reparaturmechanismen, die normalerweise einsetzen würden.

Vor etlichen Jahren wurden ausgedehnte Tierexperimente unternommen, um die mutagenen Auswirkungen von atmosphärischem Ozon, PAN usw. auf den Menschen festzustellen. Diese Experimente ergaben nur wenige Anhaltspunkte dafür, daß tatsächlich Mutationen entstehen; bei vergleichbaren

Studien mit bestrahltem Smog aus Autoabgasen wurde eine deutliche Abnahme der Mäuse pro Wurf, der Wurfhäufigkeit bei Muttertieren und der Überlebensraten der frischgeworfenen Mäuse beobachtet. Die erhöhte Mortalitätsrate wurde auf Veränderungen in der genetischen Zusammensetzung des Spermas zurückgeführt, die nicht durch Ozon, sondern durch andere Smogbestandteile ausgelöst wurden.

In den letzten 20 Jahren wurden nicht so viele Studien über die Auswirkungen der übrigen Smogbestandteile auf Tiere und Pflanzen durchgeführt wie über Ozon, obwohl der Bedarf an derartigen Studien heute größer ist als jemals zuvor. Die langfristigen Gefahren für die Gesundheit, die von denjenigen aktiven Bestandteilen des photochemischen Smogs und den in Spuren auftretenden Kohlenwasserstoffen ausgehen, die nicht auch in Zigarettenrauch enthalten sind, müssen daher erst noch bewertet werden.

Weiterführende Literatur

Adams RM, Hamilton SA, McCarl BA (1984) The Economic Effects of Ozone on Agriculture. US Environmental Protection Agency, Corvallis, Oregon.

Berglund RL (ed) (1992) Tropospheric Ozone and the Environment. Air and Waste Management Association, Pittsburg, Pennsylvania.

Grennfelt P (ed) (1984) Ozone – The Evaluation and Assessment of the Effects of Photochemical Oxidants on Human Health, Agricultural Crops, Forestry, Materials and Visibility. Swedish Environment Research Institute, Gothenburg.

Guderian R, Rabe R (1983) Photochemical Oxidants – Formation, Control, Effects on Man, Animals and Plants. Springer-Verlag, Berlin.

Guderian R (ed) (1985) Air Pollution by Photochemical Oxidants. Springer-Verlag, New York.

Halliwell B, Gutteridge JMC (1985) Free Radicals in Biology and Medicine. Clarendon Press, Oxford.

Levitt J (1972) Responses of Plants to Environmental Stresses. Academic Press, New York.

Pell EJ, Steffen KL (eds) (1992) Active Oxygen/Oxidative Stress and Plant Metabolism, vol. 6, Current Topics in Plant Physiology. American Society of Plant Physiology, Rockville, Maryland.

7. Stratosphärischer Ozonabbau und verstärkte UV-B-Strahlung

7.1 Ultraviolette Strahlung

In Abhängigkeit von der Wellenlänge durchdringen bestimmte Frequenzen der Solarstrahlung die gesamte Atmosphäre und erreichen die Erdoberfläche (Abb. 7.1). Im Gegensatz zu den kürzerwelligen Radiowellen (1 cm bis 10 m) gelangen sehr langwellige Radiowellen nicht sehr viel tiefer als 50 km über Meeresniveau. Die meisten infraroten Strahlen sind bereits ca. 10 km über dem Meeresspiegel (d. h. ungefähr auf der Höhe des Mount Everest) vollständig absorbiert, geringe Mengen kurzwelliger Infrarotstrahlung, der gesamte sichtbare Bereich des Spektrums und längerwellige ultraviolette (UV) Strahlung erreichen jedoch das Meeresniveau. Kürzere Wellenlängen (Röntgenstrahlen, Gamma-Strahlen und die meisten kosmischen Strahlen) werden bereits zwischen 10 und 100 km über der Erdoberfläche ausgefiltert (Abb. 7.1).

UV-Licht wird in drei Kategorien (Tabelle 7.1) unterteilt. Nur UV-A und teilweise UV-B gelangen bis auf die Erdoberfläche. Das biologisch weitaus schädlichere UV-C wird vollständig herausgefiltert.

Eine Reihe von Faktoren hat Einfluß darauf, in welchem Maße UV-B, der Teil der Solarstrahlung, der die meisten schädlichen Auswirkungen auf biologische Systeme hat, die Atmosphäre durchdringt. Die wichtigste Barriere in der Atmosphäre gegen UV-B-Strahlung bilden die Ozonmoleküle in der Stratosphäre, andere Umweltfaktoren spielen jedoch ebenfalls eine Rolle. Dazu gehören (neben O_3) troposphärische Schadstoffe, die Sonnenfleckenaktivität (durch die sich die stratosphärische Ozonkonzentration um fast 2% erhöhen kann) und die Reflexion von UV-B an Oberflächen, Wolken und Aerosolen. Da diese Faktoren stark variieren können, sind die über längere Meßzeiträume ermittelten UV-B-Flüsse oft nicht einheitlich und scheinen widersprüchlich zu sein. Aufgrund der großen Schwankungen gibt es kein verläßliches globales Modell, mit dem Trends im UV-B-Fluß vorhergesagt werden könnten. Tatsächlich wird an den UV-B-Meßstellen, die sich in der Regel in der Nähe von Städten befinden, oft eine Abnahme von UV-B verzeichnet, die auf die Bewölkung und die Zunahme der troposphärischen Schadstoffe zurückzuführen ist. Lediglich in den Polargebieten (s. weiter unten) zeigen die Meßergebnisse übereinstimmend einen Trend zu verstärkten UV-B-Flüssen infolge des stratosphärischen Ozonabbaus.

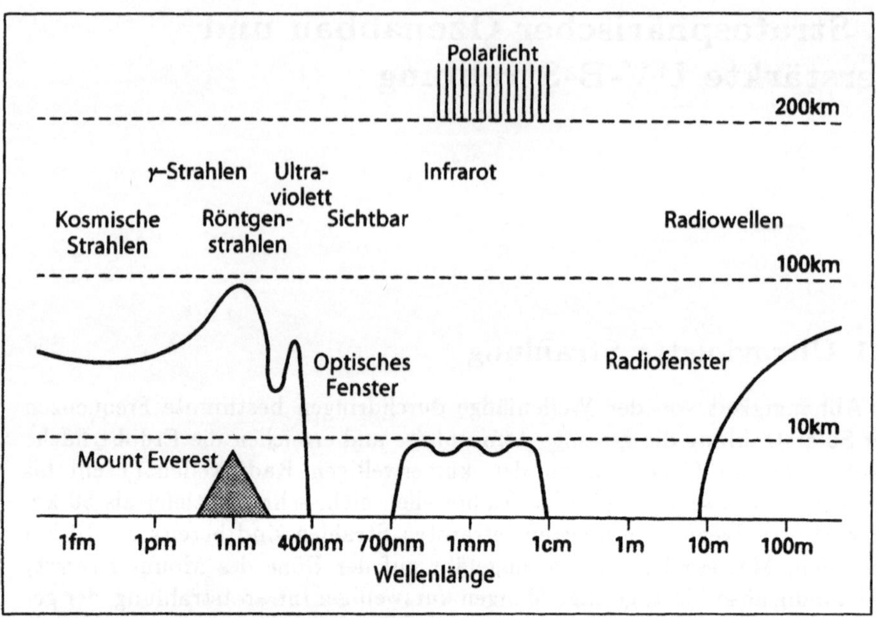

Abb. 7.1. Durchdringung der Atmosphäre von verschiedenen Solarstrahlungsarten. Nur bestimmte Radiofrequenzen und Strahlung im und um den sichtbaren Bereich gelangen bis auf Meeresniveau

UV-B-Strahlung kann mit verschiedenen Methoden gemessen werden. Ein übliches Maß für den atmosphärischen Ozongehalt der vertikalen Luftsäule ist die Dicke einer gedachten Gasschicht auf Meeresniveau, die ganz aus O_3 besteht und gewöhnlich in Dobson (DU) angegeben wird. Ein Dobson entspricht einer Schichtdicke von 0,00001 m bei atmosphärischen Standardverhältnissen (Temperatur und Druck). Ein Meßergebnis von 360 Dobson entspricht also einer gedachten Ozonschicht von 3,6 mm Dicke. Am größten sind die Abweichungen von diesem Standardwert im Frühjahr (September – November) über dem Südpol. Abweichungen wurden erstmals 1982 von einem Team unter Leitung von Dr. Farman vom British Antarctic Survey festgestellt und 1987 von NASA-Satellitenmessungen bestätigt. Seither wird ein zunehmender Abbau der Ozonschicht und damit einhergehend eine Zunahme der UV-B-Strahlung in dieser empfindlichen Jahreszeit registriert. 1992 beispielsweise lag der gemessene Wert bei nur 170 Dobson und betrug damit ca. 50% des normalen Wertes.

Als Faustregel gilt, daß je 5% Ozonabnahme in der Stratosphäre der UV-B-Fluß auf Meeresniveau um je 10% zunimmt. Abbildung 7.2 zeigt die mögliche Veränderung des UV-B-Flusses über verschiedenen Gebieten der Erde in 10-Jahres-Intervallen. Die größte Zunahme von UV-B wird wahrscheinlich über dem Südpol erfolgen, aber auch über weiten Teilen der dichtbesiedel-

Tabelle 7.1 Strahlungsarten im strahlungsdurchlässigen Bereich der Erdatmosphäre

Wellenlänge	*Art*	*Bemerkungen*
>13 μm	langwelliges Infrarot	CO_2- und FCKW-Moleküle in der Atmosphäre absorbieren Infrarot-(IR-)Strahlung zwischen 13 und 17 μm, die von der Erde zurückreflektiert wird, und tragen damit zum Treibhauseffekt der globalen Erwärmung bei.
700 nm–13 μm	kurzwelliges Infrarot[a]	13 μm ist die Obergrenze, bis zu der IR-Strahlung von der Sonne bis zur Erdoberfläche durchdringt. Strahlung in diesem IR-Bereich führt zur Erwärmung der Erdoberfläche und erlaubt auch eine Reflexion von IR <13 μm zurück in das Weltall.
400–700 nm	sichtbarer Bereich des Spektrums[b]	Die blauen (ca. 400 nm) und roten (ca. 700 nm) Bestandteile sind besonders für die Photosynthese von Bedeutung; dagegen ist im grün-gelben Bereich (500 nm) das Sehvermögen besonders empfindlich.
315–400 nm	UV-A[c]	Langwelliges UV, das normalerweise biologischen Systemen keinen Schaden zufügt. Die Photorezeptoren einiger Tiere und Pflanzen arbeiten in diesem Bereich.
280–315 nm	UV-B[d]	Diejenigen Wellenlängen des Sonnenlichts, die mit großer Wahrscheinlichkeit biologische Auswirkungen haben. Welches die obere Grenze ist, wird kontrovers diskutiert: der UNEP-Bericht von 1991 nennt 315 nm, andere Quellen 320 nm.
<280 nm	UV-C	Diese Wellenlängen werden von der Atmosphäre vollständig absorbiert, bevor das Sonnenlicht auf die Erdoberfläche trifft. Sie schädigen biologische Systeme mehr als UV-B und werden üblicherweise zum Sterilisieren eingesetzt.

[a–d] Diese betragen 42,5%, 51,3%, 5,7% bzw. 0,5% des gesamten Strahlungsflusses durch das optische Fenster.

ten Gebiete auf der Nordhalbkugel (35–60° N) wird eine Zunahme um 7% je Jahrzehnt vorhergesagt.

7.2 Atomarer Sauerstoff, Ozon und Hydroxylradikale

In der Thermosphäre, die 80 km über der Erdoberfläche beginnt, kommt Sauerstoff fast ausschließlich in atomarer Form vor, da die energiereichen Photonen des Sonnenlichts von Wellenlängen unter 242 nm selbst die stabilsten Moleküle spalten (Reaktion 7.1; s. auch Abb. 7.3). In der darunter

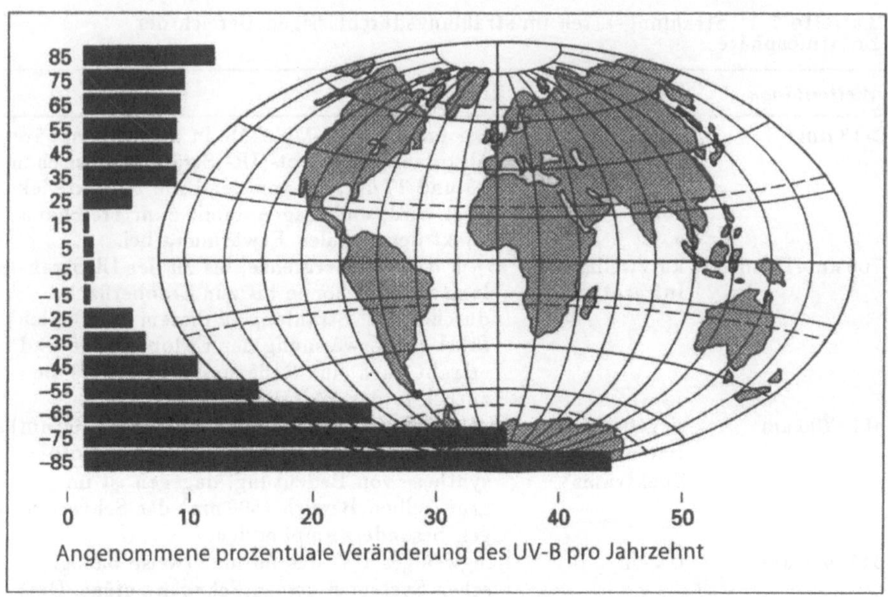

Abb. 7.2. Prognostizierter prozentualer Anstieg der UV-B-Flüsse pro Jahrzehnt über verschiedenen Teilen der Erdoberfläche (basierend auf dem UNEP-Bericht von 1991)

gelegenen Stratosphäre verbinden sich diese Sauerstoffatome dann mit molekularem Sauerstoff zu Ozon (Reaktion 7.2). Auch durch das Sonnenlicht wird diese Ozonschicht zum Teil abgebaut (Reaktion 7.3), hierbei handelt es sich jedoch um eine eher langsame Reaktion. Die größten Ozonkonzentrationen liegen daher in der Stratosphäre vor (in 15–40 km Höhe; s. Abbildungen 1.2 und 1.3).

$$O_2 + \text{Licht}\ (< 242\,\text{nm}) \Rightarrow 2O \tag{7.1}$$

$$O + O_2 + M^1 \Rightarrow O_3 + M \tag{7.2}$$

$$O_3 + \text{Licht} \Rightarrow O + O_2 \tag{7.3}$$

Die reaktionsfreudigsten freien Radikale in der Atmosphäre sind $^{\bullet}$OH-Radikale, die bei vielerlei Reaktionen gebildet werden, u.a. auch bei der Reaktion von atomarem Sauerstoff mit Wasserdampf (Reaktion 7.4). Die $^{\bullet}$OH-Radikale reagieren mit vielen Gasen in der Atmosphäre, auch mit O_3 (Reaktion 7.5). Das bedeutet, daß zwischen O_3, Wasserdampf und freien Radikalen wie $HO_2^{\bullet}$, $^{\bullet}$OH usw. ein natürliches Gleichgewicht besteht.

[1] Siehe Reaktionen 2.2 und 2.7.

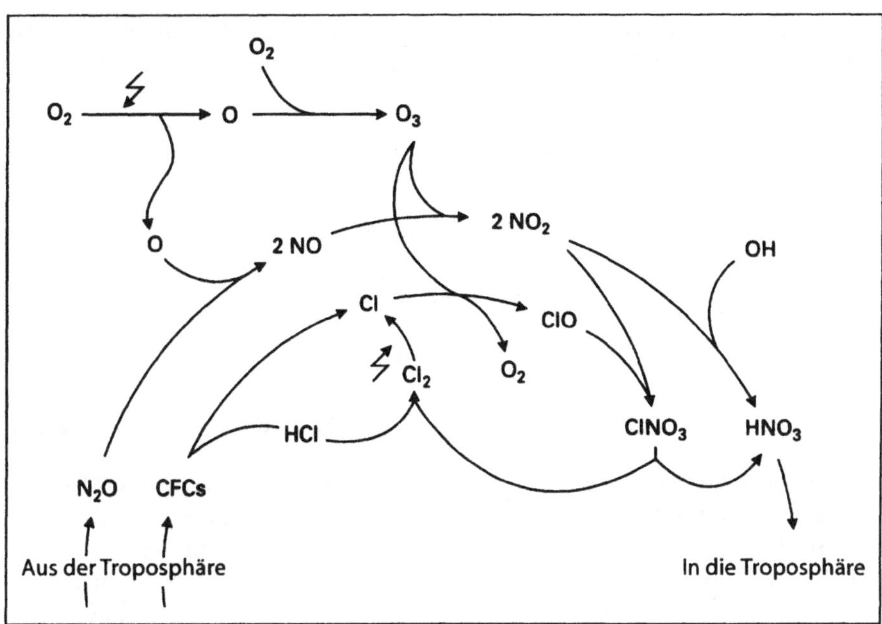

Abb. 7.3. Die Solarstrahlung (< 242 nm) hat Auswirkungen auf verschiedene Reaktionen, die in der oberen Atmosphäre ablaufen (dargestellt durch die blitzförmigen Pfeile), u.a. die Bildung von atomarem Sauerstoff, der seinerseits zur Bildung der stratosphärischen Ozonschicht führt. Reaktive O-Atome spalten N_2O, das bei der Denitrifikation des Bodens freigesetzt wird (s. Kapitel 3); dabei entsteht NO, das bei der Umwandlung zu NO_2 Ozon verbraucht. Starkes Sonnenlicht spaltet aus FCKW Chlor- (und Brom)atome ab, die bei der Umwandlung in Chlor- (und Brom)oxide und -nitrate ebenfalls Ozon verbrauchen. Die Chlor- und Bromatome werden dann in weiteren lichtabhängigen Reaktionen wieder freigesetzt, so daß sie weitere O_3-Moleküle spalten können. N.B. Infolge der gegenseitigen Umwandlung entspricht der Verlust bzw. die Bindung von atomarem Sauerstoff (O) dem Abbau von Ozon

$$O + H_2O \Rightarrow 2{}^\bullet OH \tag{7.4}$$

$$O_3 + {}^\bullet OH \Rightarrow HO_2{}^\bullet + O_2 \tag{7.5}$$

Atmosphärisches Distickstoffoxid (N_2O) entsteht hauptsächlich bei der Denitrifikation im Boden, insbesondere wenn unverbrauchter Kunstdünger im Boden verbleibt (Kapitel 3). Da es chemisch inert ist, steigt es in der Regel durch die Troposphäre in die Stratosphäre auf, ohne auf dem Weg Reaktionen einzugehen. Durch Reaktion mit atomarem Sauerstoff können jedoch die N_2O-Moleküle aufbrechen (Abb. 7.3) und NO freisetzen (Reaktion 7.6), welches das natürliche Gleichgewicht zwischen O_3, Wasserdampf und ${}^\bullet$OH-Radikalen stört. Dadurch wird der Ozonabbau beschleunigt, und zwar entweder direkt (Reaktionen 7.7 und 7.8) oder über die Bildung von weiteren

•OH-Radikalen und NO_2 bei der Reaktion von HO_2•mit NO (Reaktion 7.9). Das NO_2 wird schließlich zu Salpetersäure (HNO_3, Reaktion 7.10) umgewandelt.

$$N_2O + O \Rightarrow 2NO \tag{7.6}$$

$$NO + O_3 \Rightarrow NO_2 + O_2 \tag{7.7}$$

$$NO_2 + O \Rightarrow NO + O_2 \tag{7.8}$$

$$NO + HO_2^{\bullet} \Rightarrow NO_2 + {}^{\bullet}OH \tag{7.9}$$

$$NO_2 + {}^{\bullet}OH + M^1 \Rightarrow HNO_3 + M \tag{7.10}$$

Mitte der 70er Jahre wurde die Sorge laut, daß die erwartete große Anzahl von Überschallflügen zum Eintrag signifikanter Mengen von NO und NO_2 in die untere Stratosphäre führen würde, wodurch das Ozon und damit der Schutzschild gegen UV-B zerstört würde, den die Ozonschicht für die Biosphäre darstellt. Aus verschiedenen technischen und wirtschaftlichen Gründen entwickelte sich das Überschallflugaufkommen nicht in der erwarteten Größenordnung. Neuere Bewertungen der möglichen Gefährdung der Ozonschicht durch Überschallflugzeuge in der Stratosphäre haben ergeben, daß zwar ein Ozonabbau erfolgt ist, daß die Ozonschicht sich jedoch relativ schnell wieder erholen wird (d.h. in ungefähr 3 Jahren). Ein größeres Problem geht vom Flugverkehr in der oberen Troposphäre aus, bei dem unverbrannte Kohlenwasserstoffe und Stickoxide freigesetzt werden, die zur Bildung von zusätzlichem Ozon führen und damit zur globalen Erwärmung beitragen (s. Kapitel 8).

Die größte Bedrohung der stratosphärischen Ozonschicht geht von N_2O (s.o.) und von halogenierten Kohlenwasserstoffen aus, die aus Spraydosen und Kältemitteln entweichen und bei der Verbrennung von Isoliermaterial usw. freigesetzt werden (s. weiter unten). Die Erholung der Ozonschicht von diesen Emissionen dauert jeweils 20–50 Jahre – zu lang, als daß kurzfristige Gegenmaßnahmen Abhilfe schaffen könnten.

7.3 Sprays, Kältemittel, Isolierstoffe und Lösemittel

In den letzten 20 Jahren war ein dramatischer Anstieg bei der Herstellung von halogenierten Kohlenwasserstoffen zu verzeichnen, die neben Kohlenstoff nur aus Fluor, Chlor und/oder Brom bestehen. Die meisten halogenierten Kohlenwasserstoffe enthalten Fluor und Chlor; sie sind als Fluorchlorkohlenwasserstoffe (FCKW) bekannt. FCKW finden Verwendung als Treibgas

[1] Siehe Reaktionen 2.2 und 2.7.

in Spraydosen, als Kältemittel in Kühlschränken, als Aufschäummittel bei der Herstellung von Isolier- und Verpackungsmaterial, als Lösemittel für die Reinigung elektronischer Teile oder für die Verdünnung und Entfernung von Farben, aber auch im medizinischen Bereich als Anästhetika oder in Aerosolsprays für die Behandlung von Asthma- und Angina-pectoris-Anfällen.

In der Atmosphäre sind derzeit etwas mehr als 4 nl l^{-1} halogenierte Kohlenwasserstoffe enthalten. Dazu gehören CCl_3F (FCKW 11), CCl_2F_2 (FCKW 12) sowie kleinere Mengen von CF_4, C_2F_6, CCl_4, $CClF_3$, $CHClF_2$, $CHCl_2F$, $C_3H_3Cl_3$, $C_2Cl_3F_3$, $C_2Cl_4F_4$, C_2ClF_5, $CBrF_3$ und C_2BrClF_4 (s. auch Tabelle 7.2) die zunächst für vollkommen stabile und unschädliche Verbindungen gehalten wurden. Diese Menge mag zwar gering erscheinen, sie entspricht jedoch fast der gesamten Weltproduktion an FCKW seit deren Einführung. Dies ist auf die extreme Stabilität der FCKW zurückzuführen, eine Eigenschaft, die anfänglich als ihr größter Vorteil galt.

Die geschätzte atmosphärische Lebensdauer dieser Verbindungen ist sehr lang. FCKW 115 z.B. hat eine geschätzte Lebensdauer von 548 Jahren. Wenn die FCKW schließlich zerfallen, werden Chlor- (und Brom)atome freigesetzt, deren Aufenthaltsdauer in der Stratosphäre immer noch ziemlich lang ist (1–2 Jahre) und die weiterhin Ozon zerstören. Ein einziges Chloratom kann in der Stratosphäre mehrere tausend O_3-Moleküle zerstören; ein Bromatom zerstört sogar 40 mal so viele O_3-Moleküle wie ein Chloratom.

In der Stratosphäre werden FCKW und Halone in einer komplizierten Reaktionskette durch Licht oder durch Reaktion mit atomarem Sauerstoff unter Bildung von Chlor- und Bromatomen gespalten. Diese reagieren ihrerseits mit Ozon (und atomarem Sauerstoff) (Reaktionen 7.11 und 7.12) unter Bildung von Chlor- und Bromoxiden (ClO und BrO), wobei Ozon abgebaut wird. Diese Reaktionen sind den in Abb. 7.3 dargestellten Reaktionen von Ozon mit Stickoxiden (Reaktionen 7.7 und 7.8) sehr ähnlich. Schließlich reagieren die Stickoxide mit Chlor- und Bromoxid unter Bildung der sehr ungewöhnlichen Verbindungen Chlor- und Bromnitrat (z.B. $ClNO_3$, Reaktion 7.13). Diese reagieren mit Wasser, wobei Salpetersäure gebildet wird (Reaktionen 7.14–7.15), die, wenn sie gefriert (s.u.), Stickoxide bindet, die dadurch nicht mehr zur Fixierung von Chlor- und Bromatomen zur Verfügung stehen.

$$Cl + O_3 \Rightarrow ClO + O_2 \tag{7.11}$$

$$ClO + O \Rightarrow Cl + O_2 \tag{7.12}$$

$$ClO + NO_2 + M^1 \Rightarrow ClNO_3 + M \tag{7.13}$$

$$2ClNO_3 + 2H_2O \Rightarrow 2HNO_3 + 2HCl + O_2 \tag{7.14}$$

[1] Siehe Reaktionen 2.2 und 2.7.

7.4 Polare Wirbel

Der stratosphärische Ozonabbau über der Antarktis nimmt jedes Frühjahr (September – November) dramatisch zu. Die Entstehung dieses Ozonlochs (Farbtafel 9) fällt zeitlich mit dem Zusammenbruch des Luftwirbels (Abb. 7.4) zusammen, der sich vom Erdboden bis in die Stratosphäre erstreckt und die Antarktis während des Polarwinters (Juni – September) von der restlichen Atmosphäre in der südlichen Hemisphäre isoliert. In diesen Wirbel aus Winden mit hoher Geschwindigkeit dringt wenig bzw. gar kein Sonnenlicht ein, und die Temperaturen können auf unter −60°C fallen. Normalerweise reagiert Salpetersäure mit •OH-Radikalen unter Bildung von NO_2 (Reaktion 7.16); bei diesen niedrigen Temperaturen gefriert Salpetersäure jedoch zu festen Aerosolen. Damit sind die Mechanismen ausgeschaltet, durch welche chlor- und brombindende Stickoxide (s. o.) gebildet und •OH-Radikale abgebaut werden. Wenn der Wirbel im Frühjahr zusammenbricht und wieder Sonnenlicht eindringt, zerstören die zusätzlichen Chlor- und Bromatome sowie die •OH-Radikale schnell das stratosphärische Ozon (Reaktion 7.5; Abb. 7.4).

$$ClNO_3 + HCL \Rightarrow Cl_2 + HNO_3 \tag{7.15}$$

$$HNO_3 + 2^{\bullet}OH \Rightarrow NO_2 + H_2O + O_2 \tag{7.16}$$

Am Nordpol fallen die Temperaturen im Winter nicht so tief wie am Südpol, und wenn sich Wirbel bilden, reichen diese weder bis in die Stratosphäre hinauf noch isolieren sie die Luft in ihrem Innern vollständig. Als Folge gefriert Salpetersäure nicht so schnell, und Luftbewegungen in großer Höhe können auch im Winter Verbindungen herbeitransportieren, die •OH-Radikale abbauen und Chlor- und Bromatome binden. Deshalb ist der Ozonabbau über dem Nordpol im Frühjahr, obschon signifikant, nicht so besorgniserregend wie über dem Südpol.

7.5 Ersatzstoffe

Die ersten FCKW, CCl_3F (FCKW 11) und CCl_2F_2 (FCKW 12), wurden bereits 1928 von Chemikern der Firma General Motors als mögliche Ersatzstoffe für Kältemittel synthetisiert. Heute beherrschen diese beiden FCKW immer noch weltweit den FCKW-Markt vor $CClF_2CCl_2F$ (FCKW 113), $CClF_2CClF_2$ (FCKW 114) und CF_3CClF_2 (FCKW 115), die ebenfalls in beträchtlichen Mengen produziert werden. Das soll sich mit dem Protokoll von Montreal aus dem Jahr 1987 und den Zusatzvereinbarungen von London (1990) und Kopenhagen (1992) ändern. Dieses internationale Abkommen, das

Tabelle 7.2 Formeln und gebräuchliche Bezeichnungen der Halone, FCKW und H-FCKW, die in der Londoner Zusatzvereinbarung von 1990 zum Montreal-Protokoll von 1987 aufgeführt sind, sowie einige mögliche Ersatzstoffe (FKW)

				O_3 depleting potential[b] (ODP)	
Anhang[a]	*Gruppe*	*Substanz*	*gebräuchliche Bezeichnung*	*Steady state*	*10 Jahre*
A	I	CCl_3F	FCKW 11	1,0	1,0
		CCl_2F_2	FCKW 12	0,8	
		$CClF_2CCl_2F$	FCKW 113	1,1	1,25
		$CClF_2CClF_2$	FCKW 114	0,8	
		CF_3CClF_2	FCKW 115	0,4	
	II	$CBrClF_2$	Halon 1211	4,1	10,5
		$CBrF_3$	Halon 1301	12,5	10,4
		CF_3CBr_2F	Halon 2402	5,9	12,2
B	I	$CClF_3$	FCKW 13	ca. 1	
		CCl_2FCCl_3	FCKW 111	ca. 1	
		CCl_2FCCl_2F	FCKW 112	ca. 1	
		Reihen von C_3Cl_7F bis C_3ClF_7	Bezeichnung von FCKW 211 bis FCKW 217	ca. 1	
	II	CCl_4	Tetrachlorkohlenstoff	1,08	1,25
	III	CH_3CCl_3	Methylchloroform	0,12	0,75
C	I	$CHCl_2F$	H-FCKW 21	< 0,2	
		$CHClF_2$	H-FCKW 22	0,05	0,17
		CH_2ClF	H-FCKW 31	< 0,2	
		verschiedene Verbindungen von C_2HCl_4F bis C_2H_4ClF	Bezeichnung von H-FCKW 121 bis H-FCKW 151	< 0,2	
		von C_3HCl_6F bis C_3H_6ClF	H-FCKW 221 bis H-FCKW 271	< 0,2	
Nicht klassifiziert		CH_3Br	Methylbromid	0,57	5,4
(Mögliche Ersatzstoffe)		C_4H_8s	Butane	0	
		CHF_2CF_3	FKW 125	0	
		CHF_2CHF_2	FKW 134	0	
		CH_2FCF_3	FKW 134 a	0	
		CH_3CHF_2	FKW 152 c	0	

[a] Die Anhänge A und B nennen die Substanzen, für die ein Export- und Importverbot gilt; in Anhang C sind die Substanzen aufgeführt, die während einer Übergangszeit zulässig sind, jedoch streng reglementiert werden sollen, sobald Ersatzstoffe zur Verfügung stehen.

[b] Das Ozongefährdungspotential wird auf der Basis von FCKW 11 angegeben, für den sowohl der Steady-state- als auch der 10-Jahres-Wert jeweils als 1 festgesetzt ist. Wegen der sehr langen Lebensdauer der FCKW sind die letzteren Werte, soweit vorhanden, realistischer. Die ungefähren Steady-state-Werte wurden entweder dem UNEP-Bericht (1991) entnommen oder sind, soweit verfügbar, genauere Angaben aus Jones u. Wigley (1989), S. 20 und Solomon u. Albritton (1992). Die 10-Jahres-Werte sind Solomon u. Albritton (1992) entnommen.

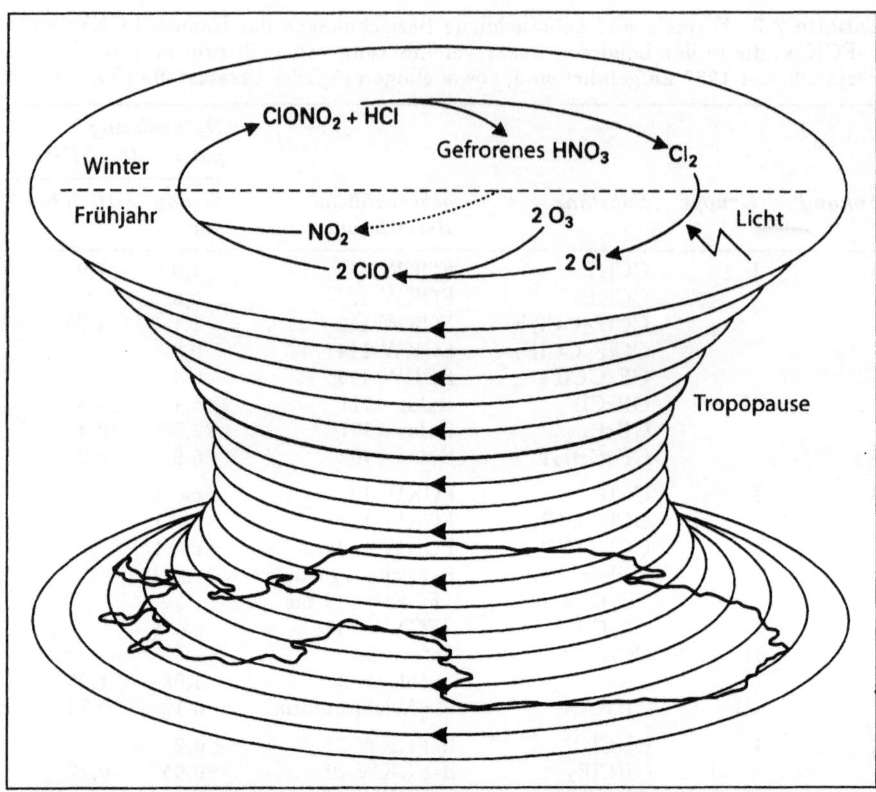

Abb. 7.4. Die Isolierung der Luftmassen innerhalb des antarktischen Wirbels von der übrigen Atmosphäre der südlichen Hemisphäre während des antarktischen Winters. Dieser Luftwirbel aus Winden mit hoher Geschwindigkeit erstreckt sich bis über die Tropopause hinaus und bricht erst dann zusammen, wenn im Frühjahr wieder Sonnenlicht eindringt. Innerhalb des Wirbels sind die Temperaturen sehr niedrig, so daß HNO_3 gefriert. Das führt dazu, daß •OH-Radikale und Chloratome über den Winter akkumuliert werden. Sobald der Wirbel zusammenbricht, greifen sie das Ozon an und erzeugen damit ein signifikantes Ozonloch über dem Südpol, das sich inzwischen oft bis über die Südspitze Südamerikas ausdehnt

inzwischen von über 50 Ländern unterzeichnet wurde, sieht vor, die FCKW-Produktion auf dem Niveau von 1986 einzufrieren und dann stufenweise zu reduzieren - zunächst um 50% bis Januar 1995, dann um 85% bis 1997, und bis zum Jahr 2000 soll die FCKW-Produktion ganz auslaufen. Zusätzlich werden darin die in Anhang A (Gruppe I) und B (II und III) des Abkommens aufgeführten Substanzen (d.h. die 5 oben genannten sowie die Halone und die Lösemittel CCl_4 und CH_3CCl_3 – s. Tabelle 7.2) sowohl mit einem Export- als auch mit einem Importverbot belegt. In ähnlicher Weise, allerdings zu einem späteren Zeitpunkt, soll mit den in Anhang B (Gruppe I) genannten FCKW verfahren werden. Eine dritte Gruppe (Anhang C) von teilhalogenierten Fluorchlorkohlenwasserstoffen (H-FCKW) soll streng reglementiert und nur in einer Übergangsphase verwendet werden, bis chlorfreie Alternativen zur Verfügung stehen, wobei das Auslaufen der H-FCKW-Produktion nicht vor dem Jahr 2020 erwartet wird. In bezug auf das Pestizid Methylbromid (CH_3Br) ist die Situation immer noch unbefriedigend. Es wird weder im Protokoll von Montreal noch in der Zusatzvereinbarung von London erwähnt. Auf der Konferenz von Kopenhagen 1992 wurde beschlossen, bis 1995 die Produktion auf dem Stand von 1991 einzufrieren, ohne daß jedoch ein endgültiges Datum für das Ende der Produktion von CH_3Br festgesetzt wurde. Da Brom über 40mal mehr stratosphärisches Ozon vernichtet als Chlor, ist diese Vereinbarung unzulänglich.

Das ODP (Ozone Depleting Potential, Ozongefährdungspotential) der H-FCKW beträgt ungefähr ein Fünftel desjenigen der FCKW, da H-FCKW in der Troposphäre wesentlich reaktiver sind und das in ihnen enthaltene Chlor eher in der Troposphäre als in der Stratosphäre freisetzen. Viele Chemieunternehmen haben nach Verbindungen gesucht, die überhaupt kein Chlor enthalten. Die besten Alternativen in dieser Hinsicht scheinen fluorierte Kohlenwasserstoffe (FKW) wie CHF_2CHF_2 (FKW 134) und CH_2FCF_3 (FKW 134a) zu sein. Leider wurden verwirrenderweise – ob absichtlich, sei dahingestellt – einige H-FCKW in FKW umbenannt, obwohl sie im Anhang C des Protokolls von Montreal (s. Tabelle 7.2) eindeutig als chlorhaltige H-FCKW aufgeführt sind und unter die dort festgelegte strenge Reglementierung fallen. Dazu gehören $CHClF_2$ (H-FCKW 22), $CHCl_2CF_3$ (H-FCKW 123) und CH_3CCl_2F (H-FCKW 141b).

Die Suche nach geeigneten Ersatzstoffen hat sich als schwierig erwiesen. H-FCKW und FKW sind nicht so stabil wie FCKW und in der Regel leichter brennbar. Wegen ihrer leichteren Spaltbarkeit sind sie oftmals toxisch, und sie haben nicht die gleiche sehr geringe Wärmeleitfähigkeit (d.h. hohe Isolierfähigkeit) wie FCKW. Die geringere Stabilität der H-FCKW beruht auf dem Einbau von Wasserstoffatomen in die FCKW. Dies hat zur Folge, daß die H-FCKW bereitwilliger mit den $^{\bullet}OH$-Radikalen der Troposphäre unter Bildung von H_2O und chlorhaltigen Radikalen reagieren, die ihrerseits statt der ozonzerstörenden Chloratome HCl und HF bilden. FKW führen dagegen nur in geringfügigem Umfang zur Bildung von HF.

Die potentiellen Probleme sind jedoch mit dem Ersatz von Chlor (und Brom) nicht gelöst. Häufig wird beispielsweise Butan (C_4H_8) als "ozonfreundliches" Treibgas in Spraydosen verwendet, es ist jedoch sehr leicht brennbar und hat schon mehrfach zu tragischen Unglücksfällen geführt. FKW mit geringem Fluorgehalt sind nur unwesentlich besser.

Auch FKW mit einem höheren Fluorgehalt bergen Gefahren. Das asymmetrische FKW 134a (CH_2FCF_3) erzeugt, wie einige andere H-FCKW (z.B. H-FCKW 123 oder CF_3CHCl_2), bei der Reaktion mit $^{\bullet}OH$-Radikalen in der Troposphäre Trifluoracetat (CF_3COO^-) und HF. Noch ist wenig darüber bekannt, wie sich CF_3COO^- in der Atmosphäre oder in der Biosphäre verhält, wenn es mit dem Regen dorthin gelangt. Es besteht die Befürchtung, daß es unter Abspaltung von Fluoratomen zu CH_2FCOO^- umgewandelt wird, das für den Menschen stark toxisch ist. Bei dem symmetrisch aufgebauten FKW 134 (CHF_2CHF_2), das in der unteren Atmosphäre in CO_2 und HF zerfällt, ist eine solche Umwandlung weniger wahrscheinlich.

Die Produktionsbegrenzungen des Protokolls von Montreal aus dem Jahre 1987 und der Londoner Zusatzvereinbarung von 1990 lassen auch weiterhin zu, daß ozonzerstörende Chloratome in die Stratosphäre gelangen (Szenario B, Abb. 7.5). Auch nach der Konferenz von Kopenhagen 1992 sind internationale Abkommen erforderlich, die das Auslaufen der FCKW-Produktion weiter vorantreiben. Abbildung 7.5 zeigt die Emissionsentwicklung (Szenario C), die erreicht werden kann, wenn die FCKW von echten FKW und weniger schädlichen H-FCKW vollständig ersetzt werden, wenn die biogenen Emissionen (hauptsächlich von CH_3Cl) konstant bleiben, wenn die Produktion des toxischen Lösemittels CCl_4 vollständig ausläuft und wenn die Nachfrage nach der weniger toxischen Alternative CH_3CCl_3 konstant bleibt.

Es besteht noch dringender Forschungsbedarf, um die Vor- und Nachteile alternativer H-FCKW und FKW zu erkennen, damit die derzeitigen Probleme nicht lediglich durch neue ersetzt werden.

7.6 Biologische Wirkungsspektren

Für die Erstellung eines biologischen Wirkungsspektrums (Aktionsspektrums) werden bestimmte biologische Funktionen (z.B. Photosyntheseleistung, Hautverbrennungen, Erythem usw.) bei verschiedenen Wellenlängen gemessen. Bei Studien mit UV-B werden Wellenlängen von unter 290 nm bis in den sichtbaren Bereich untersucht. Wirkungsspektren sind für das Verständnis der Folgen des stratosphärischen Ozonabbaus auf die Biosphäre unverzichtbar. Sie werden z.B. auch verwendet, um den Strahlungsverstärkungsfaktor (radiation amplification factor; RAF) zu berechnen, der ein Maß für die biologische Signifikanz von Veränderungen der solaren Einstrahlung innerhalb eines spezifischen Wellenlängenbereichs (z.B. bei UV-B 290–315 nm) infolge einer bestimmten Ozonabnahme darstellt. Der Strahlungsverstärkungsfaktor dient u.a. auch dazu, den Verlauf der Intensität biologisch wirksamer UV-B-Strahlung über verschiedene Breitengrade hinweg zu bestimmen oder um die Wirkung von künstlichen Lichtquellen, die bei Versuchen mit UV-B verwendet werden, mit der Wirkung des Sonnenlichts zu vergleichen. Er ermöglicht auch einen relativen Vergleich der Wirkung auf verschiedene biologische Prozesse und auf verschiedene Spezies.

Die Aktionsspektren hängen sowohl von äußeren umweltbedingten Faktoren als auch von den Eigenschaften des betroffenen Gewebes ab. Sie sind daher von großer Bedeutung bei der Identifizierung der biologischen Verbindungen oder Chromophoren, die UV-B absorbieren. Sind diese Chromophoren bekannt, müssen ihre Absorptionsspektren sowohl in vitro als auch in vivo

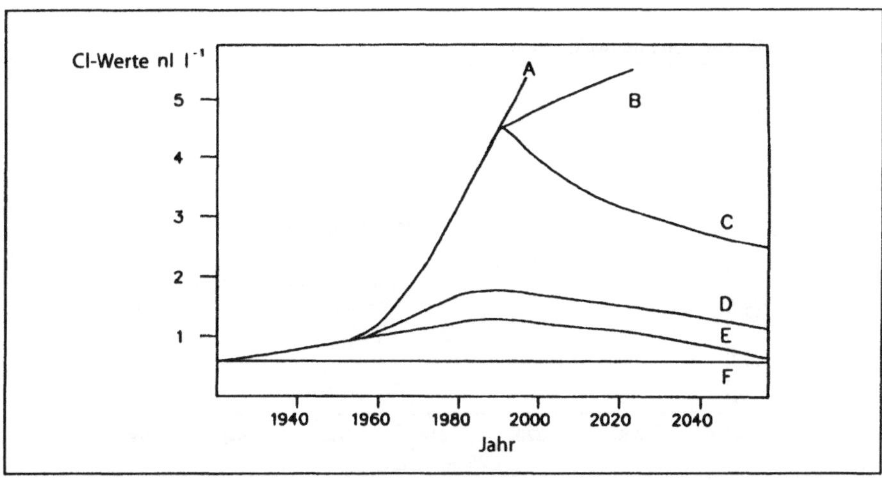

Abb. 7.5. Die globalen Chloratomkonzentrationen in der Vergangenheit und in der Zukunft unter der Annahme, daß die biogenen Emissionen (hauptsächlich CH_3Cl aus Algen) konstant bleiben. Szenario **A** zeigt, wie sich die Emissionen ohne das Protokoll von Montreal entwickeln würden; Szenario **B** zeigt die Werte, die erreicht werden können, wenn die Empfehlungen der Kopenhagener Konferenz von 1992 umgesetzt werden. Szenario **C** ist möglich, wenn alle FCKW, außer für eng begrenzten medizinischen Gebrauch, durch FKW ersetzt werden; dies setzt aber voraus, daß die Produktion des toxischen Lösemittels CCl_4 vollständig ausläuft und die Verwendung des alternativen Lösemittels CH_3CCl_3 mengenmäßig nicht zunimmt. N.B. Szenario **F** zeigt die Chlorkonzentrationen infolge biogener Emissionen (vor allem CH_3Cl), **E** zeigt die CCl_4- und **D** die CH_3CCl_3-Emissionen

bestimmt werden. Selten ist jedoch nur eine einzige Chromophore beteiligt; in der Regel handelt es sich um mehrere einander überlagernde Verbindungen. Bei Pflanzen z.B. wird biologisch wirksames UV-B von einer ganzen Reihe von Flavonoiden (komplexen phenolischen Verbindungen) sowie Proteinen und Nucleinsäuren absorbiert.

Bei der Beurteilung der Folgen des Ozonabbaus gilt es besonders, diejenigen Faktoren bzw. Wechselwirkungen zu identifizieren, die die Reaktion auf UV-B verstärken. Ein solches Vorgehen ermöglicht es auch, wichtige Komponenten der biologischen Reaktionen zu ermitteln. Abbildung 7.6 zeigt beispielsweise, daß DNA-Veränderungen schwerwiegender sind als Reaktionen, die zu Sonnenbrand (Erythem) führen, die ihrerseits schwerwiegender sind als Veränderungen beim Membrantransport (ATPase-Aktivität). Die Wirkungsspektren, mit denen bei rasierten bzw. mutierten Mäusen experimentell durch UV-B-Strahlung Krebs ausgelöst wurde, sind fast identisch mit den in Abb. 7.6 dargestellten Spektren, die zu DNA-Schäden führen. Das legt den Schluß nahe, daß an den Mechanismen, die im Frühstadium für die Entstehung von Hautkrebs verantwortlich sind, Veränderungen der DNA beteiligt sind.

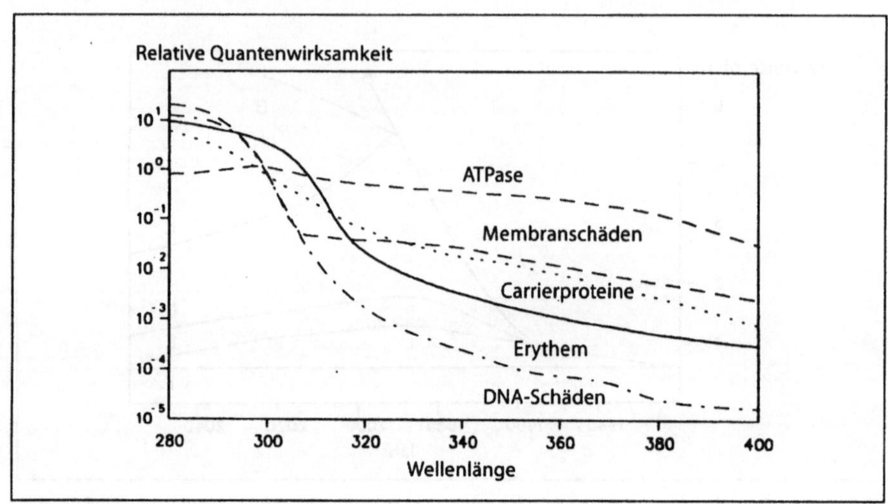

Abb. 7.6. Wirkungsspektren einiger wichtiger biologischer Prozesse wie DNA-Dimerisation, Sonnenbrand (Erythem) und Auswirkungen auf Transportvorgänge in, auf und durch Membranen hindurch (z.B. ATPasen)

7.7 UV-B-Flüsse und experimentelle Strahlenapplikation

In den frühen Experimenten wurden die biologischen Auswirkungen von UV-B-Strahlung oft überschätzt. Es wurden ungeeignete künstliche Lichtquellen verwendet, oftmals erfolgte die Strahlenapplikation kontinuierlich über einen längeren Zeitraum oder punktuell als Kurzzeitbestrahlung, und bei Untersuchungen an Pflanzen wurde nicht der gesamte Strahlungsfluß von 290 bis >700 nm gebührend berücksichtigt. Je nach Tageszeit schwanken die UV-B-Flüsse – wie der gesamte Strahlungsfluß –, jedoch ohne strenge Korrelation zueinander. Umweltbedingte Faktoren wie Dunstschleier, Schneedecke u.a. beeinflussen ebenfalls das Verhältnis von UV-B zu UV-A und zur sichtbaren Strahlung. Bezogen auf den gesamten Strahlungsfluß (Abb. 7.7) sind die Schwankungen von UV-B unbedeutend; UV-B variiert nicht nur je nach Tages-, sondern auch nach Jahreszeit (Abb. 7.8).

Das bedeutet, daß experimentelle Strahlungsapplikation diese Schwankungen so genau wie möglich simulieren muß. Dies ist technisch sehr schwer durchführbar und erfordert eine Abstimmung der Leistung der verwendeten Strahlungsquellen. Bei heutigen Versuchsanordnungen werden die UV-B-Flüsse aufgezeichnet und durch zusätzliche UV-B-Strahlung ergänzt (um eine bestimmte Ozonabbaurate zu stimulieren); dabei wird das Verhältnis von zugegebener zu vorhandener Strahlung konstant gehalten. Bei modernen Apparaturen gleichen geschlossene Computer-Kontrollsysteme auch die Störeinflüsse aus, die durch die Versuchsanordnung selbst (z.B. Beschattung) bewirkt werden.

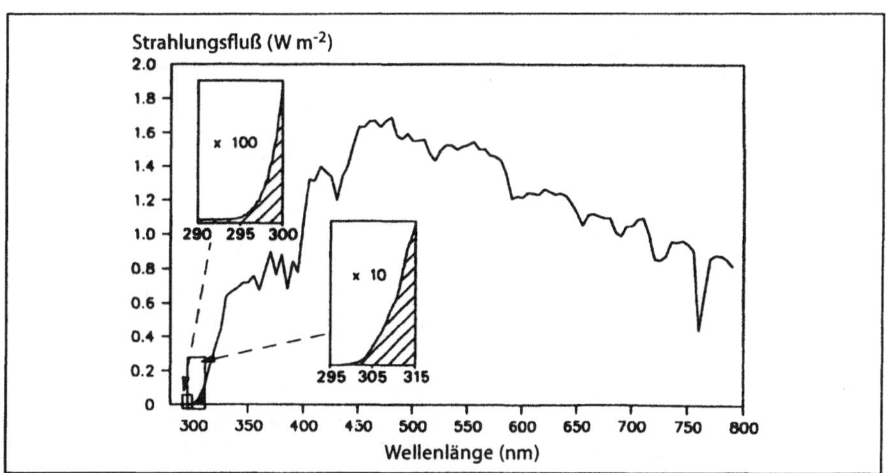

Abb. 7.7. Gesamtfluß von UV und sichtbaren Bestandteilen des Sonnenlichts an einem klaren Sommertag (Abdruck mit freundlicher Genehmigung von Dr. Nigel Paul, Lancaster). Auffällig ist der sehr geringe UV-B-Anteil im Vergleich zur übrigen Strahlung, insbesondere unter 300 nm

Bei der umgekehrten Herangehensweise werden statt zusätzlicher Lichtquellen Filter verwendet. Die Testobjekte, die oft aus höheren Breitengraden stammen und im Versuch meist gekühlt werden müssen, werden dem vorhandenen Licht ausgesetzt, das durch Filter modifiziert wird, welche UV-A und sichtbare Strahlung durchlassen, UV-B jedoch teilweise absorbieren. Je nach Filteranordnung lassen sich damit solare UV-B-Flüsse in diversen Breitengraden und Höhen simulieren. Ein solcher Versuchsansatz hat den Vorteil, daß unterschiedliche Temperaturen in die Versuche einbezogen oder zusätzliche Luftschadstoffe oder erhöhte CO_2-Konzentrationen untersucht werden können.

Bei kleinen Tieren, Pflanzen, Bakterien und gemischten Ökosystemen wird oft ein dritter Ansatz gewählt. Hierbei werden eine Xenon-Lichtquelle und mehrere Filter verwendet, die die Applikation schmaler "slices" von UV-Strahlung auf kleine Flächen (< 100 cm^2) erlauben. Andere Lichtquellen können ebenfalls einbezogen werden. Derartige Versuchsanordnungen dienen häufig dazu, biologische Wirkungsspektren festzustellen; allerdings ist es problematisch, von diesen Ergebnissen auf die Reaktionen schließen zu wollen, die wahrscheinlich auf biologisch wirksames UV-B innerhalb eines kontinuierlichen Spektrums erfolgen.

7.8 Höhere Pflanzen

Mehr als 300 verschiedene Pflanzenarten wurden auf ihre Reaktion gegenüber erhöhter UV-B-Strahlung untersucht; bei mehr als der Hälfte der untersuch-

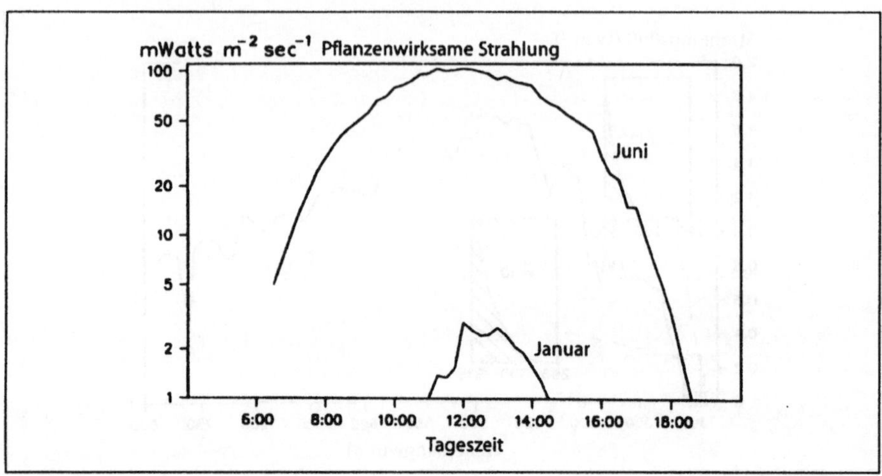

Abb. 7.8. Tagesverlauf typischer UV-B-Flüsse im Sommer und im Winter (mit freundlicher Genehmigung von Dr. Nigel Paul, Lancaster). Es wurde eine logarithmische Meßskala gewählt, da der höchste Fluß, der im Hochsommer zur Mittagszeit gemessen wird, 50mal so groß ist wie der entsprechende Fluß zur selben Zeit im Winter

ten Pflanzen wurden Veränderungen festgestellt. Generell gilt, daß breitblättrige Arten anfälliger sind als schmalblättrige, wobei Kürbisgewächse und Kreuzblütler besonders empfindlich sind. Mit der Verfeinerung der experimentellen Methoden (s.o.) ergeben sich teilweise neue Erkenntnisse; verschiedene biochemische, physiologische und morphologische Reaktionen wurden nachgewiesen (s. Tabelle 7.3). Die ersten Studien konzentrierten sich auf landwirtschaftliche Nutzpflanzen; Studien an einheimischen Bäumen und Sträuchern sowie möglicherweise empfindlichen Ökosystemen wie Heideland und Tundra sind noch nicht abgeschlossen.

Von einigen Ausnahmen abgesehen, sind sichtbare Schäden, die speziell auf UV-B zurückgehen, im Freien selten. Oft sind die Schadenssymptome leicht zu verwechseln mit Symptomen, die von anderen Stressoren ausgelöst werden. Experimentelle Applikation von erhöhter UV-B-Strahlung und damit Simulation eines höheren Ozonabbaus ruft jedoch eindeutige Reaktionen hervor. Einige Pflanzen reagieren mit Blattverdickung, so daß die Lichtabsorption über eine größere Strecke hinweg stattfindet, andere mit erhöhter cuticulärer Reflexion an der Blattoberfläche (s. Farbtafel 13). Bei anderen wiederum werden, insbesondere in den Epidermisschichten, zusätzliche Schutzpigmente gebildet. In der Regel handelt es sich bei diesen Schutzpigmenten um Flavonoide (komplexe phenolische Verbindungen), die den Blättern oft eine Braun- oder Rotfärbung verleihen.

Nach Applikation von UV-B weisen Tabakblätter (s. Farbtafel 13) eine "glasige" Oberfläche und ein Einkräuseln der Blattränder auf. Wahrscheinlich ist dies auf vermehrte Zerstörung des Pflanzenhormons IES (Indol-3-

Tabelle 7.3 Zusammenfassung der Auswirkungen erhöhter UV-B-Flüsse auf Pflanzen (aktualisiert nach Krupa u. Kickert, 1989)

Art der Auswirkung	*Parameter (mit Erläuterung)*
sichtbare Veränderungen	cuticuläre Reflexion ("Glasureffekt") gelegentlich erhöht, Braun- oder Rotfärbung der Blätter (selten), Chlorose (sehr selten)
morphologische Veränderungen	Blattfläche (in der Regel vermindert), Verdickung, Kräuseln der Blattränder, Blattzahl bzw. Büschelbildung bei Gräsern (in der Regel erhöht), Streckungswachstum oder Verkümmerung (unterschiedlich je nach Spezies), Blüten- (und damit Frucht-)ansatz (gel. reduziert), Beeinträchtigung der Sämlingshöhe (Verkümmerung)
physiologische Veränderungen	Nettophotosynthese (gel. beeinträchtigt), Dunkelatmung (gel. erhöht)
Ertrag	Spezifisches Blattgewicht, Produktion von Trockenmasse, Kohlenstoffverteilung, Ernteertrag, Erntequalität (alle in der Regel vermindert)
jahreszeitlich bedingte Veränderungen	Knospenaustrieb und Blüte mitunter verfrüht (selten verspätet), Seneszenz gelegentlich verspätet
Wechselwirkung mit:	Licht (verstärkte Reparaturmechanismen), Verfügbarkeit von Wasser, Nährstoffen, Hitze- und Kältestreß, Luftschadstoffen, erhöhten CO_2-Konzentrationen, Pilzinfektionen, Insektenfraß (alle Wechselwirkungen sind möglich, aber noch nicht vollständig erhärtet; zumeist handelt es sich um additive Wirkungen und nicht um echte Wechselwirkungen)
Wettbewerb	innerhalb einer Spezies und zwischen verschiedenen Spezies (mit erheblichen Unterschieden von hoher Empfindlichkeit bis Toleranz, s. Tabelle 7.4)

essigsäure) in den obersten Blattschichten durch UV-B zurückzuführen, die zu einem schnelleren Wachstum der unteren Schichten führt und damit die Blattränder nach oben treibt.

Es erfolgen auch andere morphologische Veränderungen, die keine Produktivitätsminderung infolge erhöhter Reflexion oder Absorption der Lichtenergie mit sich bringen. Vermehrte Verzweigung, kürzere Blattlängen und vermehrte Blattzahl aufgrund von erhöhtem UV-B-Fluß wurden vor allem bei Gräsern beobachtet; weiterhin kann der Knospenaustrieb früher als gewöhnlich einsetzen und der Blattabwurf im Herbst später erfolgen. Bei ein- und zweijährigen Pflanzen können auch jahreszeitliche Schwankungen auftreten. Die Blüte kann je nach Spezies verfrüht oder verspätet einsetzen, und oft wird eine Verminderung der Blütenanzahl (und damit der Früchte) beobachtet.

Die bei zusätzlicher UV-B-Strahlung gemessene Nettophotosynthese weicht beträchtlich von den bei natürlichem Lichteinfall gemessenen Werten

Tabelle 7.4 Beispiele für Sensibilität und Toleranz gegenüber UV-B anhand von Biomasseerhebungen (ausgewählt, bearbeitet und aktualisiert nach Krupa u. Kickert, 1989)

Art	*Hohe Empfindlichkeit*	*Mittlere Empfindlichkeit*	*Toleranz*
Faserpflanzen			Baumwolle
C_3-Getreide	Gerste, Hafer	Reis, Roggen	Weizen, Sonnenblume
C_4-Getreide		Sorghum	Mais, Hirse
Hülsenfrüchte	Soja, Erbsen	Bohnen, Erbsen	
Obst und Gemüse	Tomate, Gurke, Kürbis, Melone, Himbeere	Paprika	Orange, Aubergine
Stengelgemüse	Rhabarber, Zuckerrohr		Sellerie, Spargel
Wurzelgemüse	Zuckerrübe, Karotte	Kartoffel	Radieschen, Zwiebel, Pastinake
Andere Gemüse	Blumenkohl, Brokkoli, Mangold, Rosenkohl, Senf, Spinat	Salat	Artischocke, Kohl, Kohlrabi
Futterpflanzen			Roter Klee, Alfalfa
Blumen	Glockenblume, *Coleus*	Petunie	Tagetes, Weihnachtsstern
Unkraut	Kreuzkraut, Wegerich		Ampfer, wilder Hafer
Bäume	Birke	Eiche, Buche	die meisten Koniferen

ab. Die Bandbreite reicht von keinerlei Veränderung bis zu einer Verminderung um 40%; oft sind die Veränderungen jedoch nur vorübergehend und treten nur in einem bestimmten Stadium der Blattentwicklung oder nach der Winterruhe auf. Ebenfalls von Veränderungen betroffen sind das Ausmaß der Pigmentierung, die Transpirationsrate und die stomatäre Leitfähigkeit. Bei manchen Spezies (Tabelle 7.4) wurden nachteilige Wirkungen von UV-B auf das Wachstum nachgewiesen. Bei vielen wichtigen Nutzpflanzen wie z.B. Reis ist eine starke Wachstumsminderung festzustellen, dagegen sind viele andere Getreidearten weniger stark betroffen. In Großbritannien wird sich der Samenertrag von Erbsen infolge der in den Breiten um 52°N erwarteten Erhöhung des biologisch wirksamen UV-B um 7% in den nächsten 10 Jahren (UNEP-Bericht, 1991) wahrscheinlich um 7% vermindern. Sogar innerhalb einer Spezies ist die Bandbreite der Reaktionen der einzelnen Cultivare groß. Das bedeutet, zumindest bei den meisten landwirtschaftlichen Nutzpflanzen, daß mit der Zucht und Selektion von UV-B-toleranten Cultivaren die möglichen Verluste ausgeglichen werden können. Bei langlebigen Spezies oder bei einheimischen Pflanzen in bestimmten Ökosystemen, wo der Genpool begrenzt ist, könnten differentielle Veränderungen der Produktivität zwischen den verschiedenen Spezies signifikante Auswirkungen haben. Einige

Arten werden von anderen, die weniger durch UV-B beeinträchtigt werden, verdrängt und ersetzt werden.

Äußere umweltbedingte Faktoren beeinflussen ebenfalls die Reaktion der Pflanze auf verstärkte UV-B-Strahlung. So ist z.B. bei Mais bei zusätzlichem UV-B ein geringerer Wachstumsverlust zu verzeichnen, wenn er in Umgebungen mit etwas höheren Temperaturen (32°C statt 28°C) wächst. Das gilt auch für andere Pflanzen. Das heißt, daß bei insgesamt leicht erhöhten Temperaturen die Auswirkungen von UV-B auf Pflanzen möglicherweise weniger signifikant sind. Andererseits verhindert zusätzliches UV-B die Wachstumssteigerung, die bei Reis und Weizen bei einer CO_2-Konzentration von 650 $\mu l\ l^{-1}$ anstelle von 350 $\mu l\ l^{-1}$ festgestellt wird; bei Soja hat zusätzliches UV-B dagegen keinen Einfluß auf das Wachstum. Es gibt auch Hinweise, daß Pflanzen bei zusätzlicher UV-B-Strahlung auf Schwermetalle ungünstiger reagieren. Zusätzliche UV-B-Strahlung kann ebenfalls den Verlauf einiger Pflanzenkrankheiten negativ beeinflussen. In welchem Maß dies geschieht, hängt von den jeweiligen Auswirkungen ab, die UV-B auf den Wirt und auf den Krankheitserreger hat, sowie von Zeitpunkt und Dauer der UV-B-Exposition.

Zu den Mechanismen, durch die UV-B auf die Pflanzen einwirkt, liegen inzwischen detaillierte Untersuchungen vor. Zu den Schutzreaktionen der Pflanzen gehören die Ausschüttung von Enzymen, die in den Epidermisschichten vermehrt Flavonoide zum Schutz gegen UV-B produzieren, und verstärkte Photoreaktivierung zur Reparatur von DNA-Dimeren. Neben der DNA, die in den meisten biologischen Systemen äußerst empfindlich auf biologisch wirksames UV-B reagiert, werden auch die Zellmembranen angegriffen. Mit der Entstehung zusätzlicher Antioxidanzien gehen eine verstärkte "Löchrigkeit" der Zellen und die Bildung von Malondialdehyd (s. Kapitel 6) einher, und weitere Indikatoren für umweltbedingten Streß (z.B. Polyamine) weisen auf die vermehrte Bildung von freien Radikalen und HHP infolge von oxidativem Streß hin. Da die meßbaren Wachstumsverluste nicht durch eine Beeinträchtigung der Photosyntheseleistung erklärt werden können, ist die Hypothese von der Energieumleitung (s. vorhergehende Kapitel) die wahrscheinlichste Erklärung. Die Auswirkungen auf Nucleinsäuren, Membranen und UV-B-absorbierende Hormone usw. in Zellen, die zusätzlicher UV-B-Strahlung ausgesetzt sind, führen dazu, daß Energie zur Reparatur dieser Defekte aufgewendet werden muß; diese umgeleitete Energie steht deshalb für Wachstumsprozesse nicht zur Verfügung.

7.9 Auswirkungen auf Mikroorganismen

Bakteriologische Studien zur sterilisierenden Wirkung von UV-C haben anfangs sehr zum Verständnis der biologischen Auswirkungen von UV-Strahlung beigetragen. Veränderungen der Nucleinsäuren werden jedoch nicht nur durch UV-C hervorgerufen. Denn nicht nur UV-C (256 nm), sondern auch UV-B (313 nm) kann dazu führen, daß benachbarte Pyrimidinbasen im selben DNA-Strang sich miteinander statt mit ihrem Purin-Basen-Partner im gegenüberliegenden Strang verbinden. Wenn diese Pyrimidindimere nicht durch Photoreaktivierung (die ebenfalls durch UV-C- und UV-B-Strahlung in Gang gesetzt wird) repariert werden, wird bei der Reproduktion die fehlerhafte genetische Information an die nächste Generation vererbt oder gelangt bei der Teilung von Gewebezellen in benachbarte Zellen. Bei Tieren ist dieser Prozeß oft mit der Entstehung von Krebs verbunden.

UV-A und sichtbares Licht beeinflussen ebenfalls den Erholungsprozeß nach Schädigung der DNA durch UV-B, indem sie das Wachstum (d.h. die Zellteilung) verzögern, so daß mehr Zeit für das Einsetzen und die Durchführung der Photoreaktivierung zur Verfügung steht. Wenn jedoch sowohl UV-A als auch die sichtbare Strahlung sehr stark sind, kann eine zusätzliche Sensibilisierungsreaktion die Reparatur durch Photoreaktivierung beeinträchtigen.

Einige Mikroorganismen wie Hefen oder Cyanobakterien verfügen über zusätzliche Mechanismen zum Schutz vor UV-B. Bei Vorhandensein von UV-B (303 nm) setzen sie oft signifikante Mengen UV-B-absorbierender Phenole frei. Keimende Sporen (Uredosporen) mancher Rostpilze (z.B. *Puccinia striiformis*) sind sehr empfindlich gegenüber UV-B, wohingegen die Sporen anderer Spezies (z.B. *P. graminis*) widerstandsfähiger sind. Auch hier ist die Empfindlichkeit, besonders bei hoher Feuchtigkeit, durch von UV-B hervorgerufene Veränderungen der Nucleinsäuren bedingt, die Widerstandsfähigkeit der *P.-graminis*-Uredosporen ist dabei wahrscheinlich auf zusätzliche UV-B-absorbierende carotinoide Pigmente zurückzuführen.

In den Kapiteln 3 und 4 wurde bereits auf die umfassende Bedeutung der Mikroorganismen eingegangen. Nahezu die gesamte biologische N_2-Fixierung wird durch Mikroorganismen, hauptsächlich Cyanobakterien, geleistet, sei es im Erdboden, in höheren Pflanzen oder in flachen Gewässern (z.B. Reisfeldern). Viele frei lebende Cyanobakterien scheinen gegenüber UV-B empfindlich zu sein. Daher besteht hier dringender Forschungsbedarf; denn falls der Ozonabbau in der Stratosphäre weiter fortschreitet, könnte die damit einhergehende zusätzliche UV-B-Strahlung schwerwiegende Auswirkungen auf den weltweiten Stickstoffkreislauf haben.

7.10 Meereswelt

Wie tief das Licht ins Meerwasser eindringt, hängt von der Wellenlänge ab. Blaues Licht (460 nm) gelangt bis auf 260 m unter dem Meeresspiegel, rotes Licht (700 nm) dagegen auf knapp 2 m. Die Studien zur UV-B-Durchlässigkeit von Meerwassersäulen sind noch nicht abgeschlossen, aber man weiß, daß UV-B in antarktischen Gewässern 65 m tief eindringt.

Das hat beträchtliche Auswirkungen auf das Phytoplankton. Diese sehr unterschiedlichen photosynthesebetreibenden Bakterien leben zum großen Teil im euphotischen Bereich und orientieren sich anhand von Licht und

Schwerkraft. Das ermöglicht ihnen, den Lichteinfall (vor allem von blauem Licht) optimal auszunützen und damit das photosynthetische Wachstum zu maximieren. Weltweit handelt es sich hier um ungeheuer große Mengen: 104 Gt a^{-1}, etwas mehr als die gesamte photosynthetische Produktion an Land. Zudem erfolgt mehr als 70% dieser Produktion in polaren Gewässern, in denen die Veränderung der Einstrahlung des biologisch wirksamen UV-B am größten ist (Abb. 7.2).

Auch die Fähigkeit des Phytoplanktons, sich in der Wassersäule zu orientieren, wird durch UV-B beeinträchtigt. Dies führt dazu, daß einige Spezies schädlicheren Dosen von UV-B ausgesetzt werden. Noch ist wenig über die Mechanismen der UV-B-Schadwirkungen auf das Phytoplankton bekannt, aber es gibt Hinweise darauf, daß sie sich von denen in terrestrischen Ökosystemen unterscheiden. Das Wirkungsspektrum der Phytoplanktonmobilität im UV-B- und UV-A-Bereich unterscheidet sich von anderen Wirkungsspektren, und die Photorezeptoren des Phytoplanktons sind empfindlicher als die Photorezeptoren terrestrischer Pflanzen, da sie Licht von geringer Intensität effizienter einfangen müssen. In flachen Gewässern lebendes Phytoplankton hat zum Teil Schutzpigmente in Form spezieller Carotenoide oder mykosporin-ähnlicher Aminosäuren, die Strahlung im UV-A- und im Blaubereich absorbieren. Einige dieser Anpassungsmechanismen sind in tieferen Meeresgewässern, in denen der erhöhte Lichtbedarf für die Photosynthese dieses zusätzliche blaue Licht erforderlich macht, jedoch eher nachteilig. Als Folge ergibt sich bei tiefer (d.h. unter 5 m) lebendem Phytoplankton eine Photosynthesehemmung von 40–60% infolge UV-B; an der Wasseroberfläche beträgt die Verminderung der Photosynthese ca. 15–20%. Daher ist die Befürchtung, daß regelmäßig auftretende und größer werdende Ozonlöcher über der Antarktis die Phytoplanktonproduktivität insgesamt vermindern und die gesamte Nahrungskette in dem Gebiet negativ beeinflussen können, nach wie vor berechtigt, auch wenn die Schätzungen insgesamt nach unten korrigiert wurden. Messungen, die 1989 unterhalb des Ozonloches durchgeführt wurden, ließen auf eine Verminderung von bis zu 25% schließen; Untersuchungen aus dem Jahre 1991 ergaben dagegen Werte von 6–12%.

In Kapitel 4 wurde auf die Bedeutung der CH_3SCH_3-Emissionen aus den Meeren für die Bildung von Kondensationskernen hingewiesen. Diese CH_3SCH_3-Emissionen stehen in direkter Korrelation zur abgebauten Menge marinen Phytoplanktons. Jeder Vorgang, der die Phytoplanktonproduktivität beeinflußt, hat daher Auswirkungen auf die Freisetzung von CH_3SCH_3 und damit auch auf die Wolkenbildung über den Meeren. Die Folgen einer derartigen Entwicklung für die globale Erwärmung werden im nächsten Kapitel behandelt.

Auch das Zooplankton ist zum Teil empfindlich gegenüber UV-B-Strahlung. Einige Arten sind durch Pigmente gut geschützt, bei anderen ist die Fähigkeit zur DNA-Reparatur verstärkt ausgeprägt. Die geschätzten Mortalitätsraten bei ähnlichen Spezies zeigen deshalb eine große Bandbreite. Bei einem Abbau des stratosphärischen Ozons um 15% könnten 50% der Larven bestimmter Shrimpsorten zugrunde gehen, während andere Krabbenarten überhaupt nicht betroffen wären. Diese Unterschiede hängen in vielen Fällen mit dem Reproduktionsverhalten zusammen. Die Spezies, die vermutlich am stärksten geschädigt werden, haben einen jahreszeitlichen Zyklus, der mit dem Zeitpunkt der höchsten Strahlungsflüsse in das ozeanische Oberflächenwasser zusammenfällt.

Ähnliches gilt für Fischbrut. Sardellenlarven, die einen halben Meter unter der Wasseroberfläche leben, würden bei den UV-B-Flüssen, die mit einem 10%igen Ozonabbau einhergingen, zugrunde gehen. Die Mehrzahl der ausgewachsenen Fische wäre dagegen wahrscheinlich nur indirekt – durch die Abnahme des marinen Phytoplanktons – betroffen. Allerdings wurden bei Zuchtfischen, die in einer geringeren Wassertiefe leben, als ihrem natürlichen Habitat entspricht, auf den der Wasseroberfläche zugewandten Hautflächen erythemähnliche Veränderungen beobachtet.

7.11 Auswirkungen auf die menschliche Gesundheit

UV-B-Licht ist wichtig für den Menschen, da es das in den Hautzellen befindliche 7-Dehydrocholesterin in Vitamin D_3 umwandelt, welches das durch die Nahrung aufgenommene Vitamin D_2 ergänzt; beide Vitamine sind für die Knochenbildung erforderlich. Außerdem unterdrückt UV-B-Strahlung einige allergische Hautreaktionen. Manche Hautausschläge (Ekzeme) an den Innenseiten von Ellbogen und Knien klingen bei Aufenthalt in der Sonne ab. Hiervon abgesehen hat UV-B jedoch auf den Menschen direkt oder indirekt schädliche Auswirkungen. Die Liste der Krankheiten, die erwiesenermaßen durch UV-B verstärkt werden, wird immer länger (Tabelle 7.5).

7.11.1 Hautkrebs

Die Häufigkeit aller wichtigen Typen von Hautkrebs steht in engem Zusammenhang mit Sonnenlichtexposition. Hautkrebs ist die bei hellhäutigen Bevölkerungsgruppen am häufigsten auftretende Krebsart (über 40%), und dieser Anteil nimmt weiter zu. Diese Entwicklung ist bedingt durch das veränderte Freizeitverhalten infolge höheren Wohlstands: sehr viele hellhäutige Menschen aus höheren Breitengraden fahren im Urlaub in Länder in niedrigeren Breiten und setzen größere Bereiche ihrer Haut über längere Zeiträume einer höheren Lichtintensität aus.

Es gibt zwei Typen von Hautkrebs: Melanome (Melanozytoblastome) und Nichtmelanome. Melanome entstehen in den pigmentbildenden Hautzellen, Nichtmelanome in den keratinbildenden Zellen. Die Melanomhäufigkeit nimmt vor allem bei hellhäutigen Menschen über 40 zu. Menschen, die zu Sommersprossen neigen und von klein auf sporadisch immer wieder intensivem Sonnenlicht ausgesetzt sind, sind besonders gefährdet. Melanome treten besonders häufig bei Bevölkerungsgruppen auf, die von hohen in niedrige Breitengrade ausgewandert sind (z.B. nach Australien ausgewanderte Iren) und bei Menschen, die an Xeroderma pigmentosum leiden – bei denen also ein angeborener Fehler im DNA-Reparatursystem besteht –, weshalb die durch UV-Strahlung hervorgerufenen DNA-Schäden nicht repariert werden können.

Melanome verlaufen oft tödlich. Die Überlebenschance ist bei Männern (45%) und Frauen (66%) unterschiedlich hoch. Bei Männern treten Melanome allerdings weniger häufig auf. Die Mortalitätsraten bei anderen Hautkarzinomen sind ebenfalls bei den Geschlechtern unterschiedlich, insgesamt jedoch sehr viel niedriger als bei Melanomen. Wo moderne medizinische Behandlungsmöglichkeiten zur Verfügung stehen, liegt die Sterblichkeit in der Regel unter 1%. Die häufigste Form des Nichtmelanoms ist das Basalzellenkarzinom; es tritt viermal so häufig auf wie Plattenepithelkarzinome. Letztere verlaufen jedoch häufiger tödlich, insbesondere bei hellhäutigen Menschen.

Eine Berechnung des durch vermehrte UV-B-Exposition verursachten Krebsrisikos ist äußerst schwierig. Bei den verschiedenen Krebsarten sind sowohl der Strahlungsverstärkungsfaktor (siehe weiter oben) für Krebsentstehung infolge Lichteinstrahlung als auch der prozentuale Anstieg von Hautkrebs, der auf die jeweilige Steigerung der jährlichen UV-Dosis (biologischer Verstärkungsfaktor) zurückgeht, zu berücksichtigen. Jüngsten UNEP-Schätzungen zufolge wird ein 10%iger Ozonabbau in der Stratosphäre wahrscheinlich eine Zunahme der Nichtmelanome um 26% (insgesamt 300 000) und 4500 zusätzliche Melanomfälle weltweit hervorrufen. Diese Zahlen liegen erheblich unter früheren Schätzungen.

7.11.2 Augenschäden

UV-B-Strahlung schädigt Hornhaut, Linse und das Augeninnere (s. Tabelle 7.5). Karzinome im Auge sind zwar selten; es besteht jedoch eine Korrelation zwischen Solarstrahlung und der Häufigkeit intraokularer Melanome. Menschen mit blauen Augen sind offensichtlich besonders anfällig, zumal wenn sie in niedrigen Breiten leben.

Durch Einwirkung von UV-Strahlung kann Keratitis photoelectrica (gemeinhin als "Schneeblindheit" bezeichnet) ausgelöst werden. Es handelt sich hierbei um eine Entzündung der Augenlider sowie der Binde- und Hornhaut. Am höchsten ist die Anfälligkeit für Schneeblindheit bei Strahlung im Bereich um 307 nm; in großen Höhen, besonders im Schnee, sollte zum Schutz stets eine Sonnenbrille getragen werden, um Schäden nicht nur an der äußeren Hornhaut, sondern auch an den inneren Schichten zu vermeiden. Anders als die Haut, die durch Bräunung einen gewissen Schutz erhält, entwickelt die Hornhaut keine Toleranz gegenüber UV-Strahlung. Im Gegenteil: Wiederholte Exposition erhöht die Empfindlichkeit, da die Reparaturprozesse langsamer verlaufen.

Katarakte sind Trübungen der Augenlinse. Man unterscheidet verschiedene Arten (s. auch Tabelle 7.5), deren Auftreten von der geographischen

Tabelle 7.5 Krankheiten, die durch verstärkte UV-B-Strahlung ausgelöst werden, sowie die Wahrscheinlichkeit einer weiteren Zunahme bei fortdauerndem Ozonabbau in der Stratosphäre

betroffenes Organ bzw. Gebiet	*Krankheit bzw. Auslöser*	*Einzelne Arten*	*RAF*[a]
Haut	Erythem (Sonnenbrand)		1,7
	Nichtmelanome	Basalzellenkarzinom	
		Plattenepithelkarzinom	
		Lippenkrebs	1, 4
		Speicheldrüsenkrebs	
	Melanome (malignes Geschwulst an Haut, Schleimhäuten und Auge)	oberflächlich spreitend	
		Lentigo-maligna-Melanom (Dubreuilh-Hutchinson-Krankheit)	1, 6
		nodulär (primär knotig)	
		nicht näher bezeichnet	
	Xeroderma pigmentosum	Verschlechterung des Zustands	
	Hautalterung	Elastose	1,2
Auge	Hornhautschädigung	Keratitis photoelectrica (Schneeblindheit)	1,1
	Störungen der Linse	Kernstar	
		Kapselstar	0, 7
		Rindenstar	
		Presbyopie (Alterssichtigkeit)	
	andere	Melanom am oder im Auge	
Infektionen[b]	Viren	Masern	
		Windpocken	
		Herpes simplex	
		HIV-1-Aktivierung	
	Protozoen	Leishmaniase	0, 8
		Malaria	
	Bakterien	Tuberkulose	
		Lepra	
	Pilze	Candidiasis (Soor)	

[a] Strahlungsverstärkungsfaktor wie im UNEP-Bericht von 1991 angegeben.

[b] Infektionen, bei denen die Möglichkeit einer veränderten Immunantwort besteht, da in einem bestimmten Stadium die Haut betroffen ist (z.B. Hautausschläge).

Breite und vom Alter abhängig ist. Alle Formen werden durch UV-B verschlimmert. Wenn der Katarakt früh genug diagnostiziert wird, ist Heilung möglich; noch immer sind Katarakte jedoch die Hauptursache für vermeidbare Blindheit; mehr als 50% der 33 Millionen Blinden weltweit haben ihr Augenlicht aufgrund eines Katarakts verloren. Die Mechanismen, mit denen UV-B die Durchsichtigkeit der Linse beeinträchtigt, sind noch nicht im einzelnen bekannt. Man weiß jedoch, daß UV-B-Strahlung die Anordnung des wichtigsten Linsenproteins, des β-Crystallins, das normalerweise dicht gepackt ist, stört und dadurch zu einer Trübung der Augenlinse führt.

Es wird eine weltweite Zunahme der Katarakte insbesondere bei älteren Menschen infolge der erhöhten UV-B-Strahlung erwartet. Die amerikanische Umweltschutzbehörde EPA errechnete 1985, daß bei den US-Bürgern, die zwischen 1986 und 2029 geboren werden, 4,3 Millionen zusätzliche Katarakte zu erwarten sind, wenn das stratosphärische Ozon um 10% abgebaut wird. In den Industrieländern wird die Mehrzahl der Katarakte erkannt und erfolgreich behandelt, für die betroffenen Menschen in Entwicklungsländern ist die Aussicht auf Behandlung und Heilung jedoch sehr viel schlechter.

7.11.3 Infektionen und Immunreaktionen

UV-B-Strahlung beeinträchtigt die Fähigkeit des Immunsystems der Haut, auf Fremdkörper wie Bakterien, Viren, Pilze und körperfremde Substanzen (Xenobiotika) angemessen zu reagieren. Normalerweise wirken diese körperfremden Stoffe als Antigene, die zur Bildung von Antikörpern führen und eine Immunreaktion bei einer Gruppe von Lymphozyten, den Effektor-T-Zellen, induzieren. UV-Licht führt jedoch dazu, daß die den Antigenen ausgesetzten Zellen statt dessen Suppressor-T-Lymphozyten aktivieren. Diese werden normalerweise vom Körper gebildet, damit er zwischen "Selbst" und "Fremd" unterscheiden kann. Das hat zur Folge, daß der Körper bei zusätzlichem UV-B nicht imstande ist, mögliche Antigene als Eindringlinge zu erkennen, so daß keine vollständige Immunreaktion erfolgt. Somit haben Infektionen leichtes Spiel.

Von vielen bakteriellen, Virus- und Pilzinfektionen, die die Haut in Mitleidenschaft ziehen, wird vermutet, daß sie durch zusätzliche UV-B-Strahlung beeinflußt werden (s. Tabelle 7.5). Viele dieser Infektionen stellen weltweit ein Problem dar. Dazu kommt, daß Impfprogramme in der Regel nur erfolgreich sind, wenn mit ihnen eine Immunisierung erreicht wird. Es ist jedoch denkbar, daß bei zusätzlicher UV-B-Exposition die nötige Immunisierung (gegen das abgeschwächte Antigen) möglicherweise nicht erworben wird.

7.12 Auswirkungen auf die Tierwelt

Die meisten Säugetiere haben ein dichtes Fell, das sie vor UV-B-Strahlung schützt. Bei Tieren, die wenig behaart sind, und bei rasierten bzw. mutierten unbehaarten Tieren, die zu Versuchszwecken UV-B ausgesetzt wurden, wurden jedoch Nichtmelanome beobachtet. Wie beim Menschen löst UV-Strahlung auch beim Tier Augenschäden aus. Erhöhte UV-B-Dosen erhöhen den Schweregrad von Augeninfektionen und die Häufigkeit von Augenkrebs bei Vieh. Im Süden Chiles, nahe der Magellanstraße, tritt bei Schafen, Kaninchen und Pferden häufig eine vorübergehende Blindheit auf, deren Symptome an Schneeblindheit erinnern. Diese Krankheit wird auf das Ozonloch zurückgeführt, das im Frühjahr über der Antarktis entsteht und sich inzwischen oft bis nach Südchile ausdehnt.

Weiterführende Literatur

Farman JC, Gardiner BG, Shanklin JD (1985) Nature 315, 207–212

Kirk JTO (1982) Light and Photosynthesis in Aquatic Ecosystems. Cambridge University Press, Cambridge

Krupa SV, Kickert RN (1989) Environmental Pollution 61, 263–393

Jones RR, Wigley T (eds) (1989) Ozone Depletion: Health and Environmental Consequences. John Wiley & Sons, Chichester

Schell RC et al. (1991) Nature 351, 726–729

Smith RC et al. (1992) Science 255, 952–959

Solomon S, Albritton DL (1992) Nature 357, 33–37

UNEP Environmental Effects Panel Reports (1989 Report and 1991 Update) Environmental Effects of Ozone Depletion. United Nations, Nairobi, Kenya

Worrest RC, Caldwell MC (eds) (1986) Stratospheric Ozone Reduction, Solar Ultraviolet Radiation and Plant Life. NATO ASI Series G, Ecological Sciences, Springer-Verlag, Berlin

8. Globale Erwärmung

8.1 Der Treibhauseffekt

8.1.1 Ein natürlicher Vorgang

Wenn Strahlung auf eine Oberfläche oder ein Gasmolekül trifft, verliert sie Energie, worauf sich die Wellenlänge der Strahlung verlängert. Dies bedeutet, daß wenn hoch energetische solare Strahlung (überwiegend sichtbares Licht und langwellige UV-Strahlung) in die Atmosphäre eintritt, ein Teil davon durch Wolken u.a. unmittelbar in den Weltraum reflektiert wird. Wenn jedoch etwa die Hälfte davon die Erdoberfläche erreicht, wird ein Großteil dieser Strahlung als energieärmere Infrarotstrahlung (IR-Strahlung) reflektiert. Ein geringer Teil davon (10%) strahlt direkt zurück ins Weltall, ein Großteil wird jedoch von bestimmten Gasmolekülen in der Atmosphäre absorbiert. Diese Moleküle strahlen einen Teil der absorbierten IR-Energie in alle Richtungen ab, teils in den Weltraum hinaus, teils zur Erdoberfläche zurück. Darüber hinaus bewirkt die Erwärmung der Erdoberfläche, direkt durch solare Strahlung und indirekt durch die Rückstrahlung von IR-Strahlung, sowohl die Verdunstung von Wasser als auch den Auftrieb der Luft (Konvektion), wodurch Energie von der Erdoberfläche zurück in die Atmosphäre transferiert wird. Insgesamt entsteht so eine die Erdoberfläche wie eine warme Hülle umgebende Schutzschicht. Dieser als Treibhauseffekt bezeichnete Vorgang ist in Abb. 8.1 zusammengefaßt dargestellt.

Es besteht kein Zweifel daran, daß es den Treibhauseffekt wirklich gibt. Die durchschnittliche Temperatur weltweit ist um 33°C höher, als sie wäre, gäbe es keine Treibhausgase in der Atmosphäre (d.h. sie beträgt 12°C, und nicht −21°C). Auch die gesamten Oberflächentemperaturen von Mars und Venus lassen sich mit Hilfe des Treibhauseffektes genau erklären, obwohl sich die dortigen Atmosphären stark von der der Erde unterscheiden.

8.1.2 Treibhausgase

Einzeldaten wichtiger Treibhausgase sind in Tabelle 8.1 dargestellt. Einige dieser Gase bleiben längere Zeit in der Atmosphäre (z.B. CO_2, N_2O und FCKW), während andere nur eine kurze Verweildauer besitzen (z.B. troposphärisches O_3). Zur Zeit steigt die Konzentration all dieser Gase an. Mit

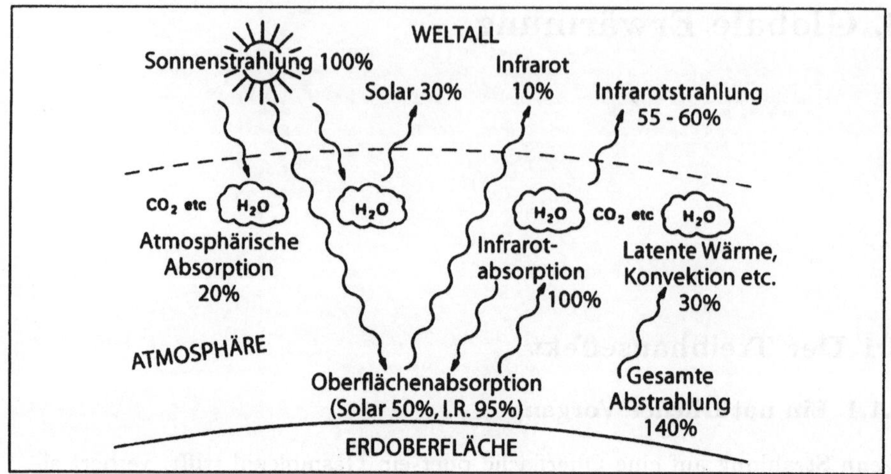

Abb. 8.1. Strahlungsflüsse in und aus der Erdatmosphäre, die in ihrer Gesamtheit den Treibhauseffekt bewirken

Ausnahme von CH_4 und CO_2 selbst wurden ihre Quellen, Senken und Auswirkungen bereits diskutiert (N_2O in Kapitel 3, O_3 in Kapitel 6 und FCKW in Kapitel 7). Der Beitrag von CO_2 zur globalen Erwärmung ist dabei am größten (50%); die anderen Gase sind vor allen Dingen deshalb wichtig, weil sie mehr IR-Strahlung absorbieren als CO_2. Ein O_3-Molekül zum Beispiel absorbiert 2000mal so viel Energie wie ein CO_2-Molekül, ein FCKW-Molekül sogar noch mehr. Treibhausgase absorbieren Energie über das gesamte IR-Spektrum (siehe Abb. 8.2). Dies bedeutet, daß es praktisch kein Fenster gibt, durch das reflektierte IR-Strahlung ins Weltall entweichen könnte.

8.1.3 Methan

Die Konzentration von Methan (CH_4) in der Atmosphäre steigt aufgrund verschiedener menschlicher Tätigkeiten ebenfalls an. Zur Zeit liegt sie bei ca. 1,75 μl CH_4 l^{-1}. In Tabelle 8.2 sind die verschiedenen Quellen und Senken von CH_4 im Hinblick auf ihre globale Bedeutung aufgeführt. Ein Großteil der Methanemissionen läßt sich auf methanogene Bakterien in anaeroben Umgebungen zurückführen, ein kleinerer Teil jedoch ist abiogenen Ursprungs und wird aus einer tieferen Schicht der Erdkruste emittiert. Alle methanogenen Bakterien benötigen nur sehr geringe Mengen an O_2 zur Bildung von CH_4 und können in einem breiten Temperatur- und pH-Bereich wachsen. Sie verwenden aber auch eine Reihe von Substraten sowie H_2 zur Bildung von CH_4 (am häufigsten CO_2). Verschiedene methanogene Bakterien verwenden auch CO, Formiat, Acetat und Methanol anstelle von CO_2. Die ablaufenden Reaktionen sind jedoch sehr ähnlich.

Das Substrat (z.B. CO_2) lagert sich an einen Kohlenstoff-Fünfring (Furan) an und wird dann nach und nach zuerst zu Formyl (HCO–), dann zu

Tabelle 8.1 Daten wichtiger Treibhausgase (Wasserdampfmoleküle ausgeschlossen) aus Vergangenheit, Gegenwart und Zukunft (nach Daten des IPCC und des Deutschen Bundestages)

Parameter	CO_2	CH_4	N_2O	O_3	*FCKW*
Konzentration (1993)	362 $\mu l\ l^{-1}$	1,75 $\mu l\ l^{-1}$	313 $nl\ l^{-1}$	20 $nl\ l^{-1}$	0,6 $nl\ l^{-1}$
Konzentration (1765)	280 $\mu l\ l^{-1}$	0,8 $\mu l\ l^{-1}$	288 $nl\ l^{-1}$	15 $nl\ l^{-1}$	—
Momentaner jährlicher Anstieg (in %)	0,45	0,95	0,25	0,5	5
Lebensdauer (in Jahren)	100	10	150	0,1	100
Radiative forcing (in W m^{-2}) für den Zeitraum von 1765-1993	1,5	1,56[a]	0,1	0,05	0,2
Erwärmungspotential pro Molekül (≡ Anzahl an CO_2-Molekülen)	1	32	150	2 000	15 500
Momentaner Beitrag zur globalen Erwärmung (in Prozent)[b]	50	19	4	8	17

[a] Unter radiative forcing versteht man die Differenz zwischen der Gesamtmenge der die Erdoberfläche erreichenden solaren Einstrahlung (240 W m^{-2}) und der ins All zurück reflektierten Strahlung. Dies ist die tatsächliche globale Erwärmung.
Radiative forcing ist ein im angelsächsischen Sprachraum geläufiger Begriff, für den es keine deutsche Entsprechung gibt. Am ehesten kann man ihn mit "klimarelevantem Antrieb" übersetzen (Anm. der Übers.).
Im Falle von CH_4 wurden 0,14 W m^{-2} hinzuaddiert, um der zusätzlichen Menge an Wasserdampf, die bei der atmosphärischen Oxidation von CH_4 entsteht, Rechnung zu tragen.
[b] Bei diesen Prozentangaben sind die Wasserdampfmoleküle nicht berücksichtigt, die derzeit den größten Beitrag zum Treibhauseffekt leisten und zusätzliche 65% zur globalen Erwärmung beitragen.

Methenyl (CH=), Methenylen (CH_2) und zu Methyl (CH_3) reduziert, was schließlich zur Freisetzung von CH_4 führt. Ist das Substrat Acetat, Formiat oder Methanol, lagert es sich im jeweils passenden Stadium an das Furan an.

Von den natürlichen biogenen Quellen sind die mikrobiellen Emissionen aus Feuchtgebieten die wichtigsten, wenngleich die von methanogenen Bakterien aus den Sedimenten der Meere und von Termitenhügeln emittierten Mengen ebenfalls beträchtlich sind. Einige Sorge bereiten auch die zukünftig möglicherweise ansteigenden CH_4-Emissionen aus Tundren. Sollte die globale Erwärmung – besonders in nördlichen Breiten, wie Computermodelle nahelegen – stark zunehmen, könnte ein Teil des Permafrostbodens auftauen, und die neu entstandenen Feuchtgebiete könnten zusätzliches Methan emittieren.

Die aufgrund menschlicher Tätigkeiten produzierte Menge an CH_4 ist drei- bis viermal so groß wie die aus natürlichen Quellen emittierte. Dabei entfällt zur Zeit der größte Anteil auf die Emission aus Reisfeldern. Diese Werte werden immer weiter nach oben korrigiert, je mehr Informationen aus China zugänglich werden. Durch Brandrodung und die Verbrennung anderer Biomasse bei niedrigen Temperaturen werden ebenfalls beträchtliche Mengen

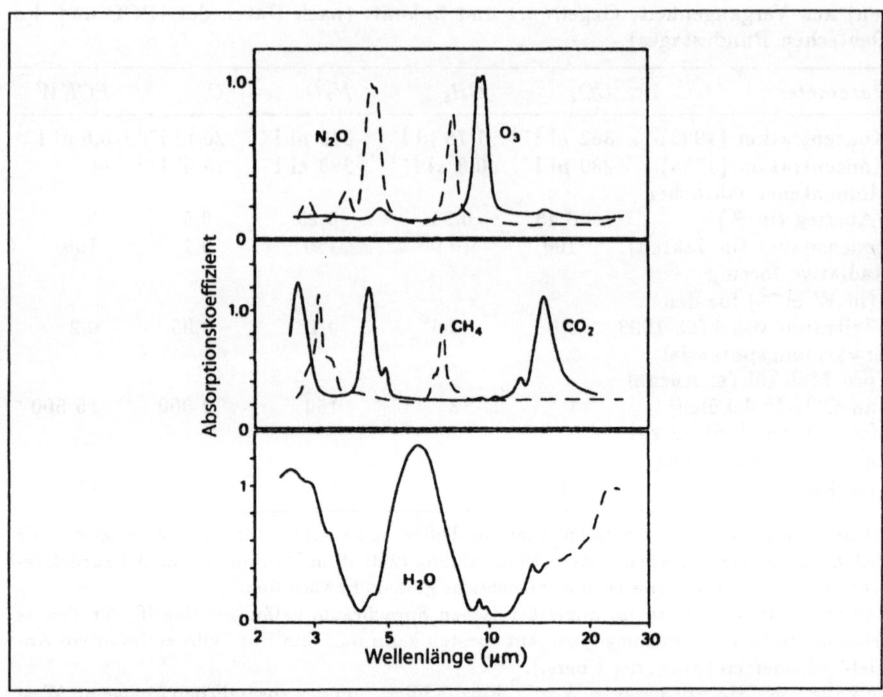

Abb. 8.2. Individuelle Absorptionsspektren verschiedener Treibhausgase

Tabelle 8.2 Geschätzter globaler CH_4-Austausch pro Jahr (bearbeitet aus verschiedenen Quellen)

Natürliche Quellen	*Mt a^{-1}*	*Anthropogene Quellen*	*Mt a^{-1}*	*Senken*	*Mt a^{-1}*
Feuchtgebiete	120–200	Mülldeponien	30–70	•OH-Oxidation in der Troposphäre	375–475
Termiten	5–150	Biomasse-Verbrennung	30–100	Zerfall in der Stratosphäre	30–50
Meere	7–13	Reisfelder	70–170	Absorption durch Boden	10–30
Wiederkäuer (freilebend)	2–6	Wiederkäuer (Haustiere)	70–80		
Seen	2–6	Unfälle bei Erdgas- und Erdölpipelines	25–50		
Tundra	1–5	Kohleabbau	10–35		
Andere, z.B. Vulkane	0–80	Kläranlagen	5–70		

an CH_4 sowie CO und CO_2 produziert. Mülldeponien (mit Haus- und Industriemüll), lecke Erdgaspipelines und Kohleminen sind weitere wichtige CH_4-Quellen. Schließlich emittiert auch die große Zahl der weltweit als Haustiere gehaltenen Wiederkäuer immense Mengen an CH_4 – 10mal so viel wie freilebende Wiederkäuer.

Die methanogenen Bakterien der Wiederkäuer synthetisieren gewöhnlich CO_2 und CH_4 aus Acetat (CH_3COO^-), während andere Bakterien für den Abbau von komplexeren organischen Verbindungen wie Propionate und Butyrate zuständig sind. Diese *Ruminococci* beginnen den Abbau zur Freisetzung von Acetat und H_2 nur dann, wenn die methanogenen Bakterien dieses H_2 zur Reduktion von Acetat zu CH_4 verwenden können. Diese notwendige Koordination zweier verschiedener Arten von Bakterien nennt man Syntrophie.

Die wichtigste Senke für CH_4 ist die Oxidation von $^{\bullet}OH$-Radikalen in der Troposphäre unter Bildung von H_2O und CH_2 (siehe Abb. 6.2). Nur ein Zehntel dieser CH_4-Menge erreicht die Stratosphäre; ist CH_4 jedoch oxidiert, bildet es einen beträchtlichen Anteil am stratosphärischen Wasserdampf.

8.1.4 Wasserdampf

Wenngleich in Tabelle 8.1 nicht berücksichtigt, zeigt Abb. 8.2 auf, daß Wasserdampf der wichtigste Faktor beim Treibhauseffekt ist, der sowohl innerhalb als auch außerhalb von Wolken IR-Strahlung absorbieren und wieder abstrahlen kann. Die Menge an Wasserdampf wiederum ist stark von der Temperatur abhängig, besonders im Hinblick auf die Fähigkeit der Luft, Wasserdampf zu absorbieren. Tatsächlich hängt der Beitrag von Wasserdampf zum Treibhauseffekt vom Quadrat des Wasserdampfdrucks ab. Des weiteren verstärkt sich bei Niederschlag der Fluß latenter Wärme in die Atmosphäre. Der Nettoeffekt ist ein verstärkter Treibhauseffekt in den Tropen.

Es besteht weiterhin die Möglichkeit, daß sich auch die Muster der Monsunregenfälle aufgrund von globaler Erwärmung verändern könnten. Erwärmt sich vor Einsetzen des Monsuns das Land schneller als die Meere, kann der Monsun ergiebiger ausfallen. Dies könnte aber auf Kosten des Regenfalls vor der Monsunzeit gehen, der für das Keimen der Saat von entscheidender Bedeutung ist.

8.1.5 Temperatur, Kohlendioxid- und Methankonzentration in der Vergangenheit

In Abb. 8.3 sind die Temperaturen, die mit größter Wahrscheinlichkeit in der Vergangenheit in den gemäßigten Klimazonen herrschten, dargestellt. Diese Werte allein geben nur wenig Aufschluß über zukünftige Entwicklungen, doch die Entwicklungen von Treibhausgasen wie CO_2 und CH_4, die aus Messungen

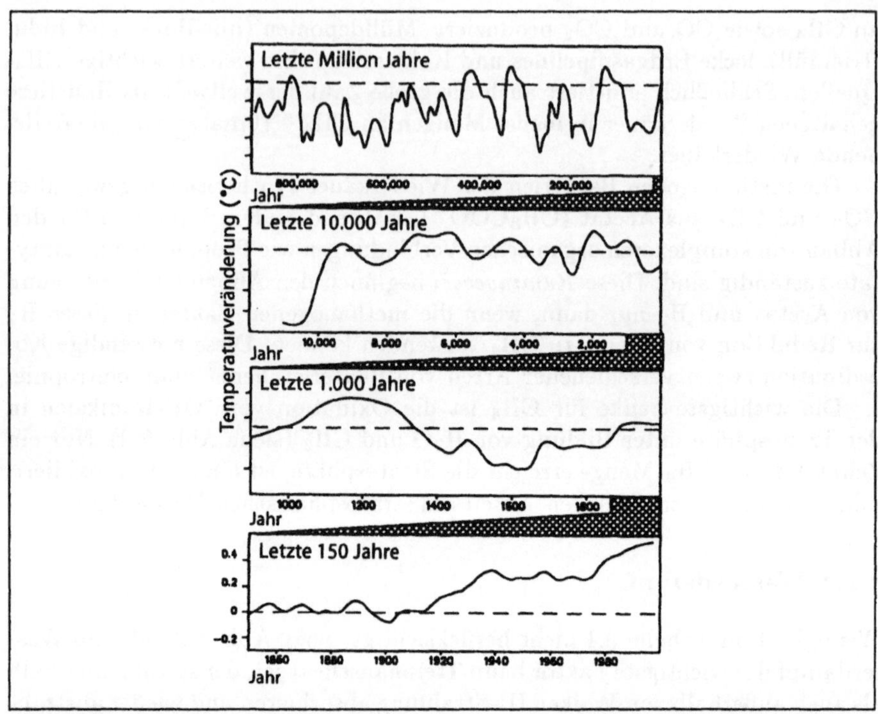

Abb. 8.3. Veränderung der durchschnittlichen Temperatur weltweit in der Vergangenheit während verschiedener Zeiträume bis zur Gegenwart. Alle Werte sind relativ zur im Jahr 1900 gemessenen Temperatur ausgedrückt, dargestellt als gestrichelte horizontale Linie

von Eisbohrkernen gewonnen wurden, stimmen mit der von den Temperaturen, die zu jener Zeit an den Polen herrschten, überein (Abb. 8.4). Solche Messungen weisen auf einen engen Zusammenhang zwischen den starken Temperaturschwankungen (±3,5°C) zwischen den verschiedenen Eiszeiten und den Interglazialzeiten einerseits und den zur selben Zeit existierenden CO_2- und CH_4-Konzentrationen andererseits hin. Dennoch spiegeln diese Untersuchungen eher wider, daß die Erde sich auf eine Eiszeit zu- und wieder herausbewegte, als daß sie dies erklären könnten.

Der CO_2-Gehalt in der unteren Schicht der Atmosphäre (Troposphäre) steigt von Jahr zu Jahr (Abb. 8.5). Während der letzten Eiszeit (Abb. 8.4) lag er unter 200 $\mu l\ CO_2\ l^{-1}$, und noch vor der industriellen Revolution lag er immer noch bei 280 $\mu l\ CO_2\ l^{-1}$. Seither ist er jedoch auf 360 $\mu l\ CO_2\ l^{-1}$ angestiegen (siehe Tabelle 8.1). Im Zeitraum zwischen 1860 und 1960 betrug der CO_2-Anstieg 9%, doch im Jahr 2000 wird sich der Anstieg während des vergangenen Jahrhunderts auf insgesamt 25% belaufen.

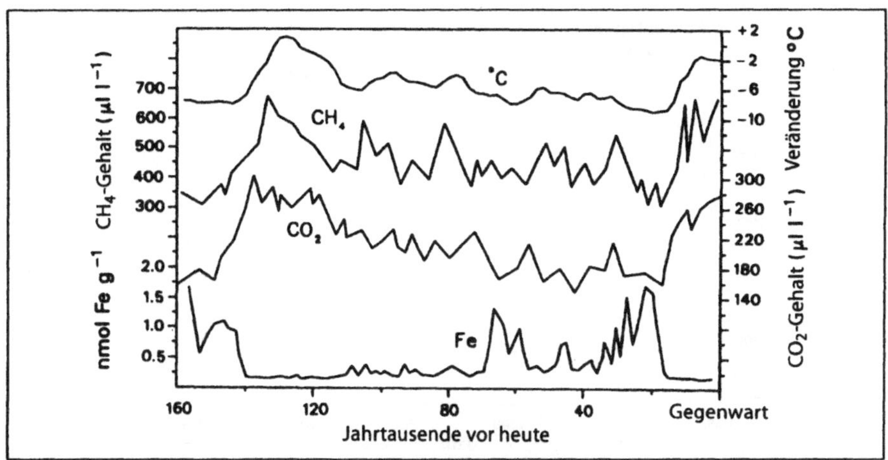

Abb. 8.4. Zusammenhang zwischen lokaler Temperatur während der letzten 160 000 Jahre und den Untersuchungen von Eisbohrkernen aus der Antarktis (Wostok) auf darin eingeschlossenes CO_2 und CH_4 sowie der Deposition von Eisen

Die meisten Wissenschaftler sind sich mittlerweile einig, daß dieser Anstieg höchstwahrscheinlich (aber nicht eindeutig) auf die Einwirkung des Menschen zurückzuführen ist. Durch die Verbrennung großer Mengen fossiler Energieträger wie Kohle oder Öl, die Zerstörung des tropischen Regenwalds um 0,5 ha s^{-1} und seine Ersetzung durch Gras- und Buschland hat der Mensch die Nettobilanz des natürlichen Kohlenstoffkreislaufs (Abb. 8.6) aus dem Gleichgewicht gebracht, und zwar zugunsten einer verstärkten Freisetzung von CO_2 in die Atmosphäre. Diese ist heute höher als zu irgendeiner Zeit seit der letzten Eiszeit (siehe Abb. 8.4). Erst wenn dies als Gesamtmenge des weltweit während eines Jahres ausgetauschten Kohlenstoffs ausgedrückt wird, kann das Ausmaß dieses Ungleichgewichts richtig erfaßt werden. Die 5 Tt fossiler Brennstoffe, die im Jahr 1976 verfeuert wurden, trugen zusätzliche 2,3 μl CO_2 l^{-1} zum CO_2-Gehalt der Atmosphäre bei. Von diesen wurden 1,6 μl l^{-1} entweder von den Meeren absorbiert oder zur Biomasse hinzugefügt, was letztendlich einem Nettoanstieg um 0,7 μl CO_2 l^{-1} in der Atmosphäre innerhalb des Jahres 1976 gleichkam.

Am Boden bestehen örtlich beträchtliche Temperaturschwankungen, und je nachdem, wo in der Atmosphäre man sich befindet, herrschen unterschiedliche Temperaturgradienten (Abb. 1.3). Für das Pflanzenwachstum ist die durchschnittliche Temperaturabnahme um 1°C pro 300 Höhenmeter ein sehr wichtiger Faktor, global gesehen sind diese örtlichen Temperaturschwankungen jedoch kaum von Bedeutung – die mittlere Temperatur weltweit weicht nie mehr als ein Grad von 12°C ab. Sollte sich dies – auch nur um ein Grad – verändern, werden die Folgen beträchtlich sein. So war zum Beispiel in der Zeit von vor 6000 bis 8000 Jahren ein Temperaturanstieg um 2°C für das

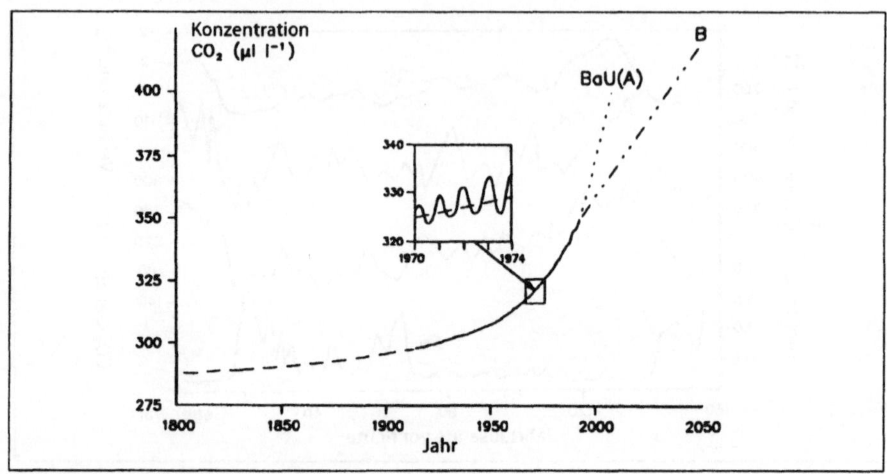

Abb. 8.5. Globale Veränderungen des CO_2-Gehalts in der Atmosphäre über die Zeit. Der durchgezogene Teil des Graphs repräsentiert tatsächlich gemessene Werte, die gestrichelten Bereiche auf der rechten Seite stellen für die Zukunft vorausberechnete Werte dar, wobei der eine den Verlauf bei "business as usual" ("so weitermachen wie bisher"), BaU (**A**), beschreibt, der andere die Entwicklung, die unter Szenario B (**B**) der IPCC-Berechnungen eintreten würde. Typische jahreszeitliche Schwankungen sind in der eingefügten Teilabbildung dargestellt. Die Konzentrationen im Sommer der nördlichen Hemisphäre sind aufgrund der stärkeren photosynthetischen Aktivität der nördlichen Wälder am geringsten

Schmelzen der die beiden Hemisphären bedeckenden Eisschichten verantwortlich und führte so zum Ende der letzten Eiszeit (Abb. 8.3).

Aufzeichnungen über Temperaturen, die in der Vergangenheit auf der Erde herrschten, in Relation zur CO_2-Konzentration, reichen bis zu einem sehr viel früheren Zeitraum zurück als in Abb. 8.4 dargestellt. Der Anteil von ^{13}C in atmosphärischem CO_2 beträgt zur Zeit 1,11% verglichen mit dem am häufigsten vorkommenden Isotop (^{12}C), während der Anteil von ^{14}C weniger als 10^{-10}% beträgt. In fossilen Brennstoffen hingegen ist die gesamte Menge an ^{14}C zerfallen, und der ^{13}C-Gehalt ist niedriger als in der derzeitigen Atmosphäre. Während der Photosynthese wird zwischen den beiden Kohlenstoffisotopen unterschieden, und zwar bevorzugt das für die Fixierung von CO_2 verantwortliche Enzym Rubisco $^{12}CO_2$. Vergleicht man nun das Verhältnis von ^{13}C zu ^{12}C in Plankton-Foraminiferen aus dem Oberflächenwasser der Meere mit dem in den Foraminiferen des Benthos aus dem Tiefenwasser der Meere, kann man den Anteil an CO_2 berechnen, der durch aufwärtsströmendes Tiefenwasser an die Oberfläche zurücktransportiert und zur Photosynthese verwendet wird. Weiterhin ist es möglich, den Austausch von Kohlenstoffisotopen entlang der Strömungswege des Tiefenwassers zu messen, ebenso wie die Menge an Kohlenstoff, die als organische Abfallstoffe aus dem Oberflächenwasser herabsinkt. Durch die Untersuchung von aus der

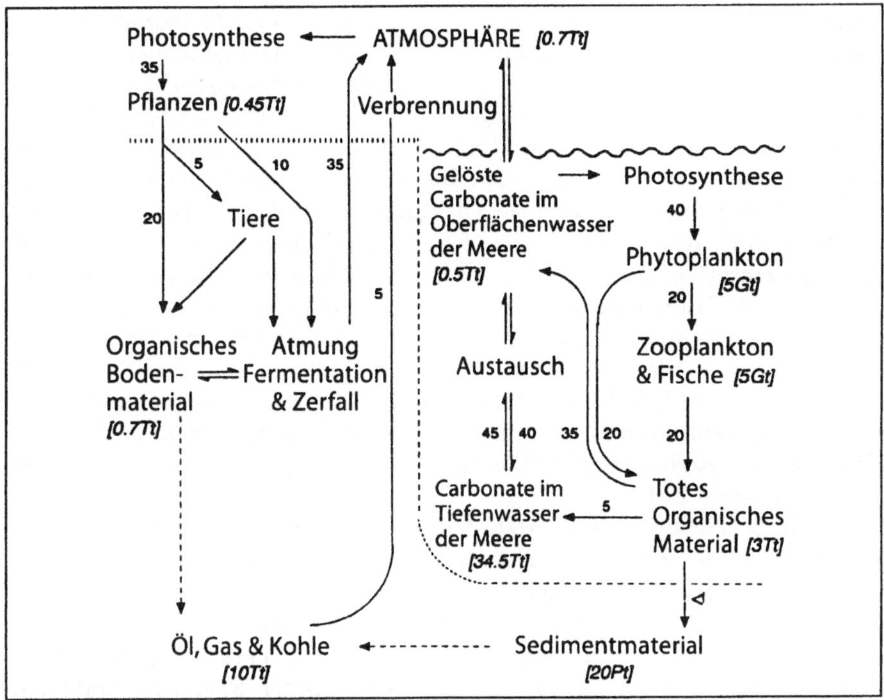

Abb. 8.6. Globaler Kohlenstoffkreislauf. Gesamtgrößen des Reservoirs sind kursiv und in eckigen Klammern dargestellt, die Flüsse (ohne Klammern) sind in Gt a^{-1} angegeben (zur Erläuterung der Maßeinheiten siehe Anhang C)

Tiefsee entnommenen Proben und die separate Analyse von Planktonforaminiferen und Foraminiferen des Benthos ist es heute möglich, die CO_2-Konzentration bis zu einem sehr viel früheren Zeitpunkt zurückzuverfolgen, als es durch die Analyse von Eisbohrkernen möglich ist. Die wahrscheinliche CO_2-Konzentration in der Tiefsee und in Oberflächenwassern, die mit der Atmosphäre vergangener Zeiten in Kontakt waren, kann dadurch bis zu einem Zeitpunkt von vor 350 000 Jahren zurückverfolgt werden. Vergleicht man diese Entwicklungen mit den bereits bekannten Rhythmen des Vormarsches und des Rückzuges von polarem Eis, wird offensichtlich, daß einer globalen Erwärmung ein Anstieg des CO_2-Gehalts in der Atmosphäre vorausgeht.

8.1.6 Künftige Trends: Temperaturen, Meeresspiegel und Regenfälle

Vorherzusagen, wie zukünftige Entwicklungen wahrscheinlich ablaufen werden, ist ungleich schwieriger. Aus Abb. 8.5 geht klar hervor, daß der CO_2-Gehalt exponentiell ansteigt, wenn keine Maßnahmen zur Regulierung von Emissionen getroffen werden. Diese Situation wird vom Intergovernmental

Panel on Climate Change (IPCC), einem von der World Meteorological Organization (WMO) zusammen mit der UNEP ins Leben gerufenen Kommittee mit "Business as Usual" (BaU, "Weitermachen wie bisher") bezeichnet. Die von ihnen ebenfalls vorgeschlagenen Szenarien B–D enthalten mehr oder weniger starke Maßnahmen zur Emissionskontrolle, die allesamt breite internationale Zustimmung erfordern. Bis auf Szenario BaU hat nur Szenario B eine Chance auf internationale Zustimmung und könnte zur Anwendung kommen. Doch auch dieses Szenario erfordert, daß alle Länder verstärkt Energieträger einsetzen, die wenig Kohlenstoff enthalten (z.B. Erdgas und Kernenergie), daß die Leistungsfähigkeit von Brennstoffen gesteigert werden kann, daß Maßnahmen zur Beschränkung der CO-Emission ergriffen werden, abgeholzte Gebiete wieder aufgeforstet werden und daß das Montrealer Protokoll zum Einsatz von FCKW vollständig von allen Ländern angewendet wird. Auch dann, wenn all diese Voraussetzungen gegeben sind, werden die CO_2-Emissionen weiterhin steigen (Szenario B, Abb. 8.5), jedoch nicht so schnell wie bei Szenario BaU.

Die in Szenario B formulierten deutlichen Maßnahmen weisen auch darauf hin, daß das Problem der globalen Erwärmung nicht allein auf CO_2 beschränkt ist. Alle Treibhausgase müssen berücksichtigt und ihre Emission wenn möglich eingeschränkt werden. Weiterhin ist die Temperatur als solche nicht geeignet, alle potentiellen Auswirkungen eines jeden Treibhausgases zu erfassen. Statt dessen muß man der gesamten Energieeinstrahlung, die auf die Erdoberfläche trifft, die gesamten Energieverluste gegenüberstellen. Die gesamte einfallende Solarstrahlung beträgt durchschnittlich 340 W m^{-2}, die unmittelbar ins All reflektierte Energie ca. 100 W m^{-2}. Die Differenz (240 W m^{-2}) ist die an der Erdoberfläche absorbierte Energie. Die Differenz zwischen der Oberflächenabsorption und der als IR-Strahlung emittierten und anschließend von den Treibhausgasen und den Wasserdampfmolekülen zurückgestrahlten Menge nennt man radiative forcing (siehe oben). Der Beitrag eines jeden Treibhausgases zum radiative forcing ist unterschiedlich, da ihr relativer Anteil und die Effizienz ihrer IR-Absorption sich im Laufe der Zeit ändert, weshalb sich auch ihr zukünftiger Beitrag zum Treibhauseffekt ändert. In Abb. 8.7 sind die prognostizierten Veränderungen des radiative forcing im Laufe der Zeit von CO_2 allein, dann mit CH_4 zusammen und schließlich zusammen mit anderen Treibhausgasen (FCKW, N_2O und troposphärischem O_3) dargestellt. Die dargestellten Werte gehen von einem BaU-Szenario aus. Wenn Szenario B jemals angewendet würde, wäre die Kurve für alle Treibhausgase zusammen dieselbe wie jetzt die CO_2-Kurve allein.

Die beiden wichtigsten Ergebnisse solcher Berechnungen des radiative forcing (Abb. 8.7) unter einem BaU-Szenario sind die folgenden. Die durchschnittliche Temperatur wird weltweit bis zum Jahr 2030 um 1,4°C (±0,7°C) steigen und bis zum Jahr 2050 um 2,1°C (±0,8°C) – das ist etwas weniger als bis noch vor einigen Jahren angenommen. Darüber hinaus wird der Mee-

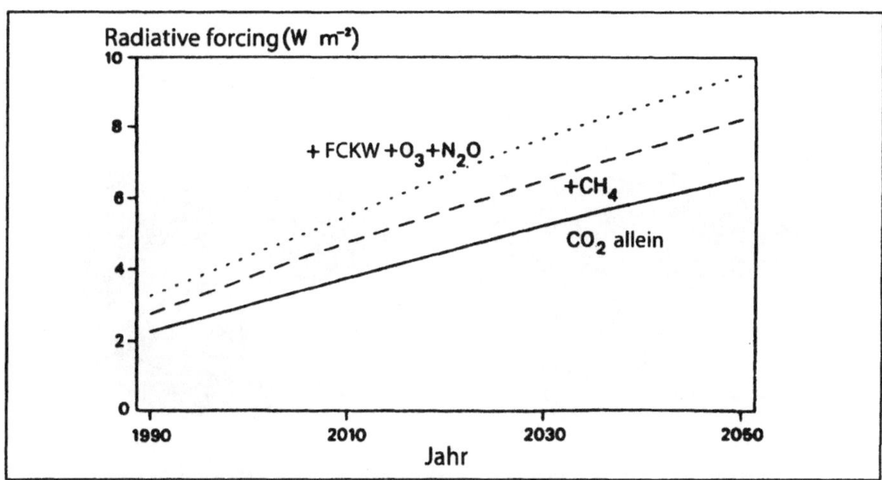

Abb. 8.7. Voraussichtliche Veränderungen des globalen radiative forcing bei einem BaU-Szenario für CO_2 allein, für CO_2 plus CH_4, und für CO_2, CH_4, FCKW, O_3 und N_2O zusammen (nach IPCC-Berechnungen)

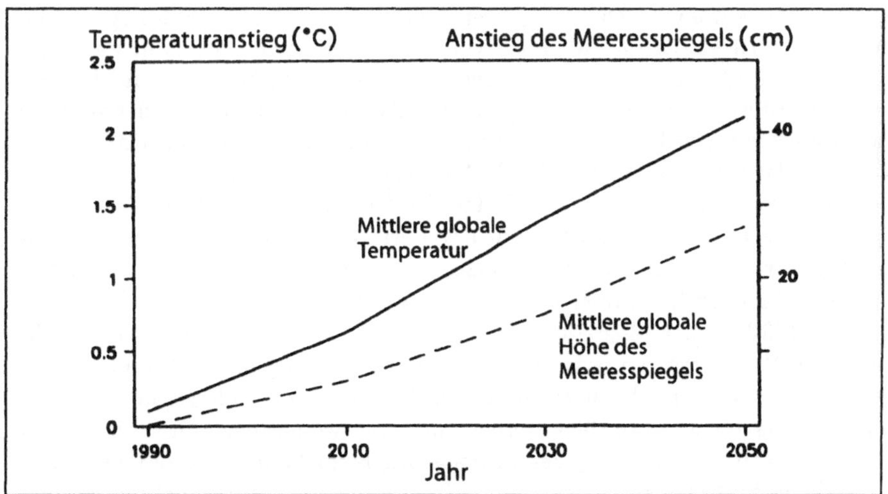

Abb. 8.8. Voraussichtliche Veränderungen der mittleren globalen Temperatur und der mittleren globalen Höhe des Meeresspiegels

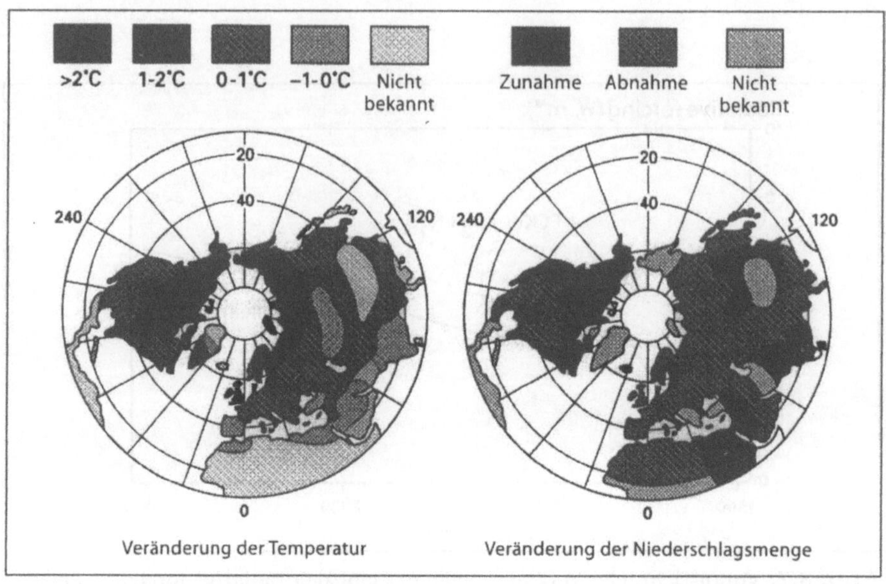

Abb. 8.9. Voraussichtliche Veränderungen der Temperatur und der Niederschlagsmuster in der nördlichen Hemisphäre

respiegel im Jahr 2030 weltweit um 20 cm und im Jahr 2050 um 31 cm höher liegen. Dieser Anstieg ist größtenteils auf einen Anstieg des Meeresvolumens aufgrund thermaler Expansion und weniger auf das Schmelzen des polaren Eises zurückzuführen. Die Prognosen zum Anstieg des Meeresspiegels sind ebenfalls zurückhaltender als noch vor ein paar Jahren, doch sind weiterhin umfangreiche Überflutungen tiefergelegener Regionen, besonders im Verlauf von Unwettern, zu befürchten. Die am stärksten gefährdeten Länder sind die Mündungsdeltas in Bangladesh, Ägypten, Thailand und China (diese werden als erste darunter zu leiden haben), doch viele kleine Inseln werden ebenfalls betroffen sein. Die unmittelbare Folge der Überflutung wird die Zerstörung der Ernte sein. Doch was noch wichtiger ist: Das Grundwasser in der Umgebung wird mehr und mehr versalzen, woraufhin große landwirtschaftlich nutzbare Flächen für immer unbrauchbar werden.

Seit 1932 ist der Meeresspiegel um 64 mm gestiegen. Durch die Errichtung von Wasserreservoirs konnte ein weiterer Anstieg um 32,5 mm verhindert werden. Leider scheint es so, als ob die für die Zukunft geplanten Wasserreservoirs nicht ausreichen werden, um eine wesentliche Auswirkung auf die zu erwartende Steigung des Meeresspiegels zu haben, obwohl zweifellos zusätzliche Süßwasserspeicher nötig sein werden, da immer mehr Regionen der Erde arid und erosionsanfällig werden und dadurch zu versteppen drohen. Ein Temperaturanstieg um 1 bis 2°C wird eine Steigerung sowohl der Nettophotosynthese als auch des Wassernutzungskoeffizienten (s. später) von

Pflanzen zur Folge haben, was sich allerdings nur in Regionen mit ausreichenden Regenfällen vorteilhaft auswirkt.

Wo und wieviel Regen in einer bestimmten Region niedergeht, hängt von einer Vielzahl von Variablen ab, von denen sich einige aufgrund globaler Erwärmung verändern könnten. Eine Reihe von Computermodellen zur weltweiten Temperaturveränderung wurde dahingehend angepaßt, daß sie auch wahrscheinliche Veränderungen der Niederschlagsmuster simulieren. In Abb. 8.9 sind mögliche Veränderungen der Temperatur und der Niederschlagsmuster in der nördlichen Hemisphäre dargestellt, wie sie derzeit von einigen dieser Computersimulationen prognostiziert werden. Den meisten dieser Modelle ist gemeinsam, daß der größte proportionale Temperaturanstieg im Norden Kanadas und Rußlands und verstärkte Niederschläge im östlichen Mittelmeerraum, Indien und in Teilen Chinas zu erwarten sind, während das Klima in den restlichen Teilen Asiens, in Europa (mit Ausnahme Skandinaviens) und den USA trockener werden wird.

8.1.7 Albedo, Neigungswinkel der Erde, und vulkanische Tätigkeit

Auch andere natürliche Phänomene haben tiefgreifende Auswirkungen auf den Treibhauseffekt. Die Albedo (d.h. das Rückstrahlungsvermögen) der Erdoberfläche hat merkliche Auswirkungen auf den Anteil an Energie, der ins All reflektiert wird. Da sich die Wüsten flächenmäßig aufgrund einer Kombinationswirkung von Überweidung, globaler Erwärmung und veränderten Niederschlagsmustern ausbreiten, steigt auch die Albedo. Dadurch vermindert sich der Treibhauseffekt. Steigende Staubpartikelmengen durch Wind und anthropogen bedingte Aerosolbildung tragen ebenfalls zu einem Anstieg der Albedo bei. Das Schmelzen des polaren Eises hingegen wird den gegenteiligen Effekt haben.

Veränderungen in der Umlaufbahn der Erde und vulkanische Aktivität sind weitere wichtige Parameter, jedoch im Hinblick auf ganz unterschiedliche Zeiträume. Über einen sehr langen Zeitraum hinweg betrachtet, ändern sich die Bahnparameter der die Sonne umkreisenden Erde in bezug auf den Neigungswinkel, die Präzession und die Exzentrität. Von diesen Faktoren ist der Neigungswinkel der Erdachse zur Umlaufachse (der erst nach 40 000 Jahren wieder gleich ist) für die durchschnittliche Temperatur auf der Erde am wichtigsten. Bei einem Neigungswinkel von 24° sind die Pole stärker der einfallenden Strahlung ausgesetzt als bei 22°, bei dem die Eiskappen kleiner werden und sich die Tropen ausweiten. Zur Zeit befinden wir uns ungefähr in der Mitte (bei 23°, und wir bewegen uns auf die 22° zu), so daß eine merkliche weltweite Abkühlung aufgrund dieses Vorgangs nicht vor weiteren ca. 15 000 Jahren zu erwarten ist.

Vulkanausbrüche haben dagegen kurzfristigere Auswirkungen, da Staub und Gase in die Atmosphäre geschleudert werden, wo SO_2 schnell zu $SO_4{}^{2-}$-Partikeln oxidiert wird. Solche Aerosole haben eine sehr hohe Albedo, die monatelang eine spürbare Abkühlung bewirkt. Ist der Ausbruch besonders heftig, kann diese Abkühlung über Jahre hinweg anhalten. Die heftigsten Eruptionen seit der Industrialisierung waren der Ausbruch des Timbora im Jahr 1815, der des Krakatau im Jahr 1883 und der des El Chichón im Jahr 1982 (siehe Farbtafel 7). Ein Jahr nach dem Ausbruch des El Chichón haben Berechnungen ergeben, daß die die Erdoberfläche der nördlichen Hemisphäre erreichende solare Strahlung um 28% verringert war. Im Jahr 1816, dem "Jahr ohne Sommer", wurde geschätzt, daß die mittlere Temperatur weltweit um mehr als 0,5°C niedriger war als sonst.

Da die Temperatur in direktem Bezug zum Pflanzenwachstum steht, kann man aus Untersuchungen der Jahresringe einen Zusammenhang zwischen vulkanischer Aktivität und der Jahresringbreite feststellen. Aufgrund solcher genau zu datierenden Ereignisse konnten dann verschiedene Untersuchungsreihen von Jahresringen, die eine Spanne mehrerer Jahrtausende umfaßten, miteinander in Bezug gesetzt werden. Sie sind damit zu einer alternativen Methode zur Datierung archäologischer Funde geworden.

8.1.8 Der Einfluß der Meere

Kohlendioxid unterscheidet sich von anderen atmosphärischen Gasen dadurch, daß ein Großteil (98,5%) in den Meeren gelöst ist. Wenn man die in Kalkstein aufgrund vormaliger biologischer Aktivität in den Meeren eingeschlossene Menge mit hinzuzählt, ist der Anteil sogar noch höher (Abb. 8.6). Im Gegensatz dazu sind nur 0,6% der Gesamtmenge an O_2 in den Meeren gelöst. Tatsächlich ist die Löslichkeit von CO_2 in Wasser 30mal so hoch wie die von O_2, da es mit H_2O unter Bildung von HCO_3^- und CO_3^{2-} reagiert und nur ein sehr geringer Teil (<1%) nicht dissoziiert vorliegt.

Es besteht auch ein großer Unterschied zwischen der an der Oberfläche und der im Tiefenwasser gelösten Menge an CO_2 (12% weniger an der Oberfläche). Dafür sind zwei Austauschvorgänge verantwortlich. Die Löslichkeit von CO_2 ist in kaltem Meerwasser, entweder in tieferen Schichten oder in höheren Breiten, mehr als doppelt so hoch wie in wärmerem Meerwasser (oder in niedrigeren geographischen Breiten). Eine physikalisch angetriebene "Pumpe" pumpt daher gelöstes CO_2 nach unten (oder hin zu den Polen). Der zweite Austauschvorgang findet durch eine biologisch angetriebene Pumpe statt und ist auf die Photosynthesetätigkeit des Phytoplanktons in der euphotischen Zone zurückzuführen. Ein Großteil des fixierten CO_2 wird in dieser Zone durch Atmung usw. wieder freigesetzt, doch mindestens 30% davon sinken in tiefere Meeresschichten ab. Währenddessen kommt es zu einem starken Verbrauch anderer Nährstoffe (vor allem von gelöstem Eisen) in der euphotischen Zone. Infolgedessen ist es die Verfügbarkeit dieser Nährstoffe (und nicht Licht, Temperatur, CO_2 usw.), die zum einschränkenden Faktor für das Wachstum des Phytoplanktons in weiten Teilen der Meere wird.

Modellrechnungen auf der Grundlage des derzeit existierenden HCO_3^-- und CO_3^{2-}-Gehalts in den Meeren haben ergeben, daß der Gehalt von CO_2 in der Atmosphäre ohne das Vorhandensein dieser beiden Austauschvorgänge bei 720 μl CO_2 l^{-1} liegen würde. Gäbe es nur die physikalisch angetriebene Pumpe, würde der CO_2-Gehalt in der Atmosphäre auf 450 μl CO_2 l^{-1} zurückgehen. Gäbe es auch die biologisch angetriebene Pumpe nicht, würde sich nach Verbrauch aller an der Oberfläche vorhandenen Nährstoffe eine CO_2-Konzentration von 165 μl CO_2 l^{-1} einstellen. Unter der Annahme, daß immer geringe Mengen an Nährstoffen verfügbar sind, wäre folglich ein CO_2-Gehalt von ca. 280 μl CO_2 l^{-1} in vorindustrieller Zeit als völlig realistisch anzusehen (Tabelle 8.1).

Die Hauptnährstoffquelle für das Wachstum des Phytoplanktons sind die Auftriebsströmungen von kälterem Wasser aus den Tiefen der Meere und nicht der Eintrag, der mit Hilfe von Flüssen und Wind vom Lande her stattfindet. Viele Fischbestände sind von diesen regelmäßigen Auftriebsströmungen abhängig, die ihrerseits durch Oberflächenströmungen beeinflußt werden. Es wurden bereits Bedenken geäußert, daß eine globale Erwärmung Auswirkungen auf diese Oberflächenströmungen haben könnte, was wiederum eine Veränderung der Aufwärtsströmungsmuster nach sich ziehen könnte. Solche Veränderungen sind durch Modelle nur sehr schwer vorherzubestimmen, doch auch hier konnten einige Fortschritte erzielt werden.

Der wichtigste Mikronährstoff, der das Wachstum von Phytoplankton in weiten Teilen der Ozeane bestimmt, ist biologisch verfügbares gelöstes Eisen. Damit unterscheidet sich die Situation stark von der in Seen und flachen Meeren wie zum Beispiel der Ostsee, wo gewöhnlich der Phosphatgehalt entscheidend ist. Kürzlich hat J.H. Martin die Hypothese formuliert, daß in der Vergangenheit eine Erhöhung der Staubdeposition zu einer größeren Verfügbarkeit von gelöstem Eisen geführt hat. Dadurch könnte die Photosyntheserate so stark zugenommen haben, daß der CO_2-Gehalt in der Atmosphäre deutlich zurückging und daß es durch die damit verbundene Abkühlung zum Beginn von Eiszeiten gekommen sein könnte. In der Tat korreliert bei den im antarktischen Wostock entnommenen Eisbohrkernen ein hoher Eisengehalt mit niedrigem CO_2-Partialdruck (Abb. 8.4).

In Erweiterung dieser Hypothese wurde die Frage aufgeworfen, ob man durch künstliche Düngung bestimmter Teile der Meere mit biologisch verfügbarem Eisen zukünftig eine signifikante Reduktion des atmosphärischen CO_2-Gehalts erzielen könnte. Leider haben Modellrechnungen gezeigt, daß man durch die Düngung der gesamten Meere der südlichen Hemisphäre (eine umfangreiche Aufgabe) die momentane Steigerungsrate von atmosphärischem CO_2 (7 Gt CO_2 a^{-1}) lediglich um 2 Gt CO_2 a^{-1} senken könnte. Darüber hinaus würde durch die Steigerung der Nettophotosyntheseleistung wahrscheinlich so viel zusätzliches N_2O freigesetzt, daß sich die globale Erwärmung eher noch verstärken würde. Weiterhin käme es zu einem beträchtlichen Abbau von O_3 in der Stratosphäre und zu einem Anstieg der CH_4- und der CH_3SCH_3-Emissionen, was weitere schädliche Auswirkungen auf die globale Erwärmung und die Niederschlagsverteilung hätte.

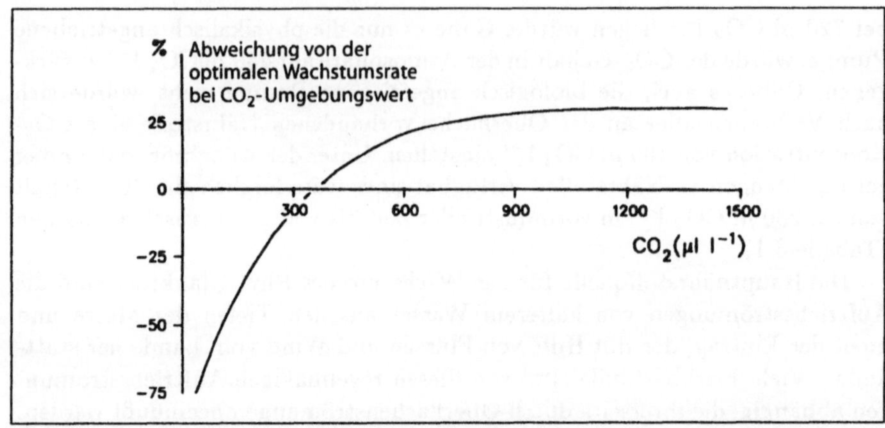

Abb. 8.10. Durch die Anreicherung der Atmosphäre mit CO_2 in Gewächshäusern läßt sich meist eine Ertragssteigerung erzielen, bei einer Anreicherung auf über 1000 μl CO_2 l^{-1} jedoch kann keine weitere Steigerung mehr erreicht werden. Fällt der CO_2-Gehalt unter den Umgebungswert, ist mit schweren Einbußen zu rechnen

8.2 Auswirkungen auf Pflanzen

Einige Treibhausgase wie zum Beispiel troposphärisches O_3 (siehe Kapitel 6) haben direkte Auswirkungen auf die Vegetation, während Fluorchlorkohlenwasserstoffe (FCKW) (siehe Kapitel 7) das Wachstum von Pflanzen indirekt beeinflussen, da sie zum verstärkten Einfall von UV-B-Strahlung beitragen. Andere, wie zum Beispiel CH_4 und N_2O, scheinen keine direkten Auswirkungen auf Pflanzen zu haben, obwohl sie wichtige, durch mikrobielle Tätigkeit entstandene Zwischenprodukte von Kohlenstoff- bzw. Stickstoffkreisläufen sind, an denen auch Pflanzen, Böden und die Atmosphäre teilhaben. Als Grundstoff für die Photosynthese steht jedoch CO_2 bei der Diskussion um mögliche Auswirkungen der globalen Erwärmung auf das Pflanzenwachstum im Vordergrund. Dabei wird aber verkannt, daß die globale Erwärmung das Pflanzenwachstum auf verschiedene Art und Weise beeinflußt. Temperatur, Regen (bzw. Wasserverfügbarkeit), die Wellenlänge und Beschaffenheit des einfallenden Sonnenlichtes und die Verfügbarkeit anderer Nährstoffe (z.B. N) haben alle eine große Bedeutung für das Wachstum, und all diese Faktoren werden sich infolge globaler Erwärmung verändern.

8.2.1 Photosynthese

Über das Wachstum von Pflanzen bei hohem atmosphärischen CO_2-Gehalt ist bereits vieles bekannt, da bei kommerziellem Anbau in Gewächshäusern die Luft häufig mit CO_2 angereichert wird. Ursprünglich wurden dazu ölgefeuerte Brenner verwendet; nachdem jedoch die Heizkosten empfindlich gestiegen waren, wurde dazu übergegangen, Rauchgase aus Heizsystemen (auf

Propan- oder Erdgasbasis) direkt ins Gewächshaus umzuleiten. Die potentiellen Wachstumssteigerungen, die dadurch erzielt werden können, sind in Abb. 8.10 dargestellt. Obwohl es sogar zwischen den einzelnen Sorten derselben Anbaupflanzenart Unterschiede in der Reaktion gibt, kann man sagen, daß es durch eine Anhebung des atmosphärischen CO_2-Gehalts im Gewächshaus auf 1000 μl CO_2 l^{-1} im allgemeinen zu einer 30%igen Wachstumssteigerung kommt – durch eine weitere Anreicherung läßt sich jedoch keine Steigerung mehr erzielen. Die zusätzlich auftretenden Probleme mit Stickoxid-Verunreinigungen, die häufig all die potentiellen Gewinne zunichte machen, wurden bereits an anderer Stelle (Kapitel 3) behandelt.

Bei im Freien wachsenden Pflanzen kommt es häufig zu beträchtlich eingeschränktem Wachstum aufgrund von CO_2-Mangel. Wachsen Pflanzen auf sehr engem Raum, wie zum Beispiel in tropischen oder subtropischen Wäldern, liegt dort der CO_2-Gehalt der Luft häufig unter dem Umgebungswert. Auf lange Sicht führt die Konkurrenz um die verringerten CO_2-Mengen daher zu einem Vorteil für die Pflanzen, die CO_2 besser als ihre Nachbarn aufnehmen können. In subtropischen Klimaten hat dieser evolutionäre Druck zum Auftreten der sog. C_4-Pflanzen geführt, die über effizientere Mechanismen zur CO_2-Konzentration verfügen.

Alle Pflanzen bauen atmosphärisches CO_2 durch das Enzym Rubisco mit Unterstützung weiterer Enzyme des Calvin-Zyklus (C_3-Zyklus) ein. Diesen Vorgang scheint es seit der Entstehung der Photosynthese vor ca. 2,5 Milliarden Jahren zu geben. Irgendwann hat sich bei einer Reihe von Pflanzen, zu denen auch so wichtige Anbaupflanzen wie Mais, Sorghum, Zuckerrohr und Hirse gehören, eine bedeutende Modifikation der konventionellen C_3-Photosynthese herausgebildet. Dabei kommt es zur Bildung von Säuren mit 4 Kohlenstoffatomen (C_4-Säuren). Nach heutigem Verständnis würde man sagen, daß diese Modifikation kein Ersatz für die C_3-Photosynthese, sondern unter bestimmten Bedingungen eine nützliche Erweiterung dieses grundlegenden Vorgangs ist. Diese Modifikation ist vielleicht ungefähr vergleichbar mit der Verbesserung eines Verbrennungsmotors durch eine Turboausstattung.

Bei allen bislang bekannten C_4-Pflanzen sind die Blattzellen anders angeordnet als bei normalen C_3-Pflanzen. Die äußeren Mesophyllzellen umschließen die inneren Bündelscheidenzellen völlig, die wiederum die gefäßführenden Teile umschließen, die von den Blättern zu den Wurzeln führen. Das Hauptmerkmal der C_4-Photosynthese ist die primäre Assimilation von CO_2 durch die Carboxylierung von Phosphoenolpyruvat (PEP), ein Vorgang, der durch das Enzym PEP-Carboxylase (ein Enzym, das beim Einbau von CO_2 effizienter ist als Rubisco; Abb. 8.11) katalysiert wird. Das so gebildete Oxalacetat (Oxalessigsäure; ein Molekül mit 4 C-Atomen) wird dann entweder zu Malat (Apfelsäure) reduziert oder zu Aspartat transaminiert und dann über sog. Plasmodesmen (plasmatische Verbindungsfäden zwischen benachbarten Zellen) von den Mesophyll- zu den Bündelscheidenzellen transportiert. Die folgenden Stoffwechselschritte sind bei den einzel-

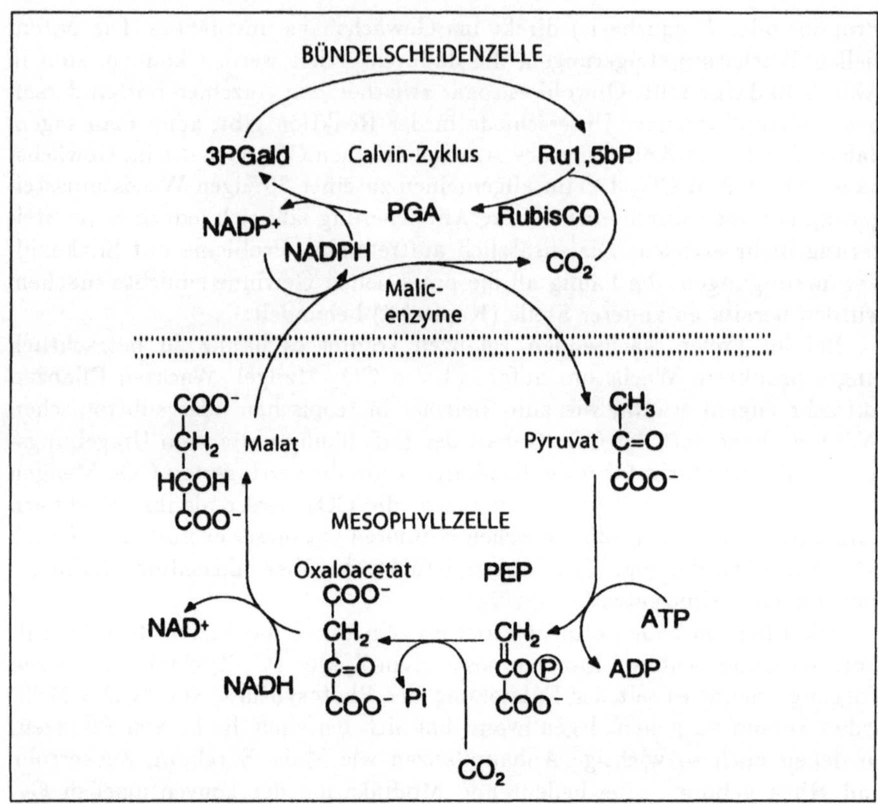

Abb. 8.11. Photosynthese bei C_4-Pflanzen. Bei Pflanzen gibt es drei verschiedene Stoffwechselwege; der hier dargestellte ist typisch für Mais, Zuckerrohr und Sorghum. Abkürzungen: PEP = Phosphoenolpyruvat; PGA = Phosphoglycerinsäure (Phosphoglycerat); 3PGald = Glycerinaldehyd-3-phosphat; Ru1,5bP = Ribulose-1,5-Diphosphat

nen C_4-Pflanzen unterschiedlich, doch bei allen wird das durch Carboxylierung freigesetzte CO_2 in den Plastiden der Bündelscheidenzellen durch Rubisco wieder fixiert. Die übrigen Moleküle mit 3 C-Atomen (Pyruvat und Alanin) werden in die Mesophyllzellen zurücktransportiert, wo sie wieder in die jeweilige C_3-Vorstufe (z.B. PEP) umgewandelt werden, wodurch sich der C_4-Photosynthesekreislauf über die beiden verschiedenen Zelltypen hinweg schließt (Abb. 8.11).

Das Wesentliche dieses C_4-Prozesses besteht darin, daß die größere CO_2-Affinität des Enzyms PEP-Carboxylase gegenüber der des Enzyms Rubisco ausgenutzt wird. Ungewöhnlich an diesem Enzym ist, daß es Ribulosediphosphat sowohl carboxylieren als auch oxidieren kann. Oxidation findet bevorzugt dann statt, wenn die CO_2-Konzentration im Inneren niedrig ist. Sie steht am Anfang eines als Photorespiration oder Lichtatmung bekannten Vorgangs, bei dem O_2 verbraucht und CO_2 freigesetzt wird (siehe Kapitel 9). Bei C_4-Pflanzen wird die Oxygenaseaktivität von Rubisco durch die Vorfixierung von CO_2 mit Hilfe der PEP-Carboxylase unterdrückt. Dadurch wird die effektive Konzentration von CO_2 in den Plastiden der Bündelscheidenzellen erhöht, und es kommt bevorzugt die Carboxylaseaktivität, und nicht die Oxidationsaktivität von Rubisco zum Tragen. Aus den Bündelscheidenzellen entweichendes CO_2 wird von der PEP-Carboxylase sofort wieder gebunden. C_4-Pflanzen haben daher einen niedrigeren internen CO_2-Gehalt, sind aber dennoch effektiver als C_3-Pflanzen bei der Fixierung von CO_2 aus der Umgebung des Blattes.

Wo die zur Verfügung stehende Menge an CO_2 begrenzt ist, verschafft diese Eigenschaft den C_4-Pflanzen in warmen Klimaten einen beträchtlichen Vorteil gegenüber C_3-Pflanzen. Theoretisch bedeutet dies, daß dieser Vorteil der C_4-Pflanzen abnimmt, wenn die CO_2-Konzentration steigt. Dies ist wiederum für die globale landwirtschaftliche Produktivität wichtig, denn viele der Hauptanbaupflanzen der Tropen sind C_4-Pflanzen (Mais, Sorghum, Hirse und Zuckerrohr), während die meisten C_3-Pflanzen (Weizen, Reis, Gerste, Hafer) in gemäßigten Regionen angebaut werden. Daher würde ein höherer CO_2-Gehalt Anbaupflanzen der gemäßigten Regionen begünstigen, so daß verstärkt Weizen und Reis anstelle von Mais angebaut würde, falls alle drei Arten in der betreffenden Region gedeihen können. Darüber hinaus ist es wichtig zu wissen, daß 14 der wichtigsten Unkrautarten, die sich auf das Wachstum von C_3-Pflanzen auswirken, zu den C_4-Pflanzen gehören. Das bedeutet, daß C_3-Pflanzen bei höheren CO_2-Konzentrationen im Wettbewerb gegen einige "ihrer" Unkrautarten im Vorteil wären. Der CO_2-Gehalt in der Atmosphäre kann jedoch nicht isoliert betrachtet werden. Andere das Pflanzenwachstum bestimmende Faktoren, wie zum Beispiel die Temperatur, müssen ebenso berücksichtigt werden.

8.2.2 Temperatur

Bei der Mehrzahl aller C_3-Pflanzen steigt die Photorespirationsrate schneller an als die Photosyntheserate, wenn sich die Temperatur erhöht. Deshalb auch der flache Verlauf der Optimaltemperaturkurve zwischen 10 und 28°C (Abb. 8.12). Bei C_4-Pflanzen hingegen, bei denen eine hohe interne CO_2-Konzentration die Oxygenaseaktivität von Rubisco verhindert (d.h. daß keine Lichtatmung stattfindet), liegt die optimale Temperatur höher (35–40°C), und der Optimalbereich ist kleiner. Dies bedeutet, daß eine alleinige Erhöhung der Temperatur Pflanzen vom C_4-Photosynthesetyp gegenüber denen mit C_3-Photosynthese begünstigt – es wird also genau der gegenteilige Effekt wie bei einer Erhöhung des atmosphärischen CO_2-Gehalts erzielt. Die Situation ändert sich jedoch, wenn die CO_2-Konzentration steigt und die Photorespiration abnimmt. C_3-Pflanzen verhalten sich dann eher wie C_4-Pflanzen mit erhöhten und schärfer eingegrenzten Temperaturoptima (Abb. 8.12).

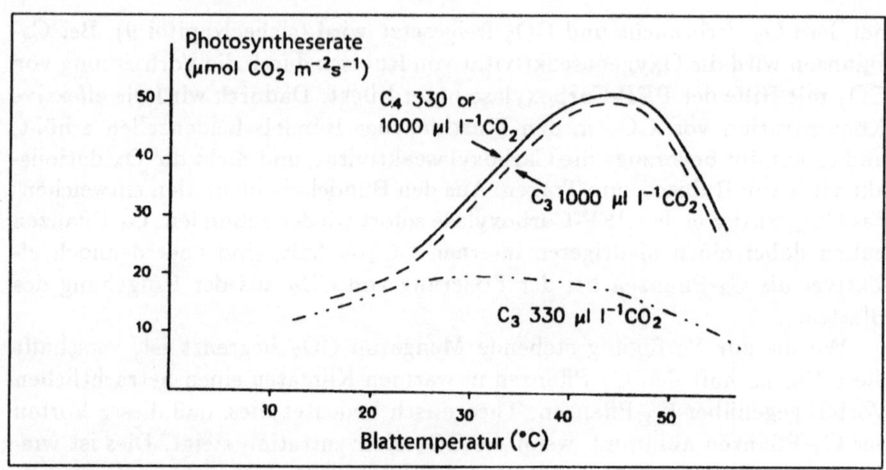

Abb. 8.12. Unterschiede in der Photosyntheserate bei C_3- und C_4-Pflanzen (*Larrea divaricata* und entspreched *Tidestromia oblongifera*) bei unterschiedlichen Temperaturen und CO_2-Konzentrationen (nach Long u. Drake, 1991)

Folglich sind also lediglich C_3-Pflanzen, die jenseits ihres Temperaturoptimums wachsen, im Vergleich zu C_4-Pflanzen im Nachteil. Für die meisten Anbaupflanzen trifft diese Einschränkung jedoch nicht zu – die Temperatur ist der wichtigste Faktor für die Produktivität. Von ihr hängt zum Beispiel die Länge der Wachstumsperiode (die Zeit, die zwischen den letzten Frösten im Frühjahr und den ersten im Herbst liegt) ab, die wiederum eine ganze Reihe weiterer Wachstumsparameter (z.B. Blattmasse und -entwicklung, Blüten- und Fruchtbildung) beeinflußt. Als grobe Richtschnur kann man sagen, daß ein Temperaturanstieg um 1°C die Wachstumsperiode um 10 Tage verlängert, d.h. daß die Anbaugebiete bestimmter Pflanzen auf höhere Lagen und Breitengrade ausgedehnt werden könnten, wenn die Wahrscheinlichkeit von späten Frösten im Frühjahr und frühen Frösten im Herbst geringer wäre. Auch die Tiefsttemperatur ist für viele Bäume und Büsche wichtig, besonders dann, wenn sie ihre Blätter oder Nadeln im Winter nicht abwerfen. Ein genereller Anstieg der Temperatur weltweit würde dazu führen, daß auch weniger widerstandsfähige Pflanzen ihren Lebensraum auf höhere Lagen und Breitengrade ausdehnen könnten, was jedoch weitreichende Konsequenzen für die Artenvielfalt mit sich brächte. Wenn Pflanzen, die normalerweise in gemäßigten Zonen wachsen, sich auch auf Regionen höherer Breiten ausdehnen und gleichzeitig die dort wachsenden Pflanzen aus den gestiegenen Temperaturen und der höheren CO_2-Konzentration Vorteile ziehen würden, käme es zu einem starken Druck auf bestimmte, weniger konkurrenzfähige Arten, die dann durch natürliche Selektion eliminiert werden könnten.

8.2.3 Wasser

Isoliert betrachtet scheinen die Folgen von erhöhter Temperatur und erhöhtem CO_2-Gehalt im großen und ganzen recht positiv zu sein; da aber auch die Wasserverdunstungsrate zunehmen wird, könnten große Flächen zu ariden Regionen werden. Einige Pflanzen haben sich bereits an Wassermangel adaptiert, doch dieser wichtige, das Pflanzenwachstum bestimmende Faktor wird mehr an Bedeutung gewinnen, wenn sich die vollen weltweiten Konsequenzen der globalen Erwärmung abzeichnen werden.

Bestimmte Sukkulenten und Kakteen verfügen über einen anderen Photosyntheseweg, Crassulacean Acid Metabolism (CAM) genannt, der viele Gemeinsamkeiten mit dem der C_4-Pflanzen aufweist. Der vorrangige Unterschied besteht darin, daß bei C_4-Pflanzen die Malat- bzw. Aspartatsäuren umgehend decarboxyliert werden, während sie bei CAM-Pflanzen während der Dunkelheit akkumuliert und erst am darauffolgenden Tag decarboxyliert werden. Mit anderen Worten besteht also eine zeitliche und keine räumliche Trennung zwischen den wichtigsten CO_2-Fixierungsaktivitäten der PEP-Carboxylase und der Rubisco. Bei CAM-Pflanzen findet daher kein Austausch zwischen zwei verschiedenen Zelltypen statt wie bei den C_4-Pflanzen; statt dessen verfügen sie über wasserspeicherndes Gewebe. Dies ist deshalb möglich, weil die Stomata von CAM-Pflanzen normalerweise nachts offen und tagsüber geschlossen sind; folglich ist ihr Wassernutzungskoeffizient (d.h. die Mengen des transpirierten H_2O pro assimilierte Menge CO_2) verglichen mit dem von C_3-Pflanzen sehr hoch. Pflanzen des CAM-Photosynthesetyps findet man gewöhnlich in heißen, trockenen Habitaten mit unregelmäßigen Regenfällen. In bezug auf ihren Wassernutzungskoeffizienten liegen C_4-Pflanzen zwischen den CAM- und den C_3-Pflanzen. Dies ist darauf zurückzuführen, daß der interzelluläre CO_2-Gehalt bei C_4-Pflanzen niedriger ist und ihre Stomata sich nicht so weit öffnen müssen, was bedeutet, daß weniger Wasser durch Transpiration verloren geht. Eine ähnliche Situation stellt sich auch bei C_3-Pflanzen ein, wenn die CO_2-Konzentration erhöht wird. Die Stomata müssen sich dann nicht mehr so weit öffnen, um eine entsprechende Menge an CO_2 hereinzulassen. Dadurch geht weniger H_2O durch Transpiration verloren, und der Wassernutzungskoeffizient steigt auch bei C_3-Pflanzen. Der Nachteil hierbei ist, daß die Temperatur im Blattinneren steigt; übersteigt sie das Temperaturoptimum, hat dies wiederum negative Auswirkungen auf Wachstum und Blattmasse.

Manchmal wird vergessen, daß Pflanzen im Laufe ihrer Evolution Phasen beträchtlicher Erwärmung und Abkühlung unterworfen waren. Von daher ist zu erwarten, daß ihre Reaktion auf steigende CO_2-Konzentrationen komplex ist und daß es verschiedene Formen der Anpassung, morphologischer und physiologischer Art, geben wird. Die Untersuchung alter Herbariumsexemplare hat ergeben, daß zum Beispiel die Häufigkeit der Stomata – bezogen auf eine bestimmte Blatteinheit – in jüngster Zeit zurückgegangen ist. Weiterhin ist auch das Verhältnis von C zu N niedriger. Mit anderen Worten wird

Tabelle 8.3 Durchschnittliche (im Versuch erzielte) Ertragssteigerung bei Anbaupflanzen und Bäumen, die bei einer CO_2-Konzentration von >680 μl CO_2 l^{-1} gezogen wurden, gegenüber denen, die bei 350 μl CO_2 l^{-1} gezogen wurden (nach Krupa u. Kickert, 1989)

Höchste durchschnittliche Ertragssteigerung [a]	*Landwirtschaftliche Nutzpflanze oder wichtigster forstwirtschaftlich genutzter Baum*
>3,0	Baumwolle
2,5–3,0	Sorghum, Okra
2,0–2,5	Weintrauben, Auberginen, Paprika, nordamerikanische Weymouths-Kiefer
1,5–2,0	Erbsen, Süßkartoffeln, Bohnen, Rettich, Gerste, Zuckerrübe, Schnittmangold, Kartoffeln, Kopfsalat, Alfalfa, Soja, Mais, Tomaten, Waldkiefer, Rottanne
1,0–1,5	Hafer, Weizen, Schwingelgras, Reis, Erdbeeren, Kohl, Sonnenblumen, Endiviensalat, Klee, Rosen und andere Blumen, Douglastanne, Apfel, Weihrauchkiefer, Birke

[a] Relativ zu einer bei 350 μl CO_2 l^{-1} gezogenen Kontrollgruppe (Wert bei 1,00 festgelegt).

bei heutigen Pflanzen das zusätzliche C aus CO_2 nicht durch eine verstärkte Stickstoffaufnahme ausgeglichen. Dies hat verschiedene Folgen. So kann es zum Beispiel zu einer Verringerung des Protein-/Kohlenhydratverhältnisses in den Samen kommen, was wiederum Auswirkungen nicht so sehr auf die Quantität, sondern auf die Qualität bestimmer Nahrungsmittel auf Getreidebasis haben kann.

Um die Erforschung dieser Formen von Anpassung, neben den Messungen von Ertrag und Biomasse, geht es bei einer Reihe von langfristig angelegten Untersuchungen an landwirtschaftlichen Nutzpflanzen, Unkräutern, Bäumen und natürlicher Vegetation. Dabei kann es nicht einfach nur darum gehen, die Reaktion der Pflanzen auf erhöhte CO_2-Konzentrationen (600–700 μl CO_2 l^{-1}) mit denen bei momentanen Konzentrationen, die bei 350 μl CO_2 l^{-1} liegen, zu vergleichen (auch wenn eine Reihe von Untersuchungen während der späten 80er Jahre genau darauf ausgerichtet war). Es sind vielmehr Untersuchungen erforderlich, die die Interaktionen zwischen CO_2, Temperatur, Verfügbarkeit von Wasser und wenn möglich auch O_3 (denn der O_3-Gehalt wird in den kommenden Jahrzehnten ebenso schnell steigen wie der CO_2-Gehalt) beleuchten. Leider gibt es immer noch sehr wenige Untersuchungen, bei denen auch nur zwei dieser Faktoren zusammen betrachtet werden, so daß Modelle/Prognosen künftiger globaler landwirtschaftlicher Erträge immer noch auf ältere Untersuchungen (wie zum Beispiel die in Tabelle 8.3 dargestellte) zurückgreifen müssen, die lediglich das Wachstum bei unterschiedlich hohen CO_2-Konzentrationen miteinander verglichen. Die Auswirkungen der anderen Faktoren müssen dann so hinzuaddiert werden, wie man es für angemessen hält. Die in Tabelle 8.4 dargestellten voraussichtlichen Veränderungen der Pflanzenproduktivität weltweit sind auf dieser Grund-

Tabelle 8.4 Voraussichtliche Zu- bzw. Abnahme der Gesamtproduktivität bestimmter Anbaupflanzen in verschiedenen Regionen gemäß Schätzungen des Canadian Atmospheric Environment Service (nach Smit et al., 1989)

Region	*Weizen*	*Mais*	*Gerste*	*Hafer*	*Soja*	*Reis*
Kanada	↑	↑	↓	↓	↓	
USA und Mexiko	↓	↓			↓	
Südamerika	↓	↓			↓	
Europa	↓	↓	↓	↓		
Afrika	↓					
Rußland und Ukraine	↑	↑	↓	↓		
Indien, China und Südostasien	↓					↑
Australien, Neuseeland	↓					

lage errechnet worden. An einer fundierten Beurteilung der Interaktion der verschiedenen Faktoren wird noch gearbeitet.

8.3 Auswirkungen auf den Menschen

Die Bedeutung der globalen Erwärmung für den Menschen ist vorrangig soziologischer, ökonomischer und geopolitischer und weniger biologischer Natur. Mögliche Veränderungen der Niederschlagsverteilung, der durchschnittlichen Temperatur und der Verbreitung von Anbaupflanzen usw. sowie die Vertreibung von Menschen aufgrund von Flutkatastrophen, Dürren und veränderten ökonomischen Bedingungen sind Anlaß zur Sorge und Ursache vieler Studien. Zweifellos stehen diese in Zusammenhang mit den oben beschriebenen Veränderungen im Bereich biologischer Prozesse. Dennoch muß das Hauptaugenmerk solcher zukunftsorientierten Untersuchungen in der Soziologie, Ökonomie und der Politik darin liegen, die Entwicklung der Weltbevölkerung mit dem voraussichtlichen Energiebedarf in Zusammenhang zu bringen.

In Abb. 8.13 ist die Bevölkerungsentwicklung von der jüngsten Vergangenheit bis weit ins nächste Jahrtausend hinein dargestellt. Die Bevölkerung in den Industrienationen wird weitgehend stabil bleiben, und die Chinas wird sich mehr und mehr stabilisieren. Hingegen scheint die Bevölkerung anderswo, besonders in Indien, dem übrigen Asien und in Afrika, immer weiter zu wachsen. Der voraussichtliche Energieverbrauch entwickelt sich ähnlich (Abb. 8.14), obwohl sich die Art der Energieträger verändern wird. Im nächsten Jahrhundert wird es voraussichtlich einen verstärkten Verbrauch von Kohle und Erdgas geben. Es besteht also kaum Aussicht, die CO_2-Emissionen auf dem Niveau von 1990 zu halten, es sei denn, daß der Einsatz von Kernenergie und erneuerbaren Energieträgern dramatisch erhöht wird.

Die größte Gefahr läßt sich aus der Kombination beider Abbildungen ableiten – der steigende Energieverbrauch pro Kopf (Abb. 8.15). Der Großteil des derzeitigen Gesamtenergiebedarfs weltweit entfällt auf die Industrienationen. Auch wenn dieser durch internationale Abkommen auf das Niveau von

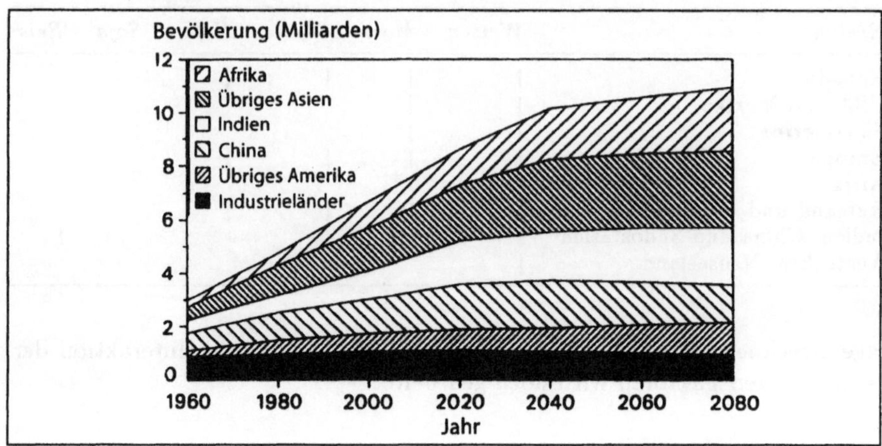

Abb. 8.13. Voraussichtlicher Anstieg der Bevölkerung in verschiedenen Teilen der Welt (Daten der UN Population Division)

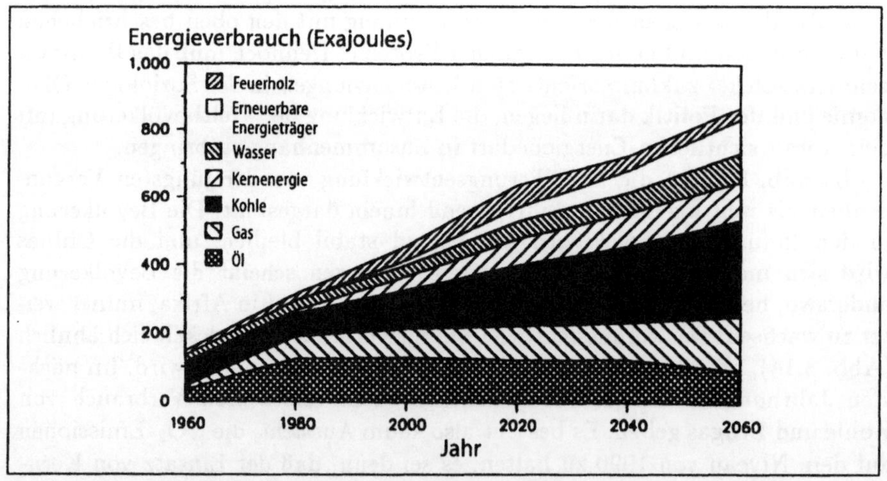

Abb. 8.14. Voraussichtlicher weltweiter Energieverbrauch für verschiedene Energieträger (Daten der World Energy Conference, Cannes, 1986)

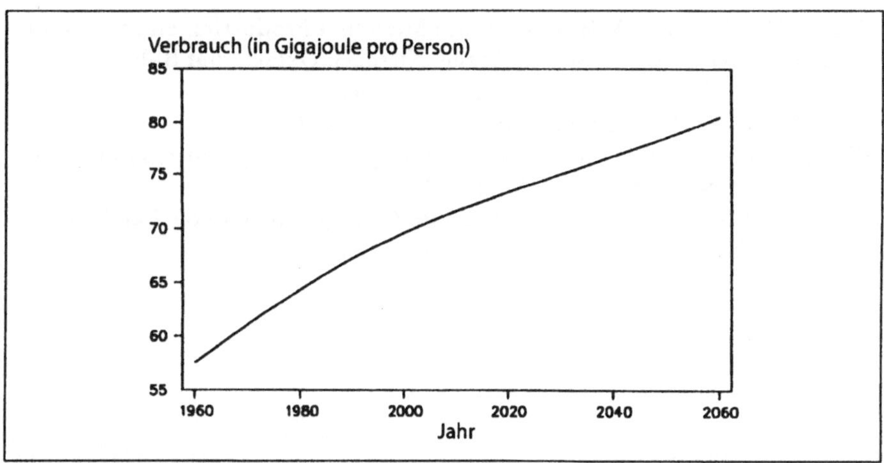

Abb. 8.15. Voraussichtlicher zukünftiger Trend beim weltweiten Pro-Kopf-Energieverbrauch, erstellt aus den Daten von Abb. 8.13 und 8.14

1990 eingefroren wird, wird der verständliche Nachholbedarf der Entwicklungsländer auch weiterhin zu einem Anstieg sowohl des Gesamtverbrauchs als auch des Pro-Kopf-Verbrauchs führen. Die Industrieländer werden wohl fähig sein, ihren Energieverbrauch effizienter zu gestalten und verstärkt alternative und erneuerbare Energieträger einsetzen. Solange es jedoch keinen schnellen, nachhaltigen und kostengünstigen oder gar kostenfreien Transfer dieser energiesparenden Technologie von den Industrienationen in die Entwicklungsländer gibt, kann der Trend beim Pro-Kopf-Energieverbrauch nicht umgekehrt werden, und die globale Erwärmung mit all den Problemen, die sie mit sich bringt, wird nicht aufzuhalten sein.

Weiterführende Literatur

Gregory S (ed) (1990) Recent Climatic Change. Belhaven Press, London

Gribbin J (1990) Hothouse Earth: The Greenhouse Effect and Gaia. Transworld Publishers, London

Houghton JT, Jenkins GJ, Ephraums JJ (eds) (1990) Climate Change. The IPCC Scientific Assessment. Cambridge University Press, Cambridge

Jäger J, Ferguson HL (eds) (1991) Climate Change: Science, Impacts and Policy. Cambridge University Press, Cambridge

Krupa SV, Kickert RN (1989) Environmental Pollution 61, 263–393

Long SP, Drake BG (1991) Photosynthetic CO_2 assimilation and rising atmospheric CO_2 concentrations. Ecological Applications 1, 129–156

Martin JH (1990) Paleooceanography 5, 1–13

Parry M (1990) Climate Change and World Agriculture. Earthscan Publications, London

Rogers JE, Whitman WB (eds) (1991) Microbial Production and Consumption of Greenhouse Gases: Methane, Nitrogen Oxides, and Halomethanes. Am. Soc. of Microbiology, Washington, DC

Smit B et al. (1989) Climatic Change 14, 153–174

Woodward FI (1992) Predicting plant responses to global environmental change. New Phytologist 122, 239–251

Wyman RL (ed) (1991) Global Climate Change and Life on Earth. Routledge, Chapman & Hall, New York und London

9. Andere globale und lokale Luftverunreinigungen

9.1 Luftschadstoffe

In der Atmosphäre sind die verschiedenartigsten Verunreinigungen anzutreffen. Einige wichtige Schadstoffe, die Auswirkungen auf die Pflanzen- und Tierwelt haben, wurden bereits in den vorhergehenden Kapiteln besprochen. In manchen Arbeitsumfeldern und in der Nähe bestimmter Industrien treten zudem einige Schadstoffe sehr häufig auf, die für den Menschen besonders schädlich sind. Tabelle 9.1 gibt einen Überblick über die verschiedenen Krankheitsbilder, die von Luftschadstoffen verursacht oder verstärkt werden können. Es würde den Rahmen dieses Buches sprengen, alle diese Schadstoffe ausführlich zu behandeln; auf wichtige Beispiele (**fettgedruckt**) wird im folgenden näher eingegangen, um aufzuzeigen, wie vielfältig die Auswirkungen von Schadstoffen auf die Gesundheit des Menschen (und der Pflanzen) sind.

9.2 Das Zusammenspiel von Sauerstoff und Kohlendioxid

9.2.1 Co-Evolution der Atmosphäre und der Biosphäre

Molekularer Sauerstoff (O_2) ist zwar einerseits für viele lebende Systeme essentiell, andererseits fördert er eine Reihe von Reaktionen mit freien Radikalen innerhalb lebender Zellen und stellt damit gleichzeitig eines der größten Probleme für biologische Systeme dar. Der Begriff "Schadstoff" wird mitunter definiert als "eine chemische Substanz am falschen Ort und in der falschen Konzentration". Nach dieser Definition wäre O_2 aufgrund der derzeitigen O_2-Konzentrationen in der Atmosphäre eher als Schadstoff zu bezeichnen. Vielleicht sollte man deshalb noch "zur falschen Zeit" hinzufügen, um O_2 als Schadstoff auszunehmen. Die O_2-Konzentration in der Luft liegt heute mit ungefähr 21% zwischen dem Bereich, wo Verbrennung nicht möglich ist (unter 16%), und dem Bereich (über 26%), wo Verbrennung spontan stattfinden würde.

In früheren Phasen der Geschichte unseres Planeten bestand die Atmosphäre hauptsächlich aus CO_2. Freies atmosphärisches O_2 entstand erst, als

Tabelle 9.1 Klinische Symptome, die durch hohe Konzentrationen von Luftschadstoffen ausgelöst werden (überarbeitet und aktualisiert nach Waldbott, 1978) (Die **fettgedruckten** Substanzen werden in diesem Kapitel ausführlich behandelt)

Symptom	*Schadstoff*	
	staubförmig	*gasförmig*
Alopezie (Haarausfall)	As, **Pb**	
Anämie	Mo, **Pb**, Se, V	
Arteriosklerose und koronare Herzkrankheit (KHK)	Ba, Cd, Organophosphate	CO, H_2S
Arthritis	F^-	HF
Asthma und Allergien	Co, Pollen, Pilze, Hausstaub, Insektenschuppen, Isocyanate, PVC, Epoxidharze usw.	SO_2, O_3, NO_2, **HCHO**
Augenreizung	V	PAN, **HCHO**, H_2S, NH_3, SO_2, Benzylchlorid, Acrolein
Bronchitis		SO_2, O_3, NO_2
Dermatitis	As, Cr, Ni, Se, V, Organophosphate	HCHO
Diarrhöe (Durchfall)	As, **Pb**, F^-	HF
Emphysem	Cd	SO_2, NO_2
Erstickung		CO, H_2S
Fortpflanzungsprobleme	Cd, Hg, **Pb**	CS_2
Funktionsstörungen der Nebenschilddrüse	F^-	HF
Gastroenteritis	As, Hg, **Pb**, Se, Zn, F^-	CO, HF
Gelbsucht	Pb, Se, Ti	
Hirnschädigungen	B, Hg, **Pb**, Zn, DDT	CO, Borane
Knochenerkrankungen	Cd, Sr, F^-	HF
Kopfschmerzen	Pb, F^-	
Krebs[a]	As, Be, Cd, Co, Cr, Ni, **Pb**, Se, Sr, Asbest	Benzol, **HCHO** usw., Radon
Leberfunktionsstörungen	Mo, Se, Insektizide[b]	Radon
Lungenfibrose	Ba, Co, Fe, Ni, Se	
Lungensarkoidose (Bildung von Granulomen)	Be, Mn, Zn, PVP, Talk	
Lungensilikose	silikathaltige und andere Stäube	
Melanose (Dunkelfärbung der Haut)	As	
Metalldampffieber	erhitztes B, Mn, Ni, **Pb**, Sb, Sn, Zn, PTFE	HF
Muskelschwäche	Hg, F^-	HF
Nasenreizung	As, Cr, Ni, Se, V, F^-	SO_2, HF, Cl_2
Nervenschäden und Ataxie (Störung der Bewegungsabläufe)	Mn, Hg, **Pb**	
Nierenfunktionsstörungen	Cd, Hg, **Pb**, Se, diverse Insektizide[b]	Chlorkohlenwasserstoffe
Reizbarkeit	Pb	
Reizung der Lunge und der Atemwege	Asbest, Co, C, FeO_2, quartz- und silikathaltige Stäube	SO_2, NO_2, O_3,Cl_2, NH_3
Schilddrüsenstörungen	Ba, Co	
Schlaflosigkeit	Pb	
Sehstörungen	Se, F^-	PAN, HF, CS_2, Cl_2
vorzeitiges Altern		O_3, PAN
Zahnkaries	Se	
Zahnverfärbungen	F^-	HF
Zyanose (Blausucht)	Nitrite	CO

[a] Die Liste der Kohlenwasserstoffe, deren cancerogene Wirkung gesichert oder wahrscheinlich ist, wird immer länger. Dazu gehören auch Acrylnitril, Epoxyethan und Epoxypropan, Dimethylsulfat, Ethylenoxid, Epichlorhydrin und Benzpyren. Die Liste der Kohlenwasserstoffe, die möglicherweise cancerogen sind, ist sehr viel länger (s. Tomatis, 1990).

[b] Zum Beispiel DDT, Aldrin und Lindan

photosynthesebetreibende Organismen die Fähigkeit erwarben, H_2O in O_2, Elektronen und H^+-Ionen aufzuspalten. Gleichzeitig verminderte sich die Konzentration von CO_2 schnell, da es von photosynthesebetreibenden Organismen fixiert wurde. Diese kohlenstoffhaltigen Produkte gelangten in die Nahrungsketten und wurden schließlich zu den Skeletten der Korallen und den Schalen der Weichtiere. Als Folge dieses Prozesses ist heute der größte Teil des CO_2 aus der ursprünglichen Erdatmosphäre in den Kalksteinvorkommen der Erde gebunden. Gleichzeitig wurde O_2 (mit 53,8% das mengenmäßig am häufigsten auf der Erde vorkommende Element) stetig in die Atmosphäre abgegeben. Die Konzentration wuchs damit auf einen Wert, der für viele primitive Organismen aufgrund von Oxidationsprozessen in ihren Zellen schädlich und in vielen Fällen sogar tödlich war. Die Organismen, die Mechanismen zum Schutz gegen O_2 entwickelten, überlebten; diejenigen, denen dies nicht gelang, gingen entweder zugrunde oder zogen sich in Umgebungen mit niedrigeren O_2-Konzentrationen zurück. Aus ihnen entwickelte sich eine Vielzahl anaerober Organismen. Dazu gehören obligate Anaerobier, die in Gegenwart von O_2 nicht überleben, Anaerobier, die in Gegenwart von O_2 eine Zeitlang überleben, aber nicht wachsen, und anaerobe Organismen, die in O_2-Konzentrationen von bis zu 10% wachsen. Unberührte oder schlecht belüftete Böden, verschmutzte Gewässer, verrottende Vegetation, Wunden sowie die Nahrungs- und Verdauungstrakte der Tiere (besonders Maul und Dickdarm) gehören zu den Umgebungen, in denen Anaerobier gedeihen.

Ein Grund für die Empfindlichkeit mancher Organismen gegenüber O_2 liegt darin, daß bestimmte Enzyme (z.B. der Luftstickstoff fixierende Nitrogenase-Komplex) durch Oxidation im aktiven Zentrum gehemmt werden. Um diese Hemmung zu verhindern, führen Blaualgen (Cyanobakterien) die Fixierung des molekularen Stickstoffs (s. Kapitel 3) in speziellen dickwandigen Zellen (Heterocysten) durch, in die kein Sauerstoff gelangt. Ein anderes Beispiel stellen die Leguminosen dar, deren Wurzelknöllchen neben stickstoffixierenden Bakterien (*Rhizobium*) Leghämoglobin zur Bindung von ggf. vorhandenem O_2 enthalten.

Alle aeroben Organismen verfügen über ausgedehnte Mechanismen, die als Radikalfänger wirken (z.B. Vitamin E, Glutathionreductase usw; s. Kapitel 6), mit denen sie sich vor Oxidanzien schützen, die aus O_2 entstehen, und viele benutzen O_2 als Endakzeptor für die Atmung.

9.2.2 Photorespiration der Pflanzen

Der gesamte in der Atmosphäre vorhandene molekulare Sauerstoff entstand bzw. entsteht durch Photosynthese, und die Evolution von Leben auf diesem Planeten ist eng mit dem Erscheinen photosynthesebetreibender Organismen vor fast 3 Milliarden Jahren verknüpft. Noch vor 1 Milliarde Jahren betrug die O_2-Konzentration in der Atmosphäre weniger als 1%. Somit entwickelten sich die meisten Stoffwechselprozesse der Pflanzen zu einer Zeit, als die O_2-Konzentration viel geringer war als heute. Daher ist es nicht verwunderlich,

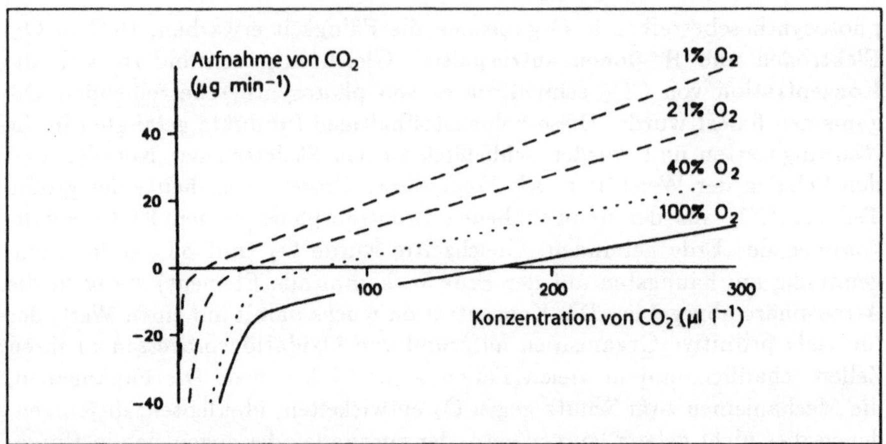

Abb. 9.1. Der Einfluß von O_2 auf die Aufnahme von CO durch Pflanzen bei verschiedenen CO_2-Konzentrationen. Positive Assimilationswerte verweisen auf eine Nettofixierung von CO_2 in Zucker und Kohlenhydraten, negative Werte weisen auf erhöhte Atmung und Lichtatmung hin. Die Schnittpunkte mit der x-Achse (wo der Einbau von CO_2 mengenmäßig mit der Freisetzung von CO_2 übereinstimmt) werden auch Kompensationspunkte genannt

daß bei einer Reduzierung der O_2-Konzentration auf Werte unter 21% die pflanzliche Fixierung von CO_2 um 50% oder mehr gesteigert werden kann; bei erhöhter O_2-Konzentration wird die Photosyntheseleistung jedoch deutlich vermindert (Abb. 9.1). Außerdem kann eine erhöhte O_2-Konzentration zu einer Hemmung des Wurzelwachstums führen, die Lebensfähigkeit der Samen verringern und die Sproßentwicklung beeinträchtigen, weil zusätzliche freie Radikale in den Zellmembranen ungehindert Schaden anrichten. In Abb. 9.1 kennzeichnen die Schnittpunkte der Kurven mit der x-Achse die Punkte, an denen ein Gleichgewicht zwischen CO_2-Fixierung und CO_2-Freisetzung durch die Atmung herrscht. Dieses Gleichgewicht wird als Kompensationspunkt bezeichnet; er variiert je nach Sauerstoffpartialdruck.

Die Freisetzung von CO_2 durch Pflanzen ist nur zum Teil lichtunabhängig und auf Atmungsaktivität zurückzuführen. Die lichtabhängige Freisetzung erfolgt durch einen als Photorespiration (Lichtatmung) bezeichneten Prozeß, der darauf beruht, daß das aktive Zentrum des CO_2-fixierenden Enzyms Rubisco (Ribulosebisphosphat-Carboxylase/Oxygenase) Carboxylierung oder Oxygenation bewirken kann. Dies bewirkt, daß es im folgenden durch weitere Stoffwechselvorgänge über oxygenierte Produkte zur Freisetzung von CO_2 kommt. Auf den ersten Blick mag dieser Prozeß unsinnig erscheinen, weil dabei nützliches CO_2 verloren geht. Heute wird Photorespiration jedoch als ein lebenswichtiger Schutzmechanismus verstanden, der den Elektronenfluß bei Lichtüberschuß umleitet, wenn eine zu geringe Konzentration von CO_2 gegenüber O_2 zum limitierenden Faktor wird. Normalerweise würden solche Bedingungen die Entstehung schädlicher freier Radikale wie $^{\bullet}O_2^-$ begünstigen, aber durch die Verwertung von Kohlenstoffverbindungen ermöglicht Photorespiration die Speicherung höherer interner CO_2-Konzentrationen, so daß nur wenige freie Radikale entstehen.

9.2.3 Hyperoxämie

Welche toxischen Wirkungen erhöhte O_2-Werte auf den Menschen haben können, wurde in vielen Studien untersucht. In der Medizin werden erhöhte O_2-Konzentrationen zur Behandlung von Gangrän, multipler Sklerose, Lungenleiden und bestimmten Karzinomen verabreicht. Erhöhte O_2-Konzentrationen werden auch bei Sportarten wie Tauchen und Klettern sowie in der Luft- und Raumfahrt eingesetzt. Dies hat zu einer Reihe von Versuchen zur Bestimmung der kurz- und langfristigen Folgen erhöhter O_2-Konzentrationen bei hohen und niedrigen atmosphärischen Drücken geführt. In einigen Fällen wurde eine Schädigung der Mitochondrien infolge übermäßiger $^{\bullet}O_2^{\,-}$-Bildung in Gegenwart von erhöhten O_2-Werten in bestimmten Geweben und Organen (z.B. Herz, Leber, Knochenmark) festgestellt. Die Auswirkungen von erhöhten O_2-Konzentrationen schwanken jedoch je nach Spezies, Alter, betroffenen Organen bzw. Gewebe und Ernährung erheblich.

9.2.4 Erstickung

Seit den Experimenten des britischen Naturforschers Joseph Priestley in den 70er Jahren des 18. Jahrhunderts ist bekannt, daß Tiere Kohlendioxid anders verwerten als Pflanzen. Priestley ließ eine Kerze in einer abgeschlossenen Umgebung brennen und stellte fest, daß nach einer gewissen Zeit die Kerze erlosch und Mäuse in dieser Luft starben, während Pflanzen noch einige Wochen überlebten. Nach dieser Zeit brannte eine Kerze in der verbliebenen Luft wieder, und Mäuse konnten ebenfalls in der vorhandenen Luft leben. Priestley schloß daraus richtigerweise, daß Pflanzen Luft anders verwerten und umwandeln als Tiere.

Bergleute wußten schon lange vor Priestleys Experimenten, daß die Luft unter Tage andere Gase enthielt als die natürliche Atmosphäre und daß unter bestimmten Bedingungen Erstickungsgefahr bestand. Stickwetter enthält mehr als 13% CO_2; es gab verschiedene Methoden, die Luft darauf zu untersuchen. Brennende Kerzen ersticken, wenn der O_2-Gehalt der Luft weniger als 17% beträgt oder der CO_2-Gehalt auf 10% steigt. Der Kerzentest hatte jedoch für die Bergleute schlimme Folgen, wenn die Luft gleichzeitig CH_4 oder andere explosive Gase enthielt. Dank der Entwicklung verbesserter Grubenlampen sank die Explosionsgefahr, jedoch verlischt bei Verwendung von Acetylen die Flamme erst bei einem CO_2-Gehalt von 29%. Einen besseren Schutz bot die Mitnahme von Mäusen, die in gefährlich erscheinende Schächte hinabgelassen wurden.

Heute findet CO_2 in der Industrie vielseitige Verwendung. Wenn nicht entsprechende Sicherheitsvorkehrungen getroffen werden, sind die Arbeiter in vielen Sektoren (nicht nur im Bergbau) CO_2 in relativ hohen Konzentrationen ausgesetzt. Besonders wichtig sind Sicherheitsmaßnahmen bei Produktionsprozessen, in denen CO_2 als Kühlmittel, als schwache Säure bei der Herstellung von Arzneimitteln oder Bleiweiß, bei der Wasseraufbereitung, beim Befüllen von Feuerlöschern, beim Konservieren von Lebensmitteln, beim Schweißen, beim Reinigen von Pipelines und bei der Herstellung von kohlensäurehaltigen Getränken verwendet wird. Abgeschlossene Systeme wie U-Boote oder Raumschiffe bringen wohl das größte Risiko einer CO_2-Belastung für den Menschen mit sich, aber auch beim Bierbrauen und bei der Weinherstellung sind Sicherheitsvorkehrungen erforderlich. Bei der Verarbeitung von Zuckerrüben z.B. wird der Saft mit Kalk behandelt, und das Calciumsaccharid wird durch CO_2 ausgefällt. Die genannten Prozesse haben immer wieder Todesopfer gefordert. Besonders ungewöhnlich war der Tod von vier irischen Bergungsarbeitern bei dem Versuch, eine Ladung faulender Äpfel aus dem havarierten Schiff "Celtic" zu entfernen, um es von den Klippen vor dem Hafen von Cork wieder freizubekommen.

Alle Untersuchungen haben ergeben, daß O_2-Mangel schädlich ist. Bei 12% O_2-Gehalt ist der Atem sehr tief und schnell, und es treten schwere Kopfschmerzen auf. Unterhalb von 12% setzt Bewußtlosigkeit ein; bei einem O_2-Gehalt zwischen 8% und 5% tritt der Tod ein. Die physiologische Wirkung von erhöhten CO_2-Werten besteht in einer Stimulierung des Atemzentrums des Gehirns im verlängerten Rückenmark. Eine 5%ige CO_2-Konzentration in der Luft beispielsweise bewirkt eine starke Stimulierung und wird medizinisch für die Wiederbelebung der Opfer von Gasunfällen oder zur Anregung der Atmung bei Neugeborenen eingesetzt. Versuche in U-Booten haben ergeben, daß ein CO_2-Gehalt von 20% über lange Zeit recht gut toleriert werden kann, wenn genügend O_2 vorhanden ist. Bei 30% CO_2 steigt der Blutdruck, und das Hörvermögen wird stark beeinträchtigt; ein 50%iger CO_2-Gehalt führt innerhalb von 30 Minuten zu Vergiftungserscheinungen. Bei 70% CO_2 setzt innerhalb sehr kurzer Zeit Bewußtlosigkeit ein. Die MAK (maximale Arbeitsplatzkonzentration) von 5% CO_2 über einen Zeitraum von 8 Stunden beinhaltet daher einen weiten Sicherheitsspielraum.

9.3 Kohlenmonoxid

9.3.1 Quellen und Senken

Nach CO_2 ist Kohlenmonoxid (CO) der in der Troposphäre mengenmäßig am häufigsten vorkommende Luftschadstoff. Die anthropogenen CO-Emissionen übertreffen die aller anderen Schadstoffe zusammengenommen und betragen weltweit 0,75 Gt a^{-1} – eine gewaltige Menge, die immer noch zunimmt. Die Emissionen treten hauptsächlich auf der Nordhalbkugel auf und unterliegen – je nach Tätigkeit des Menschen – unverkennbaren täglichen, wöchentlichen und jahreszeitlichen Rhythmen. Während der Wintermonate sind die CO-Werte in der Atmosphäre am höchsten, wobei die Unterschiede zwischen den Jahreszeiten immer ausgeprägter werden. Bei dichtem Verkehr liegen die CO-Werte oft deutlich über 50 μl l^{-1}; in Tunneln, Garagen und an Ladeplätzen über 100 μl l^{-1}. In Räumen, in denen Rauchen gestattet ist, können die CO-Werte 15 μl l^{-1} überschreiten. Biogene Quellen emittieren dagegen nur ein Zehntel der Menge, die durch menschliche Tätigkeit freigesetzt wird. Zur Hälfte stammen diese Emissionen aus den Meeren; der übrige Teil entsteht bei einer Reihe von natürlichen Vorgängen wie Vulkantätigkeit, Gewitter, Entweichen von "Faulgas" aus verrottender Vegetation usw.

Die Meere stellen bedeutende Senken für CO_2 (Kapitel 8), jedoch nicht für CO, dar. Aufgrund der Abhängigkeit vom Partialdruck ist die Löslichkeit von CO in Meerwasser sehr viel geringer als von CO_2 oder SO_2. Das Oberflächenwasser der Meere enthält jedoch ein Vielfaches der CO-Konzentration, die man als Resultat der Aufnahme aus der Atmosphäre erwarten würde. Das liegt daran, daß bei biologischen Vorgängen im Meer (an denen hauptsächlich das Plankton beteiligt ist) erhebliche CO-Mengen an das Oberflächenwasser abgegeben und darüber hinaus in die Atmosphäre freigesetzt werden.

Im Landesinnern und in Gebieten, die nicht in der Nähe von größeren CO-Quellen liegen, sind die CO-Luftwerte relativ konstant; dies bedeutet, daß es natürliche Senken gibt, die überschüssiges CO aufnehmen. Zu den verschiedenen Möglichkeiten der CO-Aufnahme gehören die Oxidation von CO zu CO_2 in der Troposphäre durch $^{\bullet}$OH-Radikale, Oxidation in der Stratosphäre und Aufnahme durch Pflanzen und Bodenmikroorganismen.

CO entsteht durch unvollständige Verbrennung und trägt zur globalen Erwärmung bei (s. Kapitel 8), da es schnell zu CO_2 oxidiert (Reaktion 9.1); andere Reaktionen mit O_2 oder Stickoxiden sind von geringerer Bedeutung. Für die Bindung von CO ist das Vorhandensein ausreichender Mengen von $^{\bullet}$OH-Radikalen erforderlich, was wiederum atomaren Sauerstoff und H_2O erfordert (Reaktion 6.7). Daher begünstigen sonnige, aber feuchte atmosphärische Bedingungen durch die Bildung von $^{\bullet}$OH die Umwandlung von CO; bewölkte und kalte, trockene Wintertage sind dagegen alles andere als vorteilhaft. CO, das über die Troposphäre hinaus in die Stratosphäre gelangt, wird durch atomaren Sauerstoff (Reaktion 9.2) oder Ozon zu CO_2 oxidiert; aber die Bilanz dieses Vorgangs wird durch die photolytische Rückumwandlung von CO_2 zu CO (Reaktion 9.3) wieder ausgeglichen.

$$^{\bullet}OH + CO \Rightarrow CO_2 + H \tag{9.1}$$

$$CO + O + M^1 \Rightarrow CO_2 + M \tag{9.2}$$

$$CO_2 + \text{Licht} \Rightarrow CO + O \tag{9.3}$$

[1] Siehe Reaktionen 2.2 und 2.7.

Im Boden lebt eine Vielzahl von Mikroorganismen, die CO zu CO_2 oxidieren bzw. zu CH_4 reduzieren. Ein anaerober CH_4-Produzent wie *Methanobacterium formicum* liefert H_2 (Reaktion 9.4), das dann CO bzw. CO_2 reduziert (Reaktionen 9.5 und 9.6). Generell gilt, daß die Geschwindigkeit der CO-Bindung von der Bodenbeschaffenheit abhängt, wobei landwirtschaftlich genutzte Böden weit schlechter abschneiden als ungestörte Böden mit einem hohen Gehalt an organischen Stoffen. Landwirtschaftliche Nutzung führt zu einer Verminderung der Anzahl der Mikroorganismen, die CO besonders gut binden. Deshalb sind gesunde, landwirtschaftlich nicht genutzte Böden (z.B. in Wäldern) sehr wichtig, und zwar nicht nur als Schutz gegen saure Depositionen (s. Kapitel 5), sondern auch zur Reduzierung der CO-Konzentrationen.

$$CO + H_2O \Rightarrow CO_2 + H_2 \tag{9.4}$$

$$3H_2 + CO \Rightarrow CH_4 + H_2O \tag{9.5}$$

$$4H_2 + CO_2 \Rightarrow CH_4 + 2H_2O \tag{9.6}$$

Einige Schätzungen der gesamten potentiellen CO-Aufnahmekapazität der Bodenmikroorganismen belaufen sich auf 14 Gt a^{-1}; der Wert liegt damit weit über der Menge, die durch menschliche Aktivität ausgestoßen wird. Andere Berechnungen gehen dagegen von einer globalen Aufnahmekapazität von nur 0,45 Gt a^{-1} aus – einer Menge, die weit unter dem jährlichen Ausstoß liegt. Diese Diskrepanz beruht darauf, daß den Schätzungen unterschiedliche Annahmen zugrunde liegen. Die Aufnahme durch Bodenmikroorganismen ist global der wichtigste Mechanismus der CO-Bindung, es handelt sich hierbei jedoch um einen langsamen, temperaturabhängigen Vorgang, was die rhythmisch wiederkehrenden jahreszeitlichen Schwankungen der globalen CO-Werte in der Luft erklärt. Mit der Erwärmung im Sommer ergänzen Waldböden in der nördlichen Hemisphäre die stetige CO-Aufnahme durch tropische Waldböden. Da immer mehr Böden in tropischen und gemäßigten Klimazonen landwirtschaftlich genutzt werden, werden die jahreszeitlichen Schwankungen der globalen CO-Konzentration immer ausgeprägter. Wenn Waldböden in der nördlichen Hemisphäre zusätzlich durch andere Arten der Umweltverschmutzung (Kapitel 5 und 10) geschädigt werden, werden die CO- und damit die CO_2-Konzentrationen insgesamt steigen. Dies wird die globale Erwärmung begünstigen.

9.3.2 Aufnahme durch die Pflanzen

Mit ^{14}CO konnte bei bestimmten Nutzpflanzen nachgewiesen werden, daß Oxidation von CO zu CO_2 stattfindet. Dieser Vorgang wird jedoch im Umfang deutlich reduziert, wenn die Atmung künstlich durch Dinitrophenol gehemmt wird. Dies bedeutet, daß die in größerem Umfang stattfindende Oxidation von CO durch Pflanzen an die Cytochromoxidase-Aktivität der Mitochondrien gebunden ist. Einige Baumarten nehmen CO jedoch überhaupt nicht auf; bei Grünalgen wird durch CO der Stickstoffstoffwechsel gehemmt. Einige Algen können sogar CO freisetzen. Folglich ist eine Bewertung der Bedeutung der Vegetation für die CO-Bindung schwierig. Derzeitigen Schätzungen zufolge beträgt die globale CO-Aufnahme durch Pflanzen ein Viertel der CO-Fixierung durch das Erdreich.

9.3.3 Das älteste Industriegift

Seit der Mensch begonnen hat, Steine durch Hitze zu sprengen und Holz bei geringer Luftzufuhr zu Holzkohle zu verbrennen, hat er die Auswirkungen von CO zu spüren bekommen. Während Rauchen für den einzelnen Menschen die größte CO-Quelle ist, werden die meisten Gefahren im Zusammenhang mit CO am Arbeitsplatz durch Kraftfahrzeuge verursacht. Spreng- und Feuerlöscharbeiten, die Herstellung von Methanol, die Holzdestillation und sogar das Kochen über Holzkohlefeuer in französischen Restaurants (französische Ärzte haben den Begriff "Folie des cuisiniers" geprägt) bergen ähnliche Gefahren. Wenn bei Verbrennungsprozessen nicht genügend Sauerstoff zugeführt wird (z.B. beim Verhütten), entstehen ebenfalls Probleme. In jedem Brenner, dessen Oberflächentemperatur niedriger ist als die Entzündungstemperatur der Gasphase der Flamme, bildet sich CO. Warmwasserbereiter, deren mit Wasser gefüllte Rohrschlangen nicht heißer als 100°C werden können, geben oft große Mengen an CO ab. In Privathaushalten, besonders in den Küchenräumen, wird dies umso mehr zu einem Problem, als der Luftaustausch infolge der zur Heizkosteneinsparung verbesserten Isolierung zunehmend reduziert wird.

Belastung mit Kohlenmonoxid kann beim Menschen zu einer Reihe von gesundheitlichen Störungen führen (Tabelle 9.2). Generell gilt, daß eine Korrelation zwischen auftretenden Symptomen und CO-Konzentration besteht; der Ausbruch der Symptome wird durch Faktoren wie Hitze, Feuchtigkeit und Erschöpfung beschleunigt. Am Arbeitsplatz sind jüngere Menschen empfindlicher gegenüber CO als ältere; übermäßiger Alkoholkonsum, Übergewicht, höheres Alter, Herz- und Lungenerkrankungen beschleunigen bzw. verstärken andererseits die Symptome. Stahlarbeiter und Raucher reagieren auf die wiederholte Belastung aber auch mit physiologischer Kompensierung oder Konditionierung (z.B. durch die verstärkte Bildung von roten Blutkörperchen).

O_2-Mangel (Hypoxie oder Anoxie) und CO-Vergiftung haben unterschiedliche Auswirkungen auf die Gesundheit. Bei O_2-Mangel gehen Atembeschwerden den Nervenschäden voraus; bei CO-Vergiftung ist die Reihenfolge umgekehrt. Diese Tatsache hat zu der Annahme geführt, daß die Reduktion des O_2-Gehalts in den roten Blutkörperchen (s. weiter unten) nicht die einzige physiologische Auswirkung von CO ist.

Da CO reiz- und geruchlos ist, treten die in Tabelle 9.2 aufgeführten Symptome ohne jegliche Vorwarnung auf. Bei anderen Schadstoffen wie Koh-

Tabelle 9.2 Auswirkungen von CO auf den Menschen und die entsprechenden Carboxyhämoglobin-Blutkonzentrationen (CoHb)

Belastung[a] *mit* ($\mu l\, l^{-1}$)	*Auswirkungen und Symptome*	*CoHb/Hb*[b] *(in %)*
0–10	keinerlei Auswirkung oder Unwohlsein	0–2
10–50	leichte Müdigkeit, Beeinträchtigung des Reaktionsvermögens und Verminderung der manuellen Geschicklichkeit	2–10
50–100	leichte Kopfschmerzen, Müdigkeit und Reizbarkeit	10–20
100–200	mittelstarke Kopfschmerzen	20–30
200–400	starke Kopfschmerzen, Beeinträchtigung des Sehvermögens, Übelkeit, allgemeine Schwäche, Erbrechen	30–40
400–600	wie oben, jedoch größere Wahrscheinlichkeit eines Kollaps	40–50
600–800	Ohnmacht, schwacher Puls und Schüttelkrämpfe	50–60
800–1600	Koma, schwacher Puls und Lebensgefahr	60–70
1600 +	Todeseintritt nach kurzer Zeit	70 +

[a] nach einer Expositionszeit von 2 h

[b] zu erwartender Anteil von Carboxyhämoglobin (CoHb) bezogen auf den gesamten Hämoglobingehalt (Hb) des Bluts kurze Zeit nach der Exposition unter Ruhebedingungen; diese Werte können jedoch bei schwerer körperlicher Arbeit dreimal so schnell erreicht werden.

lenwasserstoffen, Mercaptanen, Ammoniak oder Spuren anderer chemischer Substanzen gibt der Geruch schon bei ganz geringfügigem Vorkommen einen frühzeitigen Hinweis auf die mögliche Gefahr. Da viele der frühen Symptome, die durch CO hervorgerufen werden, auch ohne CO bei eintöniger Arbeit oder in Streßsituationen (z.B. beim Autofahren) auftreten können, dauerte es lange, bis Kohlenmonoxidvergiftung allgemein als Krankheit anerkannt wurde. Inzwischen wird jedoch anerkannt, daß Fehleinschätzungen infolge erhöhter CO-Blutwerte die Unfallquote am Arbeitsplatz, im Straßenverkehr und zu Hause erhöhen.

Weiterhin wird eine bestimmte Form der Myokardose (Shinshu Myocarditis) mit CO-Vergiftung in Zusammenhang gebracht. Sie tritt bei Menschen auf, die über lange Zeit hohen CO-Dosen ausgesetzt sind, und manifestiert sich in defekten Herzklappen, Angina pectoris und Arteriosklerose. Diese Krankheit wurde erstmals 1955 in dem Dorf Kinasa in Japan diagnostiziert, wo während der kalten Wintermonate die Seidenherstellung in fest abgeschlossenen, geheizten Räumen betrieben wurde. Dies hatte zur Folge, daß viele Arbeiter infolge der CO-Belastung gravierende Kreislaufprobleme bekamen.

9.3.4 Biochemie des Bluts und Luftverschmutzung

Hämoglobin, der Farbstoff der roten Blutkörperchen, besteht aus dem Protein Globin und dem aus 4 Pyrrolringen bestehenden Häm, das zweiwertiges Eisen (Fe^{2+}) enthält. Wird dieses Eisen zu dreiwertigem Eisen (Fe^{3+}) oxidiert, verwandelt sich das Hämoglobin in Methämoglobin, das seinerseits nicht mehr in der Lage ist, O_2 zu binden. Die Oxidation von Hämoglobin zu Methämoglobin geht mit dem natürlichen Alterungsprozeß der roten Blutkörperchen einher; durch zusätzlich vorhandenes H_2O_2 wird dieser Vorgang beschleunigt. Die Bildung freier Radikale auch unter der Einwirkung anderer Schadstoffe wie O_3 oder PAN fördert die vorzeitige Umwandlung zu Methämoglobin. Normalerweise sorgen Radikalfänger (Kapitel 6) allerdings dafür, daß dies nicht geschieht. Letztlich werden die "alten" roten Blutkörperchen, d.h. diejenigen, die einen hohen Methämoglobingehalt aufweisen, von weißen Blutkörperchen (Phagozyten) in der Milz abgebaut.

Bei normal verlaufender Atmung verbindet sich O_2 mit Hämoglobin zu Oxyhämoglobin. Es handelt sich hierbei um eine Assoziations-Dissoziations-Reaktion, die in Abhängigkeit vom Sauerstoffpartialdruck, der Temperatur und dem pH-Wert erfolgt. Veränderungen der Blutacidität sind weitgehend auf Veränderungen der Konzentration von gelöstem CO_2 im Blut und des Gleichgewichts zwischen den verschiedenen Formen von CO_2 (Reaktion 9.7) zurückzuführen. Das Enzym Carboanhydrase bewirkt eine schnellere gegenseitige Umwandlung von gelöstem CO_2 und Kohlensäure, während H^+-Ionen, die bei der Dissoziation von Kohlensäure entstehen, die Dissoziation von Oxyhämoglobin auslösen.

$$CO_2 + H_2O \Leftrightarrow H_2CO_3 \Leftrightarrow H^+ + HCO_3^- \qquad (9.7)$$

Bei der Kontraktion von Muskeln bei gleichzeitiger Unterversorgung mit O_2 entsteht Laktat. Dieses steigert ebenfalls die Acidität, woraufhin zusätzliches O_2 aus Oxyhämoglobin freigesetzt wird, um den lokalen Mangel auszugleichen. Die Freisetzung von O_2 aus Hämoglobin wird dabei letztlich durch 2,3-Diphosphoglycerat ausgelöst. Diese Substanz verbindet sich in einer reversiblen Reaktion mit Hämoglobin; die dabei erfolgende Strukturveränderung begünstigt die Abspaltung von O_2. 2,3-Diphosphoglycerat wird deshalb von Gewebe mit besonders großem O_2-Mangel freigesetzt, so daß O_2 bevorzugt in diejenigen Zellen gelangt, die den Sauerstoff am dringendsten benötigen.

Nur ungefähr 7% des vom Körpergewebe produzierten CO_2 wird im Blutplasma gelöst und als gelöstes Gas zur Lunge transportiert. Der größte Teil (70%) wird als Bicarbonat transportiert; das übrige CO_2 (23%) reagiert mit Hämoglobin zu Carbaminohämoglobin. Die hohen CO_2-Partialdrücke in den Gewebskapillaren begünstigen diese Reaktion, in der Lunge zerfällt diese Verbindung jedoch wieder, da hier die CO_2-Partialdrücke niedrig sind.

CO verbindet sich mit Hämoglobin mit einer Affinität, die 200- bis 300mal so groß ist wie die Affinität zwischen Hämoglobin und O_2. Das dabei entstehende Carboxyhämoglobin ist äußerst stabil. Schon bei einer sehr geringen Konzentration im Blut (d.h. 0,1%) verbindet sich CO mit mehr als der Hälfte des Hämoglobins und vermindert dessen Fähigkeit, O_2 zu transportieren, entsprechend. Nur hohe O_2-Partialdrücke, wie sie etwa bei der Behandlung einer CO-Vergiftung mit reinem O_2 eingesetzt werden, können die Verbindung von

Hämoglobin mit CO wieder rückgängig machen. Auch andere Mechanismen, bei denen O_2 freigesetzt wird, können durch CO beeinträchtigt werden. So ist z.B. die Konzentration von 2,3-Diphosphoglycerat in Blut, das in Gewebe mit Sauerstoffmangel zirkuliert, bei Anwesenheit von CO geringer.

Die Affinität von CO zu fötalem Hämoglobin ist größer als zu normalem Hämoglobin. Das hat zur Folge, daß Föten besonders empfindlich gegenüber CO-Vergiftung sind. Das ungeborene Kind ist einer erhöhten CO-Belastung ausgesetzt, wenn die Mutter während der Schwangerschaft raucht. Daß ein Zusammenhang zwischen Nikotingenuß während der Schwangerschaft und niedrigem Geburtsgewicht besteht, ist zweifelsfrei nachgewiesen. Die Entwicklungsstörungen und gesundheitlichen Schäden bei Neugeborenen, die auf O_2-Mangel zurückgeführt werden, sind meist neurologischen Ursprungs. Wie bei Erwachsenen ist es jedoch auch bei Neugeborenen nicht möglich, die direkten Auswirkungen von CO, die durch O_2-Mangel hervorgerufen werden, von denjenigen Auswirkungen zu unterscheiden, die von anderen Inhaltsstoffen des Zigarettenrauchs verursacht werden.

Die WHO empfiehlt eine Reduzierung der CO-Konzentrationen dahingehend, daß die durchschnittliche Carboxyhämoglobin-Konzentration im Blut 3% nicht übersteigt. Dies heißt, daß die CO-Exposition 50 $\mu l\ l^{-1}$ über 30 Minuten, 25 $\mu l\ l^{-1}$ über 1 Stunde und 10 $\mu l\ l^{-1}$ über einen Zeitraum von 8–24 Stunden nicht überschreiten sollte.

9.4 Formaldehyd

9.4.1 Quellen und Verwendung

Formaldehyd kommt in der Atmosphäre in einer Konzentration von ungefähr 0,1–1 nl l^{-1} vor. Wichtigste Formaldehydquelle im Freien ist die Oxidation von Methan (s. Abb. 6.2) zum Methoxy-Radikal ($CH_3O^\bullet$), das dann mit O_2 zu HCHO und $HO_2^\bullet$-Radikalen (Reaktion 9.8) reagiert. HCHO kann dann mit ggf. vorhandenen $^\bullet OH$-Radikalen (Reaktion 9.9) reagieren oder photolytisch in atomaren Wasserstoff und das Formyl-Radikal ($HCO^\bullet$) aufgespalten werden. Dieses verbindet sich dann mit O_2 zu $HO_2^\bullet$-Radikalen und CO (Reaktion 9.10 und 9.11) oder direkt zu CO und molekularem H_2 (Reaktion 9.12).

$$CH_3O^\bullet + O_2 \Rightarrow HCHO + HO_2^\bullet \tag{9.8}$$

$$HCHO + {}^\bullet OH \Rightarrow HCO^\bullet + H_2O \tag{9.9}$$

$$HCHO + \text{Licht} \Rightarrow HCO^\bullet + H \tag{9.10}$$

$$HCO^\bullet + O_2 \Rightarrow HO_2^\bullet + CO \tag{9.11}$$

$$HCHO + Licht \Rightarrow CO + H_2 \tag{9.12}$$

Boden- und Wasseroberflächen sind gleichermaßen Senken für HCHO. HCHO besteht je nach Sonnenlichtintensität, Vorhandensein anderer Luftschadstoffe und klimatischen Bedingungen eine Zeitlang als Spurengas (mit einer durchschnittlichen Lebensdauer von 5–10 Tagen).

Gesundheitlich bedenklicher sind die HCHO-Konzentrationen, die in geschlossenen Räumen auftreten. In vielen neueren Gebäuden wurden Spanplatten aus HCHO-haltigen Harzen oder Isoliermaterial auf Harnstoff-Formaldehyd-Basis verwendet. Diese Materialien setzen mit der Zeit HCHO-Gas frei, wobei es zum Phänomen der "krankmachenden Gebäude" kommt. Außerdem findet HCHO vielfache Verwendung als Korrosionshemmstoff, als Härte- oder Reduktionsmittel sowie in Konservierungsstoffen, Balsamierflüssigkeiten und Sterilisierungslösungen. In geschlossenen Räumen können die HCHO-Werte 1 $\mu l\ l^{-1}$ überschreiten und noch höher sein, wenn zusätzlich geraucht wird.

9.4.2 Gefahren für die Gesundheit

In Konzentrationen über 0,1 $\mu l\ l^{-1}$ führt HCHO bei den meisten Erwachsenen zu Reizungen der Augen, der Nase und des Rachens. Bei höheren Konzentrationen (5 $\mu l\ l^{-1}$) treten Husten und Brustenge auf. Wenn diese Konzentrationen über längere Zeit anhalten oder gar steigen, kann es zu bleibenden Schäden der Atemwegsschleimhäute und des Lungengewebes kommen. Diese äußern sich in Lungenentzündungen oder Lungenödemen (Wasseransammlung in der Lunge). Asthmatiker sind besonders empfindlich gegenüber HCHO; die typischen Beschwerden (pfeifendes Atmen, Keuchen) setzen oft schon bei einer Konzentration von 1 $\mu l\ l^{-1}$ HCHO ein.

HCHO ist ein gutes Beispiel für Wechselwirkungen zwischen staub- und gasförmigen Luftschadstoffen. In Gegenwart von Staub- oder Rauchpartikeln führt HCHO schon bei geringeren Konzentrationen zu Beschwerden, da es sich an die Oberfläche der Partikel bindet, über diese in konzentrierter Form in die Lunge gelangt und dort Entzündungen auslöst.

Es wurde eindeutig nachgewiesen, daß HCHO Dermatitis auslöst. Wahrscheinlich ist es auch cancerogen. Deshalb wurde die MAK auf 1 $\mu l\ l^{-1}$ festgesetzt; allerdings treten bei sehr empfindlichen Menschen (hauptsächlich Asthmatikern) nachweislich oft schon bei weit geringeren Konzentrationen Beschwerden auf.

Tabelle 9.3 Industrielle Herstellungs- und Fertigunsverfahren, bei denen Fluorverbindungen eingesetzt werden und Fluorid und Fluorwasserstoff (HF) freigesetzt werden können

Verfahren und Prozesse, bei denen Fluorverbindungen freigesetzt werden	*Verfahren mit Einsatz von großen Mengen an Fluor-Derivaten*
Aluminiumverhüttung	Mattieren von Glühbirnen
Stahlproduktion	Glasschleifen
Phosphatdünger	Herstellung von Treibstoff für die Luftfahrt
Emaille- und Keramikherstellung[a]	Insektizide und Rodentizide
Ziegelherstellung	Trennung von Uranisotopen
Antrieb von Raketen[a]	Herstellung von Kunststoffen
Reinigung von Beryllium, Zirkonium, Tantal und Niob	Herstellung von Aerosolen, Kühl- und Schmiermitteln
Reinigung von Gußstücken und Gußformen[a]	Konservierung von Holz
Schweißarbeiten[a]	Herstellung von Sonderzementen
Reinigen von Sandstein und Marmor[a]	Bleichen von Korbmöbeln
Abbau von Kryolith, Flußspat und Apatit	Wasserzusatz

[a] unter gleichzeitiger Verwendung von Fluorwasserstoff.

9.5 Fluorwasserstoff und Fluoridionen

9.5.1 Allgegenwärtiges Nebenprodukt

Aufgrund seiner hohen Reaktionsfähigkeit tritt Fluor in der Natur nur in gebundener Form auf. Viele fluoridhaltige Mineralstoffe wie Flußspat (CaF_2), Kryolith (Na_3AlF_6) und bestimmte Apatite (z.B. $Ca_{10}F_2(PO_4)_6$) werden für industrielle Zwecke verwendet. In einigen Industriezweigen fällt auch Fluorwasserstoff (HF) an, sei es als Nebenprodukt oder als Ausgangsprodukt für verschiedene Fluor-Derivate (Tabelle 9.3).

Zu den Emissionen durch die Industrie kommen beträchtliche Emissionen biogenen Ursprungs. Daher variieren die Konzentrationen sowohl in der Luft als auch im Trinkwasser erheblich. Die meisten Meßstationen in ländlichen und in städtischen Gebieten verzeichnen sehr niedrige Fluoridkonzentrationen in der Luft, die als gesamtes gelöstes Fluorid gemessen werden. In der Nähe von Phosphatdüngerfabriken, Aluminiumhütten oder Vulkanen kann der Fluoridgehalt jedoch mehr als 200 $\mu g\ l^{-1}$ betragen. Das Trinkwasser in diesen Gebieten kann ebenfalls erhöhte Konzentrationen aufweisen, die deutlich über dem empfohlenen Richtwert von 1 $\mu g\ l^{-1}$ liegen.

Nahrungsmittel und Getränke sind für den Menschen die wichtigste Quelle der Fluoridaufnahme. In der Mehrzahl enthalten sie weniger als 1$\mu g\ l^{-1}$ Fluorid. Eine Ausnahme bilden Tee (3–180 $\mu g\ l^{-1}$), Fisch und andere Meeresfrüchte (2–85 $\mu g\ l^{-1}$). Gemüse und Getreide, die in Gebieten mit hohen Fluoridemissionen angebaut werden, können ebenfalls erhöhte Fluoridwerte aufweisen.

9.5.2 Fluoridanreicherung in Pflanzen

Nach O_3, SO_2 und stickstoffhaltigen Luftverunreinigungen nimmt Fluorid in den USA den vierten Platz als Erntevernichter ein. Auf sein Gewicht bezogen, ist die Phytotoxizität von Fluorid von allen Luftschadstoffen sogar am höchsten. Besonders empfindliche Pflanzen werden schon bei Konzentrationen, die 10- bis 1000mal geringer sind als bei anderen Luftschadstoffen, geschädigt. Die Geschwindigkeit, mit der Fluorid von den Blättern aufgenommen wird, ist ebenfalls größer als bei allen anderen Luftschadstoffen. Fluorid führt weiterhin zu Störungen bei Tieren, die sich von fluoridbelasteten Pflanzen ernähren (s. weiter unten).

Fluoride gelangen sowohl in gas- als auch in staubförmiger Form auf die Pflanzenoberfläche, und wenn die Blätter alt oder durch Witterung beschädigt sind, dringen einige direkt in die Pflanze ein. Der Haupteintritt in eine Pflanze erfolgt jedoch, indem HF durch die Stomata aufgenommen wird. Ein wichtiger Aspekt bei der Aufnahme und dem Transport von Fluorid in der Pflanze ist die Tatsache, daß Fluorid mit dem Transpirationsstrom zu den Blattspitzen bzw. -rändern verfrachtet wird, wo es akkumuliert und phytotoxisch wirksam wird (s. Farbtafel 5). Zwischen den einzelnen Pflanzenspezies gibt es große Unterschiede in bezug auf die Empfindlichkeit gegenüber Fluoriden, wobei äußere Faktoren wie Licht, Temperatur, Feuchtigkeit, Wasserstreß usw. ebenfalls Einfluß auf die Reaktion der Pflanze haben. Junge Koniferen, Gladiolen (Farbtafel 5), Pfirsiche und Reben sind besonders empfindlich, wohingegen Tee und Baumwolle sehr resistent sind.

Verschiedene Mechanismen reduzieren den Fluoridgehalt der Pflanzen. Hierzu gehören das Abwerfen einzelner Blätter, die Bildung einer Wachsschicht an der Oberfläche, Auswaschung durch Regen oder gasförmige Freisetzung. Die Fluoridkonzentrationen sind oft während der Sommermonate am niedrigsten, da günstigere meteorologische Bedingungen eine bessere Verteilung der Fluoridemissionen bewirken und im Sommer der Austausch von grünen Pflanzenteilen (insbesondere auf Rasenflächen) schneller erfolgt.

Auswirkungen von Fluoriden auf Photosynthese, Atmung oder Stoffwechsel der Aminosäuren, Proteine, Fettsäuren, Lipide und Kohlenhydrate in Pflanzen sind vielfach beobachtet worden (Details sind Tabelle 9.4 zu entnehmen). Einige Enzyme (z.B. Enolase) werden durch Fluoridionen modifiziert; aber diese Tatsache allein erklärt nicht die vielfältigen Stoffwechselveränderungen, die nach Fluoridexposition beobachtet werden. Diese sind vielmehr bedingt durch die Wechselwirkungen zwischen Fluorid und Calcium bzw. Magnesium. Zusammen stimulieren Calcium und Fluorid z.B. die Aufnahme von Phosphat, was bedeutet, daß calciumbindende Stellen auf den Zellmembranen bei der Reaktion auf Fluorid eine Rolle spielen müssen. Das cytoplasmatische Calcium ist ein ubiquitärer Regulator des Stoffwechsels der Zellen; viele seiner regulatorischen Effekte werden von dem calciumbindenden Protein Calmodulin vermittelt, das seinerseits eine Vielzahl von Enzymen stimuliert. Außer-

Tabelle 9.4 Auswirkungen von Fluorid auf die Pflanzenphysiologie

Vorgang	*Auswirkung*	*Wahrscheinliche Kationenwechselwirkung*
Atmung und Kohlenhydratstoffwechsel	Hemmung der Glykolyse	Mg^{2+}
	Aktivierung des Pentosephosphatwegs	Mg^{2+}
	Ungewöhnliches Anschwellen der Mitochondrien	Mg^{2+}
	Reduzierung der oxidativen Phosphorylierung	Mg^{2+}
Photosynthese	Ungewöhnliche Chloroplastenstruktur	Mg^{2+}
	Hemmung der Pigmentsynthese	Mg^{2+}
	Erhöhte PEPC-Aktivität[a]	Mg^{2+}
	Verminderter Elektronenfluß	Ca^{2+}
Aminosäuren- und Proteinstoffwechsel	Zunahme bei freien Aminosäuren und Asparagin	Ca^{2+}/Mg^{2+}
	Abnahme der Ribosomengröße	Ca^{2+}/Mg^{2+}
Nucleinsäurenstoffwechsel	Veränderungen bei Transkription und Translation	Ca^{2+}/Mg^{2+}
Fettsäuren- und Lipidstoffwechsel	Erhöhte Esteraseaktivität	Ca^{2+}/Mg^{2+}
	Abnahme des Verhältnisses von ungesättigten zu gesättigten Fettsäuren	Ca^{2+}/Mg^{2+}
Andere Stoffwechselveränderungen	Erhöhte Peroxidase-Aktivität	Ca^{2+}/Mg^{2+}
	Verminderte Aktivität der sauren Phosphatase	Ca^{2+}/Mg^{2+}
Transport und Translokation	Veränderte Plasmamembran-ATPasen	Ca^{2+}
Fruchtentwicklung	Fertilitäts- und Saatkeimungsdefekte	Ca^{2+}
	Vermindertes Pollenschlauchwachstum	Ca^{2+}
	Verminderung der Samenzahl und der Fruchtgröße	Ca^{2+}

[a] PEPC = Phosphoenolpyruvat-Carboxylase (s. Kapitel 8).

dem beeinflussen Calciumionen die Selektivität des Membrantransports auch bezüglich anderer Stoffe. Deshalb haben Fluoride Auswirkungen auf verschiedene regulatorische Aktivitäten (s. Tabelle 9.4). Dies erklärt wahrscheinlich auch, weshalb es schon in sehr geringen Konzentrationen phytotoxisch ist.

Fluorid ist weiterhin an der Bildung von Magnesium-Fluorphosphat-Komplexen beteiligt und hat somit negative Auswirkungen auf viele Enzymwege (Tabelle 9.4). Beispielsweise sind bei den meisten Reaktionen, an denen ATP beteiligt ist, zusätzlich Magnesium-Komplexe erforderlich, damit die Reaktion richtig ablaufen kann. Wenn diese natürlichen Komplexe durch Fluorid gestört sind, werden viele Schlüsselreaktionen gehemmt.

Normalerweise beträgt der Fluoridgehalt des Bodens zwischen 20 und 500 μg g-1. Da Fluoride jedoch nur begrenzt im Bodenwasser löslich sind, wird relativ wenig Fluorid von den Wurzeln aufgenommen, und der Fluoridgehalt des Bodens korreliert nicht mit dem der Pflanzen. Bei der Bestimmung des Fluoridgehalts einer Pflanze spielen also Fluoridquellen in der Luft eine größere Rolle als das Fluorid in Bodenlösung.

Bei Tieren, die auf Weiden in unmittelbarer Nähe von Ziegeleien, Schmelzereien und Phosphatdüngerfabriken grasen oder deren Futter aus solchen Gebieten stammt, kann aufgrund des erhöhten Fluoridgehalts der Pflanzen Fluorose auftreten, eine Krankheit, die gelegentlich auch beim Menschen festgestellt wird (s.u.). Die wichtigste Empfehlung, die von den zuständigen Behörden in Washington ausgesprochen wurde, zielt darauf ab, daß der Fluoridgehalt von Futterpflanzen im Jahresdurchschnitt 40 $\mu g\ g^{-1}\ a^{-1}$ nicht überschreitet.

Schon lange ist bekannt, daß mit der Ausbringung von Kalk auf Nutz- und Futterpflanzen die schädlichen Auswirkungen von Fluorid gemindert werden können. Ursprünglich glaubte man, daß der Kalk durch die auf der Blattoberfläche stattfindende Reaktion mit dem Fluorid zu nichtlöslichem Calciumfluorid (CaF_2) eine Immobilisierung des Fluorids zur Folge hat. Versprühen von Calciumchlorid hat jedoch eine ähnlich günstige Wirkung wie Kalk, und jüngste Studien haben ergeben, daß der positive Effekt darauf beruht, daß zusätzliches Calcium in die Blätter gelangt, dort mit dem Fluorid reagiert und durch die Beseitigung eines etwaigen Calcium-Ungleichgewichts die regulatorische Funktion des Calciums wiederherstellt.

9.5.3 Fluorose bei Tieren

Nach Angaben des Landwirtschaftsministeriums der USA (USDA) haben Fluoride weltweit mehr Schäden bei Haustieren verursacht als jeder andere Luftschadstoff. Als Beispiel sei hier Island angeführt. Der Ausbruch des Vulkans Hekla im Jahr 1970 führte im Umkreis von 200 km zu schädlichen Auswirkungen auf die Tiere; über 7500 Schafe und Lämmer wurden durch Fluorose (chronische Fluoridvergiftung) getötet. Historische Aufzeichnungen ergaben, daß es sich hierbei nicht um ein einmaliges Ereignis handelte: ähn-

Tabelle 9.5 Physiologische Auswirkungen von Fluorid auf Tiere und Menschen

Vorgang	*Auswirkung*
Kohlenhydratstoffwechsel	Abbau der Glykogenwerte Herabsetzung des Glykogenumsatzes Verminderung der Phosphorylaseaktivität
Lipidstoffwechsel	Hemmung der Acetataktivierung Aktivierung der Leberlipasen Hemmung bestimmter Esterasen
Mineralstoffwechsel	Störung der Eisenaufnahme Neutralisierung der hemmenden Wirkung von Ca^{2+} auf die Darmresorption durch Sulfit und Phosphat
Hormongleichgewicht	Auswirkungen auf die Funktion der Nebenschilddrüse[a]

[a] Der Calciumgehalt wird beeinflußt von dem in der Nebenschilddrüse produzierten Parathormon und einer hormonähnlichen, aktiven Form von Vitamin D, dem 1,25-Dihydroxycholecalciferol, das in der Leber und den Nieren vorkommt; beide erhöhen den Calciumgehalt im Blut. Die Freisetzung von Calcitonin aus der Schilddrüse verursacht jedoch eine verstärkte Verkalkung des Knochengewebes, was zu einer Reduzierung des Calciumgehalts im Blut führt.

liche Folgen waren auch nach den Vulkanausbrüchen vor 200 und 900 Jahren aufgetreten.

Akute Fälle wie der oben geschilderte sind jedoch weit seltener als die chronische Vergiftung von Schaf- und Viehherden durch Füttern mit fluoridreichem Futter (Gras, Heu oder Silage) über lange Zeiträume. Unweigerlich wird beim Grasen auch kontaminierter Boden mit aufgenommen. Die Fluorosesymptome bei Vieh lassen sich in mehrere Phasen unterteilen. Kennzeichnend für das Anfangsstadium ist die Lethargie der Tiere; ihr Fell verliert an Elastizität, und Druck in der Rippengegend verursacht offensichtlich Schmerzen. Im zweiten Stadium kommt es zu Lahmheit, verbunden mit Schwellungen und dem Aussetzen der Milchproduktion. Darauf folgen Versteifung des Rückgrats, Schmerzen in den Beinen und schließlich Tod durch Auszehrung. Bei Schweinen, Schafen und vielen nicht domestizierten Tieren ist eine ähnliche Symptomfolge zu beobachten.

Fluorose tritt nicht nur bei Säugetieren auf. In der Nähe von Fluoridemissionen ist z.B. Seidenraupenzucht unmöglich, und bei Bienen hat Fluorid Arsen als wichtigste Todesursache abgelöst. Fluoridwerte von Insekten aus Gebieten mit hohen Fluoridimmissionen können bis zu 400 $\mu g\ g^{-1}$ betragen und liegen damit weit über dem Durchschnittswert von 8 $\mu g\ g^{-1}$; die Todesrate nimmt dann entsprechend zu.

9.5.4 Fluorose beim Menschen, Fluoridierung und Zahngesundheit

Essen und Trinken sind für die meisten Menschen die Hauptfluoridquelle. Arbeiter in Industriezweigen, in denen Fluorid erzeugt wird (besonders im Kryolithabbau) atmen fluoridhaltige Dämpfe und Stäube ein, die dann vom Körper aufgenommen werden. Die MAK beträgt für Fluorwasserstoff 3 μg l^{-1} 8 h^{-1}; da Fluorid über den Urin ausgeschieden wird, gelten Ausscheidungsmengen von unter 4 mg Fluorid Tag^{-1} als Anzeichen für sichere Arbeitsbedingungen. Fluoride lagern sich in den Knochen und Zähnen an, wobei Mengen von 50 bis 500 μg g^{-1} als normal gelten; diese Werte können jedoch bei Teetrinkern in Gebieten mit sehr fluoridhaltigem Trinkwasser deutlich überschritten werden.

Das Wissen über die Toxizität von Fluorid beim Menschen nimmt zu. Aufgrund ihrer hohen Affinität zu Magnesium, Mangan, Eisen, Calcium und Phosphaten beeinflussen Fluoride die Tätigkeit vieler Enzyme (s. Tabelle 9.5) und greifen in hormonell gesteuerte Vorgänge ein, insbesondere die der Nebenschilddrüse. Die Vielzahl der Vorgänge im menschlichen Körper, auf die Fluorid Auswirkungen hat (Tabelle 9.5), ist vergleichbar mit den Störungen, die im Pflanzengewebe festgestellt wurden (Tabelle 9.4). Die Schadwirkungen von Fluorid werden entweder durch membranassoziierte Vorgänge vermittelt, bei denen Calmodulin und calciumabhängige Proteinkinasen eine Rolle spielen, oder durch die Bildung ungewöhnlicher Magnesium-Fluorphosphat-Komplexe, die die normale Enzymaktivierung durch Magnesium und Phosphate verhindern.

Die Symptome der Fluorose beim Menschen ähneln denen bei Tieren, wenngleich akute Fälle sehr selten sind. Dentalfluorose äußert sich in flekkiger Schmelzverfärbung (weiße oder kalkige Flecken), in Entkalkung und in einem Mangel an Zahnzement. Im fortgeschrittenen Stadium der chronischen Fluorose beim Menschen können die Flecken sich gelb, rot, braun oder schwarz verfärben. Gleichzeitig kann es zu Verkalkungen in Geweben und Bändern kommen, und auf der Knochenoberfläche bilden sich Vorsprünge aus. In vereinzelten Fällen können diese so ausgeprägt sein, daß sie Druck auf die Rückenmarksnerven ausüben und zu Lähmungen führen. Außerdem kann Brustkorbstarre zu Atembeschwerden führen. Gelegentlich können auf der Haut kleine rosa-bräunliche Flecken auftreten. Sie verschwinden wieder, wenn die Quelle der Fluoridkontamination eliminiert wird, treten jedoch bei erneuter Fluoridbelastung wieder auf.

Die Diskussion über eine Trinkwasserfluoridierung wurde hauptsächlich um die Probleme geführt, die durch ein Übermaß an Fluorid verursacht werden. Anzeichen von Fluorose treten auf, wenn der Fluoridgehalt des Trinkwassers 1,4–1,6 μg l^{-1} überschreitet. Andererseits ist die Karieshäufigkeit bei Kindern in Gegenden mit Trinkwasser, das einen Fluoridgehalt von weniger als 0,5 μg l^{-1} hat, zwei- bis viermal so hoch wie in Gebieten mit einem Fluoridgehalt des Trinkwassers von 1 μg l^{-1} (s. Abb. 9.2). Medizinische Sach-

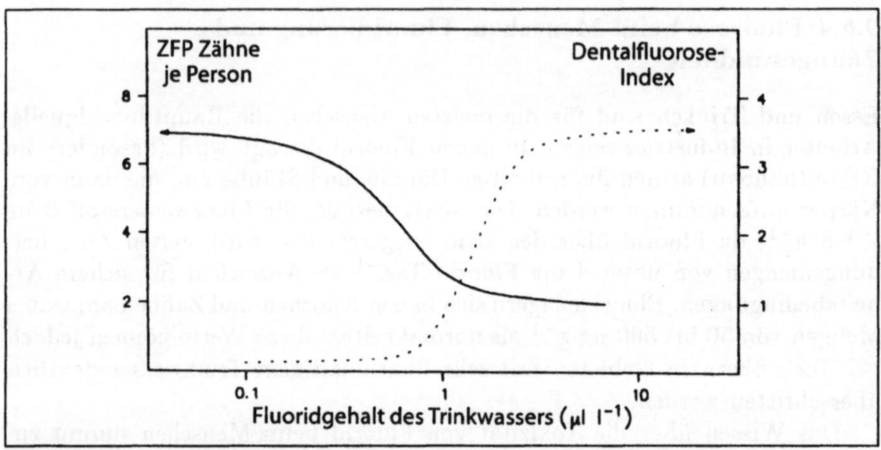

Abb. 9.2. Die Häufigkeit von Zahnzerfall (ZFP = Anzahl der zerstörten, fehlenden oder plombierten Zähne), der auf geringe Fluoridwerte im Trinkwasser zurückzuführen ist, und das Auftreten von Dentalfluorose infolge zu hoher Fluoridaufnahme

verständige haben deshalb unter Abwägung der Vor- und Nachteile einen Fluorzusatz zum Trinkwasser bis zu einem Gehalt von 1 μg l^{-1} empfohlen. Im Grunde genommen geht es hier jedoch um Vertrauen: Können die Wasserwerke bei so großen Wassermengen den Fluoridzusatz genau genug bemessen und dauerhaft den optimalen Wert einhalten? Wenn dies möglich ist, sollte es gelingen, etwaige Bedenken auszuräumen.

9.6 Organische Bleiverbindungen

9.6.1 Atmosphärische Quellen

Ein Teil der Bleiemissionen ist zurückzuführen auf anorganischen Bleistaub, der in der bleiverarbeitenden Industrie sowie bei der Verfeuerung von Kohlesorten mit hohem Bleigehalt entsteht. Die meisten Emissionen erfolgen jedoch auch heute noch in organischer Form: Bleitetraethyl ($Pb(C_2H_5)_4$) und Bleitriethyl ($Pb(CH_3)_3$) werden als nicht verbrannte oder unvollständig verbrannte Treibstoffdämpfe freigesetzt. In den Industrieländern wurden gewaltige Mengen emittiert: Ende der 60er Jahre z.B. 180 kt Blei a^{-1} in den USA; 5 kt Blei a^{-1} allein in Los Angeles.

In den meisten Industrieländern wurden nach und nach Gesetze zur Verminderung des Bleitetraethyl- und Bleitriethylgehalts als Antiklopfmittel in Kfz-Treibstoffen eingeführt. Es wurden neue Fahrzeugtypen entwickelt, die mit bleiarmem oder bleifreiem Treibstoff angetrieben werden. Durch diese Maßnahmen wurde in den Industrieländern die Bleimenge, die über diesen Weg in die Atmosphäre emittiert wird, auf weniger als ein Zehntel der höchsten Werte der Vergangenheit reduziert. In den ärmeren Entwicklungsländern, in denen das Geld für die zusätzlichen Raffineriekosten und neue Autos fehlt, ist die Situation jedoch unverändert oder hat sich sogar verschlechtert.

9.6.2 Aufnahme durch den Menschen

Menschen nehmen Blei hauptsächlich über die Nahrung auf, insbesondere durch Gemüse, das an vielbefahrenen Straßen angebaut wird. Über den Erdboden nehmen Pflanzen sehr wenig Blei auf, da es in der Regel unlöslich und fest an die Bodenpartikel gebunden ist; sie nehmen Blei hauptsächlich in organischer Form über die Stomata auf. Nach dem Eintritt in die Pflanze verbleibt ein Teil in organischer Form, der Rest wird in anorganisches Blei umgewandelt. Unter bestimmten Umständen erreicht der Bleigehalt von Salat nahezu 1 $\mu g\ g^{-1}$; dies bedeutet, daß mit der Nahrung bis zu 300 μg Blei Tag^{-1} aufgenommen werden können. Hiervon wird weniger als ein Zehntel (15–30 $\mu g\ Tag^{-1}$) aus dem Verdauungsapparat in das Blut aufgenommen.

Ein sehr viel höherer Anteil (30–50%) gelangt direkt über die Atmung in das Blut. Das heißt, daß Menschen, die an verkehrsreichen Straßen wohnen oder arbeiten, wo der Bleigehalt der Luft 1 bis 5 ng l^{-1} betragen kann, bei einem eingeatmeten Luftvolumen von 20 m^3 pro Tag zwischen 6 und 50 μg Blei Tag^{-1} aus der Lunge in das Blut aufnehmen – ebensoviel wie sie möglicherweise auch über die Nahrung aufnehmen. Die MAK, die für Blei in der Luft auf 0,15 ng l^{-1} festgesetzt wurde, wird also oft überschritten, und die direkte Bleiaufnahme aus der Luft entspricht mengenmäßig oft der über die Nahrung aufgenommenen Menge. Beim Großteil der Menschen, der nicht in unmittelbarer Nähe von verkehrsreichen Straßen lebt, beträgt die Menge des direkt eingeatmeten Bleis 20–30% des mit der Nahrung aufgenommenen Bleis.

In einigen Ländern (z.B. Großbritannien, Australien und zeitweise Italien) kann die Quelle der Bleiaufnahme eindeutig festgestellt werden, da das Verhältnis von ^{206}Pb zu ^{207}Pb in Wasser (1,18) und Treibstoff (1,06) unterschiedlich ist. Bei Menschen, die an vielbefahrenen Straßen wohnen, ist das Verhältnis von ^{206}Pb zu ^{207}Pb im Blut eher niedrig; bei Menschen, die abseits von Straßen leben, ist das Verhältnis höher.

Anorganisches Blei wird einige Zeit im Körper gespeichert. Es akkumuliert sich in den Zähnen und den Röhrenknochen, wo es anstelle des Calciums eingebaut wird. Die wichtigsten Ausscheidungswege für anorganisches Blei sind der Stuhl und, zu einem geringeren Teil, Harn, Schweiß, Haare und Nägel. Organisches Blei wird dagegen viel schneller über den Urin ausgeschieden.

9.6.3 Toxizität im Körper

Die Symptome, die auf organisches Blei zurückzuführen sind, unterscheiden sich von den Symptomen bei Belastung mit anorganischem Blei. Bleitetraethyl und Bleitriethyl wirken sich hauptsächlich auf das Nervensystem aus. Zunächst stellen sich Schlaflosigkeit und allgemeine Reizbarkeit ein; nach Belastung mit großen Mengen von Blei kommt es zu emotionaler Instabilität und Halluzinationen, begleitet von einer Beeinträchtigung des Seh- und des Hörvermögens. Häufiger jedoch – bei niedrigen, aber andauernden Konzentrationen – treten Kopfschmerzen, allgemeine Müdigkeit und auch Depressionen auf.

Eine Vergiftung mit anorganischem Blei beginnt ebenfalls mit Müdigkeit und Reizbarkeit, wird aber oft von Anämie und Bauchschmerzen begleitet. Die Anämie ist hauptsächlich darauf zurückzuführen, daß eines der frühen Enzyme der Hämsynthese, δ-Aminolävulinat-Dehydratase von anorganischem Blei spezifisch gehemmt wird; gleichzeitig weisen die roten Blutkörperchen eine erhöhte Zerbrechlichkeit und eine verkürzte Lebensdauer auf. Chronische Belastung mit geringen Dosen von anorganischem Blei kann bei Erwachsenen zu erhöhtem Blutdruck führen, bei Kindern kann sie den Vitamin-D-Stoffwechsel stören und somit das Wachstum der Röhrenknochen beeinträchtigen. Nierenstörungen treten ebenfalls bei Vergiftungen mit anorganischem Blei auf; eine allgemeine Verlangsamung der Nervenimpulse tritt dagegen bei Belastung sowohl mit anorganischem als auch mit organischem Blei auf.

Die Frage, ob Blei carcinogen ist, wird weiterhin kontrovers diskutiert. Aufgrund von Ergebnissen aus Tierversuchen wurde anorganisches Blei auf die Liste der mutmaßlichen Cancerogene gesetzt. Man weiß auch, daß es Chromosomenaberrationen fördert und die Reproduktion beeinträchtigt.

9.7 Radon

9.7.1 Physikalische Eigenschaften

Radon kommt in der Natur vor und ist das schwerste bekannte Gas. Es ist farb- und geruchlos, sehr reaktionsträge, wasserlöslich (besonders bei niedrigen Temperaturen) und radioaktiv. Es ist bei weitem die wichtigste Quelle ionisierender Strahlung, welcher der Mensch ausgesetzt ist. In den meisten Industrieländern rühren 40–50% der gesamten ionisierenden Strahlung, der die Bevölkerung ausgesetzt ist, von Radon her.

Radon hat 27 Isotope ($^{200-226}$Rn); nur bei drei Isotopen ist die Halbwertszeit jedoch länger als eine Stunde (bei ^{210}Rn 2,4 h; bei ^{211}Rn 14,6 h und bei ^{222}Rn 3,82 Tage). Hiervon ist ^{222}Rn am wichtigsten; es entsteht beim Zerfall von ^{238}U (Abb. 9.3). ^{222}Rn zerfällt zu einer Reihe von Radionukliden, den sogenannten Tochternukliden. Die wichtigsten sind ^{214}Pb (mit einer Halbwertszeit von 26,8 Minuten), ^{210}Pb (Halbwertszeit 22,3 Jahre), ^{210}Bi (Halbswertszeit (5 Tage) und ^{210}Po (Halbwertszeit 138,4 Tage). Endglied ist das nicht radioaktive ^{206}Pb. Die meisten Radon-Zerfallsprodukte (Abb. 9.3) setzen α-Teilchen frei, einige (z.B. ^{210}Pb oder ^{210}Bi) senden β-Strahlen aus.

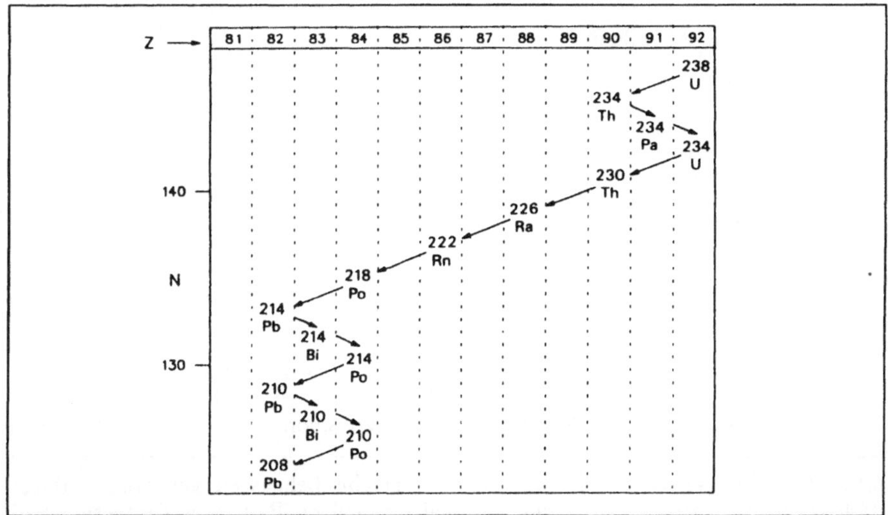

Abb. 9.3. Hauptzerfallsreihe von ^{238}U zu Radon und zu dessen Tochternukliden. Bei Emission von α-Teilchen verringert sich die Kernladungszahl Z um 2 Protonen (im Bild durch die linksgerichteten Pfeile dargestellt); im Gegensatz dazu nimmt bei β-Zerfall die Anzahl der Protonen um 1 zu (im Bild durch die rechtsgerichteten Pfeile dargestellt)

9.7.2 Aufnahme durch den Menschen und gesundheitliche Gefahren

Die größte Gefährdung, die von Radon für den Menschen ausgeht, entsteht durch das Einatmen von Radon-Tochternukliden und nicht durch Radon selbst. Beim Ausatmen wird fast genausoviel Radon wieder ausgestoßen, wie eingeatmet wurde. Nur ein sehr geringer Teil zerfällt im Körper, aber da Radon wasserlöslich ist, diffundiert ein Teil in die Blutbahn. Die nichtgasförmigen Radon-Töchter setzen sich dagegen auf Staubteilchen fest oder akkumulieren sich um Wassertröpfchen in Aerosolen. Sowohl Radon als auch die Tochternuklide werden eingeatmet, aber die Tochternuklide lagern sich an den Atemwegen ab, wo sie bleiben und zerfallen. Der Großteil der mit Radon-Tochterkernen kontaminierten Partikel verbleibt also in der Pharynx (Rachen) und an den Verzweigungen der Bronchien (s. Abb. 2.12). Wegen der relativ kurzen Halbwertszeit (mit Ausnahme von ^{210}Pb) nehmen die Schleimhäute der Atemwege den Großteil der Stahlendosis auf, wodurch Lungenfibrose und Krebs verursacht werden.

Ein α-Teilchen ist ein zweifach positiv geladener Heliumkern (^{4}He), der aus 2 Protonen und 2 Neutronen besteht. Wegen ihrer größeren Masse bewegen sich α-Teilchen langsamer als β-Teilchen, und ihre Energie wird leicht absorbiert. Daher sind α-Teilchen im menschlichen Gewebe nur in einer Tiefe von wenigen Millimetern wirksam. Das erklärt auch, weshalb die Radon-Tochternuklide nur die Epithelschichten des Lungengewebes angreifen.

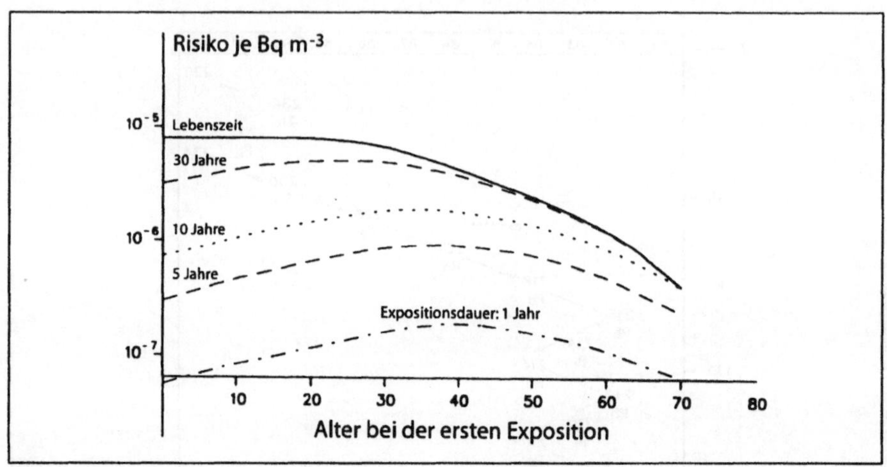

Abb. 9.4. Lungenkrebsrisiko, auf die menschliche Lebenszeit gerechnet, infolge Radonexposition (nach Daten des National Council on Radiation Protection and Measurement, 1984)

Die größte Auswirkung hat ionisierende Strahlung auf die DNA. Strahlung verursacht viele verschiedene Schädigungen der DNA, wobei Zerstörung der Basen-Zucker-Bindung, Einzel- und Doppelstrangbrüche, Punktmutationen und Chromosomenaberrationen am häufigsten vorkommen. Jeder Organismus verfügt über eigene natürliche Reparaturmechanismen zur Behebung dieser Defekte (z.B. gegen die Zerstörung der Basen-Zucker-Bindung und gegen Einzelstrangbrüche), über sehr kurze Distanzen hinweg verursachen α-Teilchen jedoch auch Doppelstrangbrüche. Ist dies der Fall, haben Reparatur-Polymerasen keine Matrize ("template") mehr, auf die sie wie bei der Einzelstrangreparatur die geeignete gegenüberliegende Base im anderen Strang einfügen können. Nach der Vervielfältigung während der Mitose (Zellteilung) wird fehlerhafte Information, die in diesem DNA-Abschnitt kodiert ist, weitergegeben. Diese Fehler können dann in funktionalen Proteinen oder in Zellsteuerungsmechanismen auftreten und u.a. die Zellproliferation beeinträchtigen. Unter bestimmten Umständen kann dies dann zur Bildung von Krebszellen führen.

Es ist bei epidemiologischen Studien oftmals schwierig zu unterscheiden, inwieweit die Gefährdung auf Radon-Tochternuklide oder auf andere Lungenkrebs verursachende Faktoren wie z.B. Tabakrauch zurückzuführen ist. Außerdem ist erwiesen, daß die Ergebnisse aus Tierversuchen mit Radonexposition nicht ohne weiteres auf den Menschen übertragen werden können. Dennoch wurden anhand einer Kombination von epidemiologischen Studien und Tierversuchen Schätzungen über das Lungenkrebsrisiko beim Menschen vorgenommen. Diese sind in Abb. 9.4 dargestellt.

Als Maß für Radioaktivität wird die Zahl der pro Sekunde zerfallenden Kerne angegeben. Ein Becquerel entspricht 1 Zerfall s^{-1}. Da unterschiedliche

Zerfallsprodukte unterschiedlich viel Energie haben, wird der Schaden am menschlichen Gewebe als Äquivalentdosis gemessen. Hierbei wird die Einheit Sievert (Sv) verwendet. Ein Mensch, der ein Jahr lang der Radioaktivität von 20 Bq m^{-3} von Radon-Tochternukliden ausgesetzt ist (Mittelwert in Großbritannien), nimmt eine Dosis von 1 mSv auf. Dies bedeutet, auf die menschliche Lebenszeit übertragen, daß das Risiko, infolge von Kontamination mit Radon-Tochternukliden an Lungenkrebs zu erkranken, 0,25% beträgt. (Abb. 9.4).

9.7.3 Quellen und Schutzmaßnahmen

Radon stellt insofern eine Ausnahme dar, als es aufgrund seiner natürlichen Herkunft kein echter Luftschadstoff ist; der Einfachheit halber und im Interesse der Ergreifung wirksamer Maßnahmen empfiehlt es sich jedoch, Radon als Luftschadstoff zu klassifizieren. Radon ist nicht anthropogenen Ursprungs, wenn man einmal vom Hausbau in Problemgebieten, vom Uranabbau und der Arbeit in Gebieten mit Uranvorkommen absieht. Heute weiß man, daß Strahlung aufgrund von Radonzerfall nicht gleichmäßig verbreitet ist. In manchen Gebieten werden sehr viel höhere Radonmengen freigesetzt als anderswo, aber aus ökonomischen und kommerziellen Gründen werden die möglichen Risiken oft erst dann bekanntgegeben, wenn die Erschließung des betreffenden Gebiets bereits begonnen hat. Die empfohlenen Richtwerte zur Einleitung von Schutzmaßnahmen sind in den einzelnen Ländern unterschiedlich (z.B. 150 Bq m^{-3} in den USA; 250 Bq m^{-3} in Deutschland, 400 Bq m^{-3} in Großbritannien und 800 Bq m^{-3} in Skandinavien).

Radonquellen wie ^{238}U oder ^{226}Ra finden sich konzentriert in bestimmten sauren Eruptivgesteinen mit einem niedrigen Schmelzpunkt wie z.B. Granit. Die Emanation von Radon wird durch die Verteilung und Zugänglichkeit von ^{238}U in diesen Gesteinen bestimmt. Die Zahl der Verwerfungen, Risse und Spalten im Gestein hat Einfluß auf die Freisetzung von Radon aus dem Gestein in gasförmigem oder flüssigem Zustand und von dort weiter nach oben, wobei die verschiedenen übereinanderliegenden Gesteinsschichten unterschiedliche Diffusionseigenschaften haben.

Radon gelangt auf mehreren Wegen in die Atmosphäre, u.a. aus dem Boden um das Grundwasser herum, aus Erdgas oder aus Baustoffen. Da es dichter als andere Gase ist, neigt es dazu, sich in Senken zu konzentrieren. Daher sind in Gebieten, in denen Radon vorkommt, die Radonkonzentrationen in den unteren Stockwerken der Häuser höher als in den oberen Stockwerken. Zudem herrscht in den meisten Gebäuden im Innern ein etwas geringerer Luftdruck, so daß das Radon sich eher nach innen als nach außen bewegt. Das heißt auch, daß neuere Gebäude, in denen der Luftaustausch infolge besserer Isolierung geringer ist, stärker radonbelastet sind als ältere Gebäude.

Ist das Problem einmal erkannt, ist die Lösung relativ einfach. Denkbar ist eine Versiegelung des Bodens; aber natürlich besteht immer das Risiko undichter Stellen. Eine sehr viel bessere Lösung besteht darin, unter radongefährdeten Gebäuden Sammelbecken (Pumpensümpfe) anzulegen und das aus dem Gebäude hineinströmende Gas von dort kontinuierlich abzupumpen.

Weiterführende Literatur

BEIR (Committee on the Biological Effects of Ionizing Radiation) (1980) The Effects on Populations of Exposure to Ionizing Radiation. National Academy Press, Washington, DC.

Binder K, Hohenegger M (eds) (1982) Fluoride Metabolism. Verlag Wilhelm Maudrich, Vienna, Munich and Berlin.

Calabrese EJ, Kenyon EM (1991) Air Toxics and Risk Assessment. Lewis, Chelsea, Michigan.

Coburn RF (ed) (1970) Biological effects of carbon monoxide. Annals of the New York Academy of Sciences 174, 1–430.

Cothern CR, Smith JE (eds) (1987) Environmental Radon. Plenum Press, New York.

Filler R, Kobayashi Y (eds) (1982) Biomedicinal Aspects of Fluorine Chemistry. Kodansha, Tokyo, and Elsevier Biomedical Press, Amsterdam.

Murray F (ed) (1982) Fluoride Emissions – Their Monitoring and Effects on Vegetation and Ecosystems. Academic Press, Sydney, New York and London.

National Radiological Protection Board (1987) Exposure to Radiation Daughters in Dwellings. HMSO, London.

Royal College of Physicians (1976) Fluoride, Teeth and Health. Pitman Medical, Tunbridge Wells.

Tomatis L (1990) Air Pollution and Human Cancer. European School of Oncology Monograph (Series ed. U. Veronesi). Springer-Verlag, Berlin.

Waldbott GL (1978) Health Effects of Environmental Pollution (2nd edn). C.V. Mosby, St Louis, Missouri.

Weinstein, LM (1977) Fluoride and plant life. Journal of Occupational Medicine 19, 49–78.

World Health Organization (1970) Fluorides and Human Health. WHO, Geneva.

10. Neuartige Waldschäden

10.1 Auftreten und Klassifizierung

In den letzten drei Jahrzehnten sind in weiten Teilen Europas und Nordamerikas erhebliche Schäden an Waldbäumen aufgetreten. Teilweise können die Symptome durch bereits bekannte baumschädigende Faktoren wie z.B. Schadinsekten, Pilzbefall, Magnesiummangel etc. erklärt werden. In vielen Regionen jedoch sind die Ursachen für vorzeitigen Blatt- oder Nadelverlust und das Absterben von Bäumen völlig offen. Diesem ungeklärten Phänomen wurden verschiedene Namen gegeben. Der vorsichtigste Begriff, "neuartige Waldschäden", verweist darauf, daß es sich um eine neue Art von Schäden handelt. Der stärker emotional gefärbte Begriff "Waldsterben" wird in letzter Zeit kaum noch verwendet.

Neuartige Waldschäden traten zuerst in den frühen 70er Jahren in Deutschland auf, und zwar anfangs bei Weißtannen (*Abies alba*), später dann auch bei Fichten (*Picea abies*). Die jüngst beobachteten Schäden an Kiefern (*Pinus*), Buchen (*Fagus*), Kastanien (*Castanea*) und Eichen (*Quercus*) lassen sich höchstwahrscheinlich auf dieselben Ursachen zurückführen. Das momentane Ausmaß der Schäden läßt sich den Daten entnehmen, die durch Erhebungen in vielen EU-Ländern gewonnen wurden (Tabelle 10.1). Während die Schädigungen bei manchen Arten weiterhin zunehmen, gingen sie bei anderen Arten, wie z.B. der Steineiche (*Quercus ilex*), zurück. Es könnte jedoch von Bedeutung sein, daß neuartige Waldschäden häufiger an Westhängen auftreten, die dem in Mitteleuropa vorherrschenden Westwind ausgesetzt sind, als an Osthängen, wo die Emission von SO_2 und Stickoxiden höher ist. Ähnliche Arten von Waldschäden lassen sind auch im Nordosten der USA, besonders bei der Rotfichte (*Picea rubens*) und in den östlichen Provinzen Kanadas beim Zuckerahorn beobachten.

Bevor die Existenz des Problems nicht weithin anerkannt war, waren aus den einzelnen Erhebungen keine einheitlichen Entwicklungen innerhalb einzelner Waldgebiete, Regionen oder Länder zu erkennen, da verschiedene Methoden verwendet und unterschiedliche Maßstäbe an das Ausmaß der Schäden angelegt wurden. Inzwischen wird jedoch von den EU-Ländern eine einheitliche Standardklassifizierung verwendet, bei der die Schäden in verschiedene Stufen von 0 (ohne Schadmerkmale) bis 4 (abgestorben) eingeteilt werden. Die wichtigsten Bestandteile dieses Klassifizierungssystems sind in Tabelle

Tabelle 10.1 Entlaubung in % bei verschiedenen Baumarten in Europa.[a] Daten enthalten Beobachtungen von 67 335 Bäumen über einen Zeitraum von 4 Jahren (Waldschadensbericht der EG, 1991)

Baumart	*Entlaubung*[b]							
	10%				*> 25%*			
Jahr:	*87*	*88*	*89*	*90*	*87*	*88*	*89*	*90*
Castanea sativa	73	78	67	59	6	7	9	19
Fagus sylvatica (Buche)	63	67	64	55	13	9	11	18
Picea abies (Fichte)	64	62	60	56	24	26	27	30
Picea sitchensis (Sitka-Fichte)[c]	48	39	28	19	21	24	14	17
Pinus halepensis (Aleppo-Kiefer)	61	54	65	64	11	8	6	5
Pinus nigra (Schwarzkiefer)	73	71	78	61	6	5	3	11
Pinus pinaster	66	67	68	70	14	12	10	19
Pinus sylvestris (Waldkiefer)	67	58	58	53	9	10	10	13
Quercus ilex	54	59	64	71	18	7	5	5
Quercus petraea (Traubeneiche)	69	70	65	61	6	9	10	9
Quercus pubescens	88	78	71	62	8	7	8	16
Quercus robur (Stieleiche)	49	41	53	61	22	24	14	17

[a] Alle EG-Staaten (einschließlich der ehemaligen DDR) plus Österreich, Tschechoslowakei, Ungarn und Schweiz.)
[b] 11–25% kann errechnet werden.
[c] Nadelverlust hauptsächlich auf starken Befall mit Sitkalaus *Elatobium abietinum* zurückzuführen.

10.2 dargestellt, wenngleich berücksichtigt werden muß, daß zwischen den einzelnen Baumarten beträchtliche Unterschiede aufgrund ihrer Größe, Wachstumseigenschaften und Symptome bestehen können.

Zieht man als alleiniges Beispiel für das Problem die Fichte heran, so besteht die Gefahr, ein zu einseitiges Bild der Situation zu zeichnen und damit das Problem zu dramatisieren. Farbtafel 10 zeigt das typische Bild einer stark geschädigten Fichte der Schadstufe 3 mit fortgeschrittenem Nadelverlust und den charakteristischen herunterhängenden Zweigen zweiter Ordnung, dem sog. Lamettasyndrom. Dieses Phänomen tritt allerdings weniger

Tabelle 10.2 Einteilung der Baumschäden in Schadstufen gemäß Klassifikation der EU

Schadstufe	*Nadel- (oder Blatt)verlust (in %)*	*Merkmal*
0	0–10[a]	ohne Schadmerkmale
1	11–25[b]	schwach geschädigt
2	26–60[b]	mittelstark geschädigt
3	61–99	stark geschädigt
4	100	abgestorben

[a] Wenn der Prozentsatz der vergilbten Nadeln zwischen 26 und 60% liegt, eine Stufe höher, darüber zwei Stufen höher.
[b] Wenn mehr als 25% der Nadeln (oder Blätter) vergilbt sind, eine Stufe höher.
P.S. Weitere Parameter, die zur Klassifikation hinzugezogen werden können, sind Deformation der Baumkrone, Beschaffenheit des Stammes, jährliche Endlänge des Sprosses, Alter der ältesten Nadeln, Abfallen gesunder Zweige, zusätzliche Zweige etc.

deutlich hervor, wenn der Baum bereits einen Großteil seiner Nadeln verloren hat.

Ein weiteres charakteristisches Merkmal für neuartige Waldschäden ist ein Vergilben der älteren Nadeljahrgänge (Farbtafel 11), das besonders bei Bäumen in höhergelegenen Regionen Mitteleuropas mit kalkarmem Granitgestein auftritt. Bemerkenswert dabei ist, daß die Oberseite der Nadeln gelber ist als die Unterseite. Tatsächlich ist diese Art der Schädigung kein neuartiges Phänomen, sondern es trat bereits in den 50er Jahren in den Adirondacks in den USA und in den frühen 60er Jahren im Schwarzwald auf. Neu daran ist jedoch, daß diese Vergilbungserscheinungen heute viel großräumiger auftreten, auch in Regionen, in denen es normalerweise ausreichend Magnesium gibt. Auf magnesiumarmen Standorten sind ähnliche Symptome keine Besonderheit und können direkt auf Magnesiummangel zurückgeführt werden, der sich durch saure Depositionen noch verstärkt. Normalerweise kann in diesen Regionen durch eine Behandlung des Waldbodens mit magnesiumhaltigen Düngern oder Dolomitgestein Abhilfe geschaffen werden.

Dieses Beispiel verdeutlicht eines der Probleme, die bei der Identifizierung und Klassifizierung neuartiger Waldschäden auftreten. Es ist sehr schwer, zwischen einer bislang unbekannten Ursache für Waldschäden und bereits bekannten Faktoren wie zum Beispiel Pathogenen oder dem Mangel an bestimmten Mineralien zu unterscheiden. In Tabelle 10.3. sind eine Reihe von Faktoren aufgeführt, deren schädigende Auswirkungen für Fichten allgemein bekannt sind, die aber oberflächlich betrachtet mit neuartigen Waldschäden verwechselt werden können und daher zu Kontroversen unter erfahrenen Forstfachleuten geführt haben. Einige sind sich nach wie vor nicht sicher, ob es sich wirklich um neuartige Waldschäden handelt. Wurden die Erhebungen sorgfältig durchgeführt, und wurden die Schäden, die durch andere Ursachen hervorgerufen werden, unberücksichtigt gelassen, so muß man sagen, daß es sich in der Tat um neuartige Waldschäden handelt, deren genaue Ursache(n) aber noch immer nicht bekannt sind.

Tabelle 10.3 Bekannte Schadursachen bei der Fichte (*Picea abies*), die mit neuartigen Waldschäden verwechselt werden können

Auslöser	*Schadsymptom*
Abiotisch:	
Magnesiummangel	Ältere Nadeljahrgänge vergilbt oder Chlorosen an Nadeloberseite
Niedrige Temperaturen	Leichte Chlorosen an Nadeln aller Jahrgänge, Vergilbung zu Frühjahrsbeginn
Dürre oder Streusalzschäden	Rotfärbung der älteren Nadeljahrgänge an exponierten Zweigen
Pathogen:	
Pilzinfektion durch *Lophodermium piceae*	Ältere Nadeln rotbraun mit schwarzen Flecken oder Bändern im Frühjahr
Fichtenritzenschorf (*Lophodermium macrosporum*)	Schwarze Flecken an der Nadelbasis
Rhizosphaera kalkhoffii	Wie die oberen Symptome, lediglich mit sehr viel kleineren schwarzen Flecken
Fichtennadelrost (*Chrysomyxa abietis*)	Nadeln orange gebändert
Grauschimmel (*Botrytis cinerea*)	Abwärtskrümmung und Verbräunung der jüngsten Triebe; isolierte Infektionsherde; nicht zu verwechseln mit Frostschäden
Kleine Fichtenblattwespe (*Pristiphora abietina*)	Jüngster Nadeljahrgang an einer Seite von Larven abgefressen; Rotfärbung der restlichen Nadeln
Fichtennestwickler (*Epinotia tedella*)	Nadelbasis abgefressen; Rotbraunverfärbung der Nadeln
Borkenkäfer (Buchdrucker) (*Ips typographus*)	Rindenablösung und Harzbildung am Stamm, zuletzt Rotbraunverfärbung und Absterben des Baumes

Dendrochronologie ist eine Technik, mit der die Jahresringe der Bäume untersucht werden, um Informationen über das Alter und die Geschichte der Bäume zu erhalten. Sie wurde zum Beispiel angewendet, um Probleme zu verfolgen, die mit Luftverschmutzung in Zusammenhang stehen. Eine der besten Untersuchungen dieser Art, aus der die in Abbildung 10.1 dargestellten Ergebnisse stammen, wurde im Rhônetal durchgeführt, wo es sowohl Emittenden von SO_2 als auch von Fluoriden gibt. Durch die Kombination von Jahresringmessungen und einer Computeranalyse, die die monatlichen Niederschlagsmuster und die Temperatur mit einbezog, konnte das Einsetzen der Schäden in diesem Falle bis zu dem Zeitpunkt zurückdatiert werden, zu dem eine neue Aluminiumhütte in dieser Region ihren Betrieb aufnahm.

Dendrochronologische Untersuchungen neuartiger Waldschäden haben bestimmte Muster verringerten Jahreswachstums aufgezeigt, die mehr als 40 Jahre zurückreichen. Sie bestätigen, daß Klimaschwankungen nicht für neuartige Waldschäden verantwortlich sind. Sie zeigen jedoch, daß dieses verminderte Wachstum zuerst in höheren Lagen aufgetaucht ist und sich dann nach

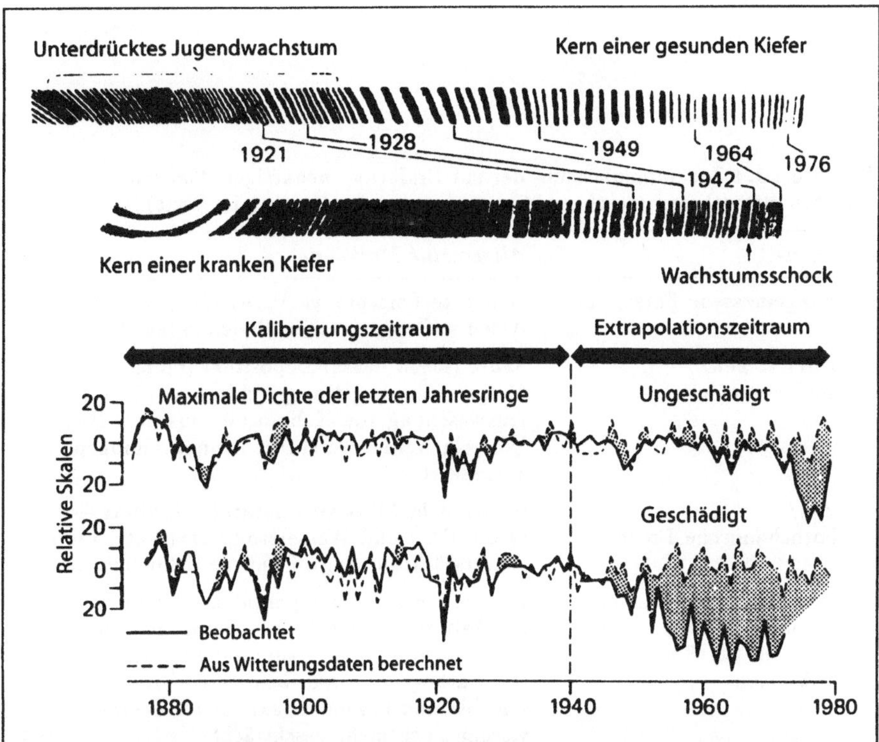

Abb. 10.1. Kerne und Densitogramme gesunder und geschädigter Kiefern im unteren Rhônetal in Frankreich. In diesem speziellen Fall läßt sich das verminderte Wachstum der geschädigten Kerne direkt mit der Inbetriebnahme einer Aluminiumhütte in der Umgebung um ca. 1947 in Verbindung bringen, die SO_2 und Fluoride emittiert (mit freundlicher Genehmigung von Dr. H. Flühler, Birmensdorf, Schweiz und D. Reidel Publ. Co., Dordrecht, Niederlande)

und nach auch in tieferen Lagen an aufgeforsteten Hangflächen ausbreitete. Die genaue Bestimmung der Ursachen mittels Jahresringanalyse ist bis auf einige Ausnahmefälle (siehe Abb. 10.1) jedoch nicht möglich, da mit dieser Methode nicht klar zwischen verschiedenen Einflüssen (wie z.B. Magnesiummangel) unterschieden werden kann, die alle für das verminderte Wachstum verantwortlich sein könnten.

10.2 Mögliche Ursachen

Der Identifizierung möglicher Ursachen für neuartige Waldschäden wurden bereits viele Anstrengungen gewidmet. In Tabelle 10.4 sind – in der Reihenfolge ihres zeitlichen Aufkommens – die wichtigsten Hypothesen zu ihrer Erklärung aufgeführt.

Tabelle 10.4 Zusammenfassung der zur Erklärung neuartiger Waldschäden vorgebrachten Hypothesen (stark verkürzt, genauere Ausführung im Text)

Hypothese	*Allgemeine Merkmale*
1. Unangemessene Forstpraxis	Schlechte Forstpraxis; Verwendung fremder Arten auf ungeeigneten Böden eingeschlossen
2. Saurer Regen/ Bodenauswaschung	Saure (meist nasse) Deposition (einfacher Magnesiummangel ausgeschlossen) führt zur Auswaschung von Kalium etc. aus dem Boden; Wurzeln werden verstärkt Aluminiumionen ausgesetzt
3. Ozon/ photochemische Prozesse	Sonnenlicht führt zu verstärkter Bildung von Ozon, PAN und Wasserstoffperoxid etc. Führt zu verstärktem Angriff auf die Zellmembran
4. Zusammenwirken versch. Faktoren/Erhöhte Anfälligkeit für Streß und Infektionen	Eine Reihe von Dürreperioden oder ungewöhnlich kalten Wintern führt - zusammen mit allg. Luftverschmutzung - zum anhaltenden Befall mit Pathogenen (inkl. bekannter Viren); alte, sensible und besonders exponierte Bäume werden noch mehr geschwächt
5. Ammoniumionen/ Stickstoffüberschuß	Übersättigung von Bäumen mit Ammoniumionen etc. Infolgedessen zu schnelles Wachstum, Befall mit Parasiten oder erhöhte Streßanfälligkeit
6. Chlorethen/ Photoaktivierung	FCKW führen zu von UV-Licht induzierten Schädigungen der Zellmembran
7. Weitere Ursachen (vielfältig)	Eine Vielzahl möglicher Verursacher, z.B. Bleitetraethyl aus Autoabgasen, das toxisch wirkt, wenn es zu Bleitriethyl abgebaut wird; phytotoxische Dinitrophenole; PCB und aromatische Verbindungen; latente, nicht identifizierte Virusinfektionen
8. Streß-Ethen/Wechselwirkungen zwischen verschiedenen möglichen Verursachern	Jede der o.g. Ursachen, die sich durch eine gemeinsame Antwort wie z.B. die Bildung von "Streß-Ethen" gegenseitig bewirken; Streß-Ethen reagiert mit Ozon unter Bildung von HHP, die die Zellmembran zerstören

10.2.1 Unangemessene Forstpraxis

Einige Forstleute sind schon seit längerem der Ansicht, daß das Bepflanzen großer Flächen (bzw. das Wiederaufforsten alter Waldflächen) mit nur einer Baumart, häufig derselben Provenienz, viele Gefahren in sich birgt. Solche Monokulturen seien letztlich anfälliger für natürliche Pathogene, besonders dann, wenn die Bäume das Reifestadium erreichen.

Diese Voraussagen sind heute, ca. 60 Jahre später, als Antwort auf die Ursachen neuartiger Waldschäden jedoch wenig hilfreich. Möglicherweise sind sie für die Zukunft wichtig, wenn es um zukünftige Aufforstungsvorhaben geht. Andererseits könnte es aber auch sein, daß man einige Bäume einfach zu alt werden ließ, bevor sie gefällt und durch neue ersetzt wurden. Viele kranke Bäume sind weit über 60 Jahre alt und daher ohnehin streßanfälliger.

10.2.2 Saurer Regen und Bodenauswaschung

Die Hypothese, daß saurer Regen und Bodenauswaschung für neuartige Waldschäden verantwortlich sind, geht größtenteils auf den Göttinger Professor B. Ulrich zurück. Er geht davon aus, daß wenn der Wald einem exzessiven Eintrag von Säure ausgesetzt ist, schädliche Veränderungen der Bodenchemie auftreten, die das Wurzelwachstum beeinträchtigen und schließlich die Gesundheit des ganzen Baumes gefährden. Anfangs steigert die zusätzliche Zufuhr von Schwefel und Stickstoff das Wachstum des Baumes, doch längerfristig mindert der Säureeintrag die Pufferkapazität des Bodens (siehe Kapitel 5). Die Fähigkeit des Bodens, weiterhin lebenswichtige Nährstoffe wie Calcium und Kalium für das Wachstum des Baumes bereitzustellen, wird vermindert, da diese Elemente aus dem Boden ausgewaschen und weggespült werden. Der Verlust von Magnesium (und Mangan), der in Regionen mit Granitgestein, die arm an Magnesium sind (s.o.), zur Gelbfärbung von Blättern und Nadeln führt, wird durch Säureeintrag beschleunigt. Ulrichs Hypothese geht weiterhin davon aus, daß infolge einer Veränderung des pH-Werts Aluminiumionen von Bodenpartikeln abgespalten werden und in Lösung gehen (siehe Kapitel 5). Diese Aluminiumionen sind toxisch, sowohl für die Aufnahmemechanismen des feinen Wurzelhaarsystems als auch für die Pilze der mit den Wurzeln assoziierten Mykorrhizen. Dies wiederum hemmt die Fähigkeit der Wurzeln, essentielle Mineralien oder Wasser aufzunehmen, was die Bäume anfälliger für Krankheiten oder Dürre macht. Verstärkter Nadelverlust und Mineralisierung etc. lösen dann weitere säurebildende Vorgänge aus, die das Problem noch verschärfen.

Es gibt sehr viele Hinweise, die diese Hypothese unterstützen. In vielen Versuchen konnten erhöhte Werte von H^+- und Aluminiumionen sowie niedrigere Calcium- und Kaliumwerte (ebenso wie Magnesium- und Manganwerte) nachgewiesen werden, wenn künstlich saurer Regen auf Waldböden angebracht wurde. Die Hypothese stimmt auch mit einer anderen, bereits bekannten Ursache für Waldschäden überein, nach der Waldböden auf Granitgestein, die saurem Regen ausgesetzt sind, verstärkt unter Magnesiummangel leiden. In der Folge zeigt eine Vielzahl der Bäume gelbe zweijährige Nadeln mit abnorm niedrigem Magnesiumgehalt, obgleich der Boden ursprünglich ausreichend Magnesium enthielt.

Wenn man einmal von den Folgen des Säureeintrags auf bereits magnesiumarme Waldböden absieht, bleibt diese Hypothese in ihrer ursprünglichen Form unbewiesen, da in einer Reihe von Untersuchungen keine klare Beziehung zwischen Säureeintrag, der Mobilisierung von Aluminiumionen und neuartigen Waldschäden festgestellt werden konnte. Verbunden mit anderen Hypothesen (siehe später) kann sie jedoch als Teilerklärung dienen.

10.2.3 Ozon und photochemische Prozesse

Eine weitere Hypothese geht davon aus, daß die mit neuartigen Waldschäden in Verbindung gebrachten Nadel- oder Blattschäden durch erhöhte Ozonwerte (siehe Kapitel 6) ausgelöst werden. Ozon zerfällt in höheren Lagen langsamer als in Lagen, die nur wenig über dem Meeresspiegel liegen (Abb. 6.3). Erhöhte Werte an H_2O_2 und anderen aus der Reaktion mit O_3 entstandenen sekundären Photooxidanzien stehen ebenfalls unter Verdacht, Ursache der Nadel- und Blattschäden zu sein. Die Auswirkungen von O_3 und anderen Oxidanzien auf die Vegetation wurden bereits besprochen (Kapitel 6); bei dieser neuen Hypothese zur Erklärung neuartiger Waldschäden wird jedoch die Behauptung aufgestellt, daß es aufgrund der beschädigten Zellmembranen zum Auswaschen von Nährstoffen aus den Nadeln und Blättern kommt, was diese anfälliger für Insekten- und Pilzbefall macht.

Auf den ersten Blick könnte man meinen, daß ein direkter Angriff photochemischer Substanzen eine Erklärung für das oftmals mit neuartigen Waldschäden in Verbindung gebrachte frühzeitige Vergilben von Nadeln und besonders für das meist bei Zweigen zweiter Ordnung beobachtete Vergilben der Nadeloberseite sein könnte. Bei Experimenten mit Fichten jedoch, die eine Wachstumsperiode lang mit O_3 begast wurden, sind keinerlei derartige sichtbare Symptome aufgetreten, während bei Tannen eine verminderte Photosyntheseleistung festgestellt werden konnte. Die Waldkiefer (*Pinus sylvestris*) reagiert sensibel auf O_3 und zeigt bereits nach einer einmaligen Begasung sowohl Chlorosen als auch vermindertes Wurzelwachstum und eine beschleunigte Seneszenz der älteren Nadeln.

Begasungen über einen längeren, mehrjährigen Zeitraum hinweg haben sich als informativer erwiesen. Fünf Jahre alte Sitka-Fichten, die drei Wachstumsperioden lang mit Ozon begast wurden, zeigten mit Beginn des vierten Jahres die klassischen Symptome neuartiger Waldschäden (wie vergilbte zweijährige Nadeln) (Farbtafel 12). Ein Aspekt bei der Überwinterung ist die Fähigkeit des Baumes, sich durch physiologische Veränderungen wirksam gegen Frost zu schützen. Heute ist bewiesen, daß diese Fähigkeit des Baumes vermindert ist, wenn er im vorangegangenen Sommer mit Ozon begast worden ist. Das hat zur Folge, daß die Zellen durch Eiskristallbildung beschädigt werden und daß zu Beginn des Frühjahrs Mineralstoffe ausgewaschen werden. Möglicherweise werden Veränderungen wie diese, bei denen sowohl ein Schadstoff (z.B. Ozon) als auch ein natürlicher Streßfaktor (niedrige Temperaturen) beteiligt ist, durch die im folgenden Abschnitt vorgestellte Hypothese jedoch noch besser erklärt.

Ozon und photochemische Prozesse sind eine plausible Erklärung, jedoch sind noch weitere, verbesserte Versuche nötig, um diese Faktoren allein als primäre Ursache von neuartigen Waldschäden zu bestätigen oder zu verwerfen. Wahrscheinlich ist, daß die relative Bedeutung von Ozon als alleinige Ursache von Umweltstreß von Ort zu Ort und von Art zu Art variiert.

10.2.4 Zusammenwirken verschiedener Faktoren und erhöhte Anfälligkeit für Streß und Infektionen

Gasförmiges Schwefeldioxid kommt nicht länger als primäre Ursache für neuartige Waldschäden in Betracht. Tatsächlich haben die SO_2-Werte in betroffenen Regionen in der letzten Zeit abgenommen. Äste mit beschädigten Nadeln sind häufig sogar mit Flechten bedeckt, obwohl die betreffenden Flechtenarten sauren Bedingungen gegenüber toleranter sind. Es spricht ebenfalls wenig dafür, daß Stickoxide allein neuartige Waldschäden hervorrufen können, wenngleich sie zu überhöhten Stickstoffwerten beitragen (siehe nächster Abschnitt). Zudem sind die Klimaschwankungen während des letzten Jahrhunderts allein nicht ausreichend, um das verstärkte Auftreten von neuartigen Waldschäden zu erklären, unbenommen der Tatsache, daß Symptome neuartiger Waldschäden wahrscheinlich durch die jüngste Folge trockener Sommer verschlimmert wurden.

Viel mehr spricht dafür, daß Wechselwirkungen zwischen SO_2, Stickoxiden und Ozon eine mögliche Erklärung sind. In Kapitel 11 wird aufgezeigt, daß solche Schadstoffkombinationen bei einer Vielzahl von Pflanzen zu überadditivem Wachstumsrückgang und schnellerem Auftreten von Schädigungen führen. Wenn Pflanzen verschiedenen Schadstoffen gleichzeitig ausgesetzt sind, kann es in der Tat dazu kommen, daß Nadeln und Blätter leichter von Pathogenen befallen oder anfälliger für Streßschäden werden.

In Regionen, die von neuartigen Waldschäden betroffen sind, kann man beobachten, daß einige der wichtigsten Streßfaktoren (wie z.B. Frostschäden, Frosttrocknis, Dürre und Wind) miteinander in Beziehung stehen. So erhöht zum Beispiel Wind die Transpiration, was während einer Dürreperiode unerwünscht ist, und bei niedriger Temperatur steht kein Wasser zur Verfügung, da es gefroren ist. Es ist bekannt, daß die Wasseraufnahme durch die Wurzeln bei den Pflanzen höher ist, die Luftschadstoffen ausgesetzt sind. Das gleichzeitige Vorhandensein mehrerer Schadstoffe verschärft diese Situation noch zusätzlich, da sie das Verhältnis von Wurzel zu Sproß beeinflussen. Mit anderen Worten verringert sich die Wurzelmenge in Relation zum ausgebildeten Sproß der betroffenen Pflanze. Dies bedeutet, daß bei einer Dürreperiode weniger Wurzeln einen größeren Sproß versorgen müssen. In der Folge werden

Bäume anfälliger für Wasserstreß, was besonders bei Waldböden mit geringer Wasserhaltekapazität häufig vorkommt.

Zusammenfassend läßt sich sagen, daß es bei dieser Hypothese um die Frage geht, ob widrige Streßfaktoren wie Kälte, Dürre oder Wind (oder Infektionen) den Baum für Schädigungen durch die Luftschadstoffkombination prädisponieren oder ob das Vorhandensein von Luftschadstoffen den Baum für darauffolgende Streßfaktoren oder Infektionen anfälliger macht. Die Antwort darauf ist noch unbekannt. Die Reihenfolge der Streßfaktoren spielt dabei vermutlich keine Rolle.

10.2.5 Ammoniumionen und übermäßiger Stickstoffeintrag

Eine der auffälligsten Veränderungen bei der Emission von Luftschadstoffen ist eine Verschiebung des Gleichgewichts von SO_2 hin zu stickstoffenthaltenden Luftschadstoffen. Dies ist auf gestiegenen Brennstoffverbrauch, vor allem durch Autos (siehe Kapitel 3), verstärkte Anwendung künstlicher Düngemittel, vermehrte Abwasserbehandlung und intensive Massentierhaltung (siehe Kapitel 4) zurückzuführen. In den Niederlanden und angrenzenden Ländern sind hohe Konzentrationen von atmosphärischem NH_3 nachgewiesen worden (Kapitel 4), die zu verstärkter nasser und trockener Deposition von Stickstoff auf empfindliche Ökosysteme einschließlich der Wälder führen.

Vor diesem Hintergrund hat Professor Nihlgård eine weitreichende Hypothese zur Erklärung neuartiger Waldschäden aufgestellt. Diese postuliert, daß es aufgrund des zusätzlich eingetragenen Stickstoffs anfangs zu einem Wachstumsschub kommt, der dann zu einem Ungleichgewicht zwischen Kohlenhydraten und Proteinen führt. In der Folge werden verstärkt wertvolle Mineralstoffe (Phosphat, Magnesium und Kalium) aufgenommen, da die Pflanze versucht, das Gleichgewicht wiederherzustellen, während toxische Nebenprodukte (Amide, Amine und Ammoniakderivate) das Auswaschen dieser Mineralien aus der Zelle verstärken und Pilzbefall oder das Wachstum epiphytischer Flechten begünstigen, was wiederum die Photosyntheseleistung mindert.

Gleichzeitig erhalten die Wurzeln weniger Kohlenhydrate, da diese vom Sproß zur Kompensation des zusätzlichen Stickstoffes benötigt werden, was bedeutet, daß weniger Kohlenhydrate für die an Mykorrhizen beteiligten Pilze zur Verfügung stehen. Dies führt zur weiteren Verminderung mikrobieller Tätigkeit im Boden. Diese ist bereits geschwächt, da der in den Boden eindringende zusätzliche Stickstoff die N_2-Fixierung verringert. Diese durch vermindertes Wurzel- und verstärktes Blattwachstum verursachten Veränderungen machen den Wald anfälliger für anderen, durch Dürre, Wind oder Infektionen mit Pathogenen verursachten Streß.

Eine ergänzende, auf der ursprünglichen Hypothese basierende Erklärung stammt von Professor Schulze aus Bayreuth. Er ist der Überzeugung, daß die Hauptaufnahmeform von Stickstoff durch Nadelbäume NH_4^+ und nicht Nitrat ist. Waldböden sind von Natur aus arm an beidem, doch durch nasse

Deposition von sowohl Nitrat als auch NH_4^+ wird ihre Verfügbarkeit erhöht. Nitrat geht im Oberflächenabfluß und Sickerwasser verloren, doch die NH_4^+-Ionen werden anstelle von Magnesiumionen von den Wurzeln aufgenommen. In der Folge zeigen selbst Bäume, die auf Waldböden mit ausreichendem Magnesiumvorkommen wachsen, die typischen Magnesiummangel-Symptome, was jedoch auf die Aufnahme der zusätzlichen NH_4^+-Ionen und nicht auf zu wenig Magnesium im Boden zurückzuführen ist. Darüber hinaus findet eine weitere Aufnahme von NH_4^+-Ionen, nicht jedoch von Nitrat, durch die Nadeloberfläche statt, was wiederum zur Auswaschung von Magnesium führt. Das Endergebnis ist jedoch bei Nadeln wie bei Wurzeln dasselbe – Magnesiummangel-Symptome.

Es gibt wichtige Befunde, die diese Hypothese und die Beziehung zwischen der Aufnahme von Ammoniumionen und der Auswaschung von Magnesium untermauern. Stickstoffhaltige Luftschadstoffe machen ca. 30% der gesamten sauren nassen Deposition aus. Nach starkem Schneefall und nach der Schneeschmelze steigen die NH_4^+-Werte an, was häufig in die empfindlichsten Phasen der pflanzlichen Entwicklung fällt. Weiterhin liefert die Hypothese eine Erklärung dafür, warum auch auf magnesiumhaltigen Böden Bäume mit Magnesiummangel-Symptomen wachsen.

10.2.6 Chlorethen und Photoaktivierung

Da neuartige Waldschäden eben ein neuartiges Phänomen sind, stellte Professor Frank aus Tübingen die Hypothese auf, daß erst kürzlich eingeführte atmosphärische Schadstoffe dafür verantwortlich seien. Solche neuartigen chemischen Substanzen müßten in der Troposphäre eine ausreichend lange Halbwertszeit haben, um bis in höhergelegene ländliche Regionen transportiert werden zu können und um in relativ geringen Dosen phytotoxisch zu wirken. Franks Forschungsteam untersuchte eine Vielzahl verschiedener FCKW (siehe Kapitel 7) und schloß daraus, daß Chlorethene ($CHClCCl_3$ und CCl_2CCl_2) phytotoxische Effekte ähnlich denen, die man mit neuartigen Waldschäden in Verbindung bringt, auslösen können. Diese Schäden sind dann besonders gravierend, wenn die Bäume gleichzeitig starkem, mit UV angereichertem Licht von 280–320 nm Wellenlänge ausgesetzt sind. Diese Art von Strahlung tritt meist in höheren Lagen auf; in niedrigen Lagen, bei nebligem Wetter oder in Städten wird sie stark abgeschwächt.

Dieser Hypothese zufolge wirken sich Chlorethene zuerst in der Lipidschicht von Pflanzenzellen toxisch aus, wo sie von Natur aus akkumuliert werden. Durch das UV-Licht werden sie in reaktive Chloratome, Dichloracetylen und sogar Phosgen umgewandelt, Stoffe, die das charakteristische Vergilben, das oft mit neuartigen Waldschäden assoziiert wird, hervorrufen.

Bislang liegen noch keine umfassenden Untersuchungen zur Evaluierung der Hypothese vor, daß Chlorethene die primäre Ursache von neuartigen Waldschäden sind. Einige Fachleute verwerfen diese mögliche Erklärung, da die Konzentrationen bei weitem zu niedrig seien, doch sie lassen die Tatsache außer acht, daß FCKW extrem langlebig sind, da es keine Mikroorganismen gibt, die sie abbauen könnten. Darüber hinaus kommt es durch eine Vielzahl von Vorgängen zur Konzentration von FCKW. Berechnungen haben ergeben, daß zum Beispiel gasförmiges Tetrachlorethen in der Umgebung von Blättern zu einer gegenüber der Außenluft um bis zu 2000fach höheren Konzentration in der Wachsschicht dieser Blätter führen kann. Diese Hypothese verdient daher mehr Beachtung, als sie bisher auf sich ziehen konnte.

10.2.7 Alternative Hypothesen

Es gibt noch eine Vielzahl weiterer Hypothesen zur Erklärung neuartiger Waldschäden – weit über 100. In vielen – wie in der Chlorethen-Hypothese – wird die Behauptung aufgestellt, daß organische Mikroschadstoffe verschiedenster Typen die Ursache sein könnten. Von den ca. 800 organischen Verbindungen, die in der Luft identifiziert werden konnten, geht eine ganze Reihe auf anthropogene Emissionen zurück, die gefährlich sein könnten. So kann es zum Beispiel zu Regengüssen kommen, wenn die Konzentrationen von Bleitriethyl, das in hohen Dosen phytotoxisch sein kann, sehr hoch sind (siehe Kapitel 9).

Auch die Dinitrophenole, die die Atmung und Mineralstoffaufnahme wirksam hemmen können, wurden bereits als mögliche Verursacher verdächtigt, ebenso wie eine Vielzahl anderer organischer Substanzgruppen, wie zum Beispiel die polyaromatischen Kohlenwasserstoffe (Naphtalin, Anthrazin, Benzpyren usw.), die zum Teil oxidiert werden, bevor sie ihre phytotoxische Wirkung entfalten. Ähnliche Gefahren für Waldbäume sollen von der Langlebigkeit von Pestiziden oder Herbiziden (z.B. den polychlorierten Biphenylen, PCB) herrühren.

Ein völlig anderer Erklärungsansatz besteht in der Möglichkeit, daß eine noch unbekannte biologische Infektion der Auslöser für neuartige Waldschäden gewesen sein könnte. Bakterien- und Pilzinfektionen als Auslöser konnten schnell ausgeschlossen werden. Daß ein wenig bekanntes Virus und sein Träger eine Krankheit im Wald verbreitet haben könnte, wird jedoch weiterhin für möglich gehalten. Dies ist schwierig zu widerlegen, denn die Viruspartikel könnten bereits vor langer Zeit verbreitet worden sein und in einer sog. Latenzphase verharrt haben, bevor die Bedingungen reif für den Ausbruch der "Krankheit" waren. Es gibt viele Beispiele weit verbreiteter, offensichtlich "harmloser" Viruspartikel im gesamten Pflanzenreich. Das *Potex*-Virus zum Beispiel konnte in allen von neuartigen Waldschäden betroffenen Baumarten in hinreichenden Mengen (2–22%) nachgewiesen werden. Wie sich eine solche Virusinfektion verbreitet hätte, ist nicht bekannt, möglich wäre jedoch der Weg über Insekten, Nadelsporen, die Hyphen der Mykorrhizen oder über Tiere im Waldboden.

Im Moment lassen sich Art und Verbreitung der neuartigen Waldschäden nicht sehr gut mit den meisten Charakteristika bekannter Virusinfektionen von Pflanzen in Einklang bringen, so daß diese Hypothese wahrscheinlich nicht wirklich als Erklärung geeignet ist.

10.2.8 Interaktion von Streß und Ethen

Es ist sehr wahrscheinlich, daß die neuartigen Waldschäden lediglich eine weitere Facette von Problemen sind, die wie die Klimaveränderung (Kapitel 8) und das Ozonloch (Kapitel 7) durch die Aktivitäten der modernen Gesellschaft ausgelöst wurden, die immer komplexer und zunehmend bedrohlicher für die natürliche Umwelt werden. Höchstwahrscheinlich wird es nie eine Erklärung neuartiger Waldschäden geben, bei der eine Hypothese gegenüber allen anderen eindeutig favorisiert würde. Ein gewisses Maß an Interaktion zwischen verschiedenen möglichen Erklärungsansätzen ist wahrscheinlicher. In der Tat gibt es Überschneidungen zwischen den verschiedenen oben besprochenen Hypothesen.

Ein Weg, Fortschritte zu erzielen, besteht darin, nach gemeinsamen Mechanismen zu suchen, die die einzelnen Aspekte miteinander verbinden, so zum Beispiel die Erforschung der Art und Weise, wie Pflanzen auf Streß reagieren. Ein wichtiger Stoff hierbei ist Ethen (C_2H_4 oder Ethylen), eine natürliche Pflanzenwachstumssubstanz, die – in geringfügigen Mengen – mit anderen Regulatoren zur Koordination einer Vielzahl von Entwicklungen beiträgt. Im Versuch wurde z.B. aufgezeigt, daß eine kurzfristige Begasung mit O_3 (150 nl O_3 l^{-1} über einen Zeitraum von 7 h) bei in sauberer Luft gezogenen Sämlingen am Tag nach der Begasung sichtbare Blattschäden hervorruft. Begast man jedoch eine Kontrollgruppe, die während der ganzen Zeit in ozonhaltiger Luft gezogen wurde, kann man keine Schäden feststellen. Diese Toleranz läßt sich darauf zurückführen, daß die Kontrollgruppe lediglich kleine Mengen an Ethen produziert, während die Sämlinge, die einem kurzen Ozonschub ausgesetzt werden, große Mengen an "Streß"-Ethen ausstoßen. Die Emission von zusätzlichem Ethen kann durch die Behandlung der Pflanze mit einem Hemmstoff (Aminoethyoxyvinylglyzin) vor der Begasung mit O_3 verhindert werden, der die Pflanze dann auch gegen kommende Ozonschäden schützt.

Setzt man vergleichbare Sämlinge plötzlich Stickoxiden anstelle von O_3 aus, führt dies zur Produktion vergleichbarer Mengen an "Streß"-Ethen; jedoch kommt es zu keinerlei Schädigungen. Dies ist wahrscheinlich darauf zurückzuführen, daß Ozon und Ethen miteinander unter Bildung von HHP (Hydroxyhydroperoxiden) reagieren (siehe Kapitel 6), was dann zur Ozonolyse, Auswaschung und zu sichtbaren Blattschäden führt.

Verschiedene Umweltstreßfaktoren sowie das Vorhandensein anderer Luftschadstoffe führen ebenfalls zu einer erhöhten Ethen-Emission. Viele dieser Faktoren sind in den bereits diskutierten Hypothesen mitberücksichtigt. Mineralstoffmangel (Bodenauswaschung), Frost, Wind und Dürre zum Beispiel tragen alle zu erhöhter Ethenbildung bei. Ethen kann dann mit Ozon unter Bildung von HHP reagieren, die wiederum die Ozonolyse verstärken und Blattschäden hervorrufen. Diese Erklärung verbindet Aspekte einiger der bereits diskutierten Hypothesen und kann somit einen Teil zur Lösung dieses komplexen Problems beitragen.

Weiterführende Literatur

Bauer F (Hrsg.) (1984) Diagnosis and Classification of New Types of Damage Affecting Forests. Special Edition, Commission of the European Communities, DGVI, F3. Brüssel

Frank H (1991) Airborne Chlorocarbons, photooxidants and forest decline. Ambio 20:13–18

Johnson DW et al (1991) Soil changes in forest ecosystems: evidence for and probable causes. Proc Royal Soc Edinburgh 97B:81–116

Nihlgård B (1985) The ammonium hypothesis – an additional explanation to the forest dieback in Europe. Ambio 14:2–8

Prinz B (1987) Causes for forest damage in Europe. Environment 29:11–37

Rehfuss KE (1987) Perceptions of forest diseases in central Europe. Forestry 60:1–11

Schulze ED, Freer-Smith PH (1991) An evaluation of forest decline based on field observations focussed on Norway spruce, *Picea abies*. Proc Royal Soc Edinburgh 97B:155–168

Smith WH (1981) Air Pollution and Forests. Interactions between Air Contaminants and Forest Ecosystems. Springer-Verlag New York, Heidelberg and Berlin

Ulrich B, Pankrath J (Hrsg.) (1983) Effects of Accumulation of Air Pollutants in Forest Ecosystems. D. Reidel, Dordrecht

11. Wechselwirkungen und Integration

11.1 Wechselwirkungen

11.1.1 Ein Zusammenspiel mehrerer Streßfaktoren

In den vorhergehenden Kapiteln wurden einzelne Schadstoffe behandelt, die Schäden bei Pflanzen, Tieren oder an Sachgütern verursachen. Es wurde z.B. dargelegt, daß eine Beeinträchtigung der Wasserqualität durch saure Niederschläge indirekt für den starken Rückgang der Süßwasserfischvorkommen in einigen Gebieten verantwortlich ist. Es gibt jedoch eine ganze Reihe von Umweltproblemen wie etwa die neuartigen Waldschäden, die nicht auf ein einziges Schadgas, auf saure Niederschläge oder auf Luftverschmutzung allein zurückgeführt werden können. In vielen Fällen spielen mehrere Faktoren zusammen.

Umweltfaktoren, die sich auf lebende Organismen negativ auswirken, werden als Streß bezeichnet. Die Streßresistenz (Widerstandsfähigkeit) eines Organismus ist definiert als die Fähigkeit, Streß zu überleben. Häufig wird zwischen biotischen Stressoren – Störreizen, die von anderen Organismen ausgehen – und abiotischen Stressoren – physikalischen oder chemischen Störreizen – differenziert. In Tabelle 11.1 sind die wichtigsten abiotischen und biotischen Streßfaktoren für Pflanzen aufgelistet. Während viele der darin genannten *abiotischen* Störreize auch für die Tierwelt Stressoren darstellen, sind die *biotischen* Störreize der Tierwelt ganz anderer Art.

11.1.2 Synergistisch oder überadditiv?

Sind viele verschiedene Streßfaktoren beteiligt, die z.T. gleichzeitig, z.T. nacheinander auftreten, sind die Folgen schwerer abzuschätzen als bei einem einzigen Stressoren. In einigen Fällen haben zwei Stressoren unterschiedliche Wirkungsweisen, die sich nicht gegenseitig beeinflussen; beide Stressoren zusammen führen dann zu einer Schädigung, die der Summe der beiden Einzelschäden entspricht. Eine solche Wirkung wird als additiv bezeichnet und stellt keine Wechselwirkung dar. Wenn die Summe der beiden Wirkungen geringer ist als die Wirkungen, die von den beiden Stressoren einzeln verursacht werden, wird die Wechselwirkung als "antagonistisch" bezeichnet. Mit anderen Worten: Offensichtlich mildert ein Stressor die Wirkung des anderen

Tabelle 11.1 Die verschiedenen Typen von Streßfaktoren bei Pflanzen

Streß	*Typ*	*Erscheinungsform*
Abiotisch	Temperatur	niedrig (Frost und Winterwetter, Kälte); hoch (Hitze)[a]
	Wasser (und Feuchtigkeit)	Mangel (Dürre); Übermaß (Überflutung)
	Strahlung (Intensität, Wellenlänge)	Infrarot; sichtbar und UV (einschl. UV-B und vermehrter Einstrahlung infolge von Ozonlöchern); ionisierend (Radioaktivität)
	chemische Substanzen	Salz (Meeresgischt, Streusalze usw.); SO_2, NO, NO_2, O_3, PAN, NH_3, H_2S, CO_2[a] usw.; saure nasse Depositionen; Stäube; Herbizide und Insektizide
	andere	jahreszeitlich bedingte Stressoren, Wind, Druck, Schall, magnetische und elektrische Stressoren
Biotisch[b]	Tiere	Insekten, grasende Pflanzenfresser und Nematoden
	Pilze	z.B. Brand, Mehltau usw.
	höhere Pflanzen	z.B. Mistel
	Protisten (einzellige Eukaryoten)	z.B. Hefepilze, Protozoen
	Monera (Prokaryoten)	z.B. Bakterien
	Viren	z.B. TMV (Tabakmosaikvirus)
Edaphisch[c]	Spurenelemente	N, K, Phosphat usw.
	Schwermetalle	Blei, Cadmium, Kupfer
	Verbindung mit Mykorrhizen	
	Bodenverdichtung	
	Verwitterung	

[a] Hierzu gehören auch Auswirkungen der globalen Erwärmung.
[b] Basierend auf dem Klassifikationssystem in 5 Reiche nach Whittaker.
[c] Bodenbedingte Stressoren, an denen ggf. einige der genannten abiotischen und biotischen Streßfaktoren beteiligt sind.

ab. Andererseits kann jedoch die Schadwirkung der kombinierten Stressoren auch größer sein als die Summe der beiden Einzelwirkungen. In einem solchen Fall wird die Wechselwirkung auch als "synergistisch" bezeichnet. Um Unklarheiten und Mißverständnisse zu vermeiden, ist der Begriff "überadditiv" meiner Ansicht nach vorzuziehen.

Das eigentliche Problem liegt in der Definition und der Wahl der Maßeinheit für den jeweiligen Streßfaktor. Bei Luftschadstoffen kann die Konzentration (nl l^{-1}) oder die einwirkende Dosis (nl l^{-1} h^{-1}) gemessen werden. Dies sei an folgendem Beispiel veranschaulicht: Die Testpflanzen (S) werden 72

Stunden lang mit SO_2 in einer Konzentration von 50 nl l^{-1} begast; Testpflanzen einer Kontrollgruppe (*N*) werden NO_2 in derselben Konzentration (50 nl l^{-1}) ausgesetzt; eine weitere Kontrollgruppe ($S + N$) wird einer Mischung von 50 nl l^{-1} SO_2 mit 50 nl l^{-1} NO_2 ausgesetzt. Nach Expositionsbeendigung wird das Wachstum der drei mit den genannten Schadgasen belasteten Gruppen (S, N, $S + N$) mit dem Wachstum einer vierten Gruppe verglichen, die in Reinluft (RL) gezogen wurde. Die Wachstumsminderung, jeweils bezogen auf die Kontrollgruppe RL, sei 20% in Gruppe S, 10% in Gruppe N und 60% in Gruppe $S + N$. Würde dieser Versuch oft genug wiederholt, könnte man statistisch belegen, daß eine Wechselwirkung stattgefunden hat, die als Synergismus bezeichnet werden könnte.

Die entscheidende Frage bei diesem Versuch ist jedoch, ob die gewählte Konzentration von SO_2 und NO_2 bei der gemischten Behandlung ($S + N$) adäquat war. Die Gesamtkonzentration (bzw. Dosis) der Schadstoffe wurde ja verdoppelt und hat möglicherweise einen Grenzwert überschritten, bei dem sich die Reaktion der Pflanze ändert. Vielleicht wäre eine Kombination von 25 nl l^{-1} SO_2 mit 25 nl l^{-1} NO_2 ($S/2 + N/2$) über 72 Stunden eine äquivalente Dosierung? Um ganz sicher zu gehen, sind zwei kombinierte Belastungen ($S + N$ und $S/2 + N/2$), Begasung jeweils mit S und mit N und zwei Kontrollgruppen, Reinluft (RL) und mit Aktivkohlefilter gefilterte Luft (KF), erforderlich. Wenn alle vier Tests ($S + N$, N, S und RL; $S + N$, N, S und KF; $S/2 + N/2$, N, S und RL; $S/2 + N/2$, N, S und KF) signifikante Wechselwirkungen ergeben, verhalten sich die zwei Schadstoffe synergistisch.

In der Praxis sind derartige Versuchsanordnungen jedoch selten möglich oder gerechtfertigt. Daher ist in solchen Fällen nur die Verwendung der Bezeichnung "überadditiv" angebracht. Dies bezieht sich jedoch nur auf Vergleichsmessungen unter Beteiligung von "ähnlichen" Streßarten (in diesem Fall zwei oder mehr Luftschadstoffen), bei denen also die chemischen Eigenschaften und die Dosierung der Schadstoffe gleichermaßen eine Rolle spielen. Bei einer Studie der Wechselwirkungen beispielsweise zwischen SO_2 und Dürrestreß bleibt die Konzentration (bzw. Dosis) des Schadstoffs bei der Einfach- und der Kombinationsbehandlung gleich. Folglich ist hierbei eine Unterscheidung zwischen überadditiv und synergistisch nicht erforderlich.

Das obige Beispiel verdeutlicht auch eine andere Fragestellung, die in Kapitel 2 bereits angesprochen wurde. Hierbei ging es um die Frage, in welcher Maßeinheit die Konzentration von Luftschadstoffen angegeben werden sollte. Wählt man nl l^{-1} (Volumen pro Volumeneinheit), ist eine direkte Vergleichbarkeit von SO_2 mit NO_2 auf einer Molekül-zu-Molekül-Basis bei allen Temperaturen und Drücken gegeben. Wenn die einzelnen Konzentrationen jedoch als Masse pro Volumeneinheit angegeben werden (z.B. im obigen Experiment 131 $\mu g\ m^{-3}$ SO_2 und 94 $\mu g\ m^{-3}$ NO_2 bei 25°C und 101,3 kPa), ist die Äquivalenz nicht unmittelbar offensichtlich.

11.1.3 Auswirkungen von Schadstoffkombinationen auf Pflanzen

Bis in die 80er Jahre konzentrierte sich in Europa die Forschung über Auswirkungen von Luftschadstoffen auf Pflanzen hauptsächlich auf SO_2, wohingegen in Nordamerika das Hauptaugenmerk den Auswirkungen von Ozon galt. Dies war darin begründet, daß diese Schadstoffe als der jeweils wichtigste Faktor der Luftverschmutzung in den betreffenden Regionen angesehen wurden.

In den letzten Jahren hat man in Europa erkannt, daß neben SO_2 Stickoxide in größeren Konzentrationen auftreten und daß bei entsprechenden meteorologischen Bedingungen überall in Europa die Rahmenbedingungen für Ozonbildung gegeben sind. Ironischerweise hat der Erfolg, den Umweltschutzgesetze bei der Reduzierung des Staub- und Rauchgehalts der Luft in Europa hatten, zu einer Ausweitung der Gebiete geführt, in denen mit größerer Wahrscheinlichkeit Ozon entsteht.

In Nordamerika wird inzwischen eingeräumt, daß gleichzeitig auch SO_2 und Stickoxide auftreten, aber man geht immer noch davon aus, daß Ozon in einiger Entfernung von den Stickoxidquellen gebildet wird und daß ein gleichzeitiges Auftreten von allen drei Schadstoffen weniger wahrscheinlich als in Europa ist. In Kapitel 6 wird der Verlauf einer Photosmogepisode ausführlich beschrieben; Abbildung 6.3 zeigt einen typischen "Smogtag". Wesentliche Bedingungen für das Auftreten von photochemischem Smog sind eine geringe SO_2-Emission und eine Reihe von aufeinanderfolgenden windstillen, warmen, sonnigen Tagen. Diese Bedingungen sind in vielen industrialisierten Gebieten jedoch nur selten gegeben; insbesondere in Europa findet man eher die in Abb. 1.4 dargestellten tageszeitlichen Muster. Hier sind die Konzentrationen photochemischer Oxidanzien in der Regel geringer, aber SO_2- und Stickoxidemissionen aus der Stromerzeugung fallen unmittelbar im Anschluß an den morgendlichen Berufsverkehr an, der zusätzliche Stickoxidemissionen mit sich bringt.

Pflanzen nehmen Schadstoffe hauptsächlich über die Stomata auf (s. Kapitel 2, 3 und 6). Das heißt, daß die atmosphärischen Gegebenheiten, die zwischen 8.00 und 16.00 Uhr herrschen, die größten schädlichen Auswirkungen auf die Pflanzen haben. Besonders gilt dies für die Mittagszeit, wenn Lichtintensität und Gasaustauschraten die höchsten Werte aufweisen. Im Rhythmus der Jahreszeiten sind laubtragende Pflanzen besonders empfindlich gegenüber Schadstoffen in der Zeit, wenn sie Blätter haben, und während ihrer aktivsten Wachstumsperiode, im späten Frühjahr. Bei Immergrünen (Koniferen, Gräsern usw.) ist der Zeitraum der Empfindlichkeit im allgemeinen länger.

Die meisten Studien über Wechselwirkungen befassen sich mit nur zwei Schadstoffen ($SO_2 + O_3$, $SO_2 + NO_2$, $NO_2 + O_3$ oder NO_2 mit NO). Es gibt nur sehr wenige Studien, in denen die Wirkung von drei oder mehr gleichzeitig auftretenden Schadstoffen untersucht wird. In den Fachveröffentlichungen mit Ergebnissen von Studien zu Wechselwirkungen wird über eine verwirrende Vielfalt von additiven, überadditiven oder antagonistischen Wirkungen berichtet. Dies ist nicht verwunderlich, denn jede Studie geht von anderen

Schadstoffen, Konzentrationen und Expositionszeiten aus. Außerdem wurden die Begasungen an verschiedenen Arten, Cultivaren oder Klonen vorgenommen, und oftmals wurden unterschiedliche Parameter untersucht (z.B. Zu- bzw. Abnahme des Trocken- oder Frischgewichts, Ernteertrag, Blattschäden, Nettophotosynthese, Enzymveränderungen usw.).

Statt die auffälligsten Beobachtungen in einer Vielzahl von Einzelheiten untergehen zu lassen, sollen in Tabelle 11.2 die wichtigsten Wechselwirkungen bei Pflanzen aufgeführt werden, die bei Vorhandensein von mehreren Schadstoffen häufig vorkommen. Es sei betont, daß diese Zusammenstellung nur Tendenzen darstellen kann. Selbstverständlich gibt es immer Ausnahmen, und Abweichungen in der Versuchsdurchführung und bei den untersuchten Arten bedingen immer einen gewissen Unsicherheitsfaktor. Studien zu Wechselwirkungen bringen neue Erkenntnisse, die z.T. sehr nützlich sind; wenn man aber nicht gleichzeitig versucht, die zugrundeliegenden Mechanismen zu verstehen, wird man keine echten Fortschritte erzielen.

Ein anderer Ansatz eröffnet sich über den Versuch, die unterschiedlichen chemischen, biochemischen und physiologischen Mechanismen zu verstehen, die von den einzelnen Schadstoffen in Gang gesetzt werden, wie es in den vorhergehenden Kapiteln dargestellt wurde. Ein weiterer Weg besteht darin, anschauliche Modelle zu entwickeln, die, wenn sie hinreichend robust sind, sich als anpassungsfähig erweisen und Prognosen ermöglichen werden. Auf diese Überlegungen wird an späterer Stelle in diesem Kapitel noch einmal eingegangen. Den dritten Ansatz könnte man als "gezieltes Raten" bezeichnen; hierbei werden die vorhandenen Hinweise darauf, daß die Reaktion auf einen Schadstoff (oder Streßfaktor) sich bei gleichzeitigem Vorhandensein eines anderen ändert, weiter verfolgt (s. den nächsten Abschnitt). Mit diesem Weg hatte man in der Vergangenheit durchaus einigen Erfolg.

11.1.4 Mechanismen der Schadstoffwechselwirkungen

Typischerweise führt eine Belastung der Luft mit SO_2 dazu, daß sich bei hoher Luftfeuchtigkeit die Stomata einiger Pflanzen weiter öffnen als bei "sauberer" Luft. Diese Auswirkung, die sich schon bei einer Konzentration von nur 20 nl l^{-1} zeigt, hat zur Folge, daß bei hoher Luftfeuchtigkeit mehr SO_2 (und CO_2) von den Blattzellen aufgenommen wird. Bei kombinierter Belastung mit SO_2 und NO_2 schließen sich die Stomata jedoch schon bei einer Luftfeuchtigkeit, bei der SO_2 allein ein Öffnen der Stomata bewirkt. Hier liegt eine Wechselwirkung vor, die das Pflanzenwachstum erheblich beeinflußt.

Ozon hingegen bewirkt kein Öffnen der Stomata, aber es kann im Zusammenspiel mit anderen Gasen oder Stressoren deren Wirkung verstärken, da es in erster Linie auf die äußeren Zellmembranen einwirkt. Wenn O_3 mit Kohlenwasserstoffen usw. reagiert, entstehen Zwischenprodukte, die zu einem Verlust von Wasser oder Ionen (s. Kapitel 6) in den Zellen führen. Dadurch kommt es zu Störungen der Osmose- und Ionenregulation, die den von SO_2-

Tabelle 11.2 Bekannte Wechselwirkungen von Schadstoffkombinationen in der Atmosphäre

Kombination von	*Wechselwirkung*	*Auswirkung auf*
$SO_2 + O_3$	überadditiv	äußeres Erscheinungsbild der Blätter (Trauben, Rettich, Erbsen, Tabak, Kiefern)
		Wurzelwachstum (Tabak)
		Ertrag (Soja, Alfalfa, Pappel)
		stomatäre Leitfähigkeit (Soja)
	weniger als additiv (antagonistisch)	Pilzbefall
		äußeres Erscheinungsbild der Blätter (Apfel, Soja, Tomate)
		Ertrag (Alfalfa, Raps)
		Nadellänge (Kiefern)
$SO_2 + NO_2$	überadditiv	Pollenschlauchwachstum (Gräser)
		Ertrag (Gräser, Gerste)
		Enzymaktivität (Erbsen)
	weniger als additiv	Ertrag (Raps)
$NO_2 + O_3$	überadditiv	Pollenschlauchwachstum
		Verminderung der Translokation zu den Wurzeln (Bohnen)
	weniger als additiv	Ertrag
$SO_2 + NO_2 + O_3$	überadditiv	verfrühter Laubabwurf (Pappel)
		äußeres Erscheinungsbild der Blätter (Rettich, Erbsen)
		Blattfläche (Raps)
$SO_2 + HF$	überadditiv	äußeres Erscheinungsbild der Blätter (Gerste, Mais)
$O_3 + HF$	überadditiv	äußeres Erscheinungsbild der Blätter (*Coleus*, Minze)
$O_3 + H_2S$	weniger als additiv	Photosynthese (Gerste, Mais, Zitrusfrüchte)

und NO_2-Kombinationen verursachten Störungen sehr ähnlich sind. Das bedeutet vermutlich, daß Sulfit und Nitrit, wenn sie zusammen auftreten, schon in kleinen Mengen freie Radikale (z.B. $HSO_3^\bullet$) im lebenden Gewebe bilden können, obwohl sie dies allein nicht können. Diese Radikale wirken dann auf die Membranen und führen ebenso wie die Reaktionsprodukte des Ozons zu einer erhöhten Durchlässigkeit. Außerdem bilden Chloroplasten und Mitochondrien durch die Störungen der Osmose und des Ionenaustauschs weniger ATP u. a. Somit wird zusätzliche Energie für die Reparatur der von den freien Radikalen verursachten Schäden benötigt, und diese Energie steht dann für

Wachstum, Reproduktion usw. nicht mehr zur Verfügung. Dieser von Hydroxyhydroperoxiden und freien Radikalen ausgelöste Mechanismus, der zu einer Umleitung der zur Verfügung stehenden Energie führt, wird vorläufig als die beste Erklärung für die überadditiven Auswirkungen von SO_2, NO_2 und O_3 auf das Pflanzenwachstum angesehen.

11.1.5 Beeinträchtigen "Cocktails" auch den Menschen?

Im allgemeinen gilt, daß – abgesehen von Ausnahmen wie bei H_2S und CO – Pflanzen empfindlicher gegenüber Luftschadstoffen sind als Tiere. Wenn man jedoch die Wirkungsweise auf der molekularen Ebene untersucht, stellt man fest, daß die Ähnlichkeiten größer sind als die Unterschiede. Unterschiede ergeben sich oft nur bei spezifischen Funktionen wie z.B. bei der Photosynthesetätigkeit der Pflanzen oder bei hormonellen und immunologischen Reaktionen der Tiere.

Untersuchungen an Pflanzen haben jedoch eine Fülle von Beweisen erbracht, daß Wechselwirkungen zwischen den verschiedenen Luftschadstoffen und Stressoren ein wichtiger Aspekt bei der Beurteilung der Auswirkungen der Luftverschmutzung sind und nicht vernachlässigt werden können. Untersuchungen zur Gesundheit bei Tieren finden jedoch selten vor einem vergleichbaren Hintergrund statt. Obwohl Pflanzen und Tiere (und Menschen) in derselben verschmutzten Umwelt leben, gibt es über mögliche Wechselwirkungen bei Tieren daher nur sehr wenig Informationen.

Dies läßt sich leicht erklären. Studien über die Auswirkungen von Schadstoffen auf die menschliche Gesundheit werden in der Regel in Form von epidemiologischen Untersuchungen durchgeführt, bei denen die Krankenakten der Patienten, die in belasteten Gebieten leben, ausgewertet werden. Studien über die zugrundeliegenden Mechanismen in Form von Tierversuchen (bei denen die gewonnenen Ergebnisse zumeist nur schwer auf den Menschen übertragbar sind) oder mit Hilfe von Versuchspersonen sind schon mit einem einzelnen Schadstoff schwierig, mit Schadstoffkombinationen sind sie in der Regel nicht durchführbar.

In den vorangegangenen Kapiteln wurde schon darauf eingegangen, daß es bei epidemiologischen Untersuchungen schwierig ist, die Auswirkungen anderer Faktoren wie Nikotingenuß, Armut etc. von den durch Luftschadstoffen verursachten Schäden zu unterscheiden. Die medizinischen Statistiken zeigen jedoch, daß in einigen Gebieten Kindersterblichkeit und Bronchitis häufiger auftreten, als man bei einem einzelnen Schadstoff erwarten würde. Es hat sich die Erkenntnis durchgesetzt, daß Schadstoffkombinationen (sog. "Cocktails") in sehr viel größerem Ausmaß als bisher angenommen die Gesundheit gefährden. In gewisser Weise sind die EU-Grenzwerte (Tabelle 1.7) eine erste konkrete Umsetzung dieser Erkenntnis, insofern als die SO_2-Grenzkonzentrationen jetzt in Abhängigkeit von den Rauchwerten, die gleichzeitig mit SO_2 auftreten, festgesetzt werden. Wenn die in den vergangenen 20 Jahren gewonnenen Erkenntnisse über Wechselwirkungen in der Pflanzenwelt in Zukunft stärker berücksichtigt werden, können die internationalen Immissionsrichtlinien so gestaltet werden, daß schädliche Kombinationen von SO_2, Rauch, sauren Niederschlägen, Stickoxiden, flüchtigen Kohlenwasserstoffen und Ozon erkannt und vermieden werden.

11.2 Integration

11.2.1 Modelle

Modelle sind ein wichtiges Werkzeug in der Forschung. Eine beliebte Form ist das Flußdiagramm, bei dem wechselseitige Abhängigkeiten durch Pfeile dargestellt werden. Diese drücken aus, wie wichtig die einzelnen Faktoren sind, und liefern Anhaltspunkte für weitere Untersuchungsschwerpunkte.

Die Erforschung der unterschiedlichen Auswirkungen der Luftverschmutzung auf lebende Systeme stellt die Umweltforscher vor komplexe Probleme. Wir wissen nicht genug über lebende Systeme und über die gesamten Auswirkungen der Luftverschmutzung. Das hat zur Folge, daß Prognosen, Einschätzungen möglicher Folgen und Handlungsempfehlungen auf der Grundlage sehr beschränkter Erkenntnisse erfolgen. Dennoch muß gehandelt werden, denn ein Aufschieben wäre töricht. Die Folgen der Luftverschmutzung sind bereits spürbar, und einige von ihnen haben weltweit Auswirkungen auf die Menschen.

11.2.2 Auswirkungen auf die Pflanzenwelt

Es wurde eine Reihe von Modellen zur Erklärung der Auswirkungen der Luftschadstoffe auf Pflanzen entwickelt. So entstanden gute Modelle auf der Grundlage der unterschiedlichen Hypothesen zur Entstehung der neuartigen Waldschäden. Keines dieser Modelle unternimmt jedoch den Versuch, gleichzeitig eine Übersicht über die äußeren Veränderungen einer Pflanze und die zugrundeliegenden möglichen inneren Reaktionen zu geben. Dieser Versuch wird in Abb. 11.1 unternommen. In den folgenden Absätzen wird dieses komplexe Modell erläutert; dabei werden sowohl in der Abbildung selbst als auch im Text die einzelnen Phasen mit Buchstaben gekennzeichnet.

Anthropogene Emissionen von SO_2, Stickoxiden und Kohlenwasserstoffen führen bei hellem Sonnenlicht zur Bildung von Sekundärschadstoffen wie Ozon (A). Primäre und sekundäre Schadstoffe gelangen mit der Zeit über trockene und nasse Depositionen zu den diversen Ökosystemen auf dem Festland und in Gewässern. Die Geschwindigkeit der trockenen Depositionen (B) kann beträchtlich schwanken, liegt aber bei allen wichtigen Luftschadstoffen in ähnlicher Größenordnung. Gleichzeitig führt eine Reihe komplexer Oxidationsvorgänge zu einer Versauerung in der Luft (C). Über das Ausmaß der Schäden, die durch nasse Depositionen (D) bei Pflanzen auf direktem Wege

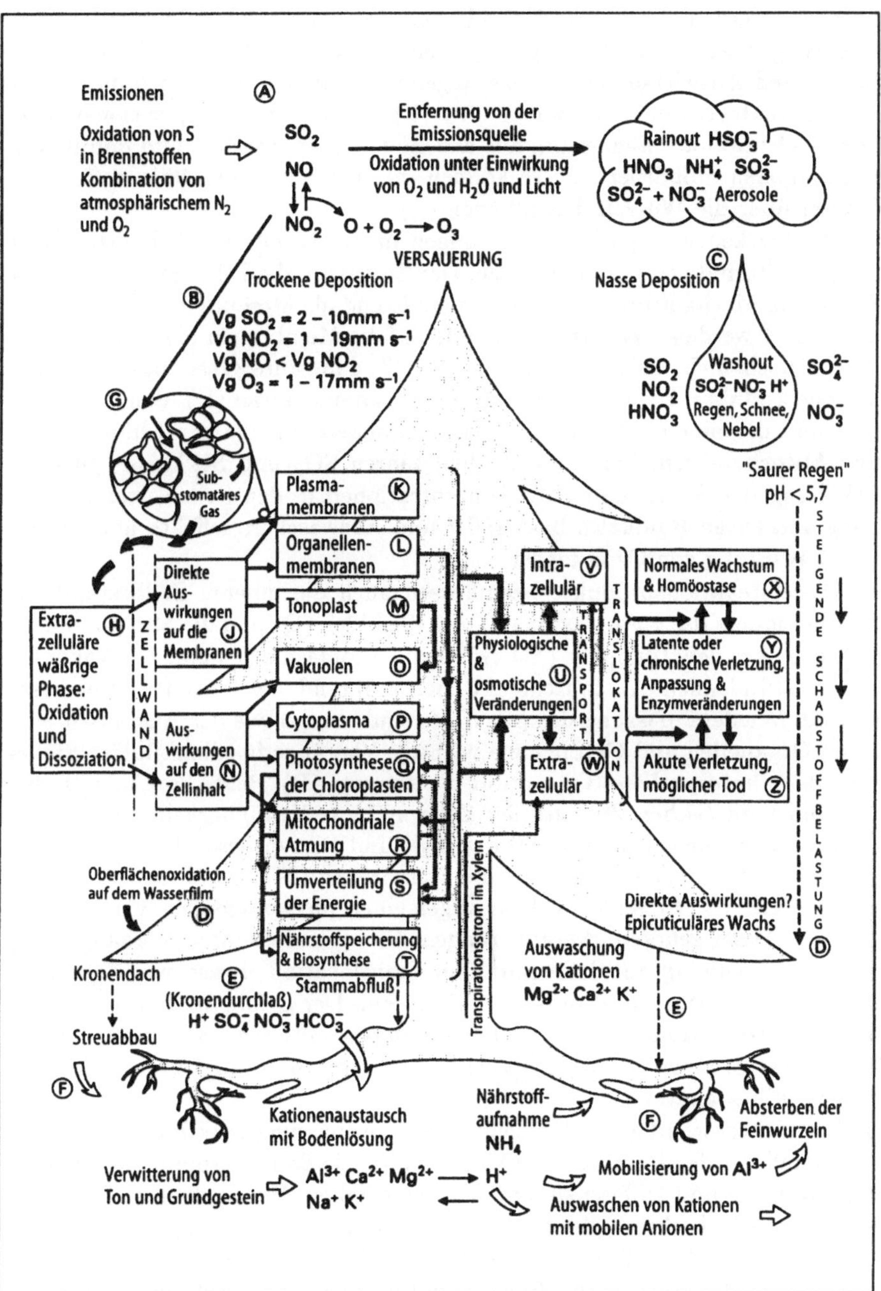

Abb. 11.1. Übersichtsdiagramm zur Darstellung der Beziehungen zwischen Luftverschmutzung und Vegetation (ausführliche Darstellung im Text; Abdruck mit freundlicher Genehmigung von Dr. P. H. Freer-Smith, UK Forestry Commission und CRC Press Inc., Florida)

ausgelöst werden, besteht noch Unklarheit. Im Wasserfilm auf der Zelloberfläche erfolgt Oxidation. Dies kann zu einem Auswaschen lebenswichtiger Ionen führen und Auswirkungen auf das Regenwasser haben, das durch die Baumzweige hindurch auf den Boden fällt (E). Durch saure Depositionen wird auch Calcium und Magnesium aus den Böden ausgewaschen und damit Aluminiumionen mobilisiert. Diese können die Aufnahme von Nährstoffen und Wasser über die Wurzeln beeinflussen (F).

Bei trockenen Depositionen gelangen mehr als 90% der Schadstoffflüsse über die Stomata (G) in die Pflanze. Der Eintritt in die Zelle erfolgt über eine Reihe von Mechanismen, die zusammenfassend als Mesophyllwiderstand (H) bezeichnet werden. Wie die Schadstoffe auf die Membranen (J) einwirken, ist immer noch nicht bekannt, aber man weiß, daß saure Gase und deren Reaktionsprodukte Auswirkungen auf die Plasmamembran (K), den Tonoplast (M) und die inneren Membranen (L), besonders auf die der Chloroplasten und Mitochondrien, haben. Außerdem führen SO_2 und Stickoxide zu einer Erhöhung der Sulfit- und Nitritkonzentrationen in den Zellen, was die Bildung von freien Radikalen bzw. HHP und Auswaschungseffekte ähnlich wie bei Einwirkung von Ozon fördert.

Diese Reaktionsprodukte beeinflussen auch die inneren Zellbestandteile (N), besonders das Cytoplasma (P), die Plastiden (Q) und die Mitochondrien (R). Die über den Tonoplast (M) zwischen Cytoplasma (P) und den Vakuolen (O) stattfindenden Austauschreaktionen während der Entgiftungsprozesse und der Wiederanpassung des pH-Werts sind ebenso wie der Austausch zwischen Organellen und Cytoplasma wichtige Vorgänge für die zelluläre Steuerung der Photosynthese (Q) und für die Atmung (R). Beide Vorgänge tragen zum bioenergetischen Zustand der Zelle und zur Verfügbarkeit von Energie (S) für Nährstoffspeicherung, Stoffwechsel und Biosynthese (T) bei.

Schädliche Auswirkungen auf die Membranen (J–M) und den Stoffwechsel der Zelle (N–T) zeigen sich in allgemeinen physiologischen Veränderungen (U). Dazu gehören Veränderungen der extrazellulären Vorgänge (W) im Zusammenhang mit Transport und Translokation ebenso wie Nährstoffaufnahme und Transpirationsstrom im Xylem. Der Erfolg der biochemischen Anpassungsreaktionen (K–T) und der daraus resultierenden physiologischen Steuerungsvorgänge (U–W) zeigt sich in der Funktionsfähigkeit der verschiedenen Zellbestandteile.

Bei nichtgeschädigten Pflanzen werden Anpassungsreaktionen zur Wiederherstellung der Homöostase (X) ausgelöst, die dann normales Wachstum, Reproduktion und Differenzierung zur Folge haben. Bei zu starker Belastung entstehen jedoch chronische bzw. nicht sichtbare Schäden (Y), die sich daraus ergeben, daß die Energie nicht für das Wachstum zur Verfügung steht, sondern für Reparaturmaßnahmen benötigt wird. Die Effektivität, mit der Anpassung bzw. Toleranz erreicht werden, läßt sich am Gleichgewicht zwischen den Vorgängen X und Y messen. Wird ein solches Gleichgewicht nicht erreicht, kommt es zu akuten bzw. sichtbaren Schäden und möglicherweise zum Absterben der Pflanze (Z).

11.2.3 Auswirkungen auf die Tierwelt

Auf der biochemischen, molekularen und zellulären Ebene gibt es bemerkenswerterweise große Ähnlichkeiten zwischen den Mechanismen, mit denen Pflanzen und Tiere auf Luftverschmutzung reagieren. Dies wird offensichtlich, wenn man die vordergründigen physiologischen Unterschiede zwischen Tieren und Pflanzen einmal beiseite läßt. Die passive Gasaufnahme und die Stoffkreisläufe der Pflanzen unterscheiden sich deutlich von der aktiven Ventilation der Lungen (und Kiemen) und dem Blutkreislauf der Tiere. Von diesen physiologischen Unterschieden abgesehen, liegen jedoch beim Eindringen der Schadstoffe in lebende Zellen und bei vielen der sich daran anschließenden biochemischen Reaktionen große Übereinstimmungen vor, insbesondere bei den Reaktionen, die freie Radikale unschädlich machen. Studien über die Auswirkungen von Luftschadstoffen auf Pflanzen geben daher viele Hinweise für Tierversuche und umgekehrt, auch wenn dies in den jeweiligen Forschungsgebieten selten eingeräumt wird.

Die grundlegenden Unterschiede zwischen Tieren und Pflanzen bei der Aufnahme und Bildung von O_2 und CO_2 sind von grundlegender Bedeutung für die Existenz von Leben und haben gewissermaßen im Bereich der Gasaustauschvorgänge eine alles überragende Bedeutung. Sowohl pflanzliche als auch tierische Zellen enthalten Hämverbindungen, die zumeist sehr geschützt sind (z.B. das Cytochrom). Das Hämoglobin im Blut von Tieren bindet jedoch CO und H_2S leichter als O_2, was die Empfindlichkeit der Tiere gegenüber diesen Schadstoffen erklärt.

Auf SO_2, Stickoxide und O_3 reagieren jedoch Pflanzen empfindlicher. Woran liegt das? Die beste Erklärung kann man geben, indem man zwei Berechnungen gegeneinander hält, die beide auf einigen Annäherungen basieren. Beide Berechnungen gehen von der gleichen Belastung der Luft mit einem Schadstoff, in diesem Fall einer Ozonkonzentration von 100 nl l^{-1}, aus. Nun ist es möglich, die zu erwartenden Dosen zu ermitteln, mit welchen die menschliche Lunge bzw. die Mesophyllzellen der Pflanzen belastet werden.

Betrachten wir zunächst die Berechnung für die Auswirkungen auf Tiere. Bei normalen Temperaturen und normalem Luftdruck enthalten 22,4 l der belasteten Luft 2,24 μl (entsprechend 0,1 μmol) des Schadstoffs. Geht man beim Menschen von einem durchschnittlichen eingeatmeten Luftvolumen von 480 l h^{-1} unter Ruhebedingungen aus – unter Zugrundelegung von 16 Atemzügen min^{-1} (bzw. 960 h^{-1}) und einem Atemzugvolumen von 500 ml –, dann würde die Schadstoffaufnahme in die Lunge über den Zeitraum von einer Stunde 2,14 μmol Ozon betragen. Bei großer körperlicher Anstrengung kann sich die Atemfrequenz um das Achtfache erhöhen (verglichen mit der Ruhefrequenz), und zusätzlich zum Atemvolumen von 500 ml wird dann das Exspirationsreservevolumen von 1,5 l genutzt. Dies bedeutet eine gewaltige Vergrößerung

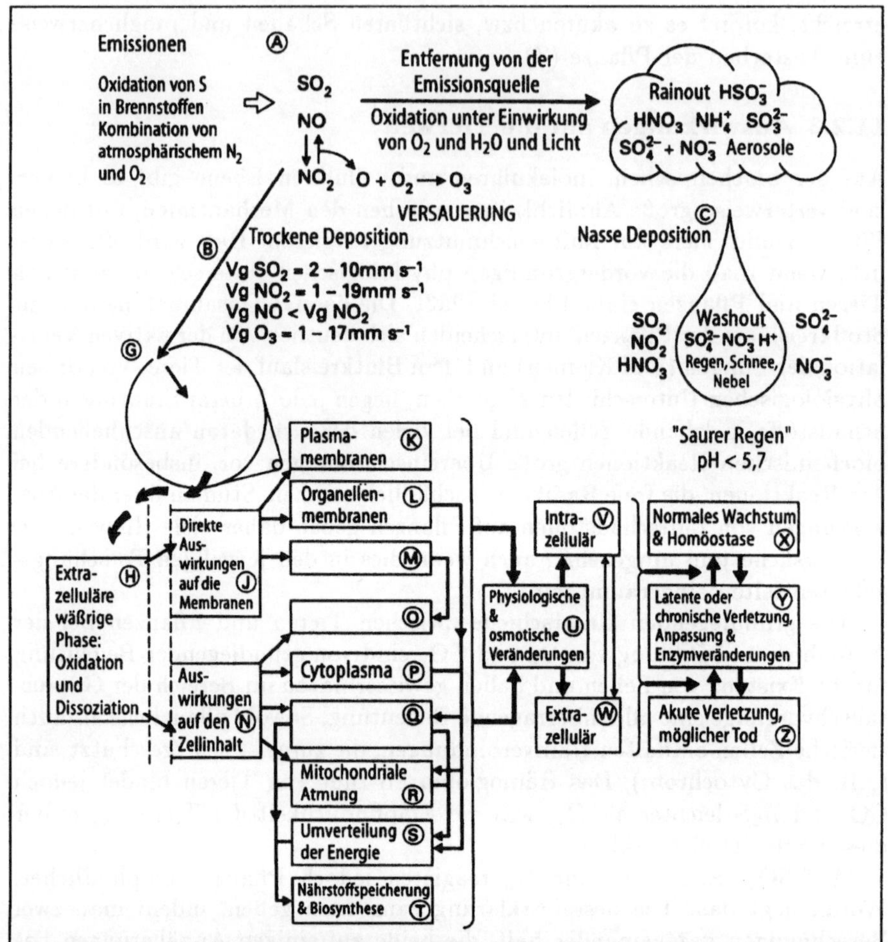

Abb. 11.2. Das gemeinsame Gerüst von Abb. 11.1 und 11.3 unter Auslassung von pflanzen- und tierspezifischen Merkmalen (Abb. 11.3)

des eingeatmeten Luftvolumens (15 360 l h^{-1}) und der Schadstoffaufnahme (69 μmol h^{-1}). Wenn wir von einer Alveolaroberfläche von insgesamt 100 m^2 und einer Wandstärke der Zellschicht zwischen den Alveolen und dem Blut von 0,5 μm ausgehen, beträgt das Volumen dieser Schicht 50 ml; somit liegt die einwirkende Dosis zwischen 2,18 μmol 50 ml^{-1} h^{-1} (bzw. 43 μmol l^{-1} h^{-1}) in Ruhe und 1,38 μmol l^{-1} h^{-1} bei anstrengender körperlicher Arbeit.

Nehmen wir nun dieselbe Berechnung für Pflanzen vor. Die Ozonaufnahme der Pflanze hängt wesentlich von der Stomataöffnung und der für die Aufnahme zur Verfügung stehenden inneren Oberfläche der Mesophyllzellen ab. Diese ist 5- bis 30mal größer als die äußere Blattoberfläche. Wenn wir davon ausgehen, daß der Grenzschichtwiderstand durch ausreichend starken

Wind (d.h. mehr als 4,8 km h^{-1}) überwunden wird, beträgt die Ozonmenge, die über die Stomata bei einer Windgeschwindigkeit von 4,8 km h^{-1} aus mit 100 nl l^{-1} Ozon belasteter Luft aufgenommen wird, 3,8 mmol h^{-1}. Wenn man die exponierte innere Zelloberfläche mit dem 25fachen der Blattoberfläche ansetzt und eine Stärke der betroffenen Fläche von 0,5 μm (d. h. ein Volumen von 175 ml) annimmt, ergibt sich daraus, daß auf diese empfindliche Fläche eine Dosis von 3,8 mmol 175 ml^{-1} h^{-1} bzw. 21,7 mmol l^{-1} h^{-1} einwirkt.

Folglich sind Pflanzenzellen, verglichen mit dem Alveolargewebe des Menschen bei anstrengender körperlicher Arbeit, einer mehr als 16fachen Schadstoffbelastung ausgesetzt, obwohl sie nicht wie der Mensch über aktive Ventilationsmechanismen verfügen. Dieser beträchtliche Unterschied bei der einwirkenden Dosis zeigt deutlich, weshalb Pflanzen in der Regel empfindlicher als Tiere sind.

11.2.4 Menschen, Fische und andere Tiere

Ein Kriterium für den Erfolg eines theoretischen Modells ist seine Flexibilität und Anpaßbarkeit an neue Gegebenheiten, ohne daß umfangreiche Modifikationen erforderlich werden. In der Fachliteratur gibt es keine Modelle, die eine Übersicht über die Auswirkungen der Luftverschmutzung auf Tiere geben. Daher wurden aus der Abbildung 11.1 die pflanzenspezifischen Merkmale (Wurzeln, Photosynthese, Stomata usw.) herausgenommen (Abb. 11.2) und durch tierspezifische Merkmale wie Lunge, Kiemen, Immunsystem und Kreislauf ersetzt (Abb. 11.3). Hierbei werden im Text und in der Abbildung die gleichen Buchstabenkennzeichnungen verwendet wie in Abb.11.1 und 11.2.

In Abb. 11.3 zeigen die Fischkiemen die größte Empfindlichkeit gegenüber sauren nassen Depositionen (C) im Sickerwasser (D) und gegenüber dem Vorhandensein von Aluminiumionen (E). Andererseits wird das aktive Ein- und Ausatmen bei Landtieren stärker durch trockene Depositionen beeinträchtigt. Die Aufnahme aus dem Alveolarbereich (G) in die Alveolarzellen erfolgt über einen extrazellulären Wasserfilm (H); die Schadstoffe wirken auf die Membranen (J) bzw. den Zellinhalt (N) ein.

Radikalfänger (Q) sind sowohl im Pflanzen- als auch im Tiergewebe aktiv; die Auswirkungen von freien Radikalen auf lokale Modulatoren (M) können bei allen Anpassungsreaktionen auf physiologische und osmotische Veränderungen (U) von Bedeutung sein und sich auch im Blutplasma niederschlagen (W, z.B. Stickoxide). In ähnlicher Weise wird die Effektivität der Immunreaktionen (M), insbesondere zur Aufrechterhaltung der Lungensterilität, als Reaktion auf Luftschadstoffe wie SO_2 vermindert.

Aufgrund der aktiven Blutzirkulation werden die Auswirkungen der Schadstoffe auf die Alveolarzellen durch die Aktivitäten anderer Körpergewebe abgewandelt, z.B. durch Entgiftung und Ausscheidung über die Nieren oder als verminderte Verkalkung des sich entwickelnden Knochengewebes bei Fischbrut.

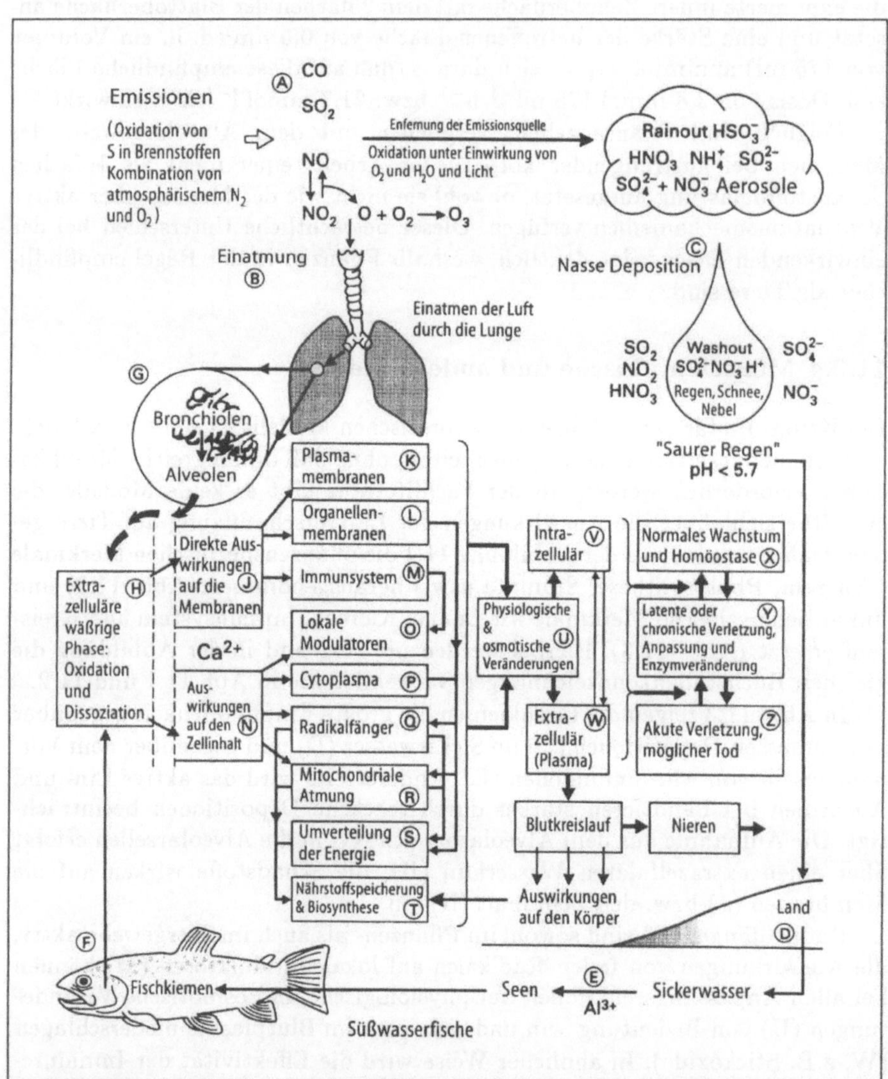

Abb. 11.3. Aus Abb. 11.1 (über Abb. 11.2) abgeleitetes Übersichtsdiagramm über Zusammenhänge zwischen Luftverschmutzung und Schäden bei Tieren. Im Text sind die einzelnen Phasen ausführlich erläutert

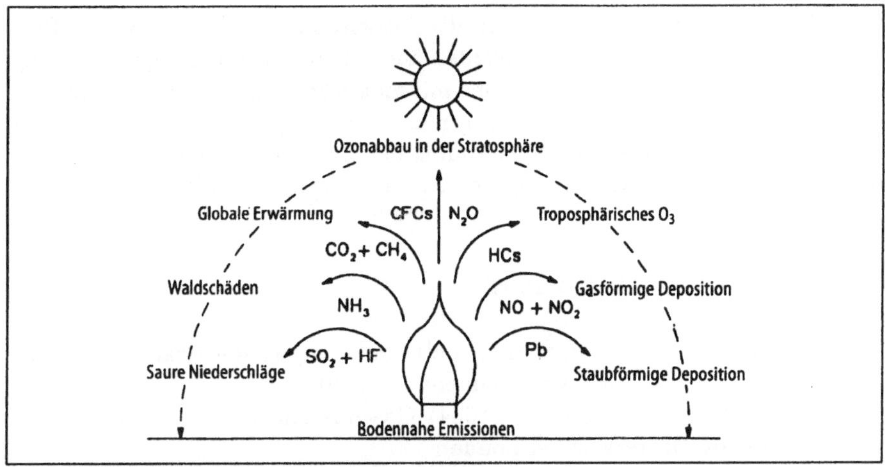

Abb. 11.4. Viele Schadstoffemissionen wirken direkt oder indirekt über Wechselwirkungen auf die Biosphäre ein; die Auswirkungen dieser Prozesse und Mechanismen sind z.T. noch unbekannt

Trotz der im einzelnen vorhandenen Unterschiede ist Abb. 11.3 im Kern identisch mit Abb. 11.1. Alle Einwirkungen auf die physiologischen und osmotischen Veränderungen (U), die von den Wirkungen der Schadstoffprodukte auf die Prozesse H bis T verursacht werden - sei es innerhalb (V) oder außerhalb (W) der Alveolar- (bzw. Kiemen)zellen -, führen dazu, daß normales Wachstum und Homöostase (X) in chronische (Y) und akute (Z) Verletzungen übergehen.

11.2.5 Bedeutung für die Zukunft

Es kann nicht länger geleugnet werden, daß die verschiedenen Luftschadstoffe und die an der Klimaveränderung beteiligten Faktoren möglicherweise in Wechselwirkung zueinander stehen. Wir haben nur diese eine Atmosphäre, und wie die vorangegangenen Kapitel bereits aufgezeigt haben, findet in der Atmosphäre eine Vielzahl von Prozessen statt, die ihrerseits zahlreiche Auswirkungen auf die Biosphäre haben. Keiner dieser Vorgänge verläuft isoliert; alle Reaktionen können einander beeinflussen (Abb. 11.4). Ozon ist hierfür ein gutes Beispiel. Der Ozonabbau in der Stratosphäre erhöht die UV-B-Strahlung; andererseits nimmt vielerorts das troposphärische Ozon zu und absorbiert einen Teil dieser UV-B-Strahlung, trägt dabei aber gleichzeitig zur globalen Erwärmung bei.

Wieviele andere Vorgänge spielen in ähnlicher Weise zusammen? In unserer heutigen Welt werden alle Abläufe zunehmend komplexer, und die Folgen der Eingriffe in die Natur und natürliche Kreisläufe sind nicht vorhersehbar. Mit den FCKW z.B. ist eine ganze Reihe von neuen Problemen entstanden.

Zum Teil wissen wir inzwischen um die Auswirkungen; aber bei vielen Problemen wie z.B. den neuartigen Waldschäden steht eine schlüssige Erklärung der Ursachen noch aus. Wenn wir uns mit möglichen Auswirkungen befassen, müssen auch etwaige Wechselwirkungen berücksichtigt werden. Notwendig ist dabei vor allem ein besseres Verständnis der Zusammenhänge, das die Mechanismen aufzeigen hilft, welche den Problemen zugrunde liegen.

Weiterführende Literatur

Darrall NM (1989) The effect of air pollutants on physiological processes in plants. Plant, Cell and Environment 12, 1–30

Koziol MJ, Whatley FR (eds) (1984) Gaseous Air Pollutants and Plant Metabolism. Butterworths, London

Lefohn AS, Ormrod DP (1984) A Review and Assessment of the Effects of Pollutant Mixtures on Vegetation: Research Recommendations. US Environmental Protection Agency, EPA600/3-84-037, Corvallis, Oregon

National Institute for Environmental Studies (1984) Studies on Effects of Air Pollutant Mixtures on Plants. Parts 1 and 2, NIESJ Nos. 65 and 66, Ibaraki, Japan

Roberts TM, Darrall NM, Lane P (1983) Effects of gaseous air pollutants on agriculture and forestry in the UK. Advances in Applied Biology 9, 1–142

Treshow M (ed) (1984) Air Pollution and Plant Life. John Wiley & Sons, Chichester

A. Freie Radikale

Der Begriff "freie Radikale" oder einfach nur "Radikale" wird zur Beschreibung von chemischen Erscheinungen verwendet, die unabhängig existieren können und die ein oder mehrere ungepaarte Elektronen in ihren äußeren Elektronenorbitalen besitzen. Zur Bildung chemischer Bindungen kommt es immer dann, wenn sich Elektronen "paaren". Dies erklärt zum großen Teil, warum freie Radikale so reaktionsfreudig sind. Einige Radikale tragen auch eine elektrische Ladung; folglich werden auch ihre Eigenschaften von der Ladung bestimmt.

Viele geladene und auch neutrale freie Radikale spielen bei chemischen Reaktionen in der Luft, einschließlich denen mit Luftverunreinigungen, eine Rolle. Ein Beispiel für ein geladenes freies Radikal ist Superoxid ($^{\bullet}O_2^-$) – wobei das hochgestellte Minuszeichen die Ladung anzeigt und der Punkt darauf hinweist, daß es sich um ein freies Radikal handelt, in dem in einem äußeren, den Atomkern umgebenden Orbital ein ungepaartes Elektron vorhanden ist. Wird diesem äußeren Orbital ein Elektron zugeführt, liegt nicht mehr länger ein freies Radikal, sondern das Molekül Peroxid (O_2^{2-}) vor.

Die stabilste Form von Sauerstoff ist O_2 im Grundzustand. Dieser ist an sich ungewöhnlich, da O_2 im Grundzustand je ein Elektron in den äußeren Orbitalen hat. Per Definition ist deshalb O_2 im Grundzustand selbst ein freies Radikal und reaktionsfreudiger als $^{\bullet}O_2^-$. Es können sogar noch reaktionsfreudigere Formen des Sauerstoffmoleküls vorliegen. Dann spricht man von einem sog. "Singulettzustand" des Sauerstoffs; dabei kann es sich um ein freies Radikal handeln, was aber nicht sein muß.

Der Singulettzustand von Sauerstoff wird bei der Reaktion bestimmter Moleküle unter Lichteinfluß erreicht (z.B. Chlorophyll bei der Photosynthese), was einen Transfer dieser photochemischen Energie auf ein Sauerstoffmolekül in der Umgebung ermöglicht. Die häufigste biologische Reaktion mit Sauerstoff im Singulettzustand ist der Angriff auf die C=C-Doppelbindung unter Bildung von Peroxiden.

Sauerstoff kann auf verschiedene Weise reduziert werden (siehe Abb. 6.7). Eine Reduktion um ein Elektron führt zu $^{\bullet}O_2^-$ (Reaktion A.1), eine Reduktion um zwei Elektronen zu O_2^{2-} (Reaktion A.2). Eine Reduktion um vier Elektronen führt zur Bildung von Wasser (Reaktion A.3), während die Spaltung von H_2O_2 (die protonierte Form von O_2^{2-}) unter Lichteinfluß oder in

Anwesenheit von Eisen oder Kupfer (Reaktion A.5) zur Bildung eines der reaktionsfähigsten aller bekannten Radikale, $^{\bullet}OH$, führt.

$$O_2 + e \Rightarrow {}^{\bullet}O_2^{-} \tag{A.1}$$

$$O_2 + 2e \Rightarrow O_2^{2-} \tag{A.2}$$

$$O_2 + 4H^+ + 4e \Rightarrow 2H_2O \tag{A.3}$$

$$H_2O_2 + \text{Licht} \Rightarrow 2\,{}^{\bullet}OH \tag{A.4}$$

$$Cu^+ \text{ oder } Fe^{2+} + H_2O_2 \Rightarrow Cu^{2+} \text{ oder } Fe^{3+} + {}^{\bullet}OH + OH^- \tag{A.5}$$

Atomarer Sauerstoff ist, ebenso wie andere atomare Gase (Wasserstoff-, Fluor-, Stickstoffatome), ein freies Radikal, auch wenn der Punkt, der das Vorhandensein ungepaarter Elektronen anzeigt, selten verwendet wird – er wird als selbstverständlich angenommen. Atomarer Sauerstoff reagiert ebenfalls mit Wasser unter Bildung von $^{\bullet}OH$-Radikalen (Reaktion A.6).

Ist es erst einmal gebildet, reagiert ein freies Radikal mit anderen Verbindungen (z.B. mit H_2O wie in Reaktion A.6) unter Bildung von anderen freien Radikalen, die reaktionsfähiger oder auch weniger reaktionsfreudig sein können als das ursprüngliche Radikal. Ein Beispiel hierfür ist die Reaktion von $^{\bullet}OH$ mit H_2O_2 (Reaktion A.7), wodurch es zur Bildung von weniger reaktionsfreudigem $^{\bullet}O_2^-$ kommt. Reaktionen mit Anionen wie Fluorid (Reaktion A.8) führen zur Bildung von Fluoratomen oder reaktionsfähigeren Fluoridradikalen (Reaktion A.9), die ebenso reaktionsfreudig sind wie $^{\bullet}OH$-Radikale und die mit praktisch jeder organischen oder anorganischen Verbindung in biologischen Systemen reagieren.

$$O + H_2 \Rightarrow 2\,{}^{\bullet}OH \tag{A.6}$$

$${}^{\bullet}OH + H_2O_2 \Rightarrow H_2O + H^+ + {}^{\bullet}O_2^- \tag{A.7}$$

$$F^- + {}^{\bullet}OH \Rightarrow F^{\bullet} + OH^- \tag{A.8}$$

$$F^{\bullet} + F^- \Rightarrow F^{\bullet}{}_2^- \tag{A.9}$$

B. Säuren, pH, pK_a und Mikroäquivalente

Eine Substanz, die H^+-Ionen oder Protonen (streng genommen Hydroxoniumionen, H_3O^+) in einer Lösung abgeben kann, wird als Säure definiert. Hingegen ist eine Base eine Substanz, die H^+-Ionen aufnimmt. Diese Definitionen sind nützlich, da sie denen von Reduktion und Oxidation entsprechen und die enge thermodynamische Beziehung, die zwischen diesen beiden Phänomenen besteht, betonen.

Üblicherweise wird eine Substanz dann in eckigen Klammern geschrieben, wenn man gleichzeitig eine Konzentration dieser Substanz ausdrücken will: $[H^+]$ bezeichnet also eine Konzentration von H^+-Ionen in Mol pro Liter. In Reaktion B.1 zum Beispiel wird die Gleichgewichtskonstante ($K_{B.1}$, die die Ionisierung von Essigsäure bestimmt, durch folgende Gleichung ausgedrückt:

$$CH_3COOH \Leftrightarrow CH_3COO^- + H^+ \tag{B.1}$$

$$K_{B.1} = \frac{[CH_3COO^-][H^+]}{[CH_3COOH]}$$

Sind also $[H^+]$ und die Gleichgewichtskonstante bekannt (d.h. $K_{B.1} = 2{,}24 \times 10^{-5}$ M), so kann man das Verhältnis von dissoziierter zu undissoziierter Form von Essigsäure errechnen. Anders betrachtet könnte man auch sagen, daß das Gleichgewicht zwischen den beiden Formen von $[H^+]$ abhängig ist.

Üblicherweise wird $[H^+]$ anhand einer logarithmischen Skala, besser bekannt als pH-Skala, ausgedrückt, da die Bandbreite der Konzentrationen sehr groß ist. In diesem Fall ist der pH definiert als

$$\mathrm{pH} = \log\left(\frac{1}{[H^+]}\right) = -\log[H^+]$$

Daraus ergibt sich eine pH-Skala von 0 bis 14; der pH von biologischen Systemen bewegt sich normalerweise jedoch zwischen 2 und 9. Wenn in dem o.g. Beispiel der Essigsäure die geladene $[CH_3COO^-]$ und die ungeladene $[CH_3COOH]$ Form in gleicher Menge vorliegen, folgt daraus, daß

$$[H^+] = K_{B.1}$$

Tabelle B.1 pK_a-Werte verschiedener Säuren in wäßriger Lösung

System	*Gleichgewicht*		pK_a
Schwefelsäure	H_2SO_4	$\Leftrightarrow H^+ + HSO_4^-$	< −2
Salpetersäure	HNO_3	$\Leftrightarrow H^+ + NO_3^-$	−1,4
Schweflige Säure	H_2SO_3	$\Leftrightarrow H^+ + HSO_4^-$	1,8
Bisulfat	HSO_4^-	$\Leftrightarrow H^+ + SO_4^{2-}$	2,0
Flußsäure	HF	$\Leftrightarrow H^+ + F^-$	3,3
Salpetrige Säure	HNO_2	$\Leftrightarrow H^+ + NO_2^-$	3,3
Aluminium	$Al(H_2O)_6^{3+}$	$\Leftrightarrow H^+ + Al(H_2O)_5(OH)^{2+}$	5,0
Kohlensäure	$H_2O + CO_2^-$	$\Leftrightarrow H^+ + HCO_3^-$	6,4
Schwefelwasserstoff	H_2S	$\Leftrightarrow H^+ + HS^-$	7,1
Bisulfit	HSO_3^-	$\Leftrightarrow H^+ + SO_3^{2-}$	7,2
Ammonium	NH_4^+	$\Leftrightarrow H^+ + NH_3$	9,3
Bicarbonat	HCO_3^-	$\Leftrightarrow H^+ + CO_3^{2-}$	10,3
Bisulfid	HS^-	$\Leftrightarrow H^+ + S^{2-}$	12,9
Wasser	H_2O	$\Leftrightarrow H^+ + OH^-$	14,0

Den pH-Wert, für den dies zutrifft, nennt man pK_a-Wert. Er ist der Punkt der maximalen Sensibilität gegenüber einer Veränderung des pH-Werts. Im vorliegenden Fall, wo $K_{B.1}$ äquivalent mit $2{,}24 \times 10^{-5}$ ist, liegt der pK_a-Wert bei 4,65. Weiterhin ist der pK_a-Wert ein nützlicher Indikator für die Stärke einer Säure. Je stärker eine Säure, desto bereitwilliger gibt sie H^+-Ionen ab, und folglich sind auch mehr H^+-Ionen erforderlich, um die Reaktion umzukehren. Eine Reihe wichtiger Ionisierungsreaktionen, die bei der Luftverschmutzung eine Rolle spielen, sowie ihre jeweiligen pK_a-Werte sind in Tabelle B.1 dargestellt.

Die Beziehung zwischen pK_a- und pH-Wert ist als Indikatorgröße sehr nützlich, da eine Abweichung vom pK_a-Wert um eine pH-Einheit das Verhältnis von geladener zu ungeladener Säureform um den Faktor 10 verändert. Ein Weg zur genaueren Berechnung entlang des gesamten pH-Spektrums, besonders dann, wenn die Abweichung keine ganze Zahl beträgt, ist die Verwendung der Henderson-Hasselbalch-Gleichung, die zusammengefaßt folgendermaßen aussehen kann

$$\mathrm{pH} = \mathrm{p}K_a + \log\left(\frac{[\mathrm{Salz}]}{[\mathrm{Säure}]}\right)$$

oder

$$\mathrm{pH} = \mathrm{p}K_b + \log\left(\frac{[\mathrm{Base}]}{[\mathrm{Salz}]}\right)$$

Für den Fall, daß bei Reaktion B.1 ein pH-Wert von 2,65 gemessen wurde, kann die folgende Gleichung angewendet werden:

$$pH = pK_a + \log\left(\frac{[CH_3COO^-]}{[CH_3COOH]}\right)$$

Durch Substitution erhält man

$$2{,}65 = 4{,}65 + \log\left(\frac{[CH_3COO^-]}{[CH_3COOH]}\right)$$

oder

$$-2 = \log\left(\frac{[CH_3COO^-]}{[CH_3COOH]}\right)$$

Daher gilt:

$$\text{antilog}(-2) = \left(\frac{[CH_3COO^-]}{[CH_3COOH]}\right) = 0{,}01$$

Dies bedeutet, daß das Verhältnis von ungeladener zu geladener Form von Säure 1:100 beträgt. Die Gegenprobe zeigt, daß dies so sein muß, da ein Anstieg von $[H^+]$ um ein 100faches über den am pK_a geltenden Wert stattgefunden hat.

Die Ionisierung von H_2O (Reaktion B.2) wird von der Gleichgewichtskonstanten, $K_{B.2}$, bestimmt. Da jedoch $[H_2O]$ im Verhältnis zu $[H^+]$ oder $[OH^-]$ kaum wahrnehmbar abnimmt, wird sie häufig als Konstante behandelt.[1] Wenn man $K_{B.2}$ mit $[H_2O]$ multipliziert, erhält man das ionische Produkt von H_2O (K_W) wie folgt:

$$H_2O \Leftrightarrow H^+ + OH^- \tag{B.2}$$

oder

$$K_{B.2} = \frac{[H^+][OH^-]}{[H_2O]}$$

oder

$$K_{B.2} \times [H_2O] = K_W$$

oder

[1] Bei Gleichgewichtsreaktionen mit H_2O als Reaktionspartner wird gewöhnlich $[H_2O]$ bei 1 M statt 55,5 M festgelegt (d.h. 1000 g l^{-1} dividiert durch das Molekulargewicht von 18,016). Alle Gleichgewichtskonstanten mit H_2O als Reaktionspartner müssen deshalb um einen Faktor von 55,56 (M) angepaßt werden, wenn andere Faktoren betrachtet werden sollen.

$$K_W = [H^+][OH^-] = 10^{-14}\ \text{M}^2$$

Sind $[H^+]$ und $[OH^-]$ gleich, liegt eine neutrale Lösung vor. Substituiert man also oben

$$[H^+]^2 = 10^{-14}\ \text{M}^2$$

erhält man

$$[H^+] = 10^{-7}\ \text{M}$$

oder

$$\text{pH} = 7$$

Bei einem pH-Wert von 0 ist die Konzentration von $[OH^-]$ zu vernachlässigen, während die von $[H^+]$ bei einfachen Gleichgewichten, wie denen in Reaktion B.1, bei 1 M liegt.

Eine andere Möglichkeit, $[H^+]$ auszudrücken, ist in Form von Äquivalenten, da in einigen Fällen bei sauren Reaktionen (wie z.B. Reaktion B.3) mehr H^+-Ionen produziert werden als bei einfacheren Reaktionen (wie z.B. Reaktion B.1 oder B.2) und die Art der Säure oder ihrer Reaktionsprodukte manchmal unbekannt ist. Die Beziehung zwischen dem pH-Wert und den Äquivalenten wird dann folgendermaßen ausgedrückt:

$$H_2SO_4 \Leftrightarrow 2H^+ + SO_4{}^{2-} \qquad \text{(B.3)}$$

$$\text{pH} = 6.0 - \log(\mu\text{-Äquivalente von } H^+\ l^{-1})$$

Folglich liegt bei pH 0 ein Äquivalent von H^+ pro Liter vor, bei pH 3 ein Milliäquivalent und bei pH 6 ein μ-Äquivalent.

C. Glossar und Einheiten

ATP	Adenosintriphosphat. Bei der Hydrolyse von ATP werden große Mengen an Energie freigesetzt
BAF	Biological Amplification Factor, prozentuale Zunahme eines bestimmten Effektes (z.B. Hautkrebs), der aus dem Anstieg der jährlichen UV-Dosis folgt
BaU	Business-as-Usual-Scenario ("Weitermachen wie bisher"): es werden keine regulatorischen Maßnahmen ergriffen
CAM	Crassulacean Acid Metabolism
-CHO	Aldehyd-Gruppe
>C=O	Keton-Gruppe
DNA	Desoxyribonucleic acid (dt. Desoxyribonucleinsäure), die Erbsubstanz
EPA	United States Environmental Protection Agency (US-Umweltschutzbehörde)
EU	Europäische Union
FCKW	Fluorchlorkohlenwasserstoffe
FKW	fluorierte Kohlenwasserstoffe, Ersatzstoffe für FCKW und H-FCKW
H-FCKW	teilhalogenierte Fluorchlorkohlenwasserstoffe. Ein Teil des Chlors bzw. Fluors ist durch Wasserstoff ersetzt
HHP	Hydroxyhydroperoxide, entstehen bei der Ozonolyse von Kohlenwasserstoffen
IES (IAA)	Indol-3-essigsäure (indoleacetic acid), ein Pflanzenhormon, das bei der Zellproliferation eine Rolle spielt
IPCC	UN Intergovernmental Panel on Climate Change
IR	Infrarot-Strahlung, Strahlung ab einer Wellenlänge von 700 nm (siehe Tabelle 7.1)
LD_{50}	Lethal Dose (tödliche Dosis), die zum Tod von 50% der getesteten Population führt

MAK	Maximale Arbeitsplatzkonzentration. Eine Größe – von der American Conference of Government Industrial Hygienists festgelegt –, die die höchstmögliche Schadstoffbelastung am Arbeitsplatz bezeichnet. Es gibt mehrere Formen von MAK. Die hier zitierten beziehen sich auf einen 8-Stundentag einer 40-stündigen Arbeitswoche (im Wochenmittel)
N	Allgemeine Abkürzung für alle Verbindungen, die Stickstoff enthalten
NASA	United States National Aeronautics and Space Administration (Nationale Luft- und Raumfahrtbehörde der USA)
OECD	Organization for Economic Cooperation and Development (Organisation für wirtschaftliche Zusammenarbeit und Entwicklung)
PEP	Phosphoenolpyruvat, eine Säure, die bei C_3-Pflanzen eine Rolle spielt
ppm, ppb	parts per million, parts per billion, Nicht-SI-Einheiten, die die Konzentration eines Stoffes angeben; im Kontext von Luftverschmutzung verwendet, werden diese Einheiten durch $\mu l\ l^{-1}$ bzw. $nl\ l^{-1}$ ersetzt (siehe Tabelle C.1 und C.2)
RAFs	Radiation Amplification Factors (dt. Strahlungsverstärkungsfaktoren), Größe, die die biologische Bedeutung einer Veränderung der solaren Strahlung innerhalb einer bestimmten Bandbreite (z.B. 280–315 nm), die durch einen bestimmten Prozentsatz an atmosphärischem O_3-Abbau verursacht wurde, ausdrückt
RNA	Ribonucleic Acid (dt.: Ribonucleinsäure), der Botenstoff zwischen DNA und Proteinen
S	Allgemeine Abkürzung für alle schwefelhaltigen Verbindungen
SI	Système International (d'Unités) - siehe auch die Anmerkung zu Einheiten
SOD	Superoxiddismutase, ein Enzym, das $^{\bullet}O_2$-Radikale abbaut
UNEP	United Nations Environment Programme
UV-A	Ultraviolette Strahlung (UV) von 315 bis 400 nm (siehe Tabelle 7.1)
UV-B	Ultraviolette Strahlung (UV) von 280 bis 315 nm
WHO	World Health Organization (Weltgesundheitsorganisation der Vereinten Nationen)
WMO	World Meteorological Organization

Einheiten

Die in diesem Buch verwendeten Einheiten richten sich nach dem metrischen "Système International (SI) d'Unités". Die Grundeinheiten lauten:

m	Meter	K	Kelvin (Temperatur)
kg	Kilogramm	mol	Mol (Stoffmenge)
s	Sekunde	cd	Candela (Lichtstärke)
A	Ampere (Strom)		

Ferner wurden im Text die folgenden Abkürzungen verwendet:

k	kilo (10^3)	m	milli (10^{-3})
M	mega (10^6)	μ	mikro (10^{-6})
G	giga (10^9)	n	nano (10^{-9})
T	tera (10^{12})	p	pico (10^{-12})
P	peta (10^{15})	f	femto (10^{-15})
E	exa (10^{18})		

Andere in diesem Buch verwendete Einheiten sind abgeleitete SI-Einheiten wie

Bq	Bequerel (radioaktiver Zerfall pro Zeiteinheit)
ha	Hektar (10^4 m^2)
°C	Grad Celsius (0°C = 273,15 K)
J	Joule (Einheit für Wärme, Energie oder Arbeit ≡ 1 kg m^{-1} s^{-2} [Newton N] m^{-1})
l	Liter (0,001 m^3)
Sv	Sievert (Äquivalentdosis der Radioaktivität)
t	Tonne (1000 kg)
V	Volt (elektrische Spannung ≡ 1 J A^{-1} s^{-1})
W	Watt (Leistung ≡ 1 J s^{-1})

Außerdem wurden folgende Nicht-SI-Einheiten verwendet:

a	annus (Jahr)
h	hour (Stunde)
d	day (Tag)

Tabelle C.1 Mengen verschiedener Schadstoffe in $\mu g\ m^{-3}$, entsprechend $1\ \mu l\ l^{-1}$ ($1000\ nl\ l^{-1}$) bei verschiedenen Temperaturen, jedoch gleichbleibendem Luftdruck

Temperature (°C)	SO_2	NO_2	NO	NH_3	O_3	CS_2	CO	H_2S	HF
−5	2914	2092	1365	774	2183	2001	1274	1550	910
0	2860	2054	1340	760	2143	1965	1250	1521	893
5	2809	2017	1316	747	2104	1929	1228	1494	877
10	2759	1981	1292	733	2067	1895	1206	1468	862
15	2711	1947	1270	721	2031	1862	1185	1442	847
20	2665	1914	1248	708	1997	1831	1165	1417	832
25	2620	1882	1227	696	1963	1800	1146	1394	818
30	2577	1850	1207	685	1931	1770	1127	1371	805
35	2535	1821	1187	674	1899	1742	1108	1348	792

Tabelle C.2 Mengen verschiedener Schadstoffe in $nl\ l^{-1}$, entsprechend $1000\ \mu g$ m^{-3} bei verschiedenen Temperaturen, jedoch gleichbleibendem Luftdruck

Temperature (°C)	SO_2	NO	NO	NH_3	O_3	CS_2	CO	H_2S	HF
−5	343	478	733	1291	458	500	785	645	1099
0	349	487	746	1315	467	509	800	657	1120
5	356	496	760	1339	475	518	814	669	1140
10	362	505	774	1364	484	528	829	681	1161
15	368	514	787	1388	492	537	844	693	1181
20	375	523	801	1412	501	546	858	705	1202
25	382	531	815	1436	509	556	873	718	1222
30	388	540	828	1460	518	565	888	730	1243
35	394	549	842	1484	527	574	902	742	1263

Index

Abfallentsorgung 11, 94, 99
Abgase 68–69, 140–141, 244
Abwässer 38, 66, 100, 248
Acetat 110, 188–189, 271–274
Acetylen 137, 217
Acidität 109–115
  Bildung von 105, 109–115
  trockene Deposition 34
Acrolein 140, 214
Acrylnitril 214
Additive Wirkung 253–268
Adenosin
  -diphosphosulfat, PAPS 50
  -phosphosulfat, APS 50, 52
  -triphosphat, ATP 37–38, 52–53, 151, 204, 275
Aerosole 3, 6, 57, 73, 104, 121–123, 134, 226
Aitken-Kerne 3–4
Alanin 204
Albedo 199
Aldehyde 110, 137–144, 156
Algen 48–49, 97
Alkalinität 51
Alkoholkonsum, übermäßiger 221
Allergien 214
Alopezie (Haarausfall) 214
Alphahydroxysulfonat (α-Hydroxysulfonat) 43
Alphatocopherol (α-Tocopherol) 88, 145–149, 156, 215
  Tocopherylchinon 149
Aluminium 118–121, 129–135, 245–246, 260–262, 272
  -hydroxid 118–120
  -phosphat 130
  pK_a 272
Alveolen (s.a. Lunge) 56, 61, 86
Alzheimer Krankheit 135
Amine 67, 107, 248
  sekundäre 90
Aminoethyoxivinylglyzin, AVG 251
Aminosäuren 47, 78, 152, 227–228
  schwefelhaltige 38–39, 51, 59
Ammoniak, NH_3 11, 50, 63, 64–70, 76, 78, 87, 93–99, 128, 151, 214, 222, 278
  gasförmige Freisetzung 93–99, 112
  MAK 15, 99
Ammonium, NH_4^+ 63, 65–66, 78, 93–99, 114, 121–122, 125, 244, 248–249, 272
  -carbonat 95, 121
  -fluorid 95
  -hydroxid 99
  -nitrat 69–70, 73–74, 93, 121
  -sulfat 95, 97, 104, 121
  pK_a 272
Anämie 214, 234
Anästhetika 167
Angina pectoris 167, 222
Angiotensin II 87, 89
Anpassung 263–268
Antagonistische Wirkungen 253–268
Antarktis 106, 124, 162, 168, 180–181, 186, 193, 201
Antheraxanthin 149
Anthocyan 152
Anthrazin 250
Anthropogene Emissionen s. Emissionen
Antibiotika 58, 82
Antiklopfmittel 232
Antikörper 61, 185
Antioxidanzien 88, 145–149, 179
Antiport 47
1-Antiproteinase-Inhibitor 88
Apatite 226
Appetitlosigkeit 107
APS s. Adenosin
Arktis 124, 161, 168

Arsen 214
Artenvielfalt 206
Arteriosklerose 214, 222
Arthritis 214
Arzneimittel (Medikamente) 93, 218
Asbest 214
Ascorbat 149
-oxidase 149
-peroxidase 149
Asparagin 228
Aspartatsäure 207
Asthma 58, 84, 167, 214, 225
Ataxie 214
Atem
-frequenz 85
-versagen 103
-zentrum 218
-zugvolumen 156
Atemwegserkrankung 85–87, 214
Atmung 56, 103, 126, 156, 175, 215–217, 221, 227–229
Sulfat- 38–39
ATP s. Adenosin
ATPase 61, 174, 228
Auge
Dunkeladaption 107
Reizungen 55, 99, 103, 139, 214
Scharfstellung 107
Sehschärfe 107

Babynahrung 135
Bakterien 58, 151, 157, 179–180, 184, 250, 254
aerobe 38
anaerobe 38, 100, 215
Boden- 38
chemoautotrophe 37
dissimilatorische 39
methanogene 188
schwefeloxidierende 100–101
schwefelreduzierende 38
Balsamierflüssigkeiten 225
Barium 214
Basenpaare 42
BaU s. Business-as-usual
Baumwolle 153, 227
Benzol 138, 214
MAK 15
Benzpyren 214, 250
Benzylchlorid 214
Bergbau 115, 217
Betacrystallin (β-Crystallin) 185
Bevölkerung 209–211
Bewußtlosigkeit 218
Bicarbonat 111, 129, 131, 135, 200, 223
pK_a 111, 272
Bioindikatoren 17–22, 48
Biologische Wirkungsspektren 172–174
Biomasse 178, 190, 208
Biosphäre 36, 38, 172, 267
Biosynthese 37, 260–268
Biston betularia 25
Bisulfid 272
Bisulfit, HSO_3^- 41–43, 113, 272
Dissoziationsgleichgewicht 40
pK_a 40, 272
Blatt 45, 53, 55, 74–77, 126, 151, 177–178, 206, 227–229, 239–252, 256–257
Blaugrüne Algen s. Cyanobakterien
Blei, Pb 120, 214, 232–234, 254
-tetraethyl 232, 244
-triethyl 232
-vergiftung 103
organische Bleiverbindungen 15, 232
Bleiweiß 218
Blindheit 183–185
Blitzschlag 71, 111, 154
Blut 86, 107, 230, 233–234
Blutdruck 218, 234, 263–265
Blutkrebs 138
Boden 34, 39, 75–76, 94–96, 101, 117–122, 128, 180, 190, 195, 215, 220–221, 225, 229, 244–246
-lösung 121
-mikroorganismen 63
-verdichtung 254
Depositionsgeschwindigkeit von Schadstoffen auf 10
Borane 214
Bradykinin 89
Brennstoffe 33, 67
Brom 165–171
Bronchiolen s. Lunge
Bronchitis 56–58, 61, 86, 154–156, 214, 259
Business-as-usual, BaU 194, 196, 197, 275
Butan 138, 169–172
Butyrat 191

Calcitonin 230
Calcium 46, 114–115, 120–122, 128–135, 226–229, 233, 245

-carbonat 95, 118–119
-chlorid 95, 229
-fluorid 95, 229
-nitrat 95
-phosphat 95
-saccharid 218
-sulfat 95
Calmodulin 227
Calvin-Zyklus 203–205
CAM s. Stoffwechsel
Cancerogene (Carcinogene) 87, 134, 154, 214, 225, 234
Candidiasis (Soor) 184
Carboanhydrase 223
Carbonat, Kohlensäure 124, 195, 200, 223
pK_a 111, 272
Carbondisulfid, CS_2 100, 104–106, 214
MAK 15
Carbonyl
-chlorid 155
-sulfid 104, 105–107
Carboxyhämoglobin 223–224
Carotinoide 149, 180
Cellulose 45
Chemilumineszenz 16
Chemoautotrophie 38–39
Chlor 165–172, 214
-nitrat, $ClNO_3$ 165–172
-oxide, ClO 165–172
Chlorid 46, 114
Transport 130–133
Chlorkohlenwasserstoffe 214
Chlorobium 100
Chlorophyll 151
Chloroplast 51–53, 79, 228, 258
Stroma 51
Thylakoide 51–53, 79
Chlorose 53, 79, 152, 177, 242
Chrom, Cr 120, 214
Chromatium 100
Chromophoren 172–173
Chromosomen 158
-aberration 236
CO s. Kohlenmonoxid
CO_2 s. Kohlendioxid
Cornea (Hornhaut) 183–185
Critical Loads 14
CS_2 s. Carbondisulfid
Cuticula 44–46, 122, 126, 150
Cyanobakterien 180, 215
Cyanwasserstoff, HCN 67, 102
MAK 102
Cystein 49–50, 101, 145–146, 158
Cystin 145–146
Cytochrom
-oxidase 103, 221
P-450 207
Cytoplasma 47, 57, 102, 260–263
Cytosin 42

DDT 214
7-Dehydrocholesterin 182
Delirium 107
Delta-Aminolävulinat-Dehydratase (δ-Aminolävulinat-Dehydratase) 234
Dendrochronologie 200, 242–243
Denitrifikation 64–66, 135, 165
Depolarisierung 132
Deposition
basische 114
Geschwindigkeit 10, 116–117
Interzeptions- 117, 123
nasse 1, 36–37, 70–71, 109, 116–117, 248, 253–268
saure 33, 114, 246, 254
staubförmig 3, 5
trockene 1, 36–37, 70–75, 116–117, 253–268
Desferrioxamin 135
Desoxyribonucleinsäure, DNA 42, 158, 236, 275
Dimere 179
Reparaturmechanismen 181
Desulfotomaculum 38
Desulfovibrio 38
Desulfuration 38, 50, 101
Di-Ammoniumphosphat 95
Diarrhöe (Durchfall) 103, 214
Dichloracetylen 249
Dimethyldisulfid, CH_3SSCH_3 100, 104–106
Dimethylsulfid, CH_3SCH_3 100
Dimethylsulfonproprionat 104
Dinitrophenole 244, 250
Distickstoffoxid, N_2O 63–66, 73, 165–166, 187–189
Lebensdauer 9
Distickstofftetroxid, N_2O_4 72–73
Disulfid
-brücken 102, 144
-reductase 156
Disulfit 37
Dithionat 37
Dithionit 37

DNA s. Desoxyribonucleinsäure
Dobson-Einheiten 162
Dolomitgestein 32, 241
Düngemittel, Kunstdünger 35–37, 63–65, 69, 76, 94–96, 134, 201, 226–229, 248
Dürre (Trockenheit) 19, 115, 209, 254
  Anfälligkeit für 55
Dunstschleier 4
Durchlässigkeit, Permeabilität 131, 145, 151, 157–159

Eis
  -bohrkerne 192–199
  -kristallbildung 122–123
  -zeit 192–199
Eisen, Fe 39, 74, 78, 88, 113, 118, 120, 129, 147, 193, 214, 222, 230
Elastase 88
Elastomere 141
Elastose 184
Elektrische Entladung 153
Elektronenfluß 36–39, 228
Emissionen
  anthropogene 1, 33, 63–64, 104–105, 112, 115, 260
  biogene 31, 104
  globale 31, 105
  marine 104
  natürliche 31, 104, 115
  Probleme 33
  radioaktive 234–238
  terrestrische 104
Emphysem 85–86, 155, 214
Energie
  -bedarf, weltweiter 210–211
  -einsparung 82
  effiziente Nutzung 210
  erneuerbare 210–211
  -verbrauch 210
Energiegewinnung, Stromerzeugung 11–12, 141, 210
Energiegewinnungsleistung 33
Enolase 227
Entschwefelung 33, 67
Enzyme 41, 52, 156–157, 227, 234
  hydrolytische 156
Epichlorhydrin 214
epidemiologische Studien 58, 61, 84, 156, 236, 259
Epidermis 45, 152
Epoxidharze 214
Epoxyethan 214
Epoxypropan 214
Erbrechen 222
Erdgas 13, 32, 33, 99, 190, 203, 210
Erdöl 13, 32–33, 94, 99, 193, 195, 210
Erstickung 55, 214, 217
Erwärmungspotential 189
Erythrozyten 103, 157, 221, 234
Ethan, CH_3CH_3 102, 127, 137
Ethylen, Ethen, CH_2CH_2 16, 127, 138, 150, 244, 251
  -oxid 214
EU 4, 5, 12–14, 76, 90, 134, 239–241, 259, 275
Extrazelluläre Flüssigkeit 45–46, 74, 77, 150–152
Exzentrität 199

FAD/FADH s. Flavin
Farbsehvermögen 107
Farbstoffe 3, 100, 141
Faulgas 219
FCKW s. Fluorchlorkohlenwasserstoffe
Ferredoxin 50
Fertilitätsdefekte 228
Fettsäuren 126, 142, 146, 158, 227
Feuchtgebiete 190
Feuchtigkeit (Feuchte) 46–49, 122, 126, 151, 254, 257
Feuer
  -holz 210
  -löscharbeiten 221
  -löscher 218
Fische 97, 128–134, 182, 195, 226, 263–267
  Anpassung an versauerte Gewässer 132
  Brut 129–134
  Vorkommen 131–132, 182, 253
FKW s. fluorierte Kohlenwasserstoffe
Flavin
  -adenindinucleotid, FAD 42
  -mononucleotid, FMN 42
Flechten 17, 48, 53, 98, 247, 248
Flüsse 124–125, 128–130
Flußspat 226
Flugverkehr 153, 166
Fluor, F 166–172, 226
  MAK 15
Fluoracetat 171
Fluorchlorkohlenwasserstoffe, FCKW 166–172, 187–191, 244, 249–250, 275
Fluorid 45, 214, 226–232, 242–243

Fluoridierung 231–232
Fluorierte Kohlenwasserstoffe, FKW 166–172, 275
Fluorose 229–232
Fluorwasserstoff, Flußsäure, HF 17, 134, 151, 214, 226–232, 258, 278
MAK 15, 231
pK_a 272
$FMN/FMNH_2$ s. Flavin
Folsäure 42
Foraminiferen 195
Formaldehyd, HCHO 16, 140, 214, 224–225
Formiat 188–189
Freie Radikale s. Radikale
Frostschäden 98, 126, 206, 246–247
Fruchtausbildung 127, 177, 206, 228
Furan 188

Gallengänge 82
Gammastrahlen 161–162
Gangrän 217
Gasauge 103
Gase
Lebensdauer in der Atmosphäre 9
Gastroenteritis 214
Gehirn 107, 214, 218
Gelbsucht 82, 214
Genpool 27, 178
Gerben 99
Geruch 31, 57, 93, 99, 100–107, 221
Gesundheit, Mensch 49–50, 55–61, 81–90, 99, 102–103, 107, 134–135, 182–185, 201–224, 225, 231–234, 235–238, 259, 265–268
Getreide 28, 44
Gewebshormone und Modulatoren 87
Gips 32
Glas 153
Gleichgewichtskonstante 111, 271–272
Globale Erwärmung 187–211
Glutamat 77
-dehydrogenase 77
-synthase 77
Glutamin 77
-synthetase 77
Glutathion 102, 107, 145–148, 156
-peroxidase 148–156
-reductase 145–148, 156, 215
Glycerinaldehyd-3-phosphat 204
Glykogen 230
Glykolyse 228
Gräser 28, 44, 53–54, 227–229

Granit 120, 237
Grenzschicht 43–46, 54, 80, 150
-widerstand 10
Grubenlampen 217
Grundwasser 229
Guanylat-Cyclase 86
Gülle 96
Gummi 100, 141

H_2O s. Wasser
H-FCKW s. teilhalogenierte Fluorchlorkohlenwasserstoffe
Haber-Bosch-Verfahren 69
Hadley-Zirkulation 8
Häm 82, 234
Hämoglobin 90, 222–224
fötales 224
Härtemittel 225
halogenierte Kohlenwasserstoffe s. Fluorchlorkohlenwasserstoffe
Halone 168–172
Harn, Urin 60, 82, 107, 233
Harnstoff 95–96
Hautkrebs 173, 182–184
Hefen 38, 180
rosa 20–21
Heideland 176
Henderson-Hasselbalch-Gleichung 272
Henrysche Konstante 111–112
Herbizide 250, 254
Herpes simplex 184
Herz 107, 217, 222
Hexan 137
Histamin 56
HIV 184
Höhe 7, 117
Hörvermögen 234
Hohlraumsystem, Zelle 45
Holzkohle 221
Homöostase 22–23, 260–267
Hormone 230, 259
Hydroxyhydroperoxide, HHP 142–144, 150–153, 156, 179, 244, 251, 259, 262, 275
Hyperoxämie 217
Hypochlorit 158
Hypoxanthin 147
Hypoxie 221

IES s. Indol-3-Essigsäure
Immunreaktion 259, 265
Indol-3-Essigsäure, IES 176, 275
Infrarot-Strahlung, IR 161–175, 187–195, 254, 275

Insekten 19, 151, 177, 214, 230, 239, 242, 246, 250
Insektizide 214, 226
Interglazialzeiten 192–199
Invertebraten, Wirbellose (s. auch Insekten) 133–134
Ionisierende Strahlung 234–238, 254
IR s. Infrarot-Strahlung
Isoliermaterial 167, 225

Jahresringe 200, 242–243

Kadmium 120, 214, 254
Kalium 46, 98, 114, 121, 127, 132, 152, 245, 248
Kalk 218, 229
Kalkstein 32, 112
Kalkung 95, 130, 229
Karies 231–232
Karzinom 183–184
Katalase 143–144, 148
Katalysatoren
  Dreiwegekatalysatoren 69–70
  Oxidations- 69–70
  Platin-Rhodium-Dreiwegekatalysatoren 69–70
Katarakte 183–185
Keratitis photoelectrica ("Schneeblindheit") 183–184
Keten 155
Kettenabbrüche 141
Kettenreaktionen 138–139
Kiemen s. Fische
Kinder 84, 155, 234, 259
Klimaveränderung 77, 161–212
Knochen 182, 231, 234, 265
  -erkrankungen 214
Knochenmark 157, 217
Knospenaustrieb 177
Kobalt, Co 214
Kohle 13, 31, 33, 190, 195, 211, 232
Kohlendioxid, CO_2 44, 46, 94, 111–113, 121, 139, 151, 187–218
  Anreicherung 79, 202
  erhöhte Werte 175, 177, 187–212
  Lebensdauer 9
  MAK 15
Kohlenhydrate 208, 216, 227–228, 248
Kohlenmonoxid, CO 13, 16–17, 69–70, 137–139, 188, 214, 218–224, 278
  Lebensdauer 9
  MAK 15
  Vergiftung 222–224
Kohlenstoff:Stickstoff-Verteilung 77
Kohlenstoffkreislauf 193–195, 202
Kohlenwasserstoffe
  MAK 15
  unverbrannte 12–16, 33, 68, 80, 127, 138–141, 166–172, 221–222, 257, 275
Kolik 103
Koma 222
Kompensationspunkte 216
Koniferen 27, 97–98, 122–123, 126, 152, 178, 227, 239–252, 256
Konjugation 143
Konjunktivitis (Bindehautentzündung) 103, 107
Kopfschmerzen 82, 103, 214, 222, 234
Koronare Herzkrankheit, KHK 154, 214
Korrosion 39
  Hemmstoff 225
  an Leitungen 39, 121
Kosmische Strahlen 161
Krebs 138, 173, 180, 182–184, 214, 217, 235–237
Kreide 128
Kronendurchfluß 118
Kryolith 226, 231
Kühlmittel 166, 167, 218
Kunststoffe 82, 93, 153, 226
Kupfer, Cu 78, 120, 254

Labmagen 50
Laktat 223
Lebensdauer 9
Leber 59, 82, 214, 217, 230
Leghämoglobin 215
Leguminosen 65
Leishmaniase 184
Lentigo-maligna-Melanom 184
Lethal dose, LD (tödliche Dosis) 22–24, 275
Lipasen 230
Lipide 87, 102, 107, 142–144, 153, 158, 227–228, 249
Lösemittel 11, 166–167
Londoner Smog 5, 59
Los-Angeles-Smog 140
Luftanteil im Kraftstoff 68
Luftverschmutzung, geschlossene Räume 82–84, 153–154, 221–222
Luftverunreinigung, Definition 213
Lungen 55–61, 84–89, 103, 107, 154, 157, 214, 217, 221–223, 235–236
  -fibrose 214, 235

-krebs 236
-sarkoidose 214
Lymphokine 61
Lymphozyten 61, 185
Lysophospholipide 158
Lysosome 157
Lysozym 61, 157

Magenkrebs 90, 134
Magnesium, Mg 98, 114–115, 118–122, 127, 231, 245–246
-fluorphosphat-Komplexe 229, 231
-mangel 239–243
Makrophagen 61, 86
Macrophage inhibitory factor 61
MAK s. Maximale Arbeitsplatzkonzentration
Malat 46, 203–205
Malic enzyme 204
Malondialdehyd 142–143, 156, 179
Mangan, Mn 40, 113, 214, 231, 245
Mars 187
Masern 184
Maximale Arbeitsplatzkonzentration, MAK 15, 23, 267
Meere 10, 31, 36, 180–182, 190, 200–201, 219
Algen 36
Gischt 31, 35–36, 254
Meeresspiegel 197–198
Melanismus 24–27
Melanome 183–184
Melanose 214
Merkaptane 99, 222
Mesopause 7
Mesophyllwiderstand 45, 47, 262
Mesosphäre 7
Metalldampffieber 214
Methämoglobin 82, 88, 223
Methämoglobinämie (Comly-Syndrom) 90
Methan, CH_4 139, 188–195, 202
Lebensdauer 9
Methanobacterium formicum 220
Methanol, CH_3OH 188–189, 221
Methionin 42, 144, 146, 158
-sulfoxid 42, 146, 158
Methylbromid, Chloroform 169
Methyl-Wasserstoffperoxid 113
Methylmerkaptan, CH_3SH 100
Methylsulfonsäure 105
Milz 223
Mischungsschicht 110
Mischungsverhältnis 7
Misthaufen 96
Mitochondrien 49, 52, 102, 155, 156, 217, 228, 258, 261–262
Molybdän, Mo 41
Moose 97
Müdigkeit 222, 234
Mülldeponien 190
Mundgeruch 101
Muskel 132, 214, 223
Mutagenese 42, 60
Mykorrhiza 151, 245, 250, 254

N_2O s. Stickoxide
N-Formyl-Kynurenin 144–145
NAD^+/NADH s. Nicotinamide
Nadeln s. Koniferen
$NADP^+$/NADPH s. Nicotinamide
Nägel 233
Nährstoffe 151, 177, 200, 245, 261–262
Nahrung, Nahrungsmittel 226–229, 231
Konservierung 42, 218
Naphtalin 250
Nase 55, 225
Nasenreizung 214
Natürliche Selektion 28, 206
Nebel 9, 117, 122, 134
Nebenschilddrüse 214, 230
Nematoden 254
Nerven 132, 234
-schäden 214
Neutralisierung 121
Nickel, Ni 120, 214
Nicotinamid-Adenin-Dinucleotid, NAD^+ 42–43
-phosphat, $NADP^+$ 42–43
Niederschlag s. Regen
Niere 50, 60, 82, 107, 135, 214, 230, 234
Nitrat 45, 114, 128, 248
-reduktase 65, 77, 80
Nitrifikation 64–67
Nitrit 63–91, 214
-reduktase 65, 77, 80
Nitrocellulose 81
Nitrogenase s. Stickstoffixierung
Nitrophenol 82
Nitrosaminbildung 87
Nitrose Gase 82
Nitrosoderivate 78, 87, 90, 134
NO s. Stickstoffmonoxid
NO_2 s. Stickstoffdioxid
Nutzpflanzen 53, 177–178, 202–209, 227–228

Oberflächenabfluß, Sickerwasser (run-off) 1, 9, 66, 121, 128–129, 134, 249
Ödeme 57, 82, 86, 155, 225
Ökosysteme 178–179, 248
Ohnmacht 222
Organische Säuren 125
Osmotische Regulation 134
Osteomalazie 135
Oxalacetat, Oxalessigsäure 203–204
Oxidative Phosphorylierung s. Lichtatmung
Oxyhämoglobin 223
Ozon, O_3 12, 15–16, 45, 55, 70–72, 74, 76, 113, 137–159, 208, 214, 223, 244, 246–247, 253–268, 278
  -loch 161–186
  Bioindikatoren 18
  Depositonsgeschwindigkeiten 10
  Lebensdauer 9
  MAK 15
  stratosphärisches 161–186
Ozonide 142–144
Ozonolyse 142–144, 156–157, 251

PAN s. Peroxyacetylnitrate
PAPS s. Adenosin
Paranoia (Verfolgungswahn) 107
Parathormon 230
Pathogene 242
PCB s. polychlorierte Biphenyle
Pentan 137
PEP s. Phosphoenolpyruvat
Permafrostboden 189
Peroxidasen 228
Peroxidation, Lipide 88, 102, 143–149, 156
Peroxyacetat 113
Peroxyacetylnitrate, PAN 17, 71–72, 113, 139–141, 145–153, 158, 214, 223, 244, 254
  Bioindikatoren 18
  Depositionsgeschwindigkeiten 10
  MAK 15
Peroxysalpetersäure 72
Pestizide 151, 171, 250
Pflanzen 17–18, 43–53, 74–81, 98–99, 101–102, 106, 126–128, 150–153, 175–179, 202–209, 215–217, 220–221, 227–229, 239–252, 253–259
Pflügen 64, 115
pH-Wert 46–53, 110–125, 133, 245, 271–274
Phagosom 157
Phagozyten 61, 223
Phenole 149, 180
Phosgen 249
Phosphatase, saure 157, 228
Phosphate 129, 201, 230, 248, 254
Phosphoenolpyruvat, PEP 203–205
  -carboxylase, PEPC 203–205
Phosphoglycerinsäure, PGA 204, 228
Phospholipide 158
Photoautotrophie 39, 100
Photochemische Oxidanzien 84
Photolyse 66, 71, 137, 224
Photophosphorylierung 52, 228
Photoreaktivierung 180
Photorespiration (Lichtatmung) 204–206, 215–217
Photorezeptoren 181
Photosynthese 51–53, 78, 98, 172, 177–178, 194, 199–207, 215–217, 227–229, 248, 256–265
Photosysteme 49, 52
Phytoplankton 101, 104–105, 180–182, 195, 200–201, 219
Pilze 19, 22, 38, 49, 55, 98, 151, 177, 180, 184, 214, 239, 242, 245, 248, 254, 258
pK_a-Werte 271–274
Plastiden s. Chloroplasten
Pneumokoniose 4
Pneumonie (Lungenentzündung) 58, 103, 157, 225
Polarwinter 125
Pollen 214, 258
Polonium, Po 234–235
Polyamine 179
Polychlorierte Biphenyle, PCB 244, 250
Polyvinylchlorid, PVC 214
Potex 250
Propan 137, 202–203
Prostaglandine 87, 89
Proteine 47–51, 101, 107, 144–145, 152, 157–158, 174, 208, 227
  Metalloproteine 148
  Proteinkinasen 231
Protisten 254
Protonenpumpen 127
Protozoen 184
Pterine 42
Pufferkapazität 46, 95, 99, 128–135, 245
Pufferung 118, 119, 127

Pyruvat 204–205

Quecksilber, Hg 214

Rachen 154, 225
Radiative forcing 189, 197
Radikal 40–41, 60, 78, 137–159, 216, 258–268, 269–270
-fänger 88, 102, 127, 223
Bisulfit-, $HSO_3^\bullet$ 40, 49
Hydroperoxyl-, $HO_2^\bullet$ 72, 113, 145, 147, 224
Hydroxyl-, $^\bullet OH$ 34, 67, 72, 113, 137–145, 163–166, 269–270
Methoxy- 224
Sulfoxyl- 40
Superoxid-, $^\bullet O_2$ 40, 49, 147, 269
Radioaktivität 60, 234–238
Halbwertszeit 235
Radiowellen 161
Radon, Rn 234–238
Tochternuklide 234–237
Rauch 60, 260
Rauchen, Nikotin 59, 84, 159, 219, 221, 236, 260
Rauchgasentschwefelungsanlagen 32
Rayon 100, 107
Redoxpotential 37
Regen (Niederschlag) 97–98, 109–136, 191, 195–199, 209
basisch 114
pH 115
Rain-out (Ausregnen) 1, 110, 261, 264, 266
Reisfelder 180, 190
Reizbarkeit 214, 222, 234
Reparatur-Polymerasen 236
Ribonucleinsäure, RNA 276
Richtlinien 14, 83, 107
Richtwerte 14, 59
Röntgen
-geräte 153
-strahlen 162
Rote Blutzellen s. Erythrozyten
Rubisco 51, 194, 202–205

Saatkeimung 127, 228
Defekte 228
Säure 271–274
Salpetersäure 11, 66, 69, 72, 97, 110, 114, 125, 127, 166–168
Depositionsgeschwindigkeit 117
pK_a 272
Salpetrige Säure 72–73, 78, 144
Salzsäure 13
Sauerstoff, O_2 82, 156, 213–218, 269–270
atomarer 34, 137, 163–166
Lebensdauer 9
Saurer Regen oder Niederschlag 109–136, 253, 260–268
Schilddrüsenstörungen 214
Schlaflosigkeit 214, 234
Schleim 56, 130
Schnee(fall) 109, 116, 249
-blindheit 183–184
-schmelze 129, 132, 249
Schwefel 31, 36–39, 100
-kreislauf 39, 102, 112
-reduktion, Sulfatatmung 38–39, 49
Schwefeldioxid, SO_2 11–62, 73–76, 84, 134, 146, 150–151, 199, 214, 239, 247, 254, 278
Bioindikatoren 18
Depositionsgeschwindigkeiten 10
Lebensdauer 9
MAK 15, 57–59
Schwefelsäure 48, 55, 97, 112–113, 125, 127, 272
Schwefelwasserstoff, H_2S 37–38, 49, 99–107, 155, 258, 272, 278
Lebensdauer 9
MAK 15, 102
pK_a 272
schweflige Säure 48, 112, 272
Schweißen 82, 153, 218, 226
Schwermetalle 120–122, 134, 179, 254
Seen 98, 120, 124–125, 129, 190
Sehstörungen 214, 234
Selektive katalytische Reduzierung 68
Selen, Se 214
Senile Demenz 135
Serotonin 87–89
Shinshu Myocarditis 222
SI-Einheiten 5, 276
Sichtbare Schäden 53, 78, 251, 263
Silikose 4, 214
Silo-Krankheit 82
Smog 138–141, 153, 250
SOD s. Superoxiddismutasen
Sonnenlicht 71, 141, 161–186
Spanplatten 225
Speichelbildung 84
Sperma 159
Sphagnum 97
Sprengstoff 93
Spurenelemente 129, 254

Stäube 3–6, 36, 57, 70, 84, 112, 199, 214, 225, 231, 235, 254
Stammabfluß 118
Sterilisierung 42, 163, 179, 225
Stickoxide s. Stickstoffdioxid, Stickstoffmonoxid etc.
Stickstoff, N
  -austausch 118
  -fixierung 64–65, 180, 215, 248
  -kreislauf 63–69, 180, 202
  stickstoffhaltige Luftschadstoffe 63–91
Stickstoffdioxid, NO_2 12–16, 45, 56, 63–91, 134, 137–141, 146, 151, 155, 165, 214, 254–259, 278
  Bioindikatoren 18
  Depositionsgeschwindigkeit 10, 73
  Lebensdauer 9
  MAK 15, 81, 83
Stickstoffmonoxid, NO 12–16, 56, 63–91, 137–141, 254–259, 278
  als lokaler Modulator 90
  Lebensdauer 9
  MAK 15, 81, 83
Stickwetter 217
Stoffwechsel 31–62, 63–91, 228, 230
  C_3-, C_4-Typ 203–206
  Crassulacean acid metabolism, CAM 207
  Kohlenhydrat- 228, 230
Stomata 43–46, 106, 122, 126, 150, 152, 178, 207, 227, 233, 256, 257
Stratopause 7
Stratosphäre 7, 8, 66, 161–186
Streß 27, 48, 54, 81, 177–179, 253–254
Streusalz 242, 254
Strontium, Sr 214
Sublimation 122–123, 128
Sukkulenten 151, 207
Sulfat, $SO_4{}^{2-}$ 31–61, 112–114, 199
Sulfhämoglobin 103
Sulfhydryl-Gruppen 49, 102, 152, 156, 158
Sulfid 36, 39, 99–107
Sulfit, $SO_3{}^{2-}$ 31–62, 230
  -oxidase 41, 49, 50, 59
Sulfocystein 60
Sumpfgebiete 98
Superoxiddismutasen, SOD 148, 156, 276
Synergistische Wirkungen s. Wechselwirkungen
Syntrophie 191

Talk 214
Tannin 152
Teilhalogenierte Fluorchlorkohlenwasserstoffe, H-FCKW 166–172, 275
Temperatur 7, 73, 94, 121, 126, 151, 175
  -optima 205
  in der Vergangenheit 191–195
Termiten 190
Tetrachlorethen 250
Tetrachlorkohlenstoff 169–172
  MAK 15
Thermosphäre 8
Thiamin 42
Thiobacillus concretivorus 37
Thiocarbamid, Thioharnstoff 155
Thiospirillopsis 37
Thiosulfat 37
Thiovulum 37
Thylakoid s. Chloroplast
Tiere 49–50, 156, 229–230, 253–267
Titan, Ti 214
Tod 222, 260–268
Toleranz 27–28, 156, 178, 262
Toluol 137
Tonoplast 48, 127, 260–263
Topographie 116
Torf 13, 128
Transkription, Translation 228
Transpiration 46, 178, 207
Transportproteine 47
Treibhaus 79–80
Treibhauseffekt 187
Treibhausgase 66, 69, 187–212
Trifluoracetat 171
Trinkwasser 134, 231–232
Tropopause 8
Troposphäre 7–9
Tryptophan 42, 144, 146, 158

Übelkeit 58, 103, 222
Übergewicht 221
Überschwemmungen 94, 209, 254
Ultraviolette Strahlung, UV-Strahlung 7, 158, 161–186, 249, 254, 276
  biologisch wirksame 172–180, 276
  UV-A 163, 276
  UV-C 163
Unangemessene Forstpraxis 244, 245
Unkraut 178, 205, 208
Unsichtbare Schäden 262
Unverbrannte Kohlenwasserstoffe s. Kohlenwasserstoffe

Uracil 42
Urat 147
Urease 95–96
UV-Strahlung s. ultraviolette Strahlung

Vanadium, V 214
Vasokonstriktion 89
Venus 187
Verbrennung 31, 67–70, 115, 213–217, 219, 248
Verdunstung 9, 122–125
Vergiftung 58, 103
Vergilben, Nadeln 239–252
Verhüttung 32, 58, 221, 226, 243
Verkalkung 131–135, 231, 265
Versauerung 109–136
Verwesung 39, 65
Verwitterung 31, 34–36, 120, 254
Viehzucht, Tierhaltung 94, 115, 248
Violaxanthin 149
Viren 151, 184–185, 244, 250, 254
Vitamin 43
  C s. Ascorbat
  D 182, 230, 234
  E s. α-Tocopherol
Vögel 133–134
Vulkane 31, 34, 111, 115, 190, 199–200, 219, 226

Wächserne Ester 126
Wald 76, 118, 121–122, 203, 220, 247
  tropischer Regenwald 193
  Waldschäden 53–55, 126, 178, 239–251
Wash-out, Auswaschen 109, 116
Wasser, H_2O 46, 122–123, 151, 177, 207–209, 224, 254, 272
  -dampf 9, 191
  Lebensdauer 9
  -nutzungskoeffizient 198, 207
  pK_a 272
Wasserstoff, H_2 188, 191, 220
Wasserstoffperoxid, H_2O_2 74, 113, 142, 145–149, 157, 223, 269–270
Wechselwirkungen 253–268
Weltgesundheitsorganisation, WHO 12, 14, 59, 82, 107, 224, 276
West-Gaeke-Verfahren 17
Wettbewerb 151
Widerstand
  cuticulärer 44–45, 74
  Grenzschicht- 44–45
  Mesophyll- 45, 47, 75
  stomatärer 44–45
Wiederbelebung 218
Wiederkäuer 38, 51, 190
Wind 10, 112, 116, 126, 141, 150, 170, 248, 254
  -geschwindigkeit 44, 54, 97, 115
Windpocken 184
Winterruhe 178
Wismut 234–235
Wolken 109, 191
  Bildung 93, 104, 181
  Säuregrad des Wolkenwassers 110–112
World Meterorological Organization, WMO 196, 276
Wüste 199
Wunden 215
Wurzel:Sproß-Verhältnis 76, 247
Wurzeln 55, 75–77, 151, 245–246, 248, 256–263
Wutausbrüche 107

Xanthin 147
Xanthophyll 149
Xenobiotika 185
Xenon-Bogenlicht 153, 175
Xeroderma pigmentosum 183–184

Zähne 214, 231–232, 233
Zahnhygiene 101
Zeaxanthin 149
Zellen 46, 127, 130, 151, 236
  Aufnahme von Chlorid 131
  Bündelscheiden- 204
  Epithel- 154–155
  Geleit- 46
  Mesophyll- 204
  mitochondrienreich 131
  schleimabsondernd 155
  Schließ- 46
  Strasburger 46
  würfelförmig 154–155
  Ziliar- 56
Zellmembran, Plasmamembran 45, 75, 144, 149, 151, 158, 173, 203, 246, 260–268
Zellwand 44–45, 75, 102, 149, 158
Zink, Zn 120, 214
Zooplankton 181, 195
Zucker s. Kohlenhydrate
Zugfestigkeit 141
Zyanose (Blausucht) 214